smart is sexy

Orbi.kr

오르비학원은

모든 시스템이 수험생 중심으로 더 강화됩니다.

모든 시설이 최고의 결과가 나올 수 있도록 설계됩니다.

집중을 위해 오르비학원이 수험생 옆으로 다가갑니다.

오르비학원과 시작하면

원하는 대학문이 가장 빠르게 열립니다.

전화 : 02-522-0207 문자 전용 : 010-9124-0207 주소: 강남구 삼성로 61길 15 (은마사거리 도보 3분)

출발의 습관은 수능날까지 계속됩니다.
형식적인 상담이나
관리하고 있다는 모습만 보이거나
학습에 전혀 도움이 되지 않는
보여주기식의 모든 것을 배척합니다.

쓸모없는 강좌와 할 수 없는 계획을 강요하거나
무모한 혹은 무리한 스케줄로
1년의 출발을 무의미하게 하지 않습니다.
형식은 모방해도 내용은 모방할 수 없습니다.

개인의 능력을 극대화 시킬 모든 계획이 오르비학원에 있습니다.

Mechanica

물리학 1
개념편

Cluster

CONTENT

목차

PART

PART
1

개념편

PART

01 열역학
02 특수 상대론과 질량 에너지 동등성
03 전기력
04 보어의 수소 원자 모형
05 에너지 띠/다이오드 회로
06 자기장
07 전자기 유도와 자성
08 파동
09 빛과 물질의 이중성

Mechanica 물리학1

1. 열역학 기본

약속, 유의 사항

① 기체는 이상 기체만을 다룬다. (이상 기체에 대해서는 다음 페이지에서 설명하겠다.)
앞으로 이 책에 쓰이는 모든 '기체'는 모두 이상 기체를 말하는 것이다.

② 온도의 단위는 절대 온도(K)를 다룬다. (그 뜻은 왼쪽 날개를 참고해보자.)

○ 절대 온도
우리가 흔히 아는 섭씨(℃)온도와 절대 온도(K, 켈빈이라 부른다.)의 관계는 다음과 같다.
$T(\text{K}) = t(℃) + 273$
중요한 것은 1℃의 온도 변화가 생긴다면, 1K의 온도 변화가 생긴다는 것이다.

※절대 영도(0K)
공기 입자의 운동 에너지가 0이 되는 온도. 이 온도에서 공기 입자는 운동하지 않는다.
절대 영도 이하의 온도는 없다.

③ 이 단원을 배우기 위해서는 기본적으로 '적분'의 개념을 알아야 한다.
직접적으로 엄청난 양의 수학적 적분을 쓰지는 않을 것이다.
하지만 평가원에서는 적분을 쓰게끔 문제가 나온다. ($P-V$ 그래프의 면적 계산할 때)
아래를 이해하면 된다.

○ 그림과 같이 $+x$방향(A→B)으로 그래프를 적분할 경우 결과값은 양(+)이 나올 것이다.
그 값은 $5\times(+4)=+20$이다.

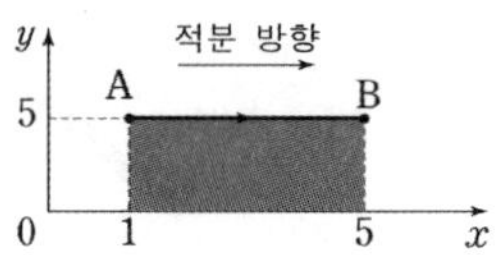

○ 그림과 같이 $-x$방향(B→A)으로 그래프를 적분할 경우 결과값은 음(−)이 나올 것이다.
그 값은 $5\times(-4)=-20$이다.

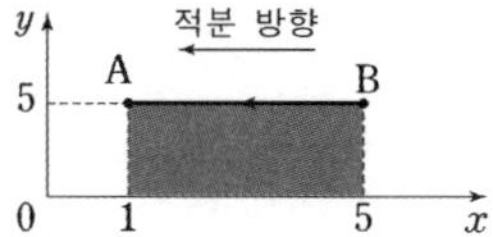

④ 실린더와 피스톤
수능 문제에서 기체는 실린더에 담아서 표현한다. 아래 그림과 같이
'통'의 역할을 하는 것이 '실린더'
'뚜껑'의 역할을 하는 것이 '피스톤'이다.
왼쪽 그림에서 피스톤과 실린더 안에 들어 있는 동그라미는 '기체 입자'를 의미한다.

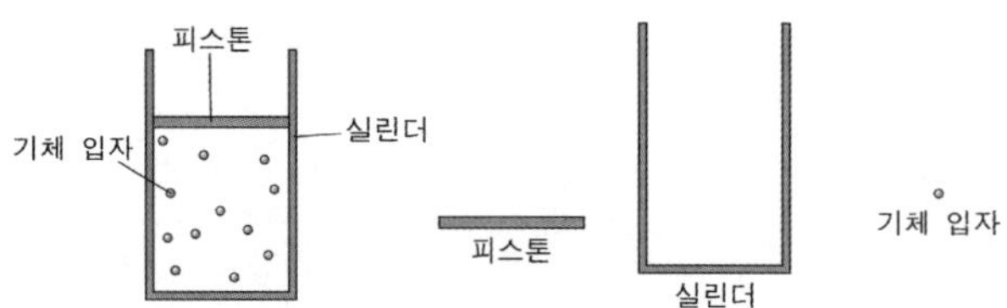

피스톤과 실린더 사이의 마찰은 무시하며, 실린더는 거의 대부분의 문제에서 고정되어 있다.

○ 실린더가 고정되어 있다.
역대 평가원 문제에서는 모두 실린더가 고정되어 있었다.
일부 사설은 그렇게 내지 않은 문제도 있으니 '거의'라는 표현을 썼고, 서술할 때는 실린더가 고정되어 있다는 가정 하에 설명할 것이다.

⑤ 단열되어 있다.
'단열'이라는 표현을 쓴다.
단열은 입자, 에너지의 출입이 전혀 없는 상태를 의미한다.
사용 예시) 단열된 피스톤, 단열된 실린더
단! 문제에서 단열된 실린더 기체에 '기체에 열량을 가했다.'라는 표현을 쓰면
해당 열량만큼의 열 출입이 있다는 뜻이다.
(표현되지 않은 다른 에너지나 입자 출입은 없다는 뜻이다.)

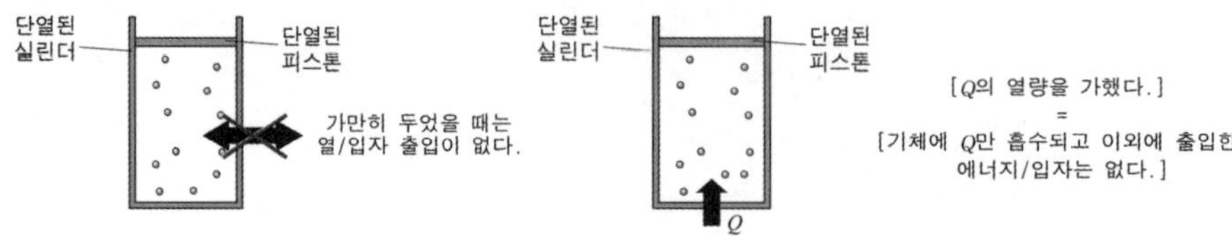

기체의 물리량

기체는 입자의 집단이다. 이 입자의 집단이 가지는 물리량은 다음과 같다.

○ 부피 (V) ○ 압력 (P) ○ 온도 (T) ○ 기체 입자의 수 (n)

○ 부피 (V)

약자 V를 쓰는 이유는 부피의 영문명이 (Volume)이기 때문이다.

그림에서 기체가 차지하는 공간(피스톤의 바닥면부터 실린더 바닥면 사이의 공간의 크기)을 부피라 부른다.

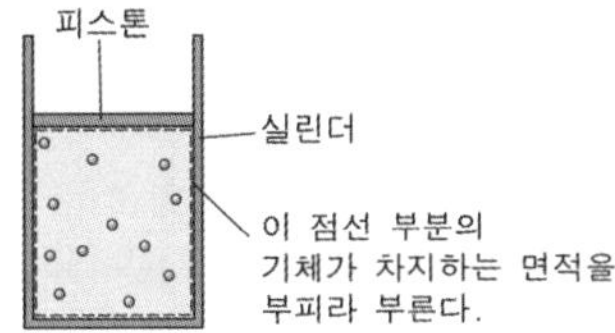

○ 압력 (P)

약자 P를 쓰는 이유는 압력의 영문명이 (Pressure)이기 때문이다.

① 압력은 '단위 면적당 받는 힘'이다. 이는 다음과 같다.

$$P = \frac{F}{A} \text{ (단위: N/m}^2\text{, Pa 등)}$$

② 기체의 압력 방향은 기체→기체 밖을 향하는 방향이다.
아래 그림을 보면서 이해해 보자.

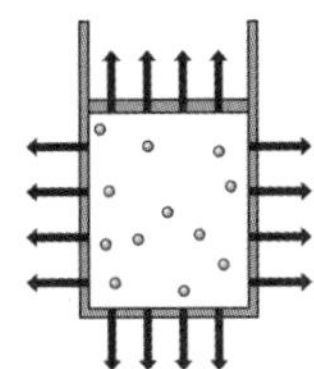

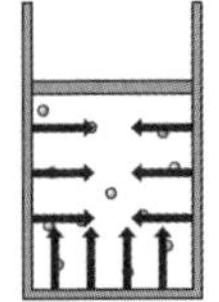

○ 실린더와 기체 사이의 압력 관계

기체는 실린더와 피스톤을 밀어낸다.

실린더가 기체를 미는 압력도 같기 때문에 실린더가 움직이는 일은 없다.

③ 피스톤과 기체 사이의 압력 관계

○ 대기압

대기도 기체이다. 기체가 눌러주는 힘이 있다.

대기압은 대기가 눌러주는 힘이다.

대기와 접촉되어 있는 물체에는 무조건 대기압이 작용한다.

※ 대기는 실린더도 눌러준다. 하지만 **<u>실린더는 고정되어 있기 때문에</u>** 무시한다.

피스톤은 고정되어 있지 않기 때문에 대기압과 기체의 압력에 의해 이동한다.

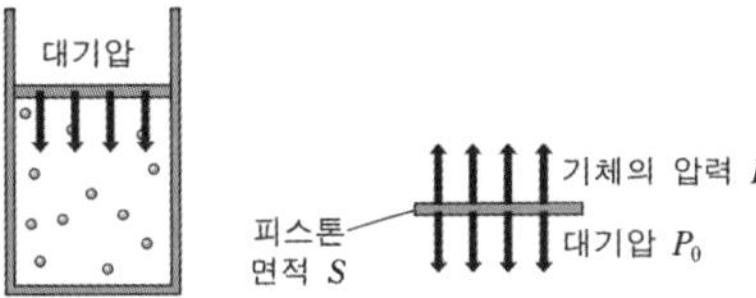

피스톤과 기체는 뉴턴 역학 법칙을 만족한다.

피스톤에 작용하는 힘은 (피스톤 면적을 S, 대기압을 P_0, 이상 기체의 압력을 P로두자.)

외부로부터 대기압에 의한 힘(P_0S)과

실린더 안의 이상 기체의 압력에 의한 힘 (PS)이 평형을 이룬다. ($P_0S = PS$)

○ <u>힘이 평형을 이루는 이유</u>

대부분의 수능 문제에서 '피스톤의 질량'은 무시한다. 즉, 피스톤의 질량은 0을 전제로 문제가 출제된다. 이때 가속도 운동하게 하여도, 피스톤의 알짜힘이 0이므로 $F = ma$에 의해 고정되지 않은 피스톤을 사이로 둔 두 기체가 작용하는 힘은 항상 같아야 한다. 따라서 모든 문제에서 '서서히 운동한다.' 라는 표현을 쓴다.

압력-부피($P-V$) 그래프/ 이상 기체 상태 방정식($PV=nRT$)

기체의 한 시점에서의 상태는
부피 (V), 압력 (P), 온도 (T) 세 가지가 결정되어 있다.

기체의 상태를 압력과 부피에 관해서 그래프로 나타낼 수 있다.
이를 압력-부피($P-V$) 그래프라 부른다.

○ 예를 들면 단열된 실린더 안의 일정한 양의 기체의 상태가 A, B, C에 있을 때 기체의 압력과 부피를 나타내어 보면 다음과 같이 해석할 수 있다.

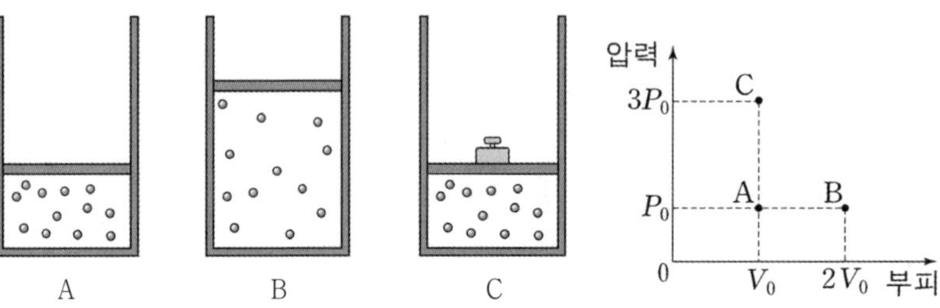

① 그래프 읽기

A 상태에서 기체의 압력은 P_0, 기체의 부피는 V_0

B 상태에서 기체의 압력은 P_0, 기체의 부피는 $2V_0$

C 상태에서 기체의 압력은 $3P_0$, 기체의 부피는 V_0 이다.

② 이상 기체 상태 방정식

이때 다음 정리가 성립된다.

> 일정량의 이상 기체의 부피 (V), 압력 (P), 온도 (T)의 관계는 다음과 같다.
>
> $PV=nRT$, (n은 기체의 양, R은 기체 상수)
>
> 그런데 기체의 양이 일정하므로, nR은 일정한 상수가 된다. 즉 다음이 성립한다.
>
> $PV \propto T$
>
> **기체의 압력과 부피의 곱은 기체의 절대 온도에 비례한다.**

○ 양이 서로 다른 이상 기체의 경우
당연히 이때의 n은 상수가 아니므로 n까지 고려해야 한다.

예를 들면 위의 예시에서

A상태에서 기체의 압력은 P_0, 기체의 부피는 V_0 → 둘의 곱은 P_0V_0

B상태에서 기체의 압력은 P_0, 기체의 부피는 $2V_0$ → 둘의 곱은 $2P_0V_0$

C상태에서 기체의 압력은 $3P_0$, 기체의 부피는 V_0 → 둘의 곱은 $3P_0V_0$

압력과 부피의 곱의 비가 A, B, C 상태에서 각각 $P_0V_0 : 2P_0V_0 : 3P_0V_0 = 1:2:3$이므로
절대 온도의 비는 A, B, C 상태에서 $1:2:3$이다!

압력-부피($P-V$) 그래프에서 등온선에 관한 내용

실린더에 들어있는 일정한 양(n)의 이상 기체의
이상 기체 상태 방정식을 살펴보자.

$$PV = nRT$$

이 기체의 온도가 일정하면 어떨까?
기체의 절대 온도(T)가 일정(상수)하면 nRT가 모두 상수이다.
즉, 압력과 부피의 관계식은 다음과 같다.

$$P = \frac{nRT}{V}$$

압력과 부피는 반비례한다.

만약 기체의 온도가 일정하게 유지된 상태로 부피를 변화시킨다면,
기체의 부피(V)와 기체의 압력(P)은 반비례하므로, 아래 곡선을 따라 변할 것이다.

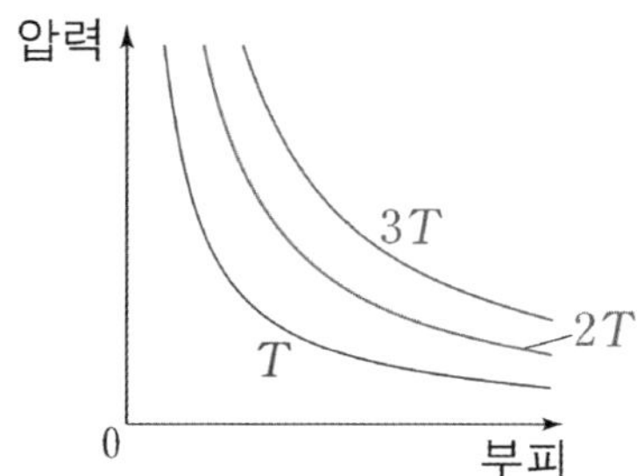

기체의 온도는
파란색 곡선에서 T로 일정하다.
초록색 곡선에서 $2T$로 일정하다.
빨간색 곡선에서 $3T$로 일정하다.

열과 이상 기체, 내부 에너지에 대한 이해

① 열: 물체나 기체의 온도를 변화시키는 요인.
열은 에너지이다. 이를 열에너지라 부른다. 온도와 관련이 있는 물리량이다.

② 이상 기체와 내부 에너지
수능에서 필요한 이상 기체의 특징은 다음과 같다.

○ 이상 기체를 구성하는 입자 자체의 퍼텐셜 에너지가 없다.
○ 이상 기체 상태 방정식($PV=nRT$)을 만족한다.
○ 뉴턴 운동 법칙을 따르며, 열역학 법칙을 만족한다.

○ 이상 기체의 물리학적 의미
이상 기체는 실제 기체와 차이가 있다. 다음을 만족하면 물리학적으로 이상 기체로 부른다.
① 동일하고 많은 기체 입자(분자)들로 이루어져 있다.
② 개별 입자 하나하나의 부피는 전체 기체의 부피에 비해 매우 작아서 무시할 수 있을 정도이다.
③ 뉴턴 운동 법칙을 따른다.
④ 입자, 피스톤, 실린더 간에 탄성 충돌한다.
(에너지가 특정 작용을 하지 않으면 보존된다.)
⑤ 입자(분자)의 운동은 무작위이다.

열역학 문제에서는 이상 기체의 역학적 에너지에 대해서 다룬다.
이상 기체의 내부 에너지는 다음과 같이 정의한다.
○ 내부 에너지: 이상 기체의 역학적 에너지

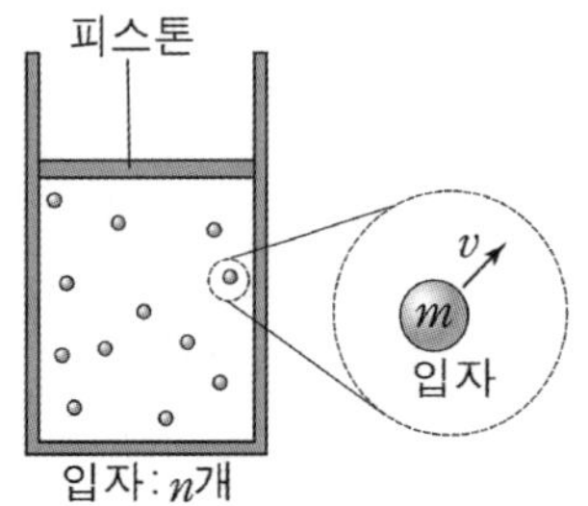

그림과 같이 실린더와 피스톤으로 둘러싸인 영역에 있는 이상 기체를 구성하는 입자를 생각해보자.
○ 입자 하나의 역학적 에너지는 입자 하나의 운동 에너지와 퍼텐셜 에너지 합으로 표현된다.

○ 왜 평균을 쓸까?
이상 기체의 물리학적 의미 때문에 평균을 활용한다.
위에서 ⑤에 해당하는 문제 때문이다.

⑤ 입자(분자)의 운동은 무작위이다.

입자의 운동이 무작위이며, 입자의 속력이 서로 다를 수 있기 때문에 평균 값을 활용한다.
속력은 평균 값을 활용하고
이상 기체는 동일한 입자로 이루어져 있으니 질량은 모두 같을 것이다.

$$\text{역학적 에너지} = \text{운동 에너지} + \text{퍼텐셜 에너지}$$

그런데 위의 규칙에 따르면 입자 자체의 퍼텐셜 에너지는 0이다.
즉, 기체 입자의 역학적 에너지는 기체 입자의 운동 에너지와 같다.
(m은 입자 1개의 질량, v는 입자 한 개의 속력)

$$\text{역학적 에너지} = \text{운동 에너지} \ (\frac{1}{2}mv^2)$$

즉, 이상 기체를 구성하는 입자 1개의 역학적 에너지는 입자 1개의 운동 에너지와 같다.

○ 온도가 높을수록 입자의 평균 속력이 빠르다.
이상 기체의 물리학적 의미 때문에 평균을 활용한다.
위에서 ⑤에 해당하는 문제 때문이다.

○ 이상 기체를 구성하는 입자의 수를 n으로 두고,
모든 입자의 속력의 평균 값을 v_0로 두면 (평균 값을 쓰는 이유는 오른쪽 날개 참고)
이상 기체 전체의 역학적 에너지는 이상 기체의 내부 에너지와 같으므로 다음을 만족한다.
(E_0는 입자 1개의 평균 운동 에너지를 의미한다.)

$$\text{내부 에너지} = n \times \frac{1}{2}mv_0^2 = n \times E_0$$

○ 그런데 기체의 온도(T)가 높을수록 기체 입자의 속력의 평균 값(v_0)이 증가한다.
절대 온도(T)와 입자 1개의 평균 운동 에너지(E_0)의 관계는 다음과 같다.

$$E_0 \propto T$$

정리해 보면 다음 식을 만족한다.

$$\text{내부 에너지} = nE_0 \propto nT$$

즉, 이상 기체의 내부 에너지는 이상 기체의 절대 온도와 입자 수에 비례한다.

내부 에너지 변화량 (이상 기체의 역학적 에너지 변화량)

○ 이상 기체의 내부 에너지 변화량은 이상 기체의 역학적 에너지 변화량이다.
○ 내부 에너지는 기호 U를 활용한다.
○ 내부 에너지 변화량(ΔU)은
기체의 나중($U_{나}$) 내부 에너지에서 처음 내부 에너지($U_{처}$)를 빼준값과 같다.

$$\Delta U = U_{나} - U_{처}$$

그런데 내부 에너지는 입자 수와 온도에 비례하고,
실린더 안의 기체의 양이 변하지 않는다면 다음 식이 성립한다.
($T_{처}$=기체의 처음 온도, $T_{나}$=기체의 나중 온도, ΔT는 절대 온도 변화)

$$\begin{aligned}\Delta U &= (U_{나} - U_{처}) \propto (nT_{나} - nT_{처})\\ &= n(T_{나} - T_{처})\\ &= n\Delta T\end{aligned}$$

기체의 내부 에너지 변화는 기체의 절대 온도 변화에 비례한다.
즉, 다음을 생각할 수 있다.

$\Delta U > 0$: 내부 에너지가 증가했다. (기체의 절대 온도가 증가했다.)
$\Delta U = 0$: 내부 에너지가 일정하다. (기체의 절대 온도가 일정하다.)
$\Delta U < 0$: 내부 에너지가 감소했다. (기체의 절대 온도가 감소했다.)

예를 들면 다음을 생각해보자.

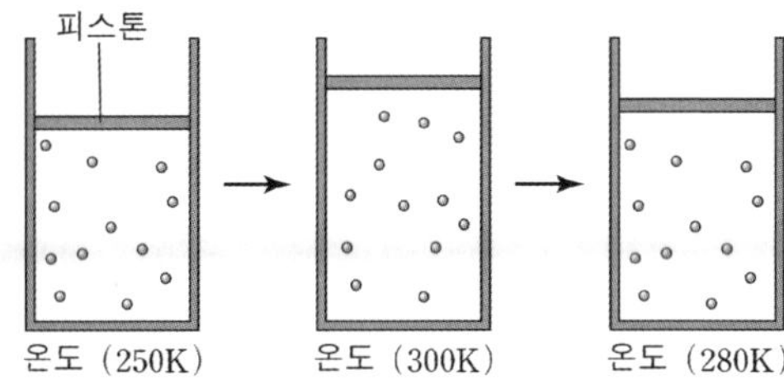

그림과 같이 단열된 실린더에 일정한 양의 이상 기체가 들어있다.
(가)→(나) 과정에서 250K에서 300K로 증가했다가
(나)→(다) 과정에서 300K에서 280K로 감소했다.

(가)→(나) 과정에서 기체의 내부 에너지는 증가했다.
(나)→(다) 과정에서 기체의 내부 에너지는 감소했다.
그런데 기체의 내부 에너지 변화는 기체의 절대 온도 변화에 비례한다.
(가)→(나) 과정에서 기체의 온도 변화는 300K − 250K = 50K
(나)→(다) 과정에서 기체의 온도 변화는 280K − 300K =− 20K으로

(가)→(나) 과정과 (나)→(다) 과정에서 내부 에너지 변화량의 비는 50K : 20K = 5 : 2이다.

기체가 외부에 한 일, 외부로부터 받은 일

기체에 열량(에너지)을 주입하거나,
강제적으로 기체의 부피가 변하는 상황을 생각해 볼 수 있다.
기체의 부피가 증가하는 경우 '기체는 외부에 일을 한다.'라 하고
기체의 부피가 감소하는 경우 '기체는 외부로부터 일을 받는다.'라 한다.

부피 증가
기체가 외부에 일을 한다.

부피 감소
기체가 외부로부터 일을 받는다.

기체가 하거나 받은 일의 양은 $P-V$ 그래프의 면적과 같다.

예를 들면
기체가 A에서 B로 압력 P_0가 일정한 상태로 부피만 변하는 상황을 생각해보자.

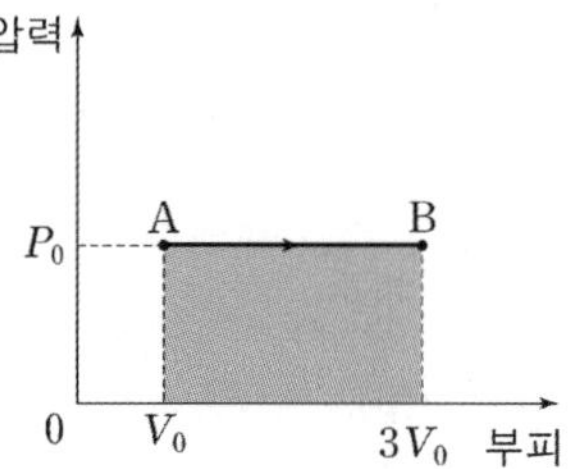

○ 기체의 부피가 '증가'하므로
기체는 '외부에 일을 한다.'

○ 기체가 외부에 한 일은 다음과 같이 그래프의 아래 면적으로 계산할 수 있다.

$$P_0 \times (3V_0 - V_0) = 2P_0V_0$$

반면 아래 예시와 같은 상황은 어떨까?

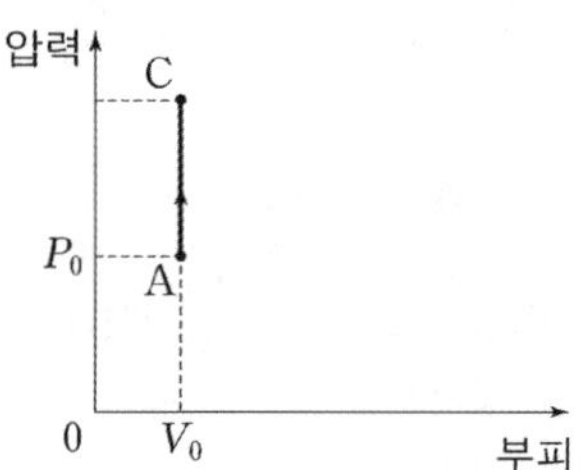

기체가 A에서 C로 부피 V_0가 일정한 상태로 압력만 변한다.

○ 기체의 부피가 변함이 없으므로
기체는 '외부에 일을 하지 않는다.'
즉, 기체가 외부에 일을 해주거나 받은 일의 양은 0이다.

 정리

① 기체의 압력과 부피의 곱은 기체의 절대 온도에 비례한다.

$$PV = nRT$$

② 기체의 내부 에너지(U)

○ 기체의 내부 에너지는 기체의 절대 온도(T)에 비례한다.

$$\Delta T \propto \Delta U$$

○ 기체의 절대 온도가 증가하면(T 증가) 기체의 내부 에너지는 증가한다. ($\Delta U > 0$)
기체의 절대 온도가 감소하면(T 감소) 기체의 내부 에너지는 감소한다. ($\Delta U < 0$)

○ 기체의 양이 서로 다른 두 기체를 비교하는 경우 기체의 내부 에너지는 기체의 온도와 기체의 양의 곱에 비례한다.

$$n\Delta T \propto \Delta U$$

③ 기체가 외부에 한 일/기체가 외부로부터 받은 일(W)

○ 기체의 부피가 증가하면 기체는 외부에 일을 한다.
기체의 부피가 감소하면 기체는 외부로부터 일을 받는다.
기체의 부피 변화가 없으면 기체는 일을 하거나 받지 않는다.

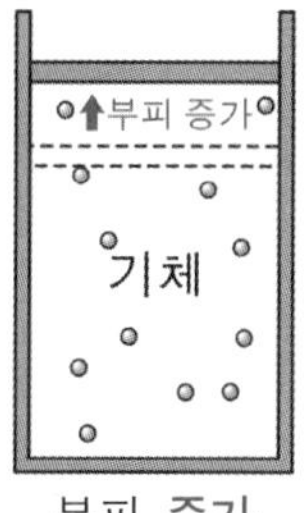

부피 증가
기체가 외부에 일을 한다.

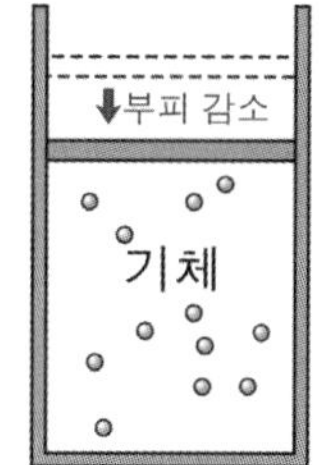

부피 감소
기체가 외부로부터 일을 받는다.

○ 기체가 외부에 한 일 또는 외부로부터 받은 일의 양은 압력-부피($P-V$) 그래프의 밑면적에 해당한다.

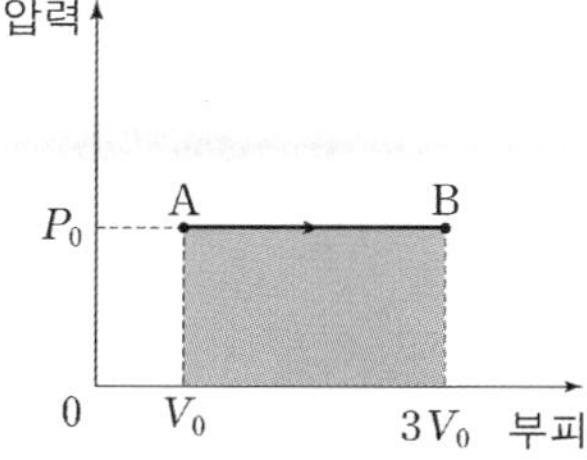

2. 열역학 법칙

열역학 제 0법칙

○ 열역학 법칙
열역학은 제 0법칙부터 4법칙까지 총 5개의 법칙이 존재한다.

0법칙: 열평형 법칙
1법칙: 에너지 보존 법칙
2법칙: 엔트로피 법칙
3법칙: 네른스트-플랑크 법칙
4법칙: 온사게르 상반정리

수능에서는 밑줄 친 부분만 다룬다.

열(에너지)은 온도가 높은 곳에서 낮은 곳으로 이동한다.

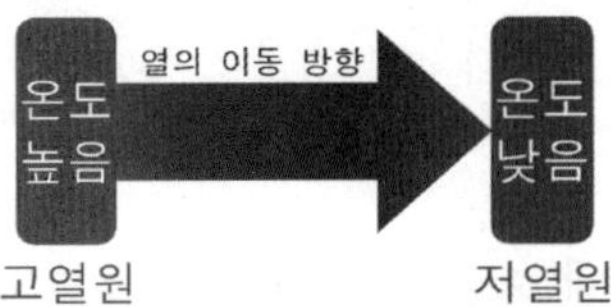

열역학 제 1법칙

기체에 열량(에너지 Q)을 넣는 상황을 생각해보자.
이를 '기체는 열량 Q를 흡수한다.'라고 한다.

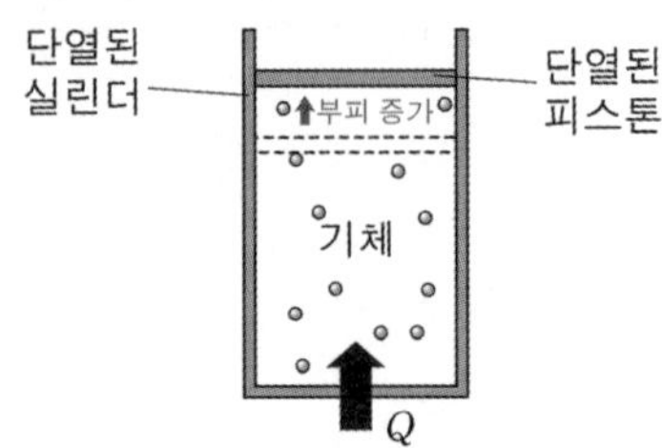

〔기체에 열량 Q를 주입하는 모습이다. 이때 기체는 열량 Q를 전부 흡수하고 기체의 부피가 증가한다.〕

기체가 열량(Q)을 흡수하는 경우 기체의 내부 에너지(역학적 에너지 U)가 증가한다.($\Delta U > 0$)

그렇다면 기체가 흡수한 열량(Q)과 기체의 내부 에너지 변화량(ΔU)은 같을까?

기체는 다음과 같은 특징을 가진다.

기체는 외부로부터 흡수한 열량(Q) 중 일부를 내부 에너지 변화(ΔU)에 활용한다.

그럼 나머지 에너지는 어떻게 될까?
위의 상황에서는 기체의 부피가 변하고 있으므로
기체는 일을 해주거나 받는다.(W)
즉, 아래 그림처럼

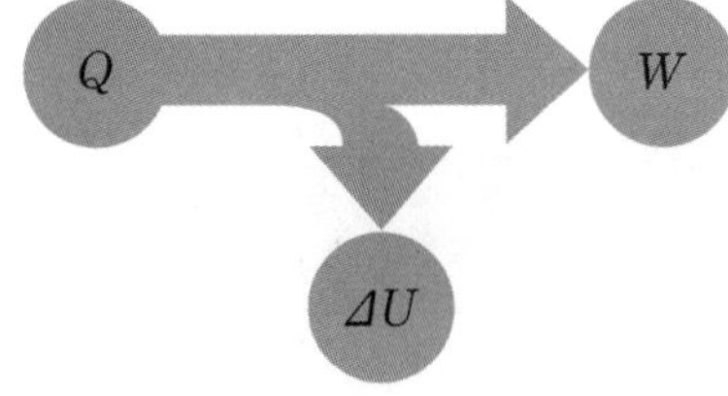

기체가 흡수/방출한 열량(Q) 중 일부는
기체의 내부 에너지 변화(ΔU)에 쓰이고
나머지는 기체가 외부에 일을 하거나 받는 데 쓰인다.(W)

이를 식으로 적어보면 다음과 같다.

$$Q = \Delta U + W$$

이를 만족하는 것을 바로 열역학 제 1법칙이라 부른다.

예시를 통해 이해해 보자.

그림 (가)와 같이 일정량의 이상 기체 A가 들어있는 단열된 실린더에서 피스톤이 정지해 있다. 그림 (나)는 (가)에서 A에 열량 100J을 가했더니 기체의 부피가 서서히 증가한 후 정지한다. 표는 (가)와 (나)에서 기체의 내부 에너지를 나타낸 것이다.

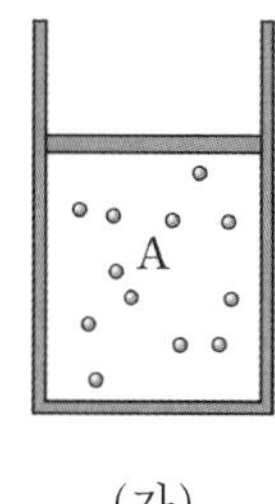

(가)

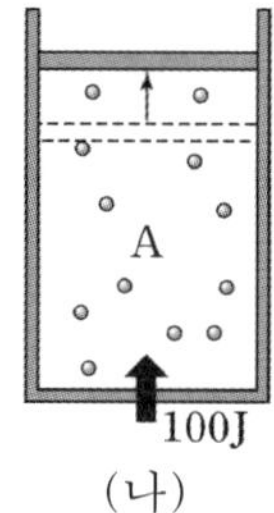

(나)

	내부 에너지(J)
(가)	300J
(나)	320J

(가)→(나)과정에 대해서 다음을 답해보자. (단, 대기압은 일정하고, 피스톤의 질량, 모든 마찰과 공기 저항은 무시한다.)

① 기체가 흡수한 열량(Q)은?
② 기체의 내부 에너지는 증가하는가 감소하는가? 그리고 절대 온도는 증가하는가 감소하는가?
③ 기체의 내부 에너지 변화량은?
④ 기체는 외부에 일을 하는가 외부로부터 일을 받는가? 그리고 그 양은?

① 기체가 흡수한 열량(Q)은 100J이다.

② 기체의 내부 에너지는 300J에서 320J로 증가한다.
따라서
기체의 절대 온도(T)는 증가한다.

③ 기체의 내부 에너지 변화량(ΔU)은 320J − 300J = 20J이다.

④ 기체는 부피가 증가하므로 외부에 일을 한다.
그 양(W_0)은 $Q = \Delta U + W$에 의해 다음이 성립한다.

$$\begin{array}{ccccccc} 100\text{J} & = & 20\text{J} & + & W_0 & & \\ Q & = & \Delta U & + & W & , & W_0 = 80\text{J} \end{array}$$

3. 열역학 과정

여러 가지 열역학 과정

수능에서 배우는 기본적인 열역학 과정은 다음과 같다.

과정	특징
등압 과정	압력(P)이 일정한 과정
등적 과정	부피(V)가 일정한 과정
등온 과정	온도(T)가 일정한 과정
단열 과정	열량 공급이 없는 과정 ($Q=0$)

이번 장부터는 평가원에서 다루는 각 과정에 대해서 배울 것이다.

그 과정을 배우기 전에 복습해보자.
아래는 이번 장을 공부하면서 알고 있어야 한다.

① 기체는 이상 기체 상태 방정식을 만족한다.

$$PV=nRT$$

② 각 과정은 열역학 제 1법칙을 만족한다.

$$Q=\Delta U+W$$

③ 기체의 내부 에너지 변화량(ΔU)은 온도 변화량에 비례한다.

$$\Delta U \propto \Delta T$$

④ 기체가 외부에 한 일이나 받은 일(W)은 $P-V$ 그래프의 밑면적과 같다.
→ 부피 변화가 없으면 기체가 한 일 또는 받은 일이 없다.

⑤ $P-V$ 그래프에서 기체의 등온선은 압력(P)와 부피(V)의 곱이 일정한 분수 함수 곡선이다. ($\frac{1}{x}$)

등압 과정 (압력이 일정한 과정)

압력이 일정한 과정이다.

압력이 일정한 상태에서 기체가 열량(Q)을 흡수하면 기체의 부피와 온도가 증가한다.

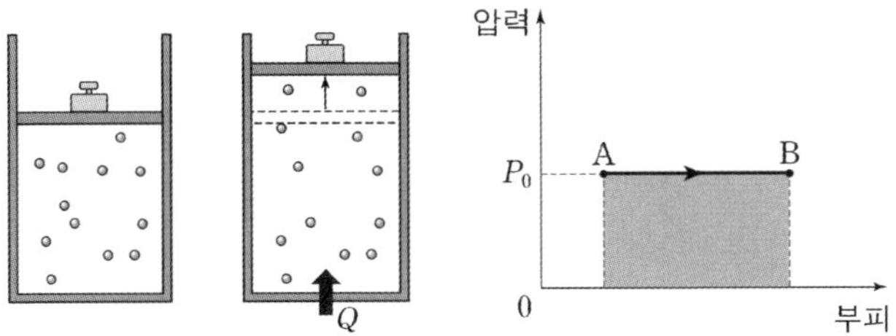

○ 기체가 열량을 흡수하면 ($Q>0$)
기체의 내부 에너지는 증가한다. ($\Delta U>0$)
기체는 외부로 일을 한다.($W>0$)

$$\overset{+}{Q} = \overset{+}{\Delta U} + \overset{+}{W}$$

흡수 증가 일을 한다

압력이 일정한 상태에서 기체가 열량(Q)을 방출하면 기체의 부피와 온도가 감소한다.

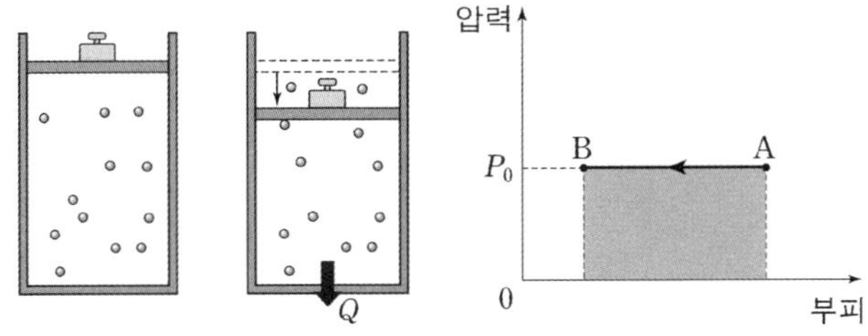

○ 기체가 열량을 방출하면 ($Q<0$)
기체의 내부 에너지는 감소한다. ($\Delta U<0$)
기체는 외부로 부터 일을 받는다.($W<0$)

$$\overset{-}{Q} = \overset{-}{\Delta U} + \overset{-}{W}$$

방출 감소 일을 받는다

★ 단서 찾기

○ 등압 과정에서 부피가 증가하면 열량을 흡수한다.

○ 등압 과정에서 부피가 감소하면 열량을 방출한다.

○ 등압 과정에서
열량을 흡수하면서 기체의 부피가 감소하는 상황과
열량을 방출하면서 기체의 부피가 증가하는 상황은 물리학적으로 불가능하다.

즉, 등압과정에서
Q, ΔU, W의 부호는 같다!

등적 과정 (부피가 일정한 과정)

부피가 일정한 과정이다.

부피가 일정한 상태에서 기체가 열량(Q)을 **흡수**하면 기체의 압력과 온도는 **증가한다**.

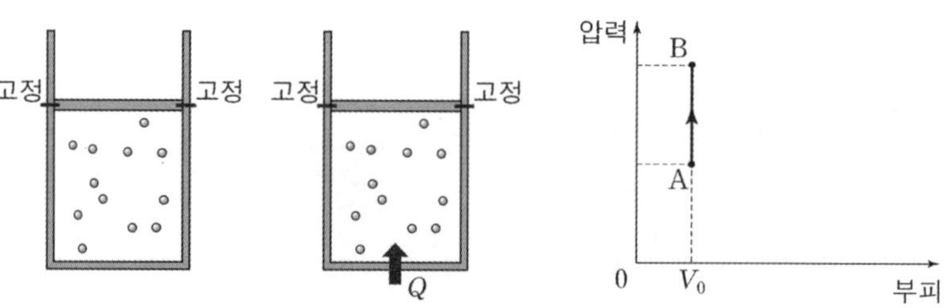

○ 기체는 열량을 **흡수**하면 ($Q>0$)
기체의 내부 에너지는 **증가**한다. ($\Delta U>0$)
기체의 부피는 일정하므로 **일을 하거나 받지 않는다**. ($W=0$)

$$\overset{+}{Q} = \overset{+}{\Delta U}$$
흡수 증가

부피가 일정한 상태에서 기체가 열량(Q)을 **방출**하면 기체의 압력과 온도가 **감소한다**.

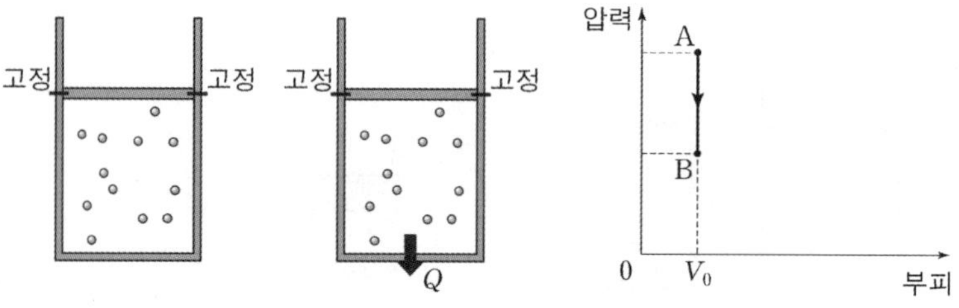

○ 기체는 열량을 **방출하면** ($Q<0$)
기체의 내부 에너지는 **감소한다**. ($\Delta U<0$)
기체의 부피는 일정하므로 **일을 하거나 받지 않는다**. ($W=0$)

$$\overset{-}{Q} = \overset{-}{\Delta U}$$
방출 감소

★ 단서 찾기

○ 등적 과정에서 압력이 증가하면 열량을 흡수한다.

○ 등적 과정에서 압력이 감소하면 열량을 방출한다.

등온 과정 (온도가 일정한 과정)

절대 온도가 일정한 과정이다.
등온선을 따라서 기체의 압력과 부피가 변한다.

온도가 일정한 상태에서 기체가 열량(Q)을 흡수하면 기체의 부피가 증가한다.
★중요! 부피가 증가하면 압력은 감소한다!

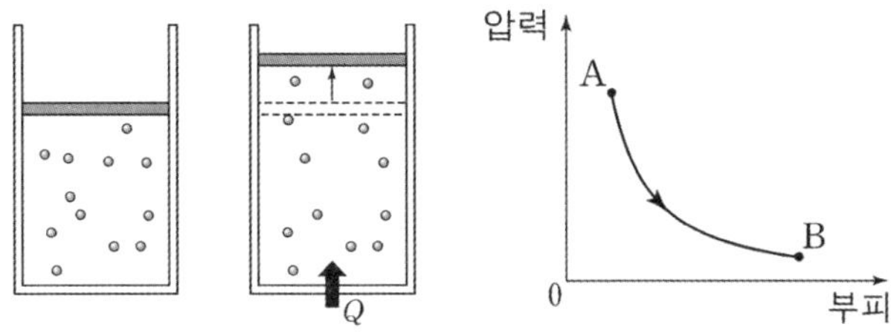

○ 기체가 열량을 흡수하면 ($Q>0$)
기체의 온도가 변하지 않으므로, 내부 에너지는 일정하다.($\Delta U=0$)
기체는 외부로 일을 한다.($W>0$)

$$\overset{+}{Q} = \overset{+}{W}$$

흡수 일을 한다

온도가 일정한 상태에서 기체가 열량(Q)을 방출하면 기체의 부피가 감소한다.
★중요! 부피가 감소하면 압력은 증가한다!

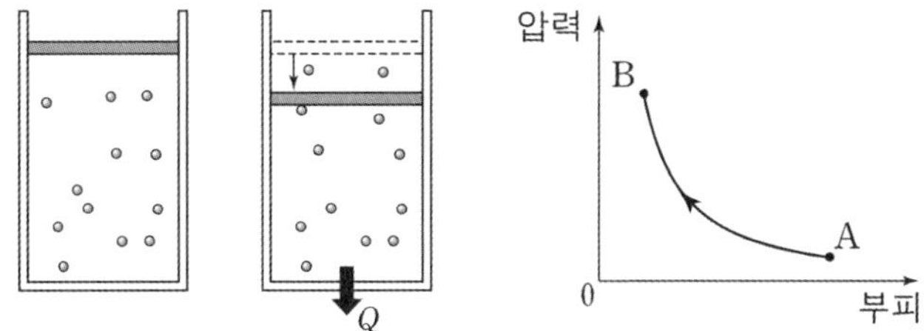

○ 기체가 열량을 방출하면 ($Q<0$)
기체의 온도가 변하지 않으므로, 내부 에너지는 일정하다.($\Delta U=0$)
기체는 외부로부터 일을 받는다. ($W<0$)

$$\overset{-}{Q} = \overset{-}{W}$$

방출 일을 받는다

★ 단서 찾기

○ 등온 과정에서 부피가 증가하면 열량을 흡수한다.
○ 등온 과정에서 부피가 감소하면 열량을 방출한다.

단열 과정 (열량을 흡수하거나 방출하지 않는 과정)

열량을 흡수, 방출하지 않고 부피를 강제적으로 변화시키는 과정이다.
등온선과 등온선 사이를 이동하면서 기체의 압력과 부피가 변한다.

기체가 외부에 일을 하면, 기체의 온도는 감소한다.
★중요! 부피가 증가하면 압력은 감소한다!

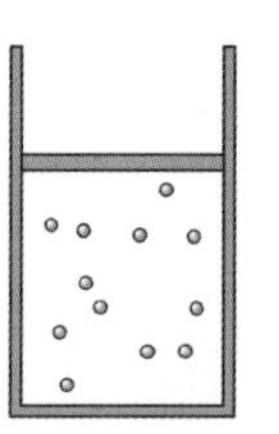

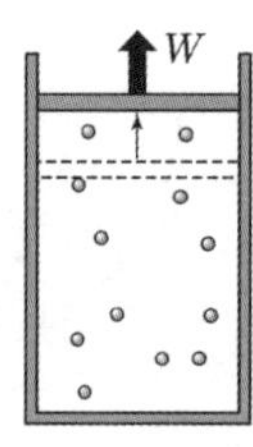

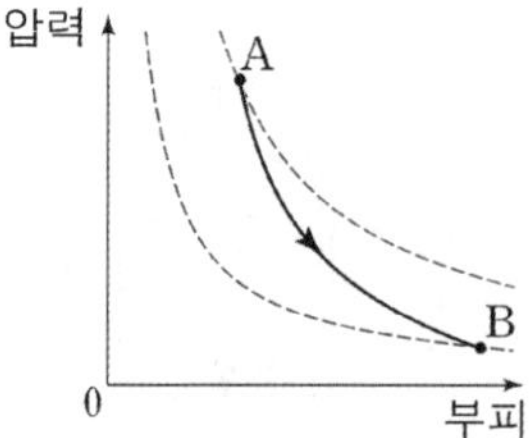

○ 기체는 열량을 흡수하거나 방출하지 않는다. ($Q=0$)
기체의 내부 에너지는 감소한다.($\Delta U<0$)
기체는 외부로 일을 한다.($W>0$)

$$0 = \overset{-}{\Delta U} + \overset{+}{W}$$

감소 일을 한다

기체가 외부로부터 일을 받으면 기체의 온도는 증가한다.
★중요! 부피가 감소하면 압력은 증가한다!

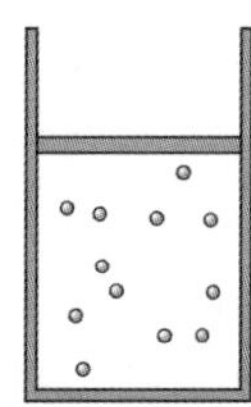

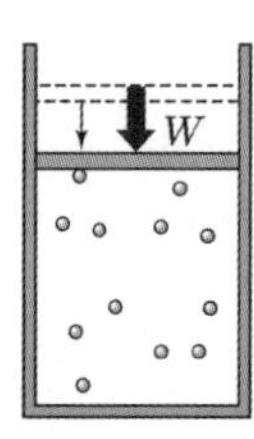

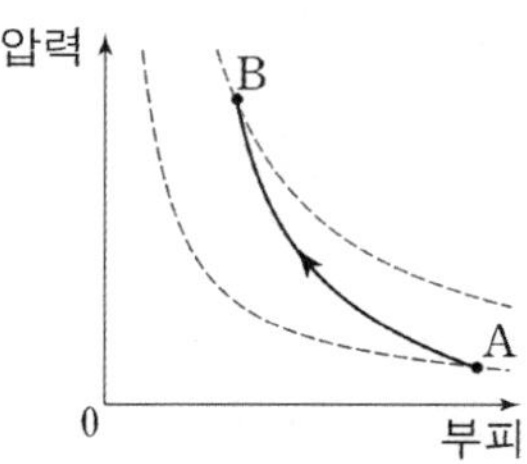

○ 기체는 열량을 흡수하거나 방출하지 않는다. ($Q=0$)
기체의 내부 에너지는 증가한다.($\Delta U>0$)
기체는 외부로부터 일을 받는다. ($W<0$)

$$0 = \overset{+}{\Delta U} + \overset{-}{W}$$

증가 일을 받는다

★ 단서 찾기

○ 단열 과정에서 부피가 증가하면 내부 에너지가 감소한다.
○ 단열 과정에서 부피가 감소하면 내부 에너지가 증가한다.

정리

과정		Q	ΔU	W
등압 과정	압력 일정	+ 흡수	+ 증가	+ 일을 함
		- 방출	- 감소	- 일을 받음
등적 과정	부피 일정	+ 흡수	+ 증가	0
		- 방출	- 감소	
등온 과정	온도 일정	+ 흡수	0	+ 일을 함
		- 방출		- 일을 받음
단열 과정	열량 출입 없음	0	+ 증가	- 일을 받음
			- 감소	+ 일을 함

① 등압 과정

$$Q = \Delta U + W$$

흡수하거나 방출한 열량 ＝

내부 에너지 변화량 ＋ 외부에 한 일/외부로부터 받은 일

○ 등압 과정에서 부피가 증가하면 열량을 흡수한다.
○ 등압 과정에서 부피가 감소하면 열량을 방출한다.

② 등적 과정

$$Q = \Delta U$$

흡수하거나 방출한 열량 ＝ 내부 에너지 변화량

○ 등적 과정에서 압력이 증가하면 열량을 흡수한다.
○ 등적 과정에서 압력이 감소하면 열량을 방출한다.

③ 등온 과정

$$Q = W$$

흡수하거나 방출한 열량 ＝ 외부에 한 일/외부로부터 받은 일

○ 등온 과정에서 부피가 증가하면 열량을 흡수한다.
○ 등온 과정에서 부피가 감소하면 열량을 방출한다.

④ 단열 과정

$$0 = \Delta U + W$$

내부 에너지 변화량 ＝ 외부에 한 일/외부로부터 받은 일

○ 단열 과정에서 부피가 증가하면 내부 에너지가 감소한다.
○ 단열 과정에서 부피가 감소하면 내부 에너지가 증가한다.

4. 열기관

열기관과 열효율의 정의

열기관: 열량을 흡수하여 외부로 일을 하는 기관.
열기관에서 에너지는 다음과 같이 표현한다.

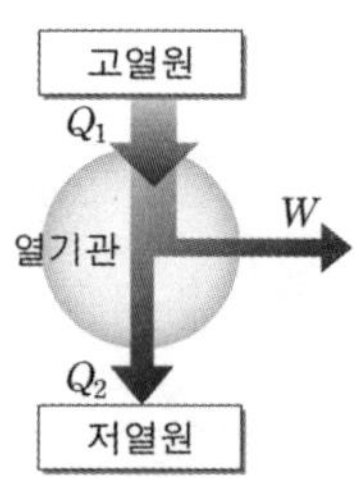

열기관은
고열원에서 열량(Q_1)을 흡수하고
외부로 일을 하고 (W)
저열원으로 열량(Q_2)을 방출한다.

에너지의 관계식은 다음과 같다.

$$Q_1 = Q_2 + W$$

열효율(ε): 흡수한 열량에 따라 외부에 한 일의 양의 비율.

식으로 표현하면 다음과 같다. (정의)

$$\varepsilon = \frac{W}{Q_1}$$

위의 식($Q_1 = Q_2 + W$)을 대입해 보면 다음과 같이 여러 가지 방법으로 표현할 수 있다.

$$\varepsilon = \frac{W}{Q_1} = \frac{Q_1 - Q_2}{Q_1} = \frac{W}{Q_2 + W} = \frac{Q_1 - Q_2}{Q_2 + W}$$

열기관의 P-V 그래프

① 열기관은 '**일정량의 이상 기체**'를 이용한다.
즉, 피스톤 안의 **한 기체만**을 활용한다.
② '**일정량의 이상 기체**'가 압력과 부피가 변해서 한 바퀴의 순환 과정을 거친 후 다시 원래 상태로 돌아온다.
예를 들면 아래 그림과 같이 기체는 A→B→C→D→A를 거쳐 한 바퀴의 순환 과정을 거친 후 원래 상태로 돌아온다.

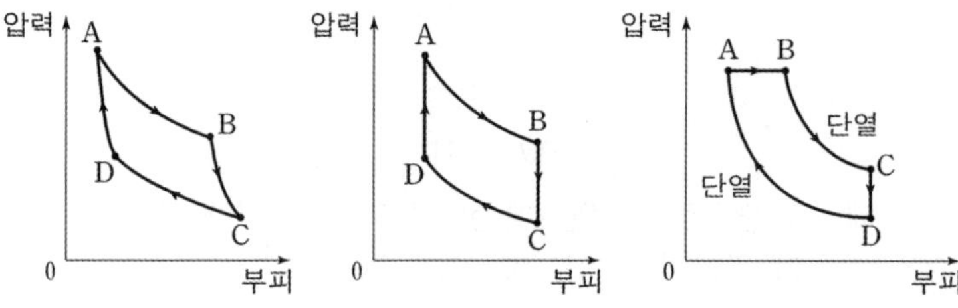

열기관에서 물리량의 의미

열역학 1법칙에서 활용하는 Q, W와
열기관에서 활용되는 Q, W의 차이가 무엇일까?

아래의 열기관을 생각해보자.

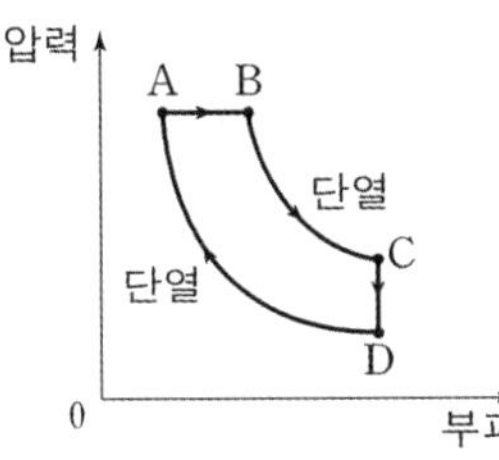

과정	
A→B	등압 과정
B→C	단열 과정
C→D	등적 과정
D→A	단열 과정

열역학 제 1법칙

활용되는 식은 아래와 같다.

$$Q = \Delta U + W$$

해당 식은
'열기관 전체'에 직접적으로 **활용되는 식이 아니라**
'각각의 과정'에 **적용되는 식이다.**

A→B→C→D→A 과정 전체에 적용되는 식이 아니라
각 과정
A→B, B→C, C→D, D→A 과정에서 각각 적용된다.

열기관

활용되는 식은 아래와 같다.

$$Q_1 = Q_2 + W,\ \ \varepsilon = \frac{W}{Q_1}$$

해당 식은
'열기관 전체'에 **활용되는 식이며**
'각각의 과정'에 **활용되는 식이 아니다.**
A→B→C→D→A 과정 전체에 적용되는 식이다.

그림으로 이해

○ 그림으로 이해해 보자. 위의 열기관에서 각 과정마다 $Q = \Delta U + W$가 존재한다.

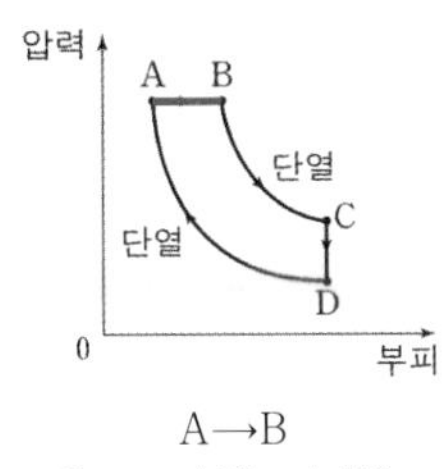

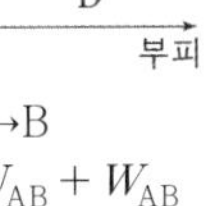

A→B
$Q_{AB} = \Delta U_{AB} + W_{AB}$

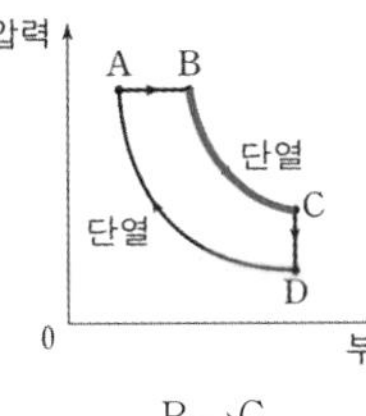

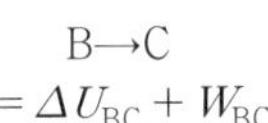

B→C
$0 = \Delta U_{BC} + W_{BC}$

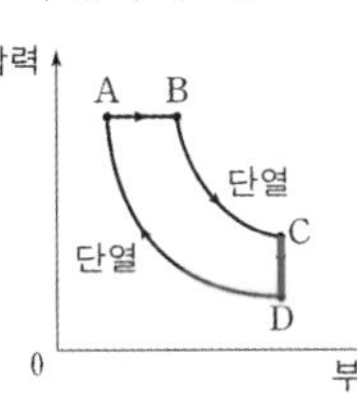

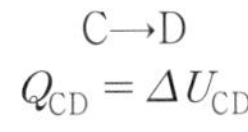

C→D
$Q_{CD} = \Delta U_{CD}$

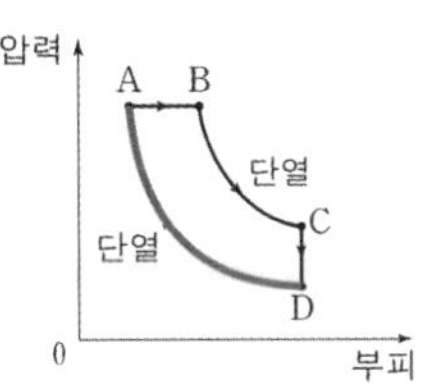

D→A
$0 = \Delta U_{DA} + W_{DA}$

○ 열기관 전체에서는 $Q_1 = Q_2 + W$, $\varepsilon = \frac{W}{Q_1}$를 적용할 수 있다.

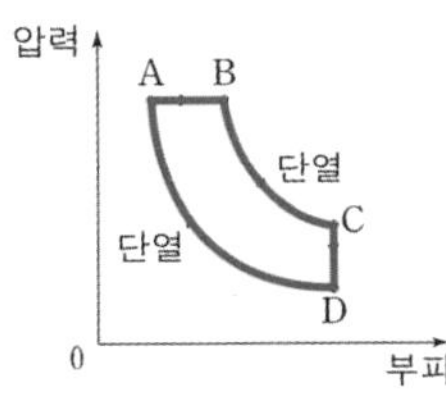

A→B→C→D→A
$Q_1 = Q_2 + W,\ \ \varepsilon = \frac{W}{Q_1}$

열기관 계산 방법

Ⅰ 기본

다음 열기관을 예로 들어 설명해 보겠다.
각 개별 과정마다 Q, ΔU, W가 존재한다.

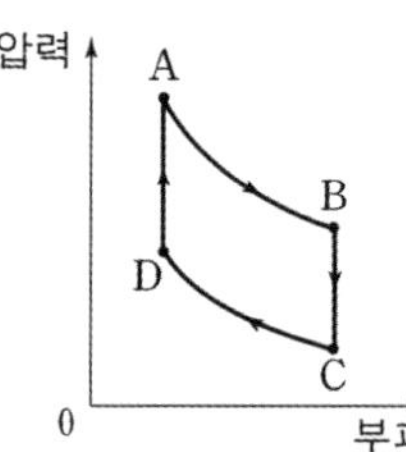

과정		Q	ΔU	W
A→B	등온 과정	Q_{AB}	0	W_{AB}
B→C	등적 과정	Q_{BC}	ΔU_{BC}	0
C→D	등온 과정	Q_{CD}	0	W_{CD}
D→A	등적 과정	Q_{DA}	ΔU_{DA}	0

이 정보를 가지고 $Q_1 = Q_2 + W$, $\varepsilon = \dfrac{W}{Q_1}$의 Q_1, Q_2, W의 정보를 얻어야 한다.

① Q_1, Q_2 (흡수, **방출**한 열량)

Q_1, Q_2는 열기관 전체에서 각각 흡수/방출한 **모든 열량을 합**해서 구할 수 있다.

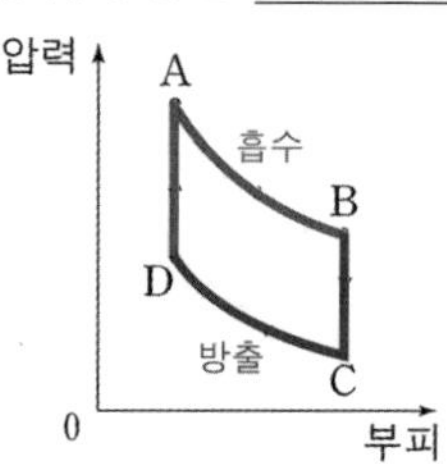

A→B는 등온 과정이고, 부피가 증가하므로, 열량을 흡수한다.
B→C는 등적 과정이고, 압력이 **감소**하므로, **열량을 방출**한다.
C→D는 등온 과정이고, 부피가 **감소**하므로, **열량을 방출**한다.
D→A는 등적 과정이고, 압력이 증가하므로, 열량을 흡수한다.

Q_1과 Q_2는 다음과 같이 계산된다.

$$Q_1 = Q_{AB} + Q_{DA}$$
$$Q_2 = Q_{BC} + Q_{CD}$$

② W (외부에 한 일)

그래프에서 내부 면적을 의미한다.
그런데 내부 면적을 구하기 위해서는
각 과정에서 외부에 한 일에서 외부로부터 받은 일을 빼서 계산이 가능하다.

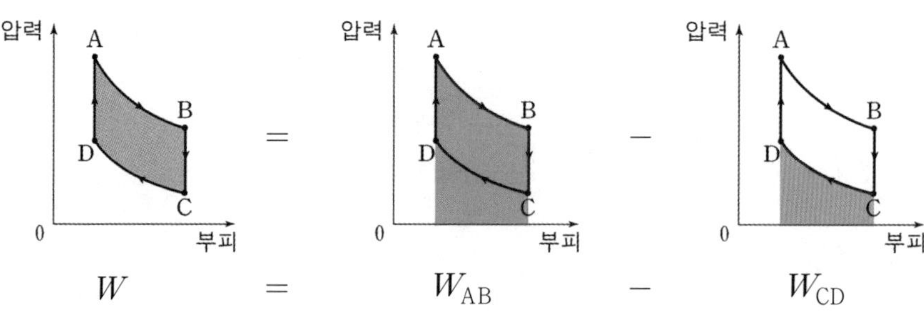

$$W = W_{AB} - W_{CD}$$

다음과 같은 기출 상황을 생각해 보자.

21학년도 9월 모의고사 15번 문항

그림은 열기관에서 일정량의 이상 기체의 상태가 A→B→C→D→A를 따라 변할 때 기체의 압력과 부피를, 표는 각 과정에서 기체가 외부에 한 일 또는 외부로부터 받은 일을 나타낸 것이다. 기체는 A→B 과정에서 250J의 열량을 흡수하고, B→C 과정과 D→A 과정은 열 출입이 없는 단열 과정이다.

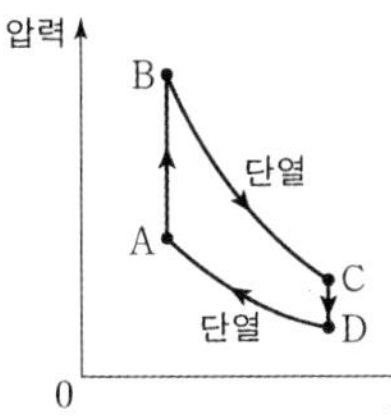

과정	외부에 한 일 또는 외부로부터 받은 일(J)
A→B	0
B→C	100
C→D	0
D→A	50

위의 정보를 정리해 보자.
(외부에 한 일 또는 외부로부터 받은 일은 W를 의미한다.)

① 조건에서 A→B 과정에서 흡수한 열량(Q)은 250J이다.

② A→B 과정은 등적 과정이고, 압력이 증가하므로 열량을 흡수하는 과정이다.
C→D 과정은 등적 과정이고, 압력이 감소하므로 열량을 방출하는 과정이다.

③ B→C, D→A 과정은 각각 단열 과정이므로 흡수/방출한 열량(Q)은 0이다.
위를 표로 정리해 보면 다음과 같다.

과정		Q(J)	ΔU(J)	W(J)
A→B	등적 과정	250		0
B→C	단열 과정	0		100
C→D	등적 과정	Q_{CD}		0
D→A	단열 과정	0		50

○ $Q=\Delta U+W$ 적용

위의 표에서 각 과정에서 $Q=\Delta U+W$가 성립되도록 표를 채워보면 다음과 같다.

과정		Q(J)	ΔU(J)	W(J)
A→B	등적 과정	250	250	0
B→C	단열 과정	0	100	100
C→D	등적 과정	Q_{CD}	Q_{CD}	0
D→A	단열 과정	0	50	50

○ $Q_1=Q_2+W$의 Q_1, Q_2, W 구하기

① Q_1: 열기관에서 흡수한 열량은 A→B 과정에서 흡수한 열량인 250J이다.

$$Q_1=250\text{J}$$

② Q_2: 열기관에서 방출한 열량은 C→D 과정에서 방출한 열량인 Q_{CD}이다.

$$Q_2=Q_{CD}$$

③ W: B→C 과정에서는 부피가 증가하므로 기체가 외부에 일을 하는 과정이고
D→A 과정에서는 부피가 감소하므로 기체가 외부로부터 일을 받는 과정이다.
따라서 다음이 성립한다.

$$W=100\text{J}-50\text{J}=50\text{J}$$

④ $Q_1=Q_2+W$에 의해 다음이 성립한다.

$$250\text{J}=Q_{CD}+50\text{J},\ Q_{CD}=200\text{J}$$

○ 열효율 계산하기

열효율은 다음과 같이 계산된다.

$$\varepsilon=\frac{W}{Q_1}=\frac{50\text{J}}{250\text{J}}=0.2$$

② 내부 에너지에 관하여

방금 예시를 다시 살펴보자.
열기관은 한 번 순환하여 다시 원래 상태로 돌아온다.
A에서 기체의 내부 에너지를 U로 두고,
B, C, D에서 내부 에너지를 구해보자.

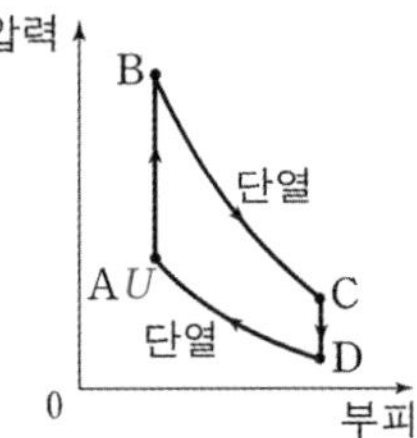

과정		Q(J)	ΔU(J)	W(J)
A→B	등적 과정	250	250	0
B→C	단열 과정	0	100	100
C→D	등적 과정	Q_{CD}	Q_{CD}	0
D→A	단열 과정	0	50	50

① A→B 과정

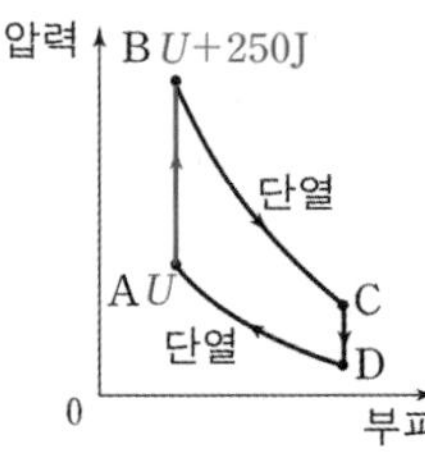

과정		ΔU(J)
A→B	등적 과정	250
B→C	단열 과정	100
C→D	등적 과정	Q_{CD}
D→A	단열 과정	50

A→B 과정은 등적 과정이고,
압력이 증가하므로 내부 에너지가 증가한다.
이때 내부 에너지가 250J만큼 증가한다.
따라서 B에서 내부 에너지는 다음과 같다.

$$U+250\text{J}$$

② B→C 과정

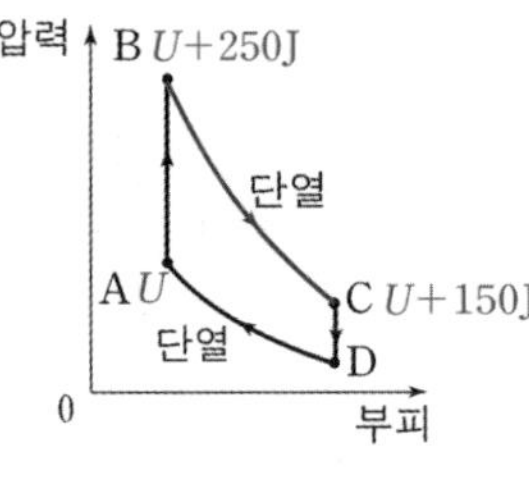

과정		ΔU(J)
A→B	등적 과정	250
B→C	단열 과정	100
C→D	등적 과정	Q_{CD}
D→A	단열 과정	50

B→C 과정은 단열 과정이고,
부피가 증가하므로, 내부 에너지는 **감소한다**.
이때 내부 에너지가 100J만큼 **감소한다**.
따라서 C에서 내부 에너지는 다음과 같이 계산된다.

$$U+250\text{J}-100\text{J}=U+150\text{J}$$

③ C→D 과정

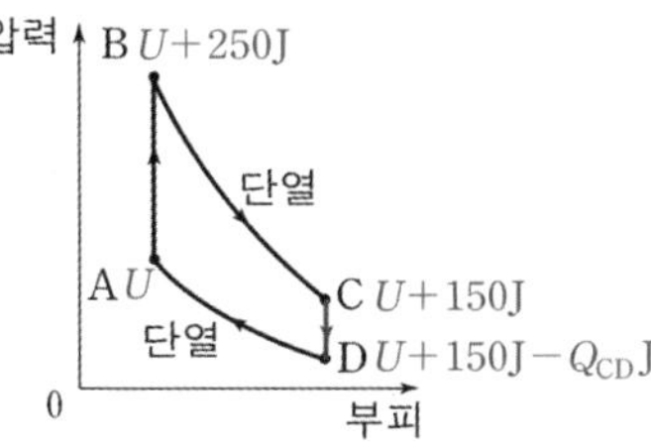

과정		ΔU(J)
A→B	등적 과정	250
B→C	단열 과정	100
C→D	등적 과정	Q_{CD}
D→A	단열 과정	50

C→D 과정은 등적 과정이고,
압력이 감소하므로, 내부 에너지는 감소한다.
이때 내부 에너지가 Q_{CD}J만큼 감소한다.
따라서 D에서 내부 에너지 다음과 같이 계산된다.

$$U+150\text{J}-Q_{CD}\text{J}$$

④ D→A 과정

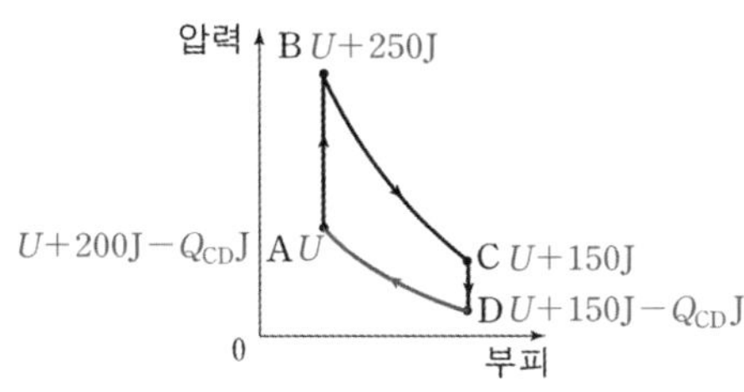

과정		ΔU(J)
A→B	등적 과정	250
B→C	단열 과정	100
C→D	등적 과정	Q_{CD}
D→A	단열 과정	50

D→A 과정은 단열 과정이고,
부피가 감소하므로, 내부 에너지는 증가한다.
이때 내부 에너지가 50J만큼 증가한다.
따라서 B에서 내부 에너지 다음과 같이 계산된다.

$$U+150\text{J}-Q_{CD}\text{J}+50\text{J}=U+200\text{J}-Q_{CD}\text{J}$$

그런데! A에서 내부 에너지는 U이다.

$$U+200\text{J}-Q_{CD}\text{J}=U$$
$$Q_{CD}=200$$

이렇듯, 열기관 문제에서는
내부 에너지가 한 번의 순환 과정을 거친 후 다시 제자리로 돌아왔을 때 내부 에너지 변화는 없다는 성질을 이용하면 편하다.
직접 적용하는 방법은 다음과 같다.

① 표에서 감소는 (−), 증가는 (+) 로 표기한다.

과정		ΔU(J)
A→B	등적 과정	+250
B→C	단열 과정	−100
C→D	등적 과정	$-Q_{CD}$
D→A	단열 과정	+50

② 해당 값을 모두 더한다. 그 값은 0이다.

$$+250-100-Q_{CD}+50=0 \rightarrow Q_{CD}=200$$

기출 예시 1

23학년도 9월 모의고사 15번 문항

그림은 열기관에서 일정량의 이상 기체가 상태 A→B→C→D→A를 따라 순환하는 동안 기체의 압력과 부피를, 표는 각 과정에서 기체가 흡수 또는 방출하는 열량과 기체의 내부 에너지 증가량 또는 감소량을 나타낸 것이다.

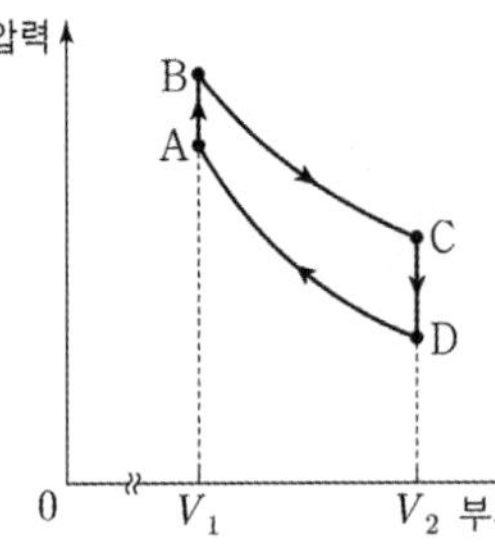

과정	흡수 또는 방출하는 열량(J)	내부 에너지 증가량 또는 감소량(J)
A→B	50	㉡
B→C	100	0
C→D	㉠	120
D→A	0	㉢

이에 대한 설명으로 옳은 것만을 〈보기〉에서 있는 대로 고른 것은?

〈보 기〉

ㄱ. ㉠은 120이다.

ㄴ. ㉢−㉡=20이다.

ㄷ. 열기관의 열효율은 0.2이다.

해설

○ 흡수 또는 방출하는 열량(J)은 Q이다.
○ 내부 에너지 증가량 또는 감소량(J)은 ΔU이다.

① B→C 과정은 내부 에너지 변화(ΔU)가 0이므로 등온 과정이다.
D→A 과정은 흡수 또는 방출하는 열량(Q)이 0이므로 단열 과정이다.
A→B 과정, C→D 과정은
등적 과정이므로 외부에 한 일 또는 외부로부터 받은 일(W)이 0이다.

이를 정리해 보면 다음과 같다.

과정		Q(J)	ΔU(J)	W(J)
A→B	등적 과정	50	㉡	0
B→C	등온 과정	100	0	
C→D	등적 과정	㉠	120	0
D→A	단열 과정	0	㉢	

② 각 과정에서 $Q=\Delta U+W$를 적용해 보면 아래와 같다.

과정		Q(J)	ΔU(J)	W(J)
A→B	등적 과정	50	50(㉡)	0
B→C	등온 과정	100	0	100
C→D	등적 과정	120(㉠)	120	0
D→A	단열 과정	0	㉢	㉢

○ $Q_1=Q_2+W$의 Q_1, Q_2, W 구하기

① Q_1:열기관에서 흡수한 열량은 A→B, B→C 과정에서 흡수한 열량의 합과 같다.

$$Q_1=50\text{J}+100\text{J}=150\text{J}$$

② Q_2:열기관에서 방출한 열량은 C→D 과정에서 방출한 열량인 120J이다.

$$Q_2=120\text{J}$$

③ W: B→C 과정에서는 부피가 증가하므로 기체가 외부에 일을 하는 과정이고
D→A 과정에서는 부피가 감소하므로 기체가 외부로부터 일을 받는 과정이다.
따라서 다음이 성립한다.

$$W=(100-㉢)\text{J}$$

④ $Q_1=Q_2+W$에 의해 다음이 성립한다.

$$150\text{J}=120\text{J}+(100-㉢)\text{J},\ ㉢=70,\ W=30\text{J}$$

○ 열효율 계산하기
열효율은 다음과 같이 계산된다.

$$\varepsilon=\frac{W}{Q_1}=\frac{30\text{J}}{150\text{J}}=0.2$$

정리해 보면 다음과 같다.

과정		Q(J)	ΔU(J)	W(J)
A→B	등적 과정	50	50(㉡)	0
B→C	등온 과정	100	0	100
C→D	등적 과정	120(㉠)	120	0
D→A	단열 과정	0	70(㉢)	70(㉢)

ㄱ. ㉠은 120이다.

(ㄱ. 참)

ㄴ. ㉢−㉡=70−50=20이다.

(ㄴ. 참)

ㄷ. 열기관의 열효율은 0.2이다.

(ㄷ. 참)

정답

기출 예시 1
ㄱ, ㄴ, ㄷ

열기관 문항 구조 분석

열기관 문제의 정보와 문제 풀이 알고리즘은 다음과 같다.

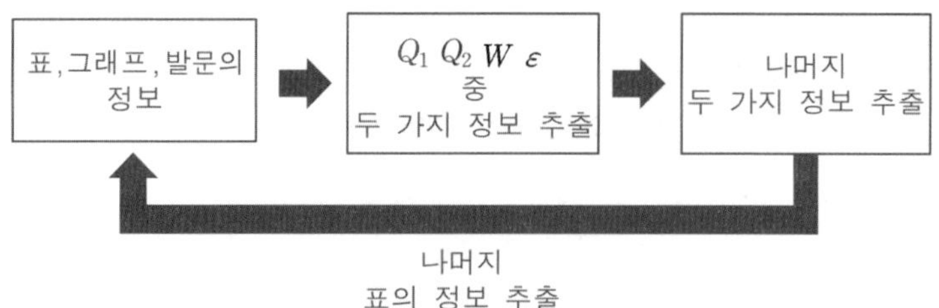

표, 발문, 그래프에서 제시된 정보를 기반으로
Q_1, Q_2, W, ε 네 가지 정보 중 2가지 정보를 얻어 낼 수 있다.

'메카니카 역학편의 등가속도 운동[다섯 가지 정보]'처럼

열역학에서도 Q_1, Q_2, W, ε 네 가지 정보 중 최소 두 가지 정보가 제시되면
나머지 두 가지 정보를 얻어 낼 수 있다.
그 경우의 수는 다음과 같다.

$$4C2 = 6$$

네 가지 정보	네 가지 정보 중 두 가지 정보
1) 흡수한 열량 (Q_1) 2) 방출한 열량 (Q_2) 3) 외부에 한 일 (W) 4) 열효율 (ε)	12 13 14 23 24 34

※ 예를 들어 23은 Q_2, W가 주어진 경우를 말하는 것이다.

그런데 해당 분류는 '등가속도 운동[다섯 가지 정보]'처럼 분류하여 분석할 필요가 없다.
(쉽기 때문)
하지만 빨간색으로 표기된 4) 열효율(ε)의 정보가 제공된 부분은 분석해 볼 필요가 있다.

문제는 항상 Q_1, Q_2, W, ε 네 가지 정보 중
두 가지 정보는 찾을 수 있게끔 구성된다.

두 가지 정보를 찾아 네 가지 정보로 바꾼 후
비어있는 정보를 채워가는 식으로 문제 풀이 전략을 세우는 것이 좋다.

표의 정보를 해결하는 방법은
각 과정에서 $Q=\Delta U+W$를 이용한 표 채우기이기 때문에
정보 제공 방식은 출제자가 가지고 있으므로, 유형화시킬 수 없다.
유형화를 시킨다고 해도 의미가 없고,
사실 일전의 내용을 전부 이해했다면 이미 해결된 것이므로 걱정할 필요가 없다.

두 가지 정보 처리 방법

두 가지 정보가 제시되었을 때 나머지 두 가지 정보를 구하는 과정은 다음과 같다.

① 12 (Q_1, Q_2)

$$Q_1 - Q_2 = W,\ \frac{Q_1 - Q_2}{Q_1} = \varepsilon$$

② 13 (Q_1, W)

$$Q_1 - W = Q_2,\ \frac{W}{Q_1} = \varepsilon$$

③ 14 (Q_1, ε)

$$W = \varepsilon Q_1,\ Q_2 = (1-\varepsilon) Q_1$$

④ 23 (Q_2, W)

$$Q_1 = Q_2 + W,\ \frac{W}{Q_2 + W} = \varepsilon$$

⑤ 24 (Q_2, ε)

$$Q_2 = (1-\varepsilon) Q_1,\ \frac{\varepsilon}{(1-\varepsilon)} Q_2 = W$$

⑥ 34 (W, ε)

$$W = \varepsilon Q_1,\ \left(\frac{1-\varepsilon}{\varepsilon}\right) W = Q_2$$

위의 식을 외울 필요는 없다.
③, ⑤, ⑥을 분석해 보자.

열효율(ε)이 문제에서 제공된 경우 1에서 열효율을 뺀 값 ($1-\varepsilon$)을 주로 활용된다.
재미있는건 아래와 같은 비율이 성립된다는 것이다.

$$\varepsilon : 1-\varepsilon = W : Q_2$$

위의 식은 알고 있는 것이 좋다.
실전에서는 다음과 같이 생각해보는 것이 좋다.

실전 활용 열효율 정보가 제공되었을때

○ 문제에서 열효율이 직접 제공되었다.
① 1−(열효율)을 구해본다.
② 열효율:1−(열효율)의 비를 구한다.
③ W: Q_2를 계산한다.

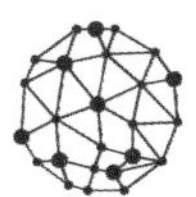

기출 예시 2

21학년도 수능 12번 문항

그림은 열효율이 0.3인 열기관에서 일정량의 이상 기체가 상태 A→B→C→D→A를 따라 순환하는 동안 기체의 압력과 부피를, 표는 각 과정에서 기체가 흡수 또는 방출하는 열량을 나타낸 것이다.

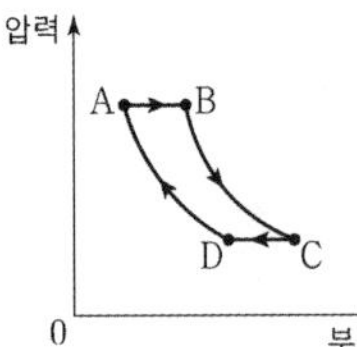

과정	흡수 또는 방출하는 열량(J)
A→B	㉠
B→C	0
C→D	140
D→A	0

이에 대한 설명으로 옳은 것만을 〈보기〉에서 있는 대로 고른 것은?

〈보 기〉

ㄱ. ㉠은 200이다.

ㄴ. A→B 과정에서 기체의 내부 에너지는 감소한다.

ㄷ. C→D 과정에서 기체는 외부로부터 열을 흡수한다.

해설

○ 흡수 또는 방출하는 열량(J)은 Q이다.

① B→C, D→A 과정은 흡수 또는 방출하는 열량(Q)이 0이므로 단열 과정이다.
이를 정리해 보면 다음과 같다.

과정		Q(J)	ΔU(J)	W(J)
A→B	등압 과정	㉠		
B→C	단열 과정	0		
C→D	등압 과정	140		
D→A	단열 과정	0		

○ $Q_1 = Q_2 + W$의 Q_1, Q_2, W 구하기

① Q_1:열기관에서 **흡수한** 열량은 A→B 과정에서 **흡수한** 열량이다.

$$Q_1 = ㉠\text{J}$$

② Q_2:열기관에서 **방출한** 열량은 C→D 과정에서 **방출한** 열량인 140J이다.

$$Q_2 = 140\text{J}$$

그런데! 열효율이 0.3이므로 W: Q_2는 다음과 같다.

$$W : Q_2 = 0.3 : (1-0.3)$$

$$W : 140\text{J} = 3 : 7$$

$$W = 60\text{J}$$

③ $Q_1 = Q_2 + W$에 의해 다음이 성립한다.

$$㉠\text{J} = 140\text{J} + 60\text{J},\ ㉠ = 200$$

정리해 보면 다음과 같다.

과정		Q(J)	ΔU(J)	W(J)
A→B	등압 과정	200(㉠)		
B→C	단열 과정	0		
C→D	등압 과정	140		
D→A	단열 과정	0		

ㄱ. ㉠은 200이다.

(ㄱ. 참)

ㄴ. A→B 과정은 등압 과정이고 부피가 증가하므로 내부 에너지가 증가한다.

(ㄴ. 거짓)

ㄷ. C→D 과정은 등압 과정이고 부피가 감소하므로 열량을 방출한다.

(ㄷ. 거짓)

※ 해당 문제는 각 과정의 ΔU와 W 없이도 문제가 풀리게끔 설계되었다.

정답

기출 예시 2

ㄱ

 세상에 존재하는 모든 열기관

실제로 존재하는 열기관에 대해 다루어 보겠다. 하지만,
수능에서는 2022학년도부터 해당 열기관 외의 열기관도 나오므로 큰 의미가 없다.
'배경지식, 자료' 정도로 생각해 보고 각 과정의 특징을 가볍게 살펴보고 넘어가자.

과정	기체가 흡수하거나 방출한 열량 Q	기체의 내부 에너지 증가량 또는 감소량 ΔU	기체가 외부에 한 일 또는 외부로부터 받은 일 W
A→B	Q_{AB}	U_{AB}	W_{AB}
B→C	Q_{BC}	U_{BC}	W_{BC}
C→D	Q_{CD}	U_{CD}	W_{CD}
D→A	Q_{DA}	U_{DA}	W_{DA}

빨간색 : 열량 흡수
파란색 : 열량 방출

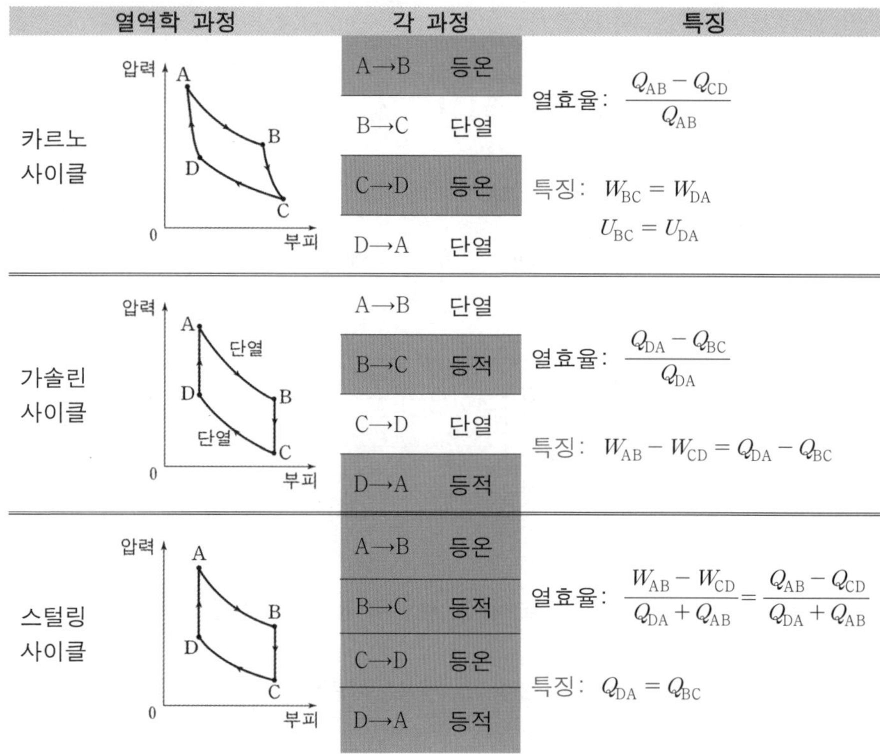

열역학 과정		각 과정	특징
카르노 사이클	(압력-부피 그래프: A, B, C, D)	A→B 등온 B→C 단열 C→D 등온 D→A 단열	열효율: $\frac{Q_{AB}-Q_{CD}}{Q_{AB}}$ 특징: $W_{BC}=W_{DA}$ $U_{BC}=U_{DA}$
가솔린 사이클	(압력-부피 그래프: A, B, C, D, 단열, 단열)	A→B 단열 B→C 등적 C→D 단열 D→A 등적	열효율: $\frac{Q_{DA}-Q_{BC}}{Q_{DA}}$ 특징: $W_{AB}-W_{CD}=Q_{DA}-Q_{BC}$
스털링 사이클	(압력-부피 그래프: A, B, C, D)	A→B 등온 B→C 등적 C→D 등온 D→A 등적	열효율: $\frac{W_{AB}-W_{CD}}{Q_{DA}+Q_{AB}}=\frac{Q_{AB}-Q_{CD}}{Q_{DA}+Q_{AB}}$ 특징: $Q_{DA}=Q_{BC}$

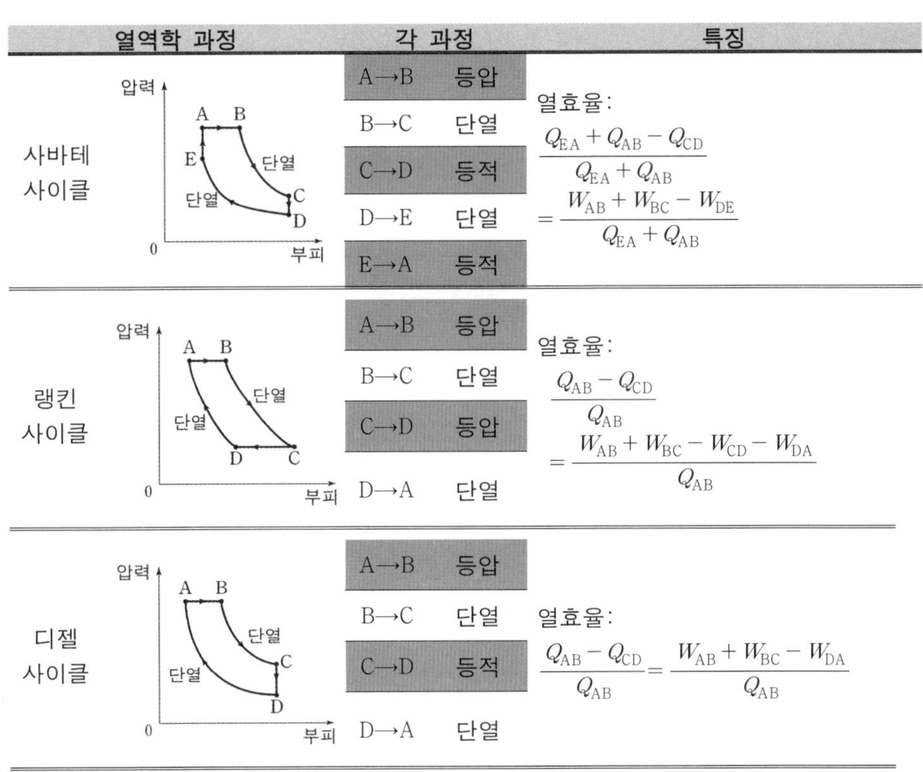

열역학 과정	각 과정	특징
사바테 사이클	A→B 등압 B→C 단열 C→D 등적 D→E 단열 E→A 등적	열효율: $\frac{Q_{EA}+Q_{AB}-Q_{CD}}{Q_{EA}+Q_{AB}}$ $=\frac{W_{AB}+W_{BC}-W_{DE}}{Q_{EA}+Q_{AB}}$
랭킨 사이클	A→B 등압 B→C 단열 C→D 등압 D→A 단열	열효율: $\frac{Q_{AB}-Q_{CD}}{Q_{AB}}$ $=\frac{W_{AB}+W_{BC}-W_{CD}-W_{DA}}{Q_{AB}}$
디젤 사이클	A→B 등압 B→C 단열 C→D 등적 D→A 단열	열효율: $\frac{Q_{AB}-Q_{CD}}{Q_{AB}}=\frac{W_{AB}+W_{BC}-W_{DA}}{Q_{AB}}$

5. 피스톤 유형

피스톤 유형에서 활용되는 도구

해당 파트에서는 실린더 안의 기체에 대해서 다룬다.
최근 평가원에서 등장하고 있지는 않지만,
22학년도 6월 모의고사에 등장한 만큼 출제 가능성이 있다.
피스톤 유형에서는 활용되는 도구를 살펴보자.

① 단열된 피스톤

② 단열되지 않는 피스톤 (금속판)

③ 단열된 실린더

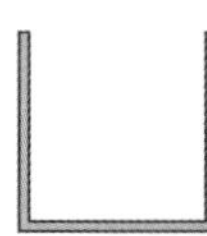

④ 단열되지 않는 실린더

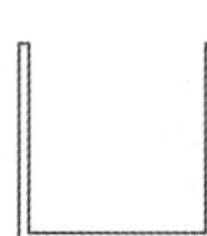

○ 피스톤의 질량
기본적으로 피스톤의 질량은 무시(피스톤의 질량이 0)인 상태를 가정하고 서술하겠다.

○ 금속판이 흡수한 열량
금속판이 흡수한 열량은 무시하고 서술하겠다.

단열 여부

단열이 되었다는 것은 열 교환이 일어나지 않고 있다는 뜻이다.
예를 들면

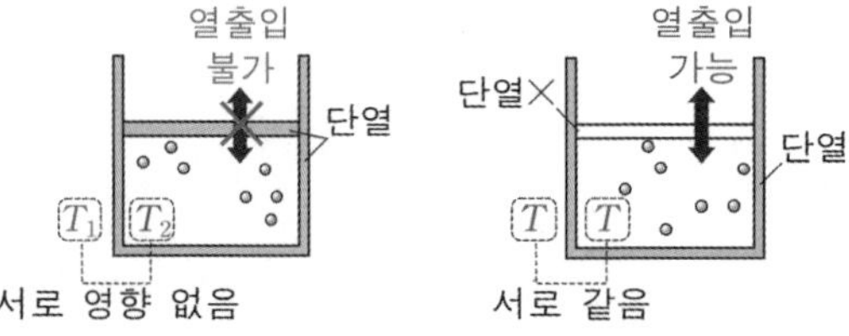

단열된 피스톤을 활용하면
단열된 실린더 내부로 열이 이동할 수 없으므로
외부의 온도는 내부 기체에 전혀 영향을 미치지 않는다.

하지만
금속판(단열되지 않는 피스톤)을 활용하면
금속판을 통해서 열 이동이 가능하다.
열평형 상태에 도달하게 되면
<u>**실린더 외부 온도와 내부 온도는 같아진다.**</u>

따라서 다음과 같은 규칙을 생각할 수 있다.

실전 활용 단열되지 않는 금속판

금속판(단열되지 않는 피스톤)을 경계로 한 두 기체의 온도는 같다!

고정 여부

피스톤을 강제로 고정시키면, 피스톤을 경계로 한 양쪽 압력의 영향이 없어진다.

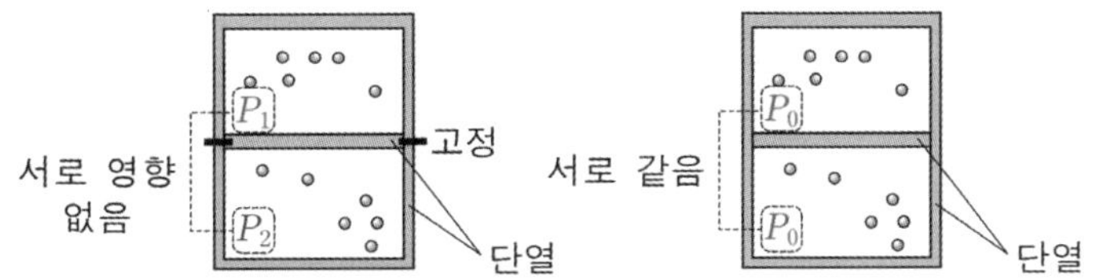

예를 들면 위 그림과 같이
피스톤이 고정되어 있다면, 피스톤의 경계로 양쪽 기체의 압력은 **영향이 없지만**
피스톤이 고정되어 있지 않다면, 피스톤의 경계로 양쪽 기체의 **압력은 같다.**

따라서 다음과 같은 규칙을 생각할 수 있다.

실전 활용 고정 여부

피스톤이 고정되어 있지 않다면, 피스톤을 경계로 한 두 기체의 압력은 같다.

단열 여부와 고정 여부 분석

피스톤이 단열 여부와 고정 여부에 따라 피스톤의 상태는 4가지로 나눌 수 있다.
(동일한 양의 같은 종류의 이상 기체 A, B를 다루겠다.)

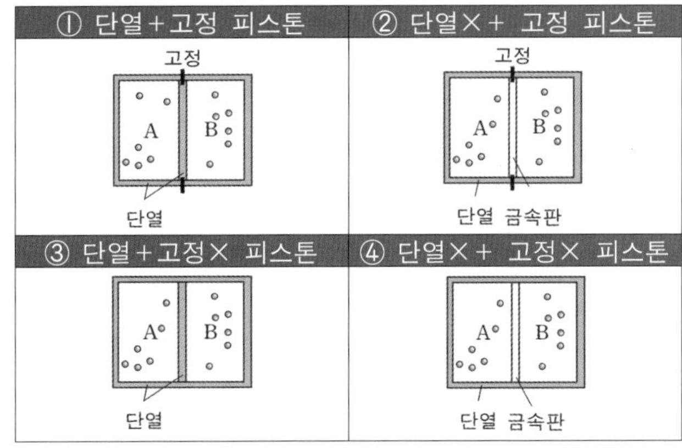

그런데 ①과 ④의 경우는 상당히 부자연스럽다.

①의 경우는 A와 B의 압력과 온도가 독립적이다. A와 B는 그 어떤 관계도 없다.
④의 경우는 A와 B의 압력과 온도가 항상 같다.
신기하게도 A 또는 B에 열량을 서서히 가하더라도 A와 B의 부피가 변하지 않는다.

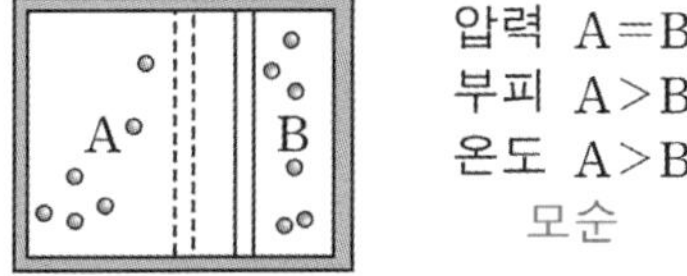

왜냐하면 위의 그림과 같이 금속판이 오른쪽 또는 왼쪽으로 움직이면
A와 B의 부피가 달라지게 되고
압력이 같은 상태에서 부피가 다르다면 절대 온도가 달라지기 때문이다.
($PV=nRT$ 에서 압력과 부피의 곱은 기체의 절대 온도에 비례하는데, 압력이 같은 상태에서 기체의 절대 온도는 부피에 비례하므로)

따라서 평가원에서는 주로 ②와 ③을 가지고 출제한다.

정리

금속판(단열되지 않는 피스톤)과 단열된 피스톤은 다음과 같은 상황으로 자주 출제된다.

① 고정된 금속판

○ 양쪽 기체의 온도는 같다. (A와 B의 온도는 같다.)

○ 양쪽 기체의 압력은 독립적이다.

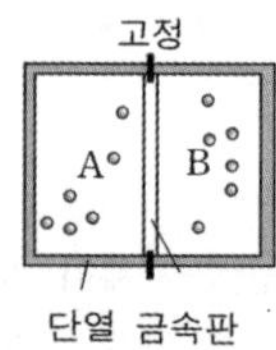

② 고정되지 않는 단열된 피스톤

○ 양쪽 기체의 압력은 같다. (A와 B의 압력은 같다.)

○ 양쪽 기체의 온도는 독립적이다.

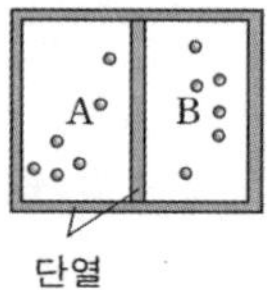

피스톤 유형 실전 해석

이제 피스톤과 실린더의 상태에 따라 압력과 온도의 관계를 해석하는 방법을 알았으니 열량을 직접 주입하여 상황을 분석해 보자.

피스톤 유형을 분석할 때 다음과 같은 순서를 가지고 분석해 보는 것이 좋다.

실전 활용 문제 풀이 순서

① 각 기체의 $PV=nRT$ 증감 여부 판단

② 열역학 제 1법칙 $(Q=\Delta U+W)$적용하기

그림 (가)는 단열된 실린더에 같은 양의 이상기체 A, B를 넣은 모습을 나타낸 것이다. 이때 A와 B의 부피는 같다. 그림 (나)는 (가)에서 A에 열량 Q를 서서히 가하여 단열된 피스톤이 오른쪽으로 이동하여 정지한 모습을 나타낸 것이다.

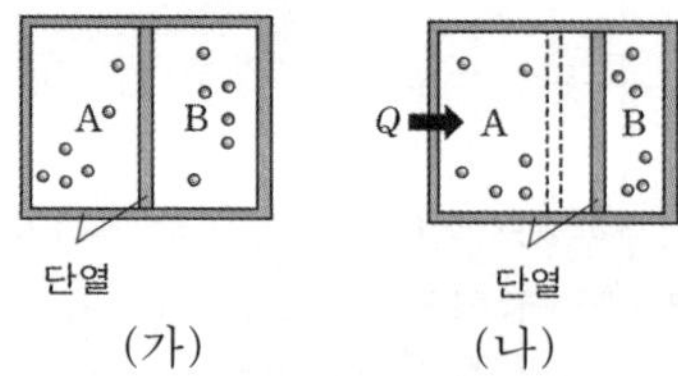

이 상황에서 (가)→(나)에서 A의 압력은 증가할까 감소할까?

① $PV=nRT$적용해 보기

○ A에서 $PV=nRT$ 를 적용해 보자.

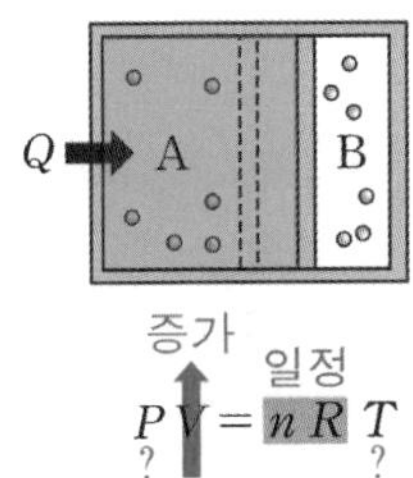

A의 압력이 증가하는지, 온도가 증가하는지 감소하는지 아직은 모르는 상황이다.
A를 계로 봤을 때 얻을 수 있는 정보는 한정적이다.

○ B에서 $PV=nRT$ 를 적용해 보자.
B는 외부로부터 열량을 흡수하거나 방출하지 않는 단열 과정이다.
단열 과정에서 부피가 감소하면, 내부 에너지가 증가한다.
즉, B의 절대 온도는 증가한다.

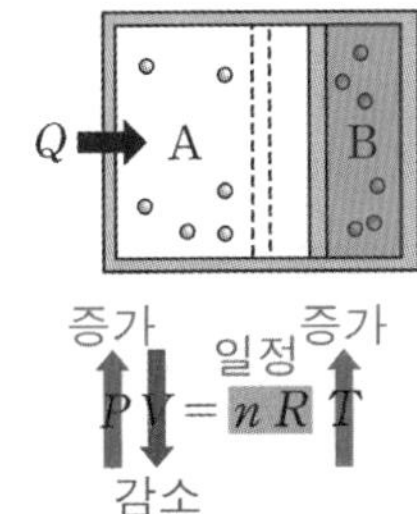

단열 과정은 압력이 증가하면, 부피가 감소하는 과정이다.
따라서 B의 압력은 증가한다.

그런데 A와 B는 고정되지 않는 피스톤을 경계로 해 있으므로
A와 B의 압력은 같아야 한다.

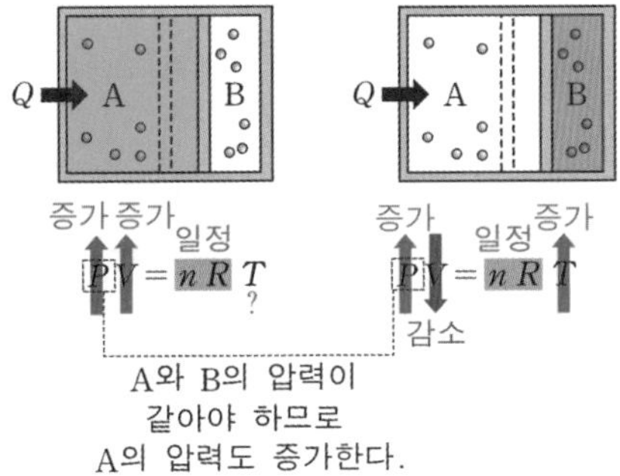

따라서 A의 압력도 증가해야 한다.

A의 압력과 부피가 증가하므로
압력과 부피의 곱(PV)도 증가한다.
따라서 A의 절대 온도 또한 증가한다.

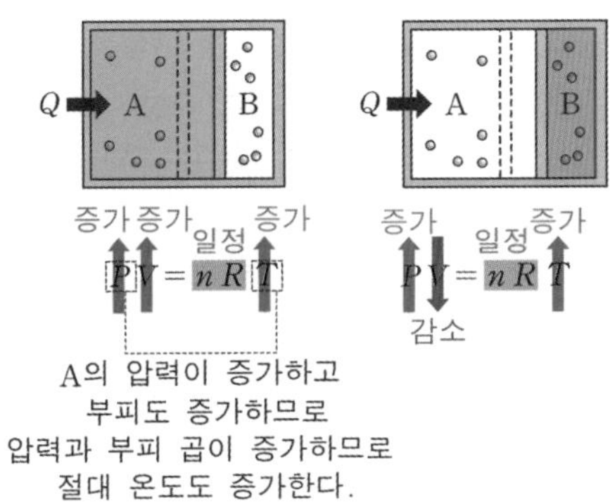

② $Q = \Delta U + W$ 적용해 보기

A, B에서 열역학 제 1법칙을 적용해 보면 다음과 같다.

○ A에서는

Q: 흡수한다.

ΔU: 절대 온도가 증가하므로 내부 에너지는 증가한다.

W: 부피가 증가하므로 A는 피스톤에 일을 한다.

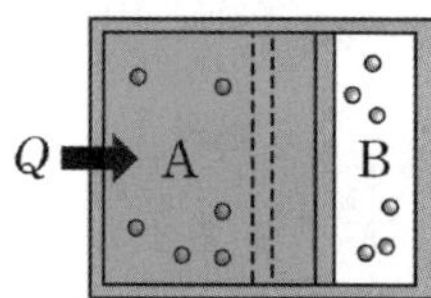

흡수 증가 일을 함

$Q = \Delta U + W$

○ B에서는

Q: 단열 과정으로 0이다.

ΔU: 절대 온도가 증가하므로 내부 에너지는 증가한다.

W: 부피가 감소하므로 B는 피스톤으로부터 일을 받는다.

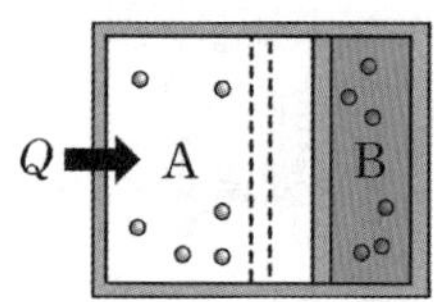

0 (단열) 증가 일을 받음

$Q = \Delta U + W$

○ A와 B 동시에 보기

A가 피스톤에 한 일의 양은

피스톤이 B에 한 일의 양과 같다.

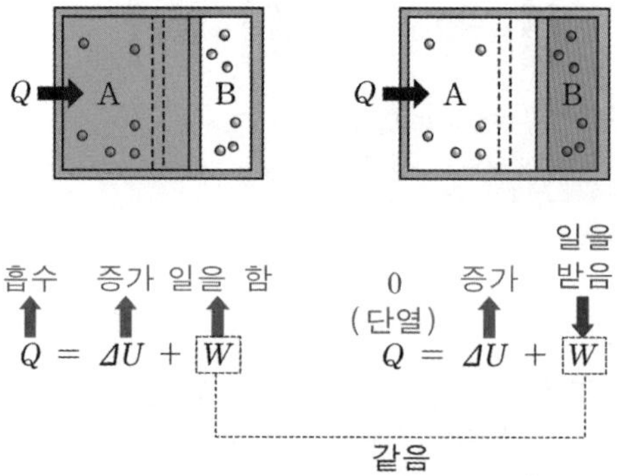

따라서 다음이 성립한다.

(A와 B의 내부 에너지 증가량을 각각 ΔU_A, ΔU_B로 두고, 피스톤에 일한 경우, 내부 에너지가 증가한 경우, 열량을 흡수한 경우를 양(+)으로 두자.)

A에서 열역학 제 1법칙: $Q = \Delta U_A + W$

B에서 열역학 제 1법칙: $0 = \Delta U_B - W$

$$Q = \Delta U_A + \Delta U_B, \quad W = \Delta U_B$$

여기까지 정리가 되었다면 해당 상황 분석은 끝난 것이다.

사실 해당 상황은 평가원에 출제된 적이 있다.
상황 파악이 끝났으니 ㄱ, ㄴ, ㄷ 선택지에 대해 답을 해보자.

15학년도 9월 모의고사 18번 문항

그림 (가)와 같이 이상 기체가 들어 있는 단열 실린더가 단열 피스톤에 의해 A, B로 나누어져 있다. 그림 (나)는 (가)에서 A의 기체에 열량 Q를 가했더니 피스톤이 천천히 이동하여 정지한 모습을 나타낸 것이다.

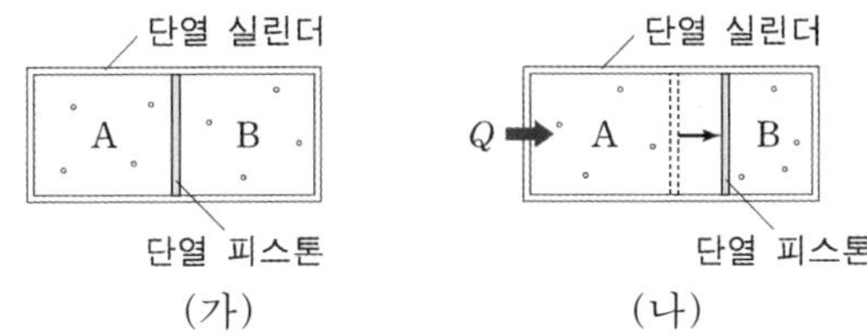

이에 대한 설명으로 옳은 것만을 〈보기〉에서 있는 대로 고른 것은? (단, 실린더와 피스톤 사이의 마찰은 무시한다.)

〈보 기〉

ㄱ. A와 B의 기체 내부 에너지 변화량의 합은 Q이다.
ㄴ. B의 기체가 받은 일은 Q보다 작다.
ㄷ. B의 기체는 온도가 증가하였다.

ㄱ. $Q=\Delta U_A+\Delta U_B$, $W=\Delta U_B$ 이므로
A와 B의 기체 내부 에너지 변화량의 합은 Q이다.

(ㄱ. 참)

ㄴ. $W=\Delta U_B$이고, $Q=\Delta U_A+\Delta U_B>\Delta U_B=W$ 이므로
B의 기체가 받은 일은 Q보다 작다.

(ㄴ. 참)

ㄷ. B의 절대 온도는 증가한다.

(ㄷ. 참)

정리해 보면 아래와 같고 아래를 생각해 보면서 기출 문제를 풀어보자.

실전 활용 문제 풀이 순서

① 각 기체의 $PV=nRT$ 증감 여부 판단
○ 단열된 피스톤 → 양쪽의 압력이 같다.
○ 금속판 (단열되지 않는 피스톤) → 양쪽의 절대 온도는 같다.
② 각 기체의 열역학 제 1법칙 ($Q=\Delta U+W$)적용하기
○ 각 기체의 $Q=\Delta U+W$에서 같은 부분을 찾아서 연결한다.

기출 예시 3

17학년도 9월 모의고사 13번 문항

그림 (가)와 같이 열전달이 잘되는 고정된 금속판에 의해 분리된 실린더에 같은 양의 동일한 이상 기체 A와 B가 열평형 상태에 있다. A, B의 부피와 압력은 같다. 그림 (나)는 (가)에서 B에 열량 Q를 가했더니, A의 부피가 서서히 증가하여 피스톤이 정지한 모습을 나타낸 것이다.

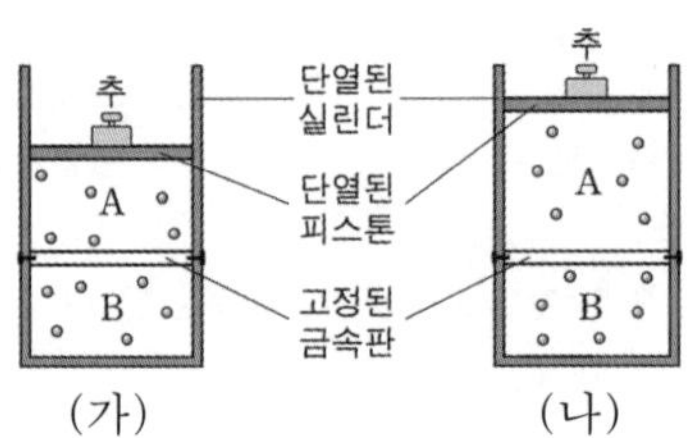

(가) (나)

이에 대한 설명으로 옳은 것만을 〈보기〉에서 있는 대로 고른 것은? (단, 피스톤의 질량, 실린더와 피스톤 사이의 마찰, 금속판이 흡수한 열량은 무시한다.)

〈보 기〉

ㄱ. (나)에서 기체의 압력은 A가 B보다 작다.
ㄴ. (나)에서 기체의 내부 에너지는 A가 B보다 크다.
ㄷ. (가)에서 (나)로 되는 과정에서 A가 흡수한 열량은 $\frac{1}{2}Q$보다 크다.

해설

(가)와 (나)에서 금속판으로 분리된 두 기체는 온도가 같다.

ㄱ. (나)에서 기체의 부피가 A가 B보다 크므로
기체의 압력은 A가 B보다 작다.

(ㄱ. 참)

ㄴ. (나)에서 A와 B의 온도가 같고
기체의 양도 같으므로
기체의 내부 에너지는 A와 B가 같다.

(ㄴ. 거짓)

ㄷ. (가)에서 (나)로 되는 과정에서
A의 내부 에너지의 증가량을 ΔU라 하고
A가 외부에 한 일을 W라 하자.
A와 B를 전체 계로 하면
A와 B가 흡수한 열량의 합은
A와 B의 내부 에너지 변화량의 합($\Delta U + \Delta U = 2\Delta U$)과
A와 B가 외부에 한일의 합($W + 0 = W$)
의 합과 같다.
따라서 다음이 성립한다.

$$Q = 2\Delta U + W,\ \frac{Q - W}{2} = \Delta U$$

이때
A가 흡수한 열량은
A의 내부 에너지의 증가량($\Delta U = \dfrac{Q - W}{2}$)과
A가 외부에 한 일(W)의 합이다.
그 값은 다음과 같다.

$$W + \Delta U = \frac{Q + W}{2}$$

이는 $\frac{1}{2}Q$보다 크다.

(ㄷ. 참)

정답

기출 예시 3
ㄱ, ㄷ

기출 예시 4

20학년도 6월 모의고사 16번 문항

그림 (가)와 같이 단열된 실린더와 단열되지 않은 실린더에 각각 같은 양의 동일한 이상 기체 A, B가 들어 있고, 단면적이 같은 단열된 두 피스톤이 정지해 있다. B의 온도를 일정하게 유지하면서 A에 열을 공급하였더니 피스톤이 천천히 이동하여 정지하였다. 그림 (나)는 시간에 따른 A와 B의 온도를 나타낸 것이다.

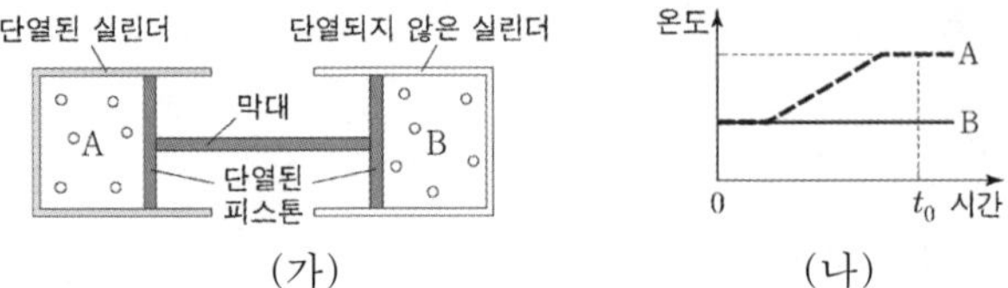

(가) (나)

이에 대한 설명으로 옳은 것만을 〈보기〉에서 있는 대로 고른 것은? (단, 실린더는 고정되어 있고, 피스톤의 마찰은 무시한다.)

〈보 기〉

ㄱ. t_0일 때, 내부 에너지는 A가 B보다 크다.

ㄴ. t_0일 때, 부피는 B가 A보다 크다.

ㄷ. A의 온도가 높아지는 동안 B는 열을 방출한다.

해설

ㄱ. 내부 에너지는 온도가 높을수록 크다.
t_0일 때 온도가 A가 B보다 높으므로
내부 에너지는 A가 B보다 크다.

(ㄱ. 참)

ㄴ. (가)에서 피스톤이 서서히 움직여 정지하므로
피스톤의 알짜힘은 0이다.
즉,
A가 피스톤을 밀어주는 힘과
B가 피스톤을 밀어주는 힘은 같으므로
기체의 압력은 A와 B가 같다.
t_0일 때 압력(P)이 A와 B가 같고
온도(T)가 A가 B보다 높다.
$PV=nRT$에 의해 온도와 부피는 비례하므로
부피는 A가 B보다 크다.

(ㄴ. 거짓)

ㄷ. B의 온도가 일정하고
단열되지 않았으므로
B가 받은 일이 열로 방출되어
B의 내부 에너지가 일정함을 알 수 있다.

(ㄷ. 참)

정답

기출 예시 4
ㄱ, ㄷ

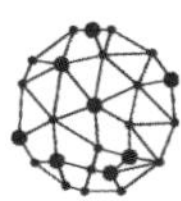

기출 예시 5

18학년도 수능 17번 문항

그림 (가)는 이상 기체 A가 들어 있는 실린더에서 피스톤이 정지해 있는 모습을, (나)는 (가)의 A에 열량 Q를 가하여 피스톤이 이동해 정지한 모습을, (다)는 (나)의 A에 일 W를 하여 피스톤을 이동시킨 후 고정한 모습을 나타낸 것이다. A의 압력은 (가)→(나) 과정에서 일정하고, A의 부피는 (가)와 (다)에서 같다.

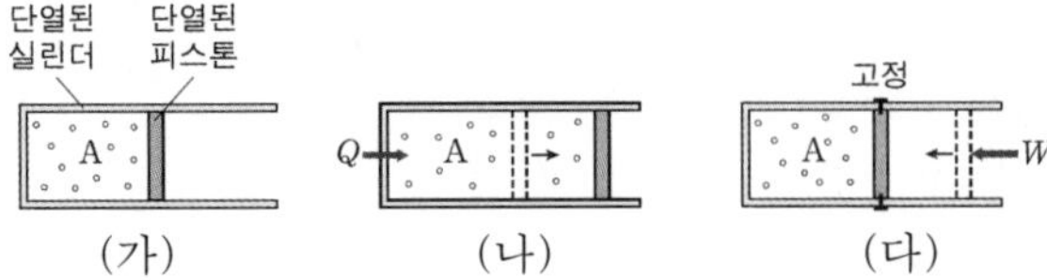

이에 대한 설명으로 옳은 것만을 〈보기〉에서 있는 대로 고른 것은? (단, 피스톤의 마찰은 무시한다.)

〈보 기〉

ㄱ. A의 온도는 (가)에서가 (다)에서보다 낮다.
ㄴ. (나)→(다) 과정에서 A의 압력은 일정하다.
ㄷ. (가)→(나) 과정에서 A가 한 일은 (나)→(다) 과정에서 A의 내부 에너지 변화량과 같다.

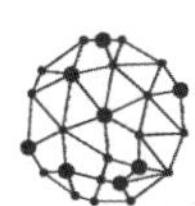

해설

ㄱ. A의 압력(P)은 (가)와 (나)에서 같고
(다)에서가 (나)에서보다 크다.
A의 부피(V)가 (가)와 (다)에서 같으므로
A의 온도(T)는 (가)에서가 (다)에서보다 낮다.
($PV=nRT$에서 V가 같을 때 P와 T는 비례한다.)

(ㄱ. 참)

ㄴ. (나)→(다) 과정에서 A는 단열 압축과정이다.
단열 압축과정에서 기체의 압력은 증가한다.

(ㄴ. 거짓)

ㄷ. (가)→(나)→(다) 과정에서 기체의 압력-부피 그래프 ($P-V$그래프)를 나타내면 다음과 같다.

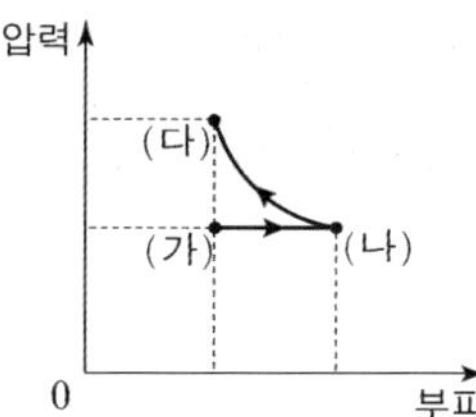

따라서 (가)→(나) 과정에서 A가 한 일은
(나)→(다) 과정에서 A가 받은 일의 양인
A의 내부 에너지 변화량보다 작다.

(ㄷ. 거짓)

정답

기출 예시 5
ㄱ

PART 2

개념편

PART

Mechanica 물리학1

1. 관성계, 사건의 이해

약속, 유의 사항

표기법
사람과 우주선은 아래 그림과 같이 표현한다.

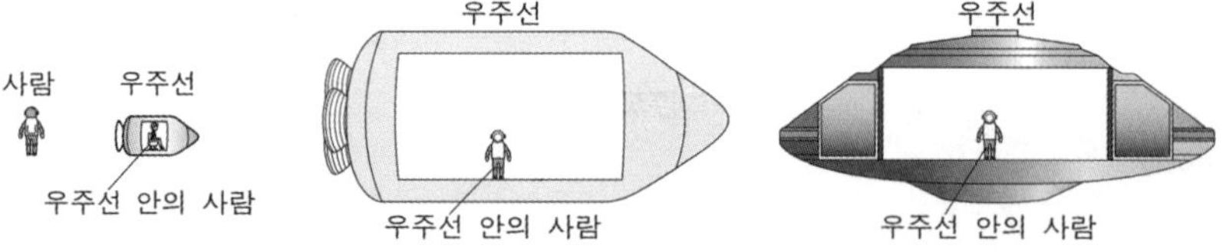

문제에서는 '빛을 쏘는' 문제가 나온다.
이때는 '광원(빛을 쏘는 레이저)' 과 '검출기 (빛을 검출하는 기계)'도 표현한다.

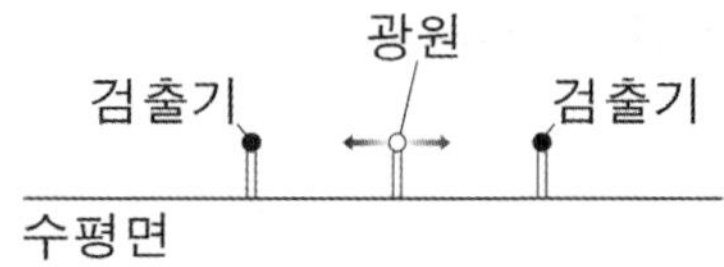

검출기는 단지 공간상의 한 점으로 생각해도 좋다.
우주선 안에 광원과 검출기가 있으면 아래 그림과 같이 표현한다.

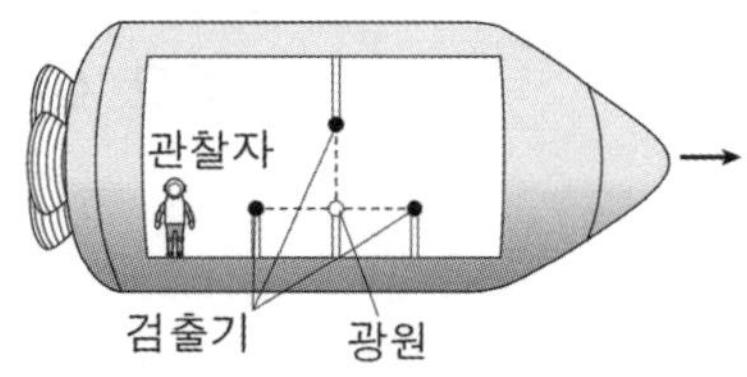

거울은 빛을 반사하는 도구이다.
빛의 반사는 즉시 일어나며, 입사 광선과 반사 광선은 같으므로,
수직으로 발사된 빛은 수직으로 튕겨나온다. (아래 그림 참고)

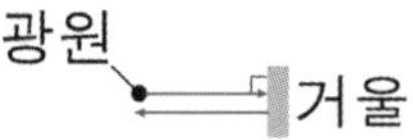

빛이 거울에 닿는 순간 빛의 진행 방향이 바뀐다.
빛이 거울에 닿아서 속도의 방향이 반대로 변할 때까지 걸린 시간은 0이다.

★ 중요
빛의 속력은 c로 표현한다.

관성계 (관성 좌표계)

○ '나 자신에 대해 정지해 있는 좌표 틀'이라고 부른다.
일단은 다음이 성립한다고 이해하자.

A의 관성계 = A에 대해 정지해 있는 좌표 ≈ A가 봤을 때

하지만 위의 표현은 완벽하게 같은 말은 아니다.
이해를 돕기 위해서 저렇게 바꾸었을 뿐이다.
어떻게 다른지에 대해서는 '사건'에 관련된 이야기를 한 후 설명해 보겠다.

좌표는 x축과 y축이 있고, 수능 문제에서는 '평면상에서의 이동'을 다루기 때문에
xy축 2개로만 다룰 수 있다.

아래 예시를 살펴보자.

관찰자 A에 대해서 관찰자 B가 탄 우주선이 $+x$방향으로 v의 속력으로 등속도 운동한다.

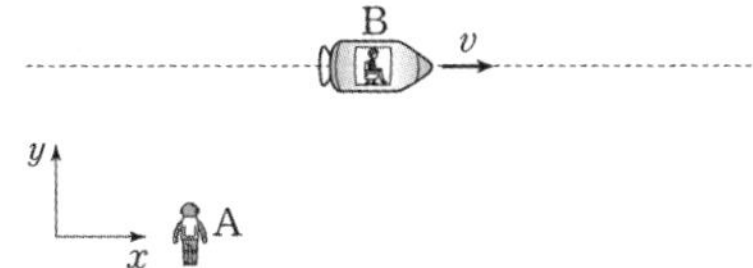

A의 관성계(관성 좌표계)는 A에 대해서 정지해 있는 x축과 y축을 의미하는 것이고
B의 관성계(관성 좌표계)는 B에 대해서 정지해 있는 x축과 y축을 의미한다.

A의 관성계를 표현해 보면 다음과 같다.

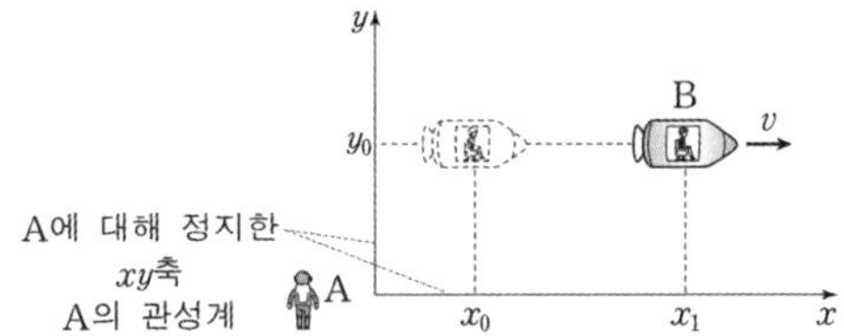

A의 관성계에서, B는 $+x$방향으로 운동하고 있다.
$t=t_0$일 때 B의 위치를 (x_0, y_0)으로
$t=t_1$일 때 B의 위치를 (x_1, y_0)으로 표현할 수 있다.

A의 관성계에서 B의 관성계는 어떻게 표현될까? 아래 그림과 같다.

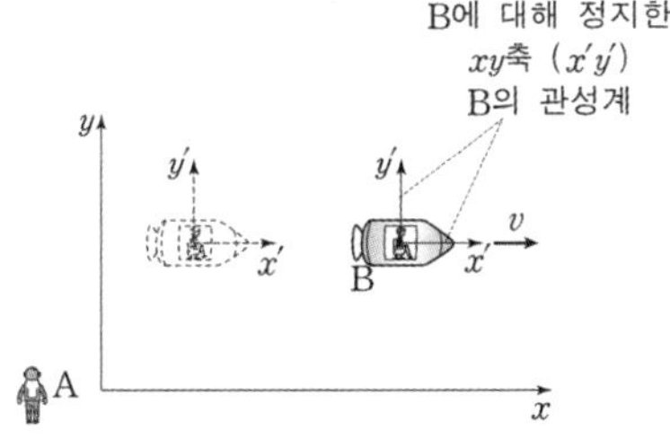

A의 관성계에서 B의 관성계 (x', y')는 이동하고 있다.
A의 관성계에서 B의 관성계가 정지해 있는 것이 아니라 운동한다면,
두 관성계는 서로 다르다고 한다.

B의 관성계 (x', y')에서 상황을 살펴보면 다음과 같다.

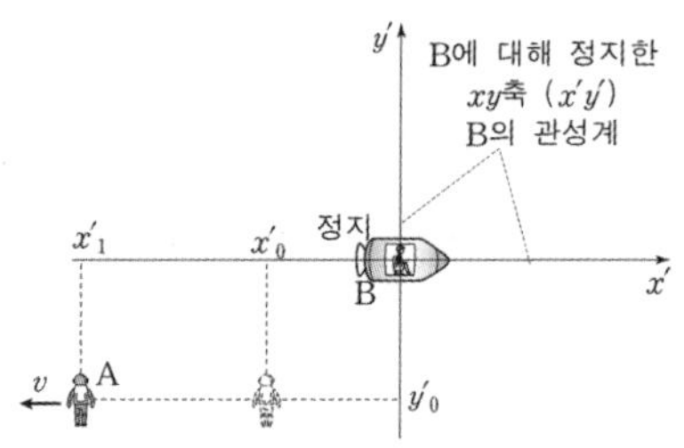

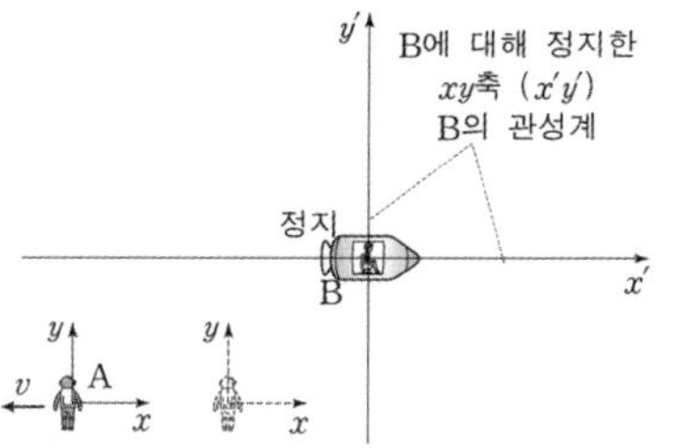

B의 관성계에서 B는 정지해 있다. (당연하다.)
그런데
B의 관성계에서 A는 $-x$방향으로 이동한다.

○ 서로 같은 관성계와 서로 다른 관성계
상대 속도가 0인 관성계는 서로 같은 관성계이다.
즉, 같은 xy축을 공유한다는 것이다.
<u>방금 예시에서 A와 B는 같은 xy축을 공유할 수 없다.</u>
아래 예시를 보자.

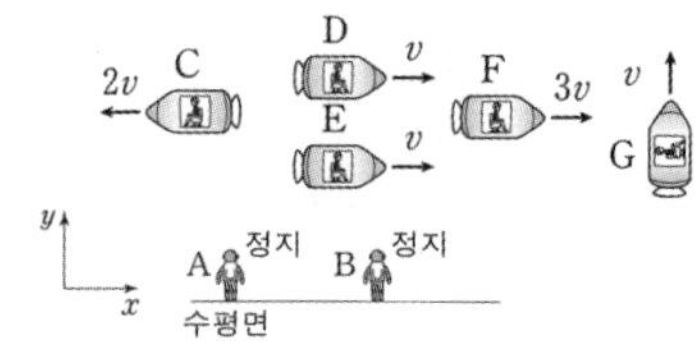

위 그림과 같이 A~F가 있다.
수평면에 대해서
A~F의 운동은 다음과 같다.

A: 수평면에 대해 정지
B: 수평면에 대해 정지
C: $-x$ 방향으로 $2v$
D: $+x$ 방향으로 v
E: $+x$ 방향으로 v
F: $+x$ 방향으로 $3v$
G: $+y$ 방향으로 v

해석
1) A와 같은 관성계
A에 대한 B의 상대 속도가 0이므로 A와 B는 같은 관성계이다.
A에 대해 C~G는 **상대 속도가 0이 아니므로** A와 C~G는 **모두 다른 관성계**이다.

2) D와 같은 관성계
D에 대한 E의 상대 속도가 0이므로 D와 E는 같은 관성계이다.
D에 대해 A, B, C, F, G는 **상대 속도가 0이 아니므로**
D와 A, B, C, F, G는 **모두 다른 관성계**이다.

3) 수평면에 대해서 D와 E, G의 속력은 모두 같지만, **속도의 방향이 다르므로**
D와 G는 **다른 관성계**이다. (D와 E의 관성계가 같으므로, E와 G 또한 **다른 관성계**이다.)

○ 예시에 대한 해석
같은 관성계끼리 묶어 보면
다음과 같다.
A=B
D=E

그리고 다음과 같이 표현한다.
'A와 B의 관성계는 같다.'
'D와 E의 관성계는 같다.'

'A의 관성계에서~'
=
'B의 관성계에서~'

나머지는 서로 다른 관성계에
있다.

정리 관성계

① 상대 속도가 0인 관성계는 같은 관성계이다.
② 관성계는 '누가 봤을 때'라고 생각해도 좋지만, 완전히 같은 뜻은 아니다.

주의해야할 사항이 있다. 방금 페이지의 예시를 다시 살펴보자.

해당 그림은 A와 B의 관성계에서의 그림이다.
왜냐하면, A와 B의 관성계는 A와 B는 정지해 있는 좌표계를 의미하기 때문이다.

그렇다면 D와 E의 관성계에서 위의 그림은 어떻게 표현될까?

상대 속도의 개념을 이해했다면 아래 그림처럼 생각했을 것이다.

뉴턴 역학에서 위의 그림은 오류가 없다.

하지만 v가 빛의 속력과 가깝다면 위의 그림은 오류이다.
v가 빛의 속력에 가깝다면
맞는 것을 파란색 동그라미로, 틀린 것을 빨간색 ×로 표현해 보면 다음과 같다.

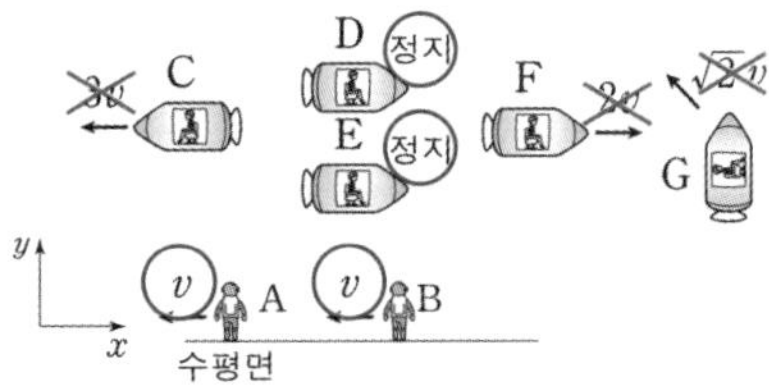

맞고 틀린 부분은 어떻게 구분할까?

뉴턴 역학에서 상대 속도와
상대론적 속력은 다음과 같은 관계식에 있다.

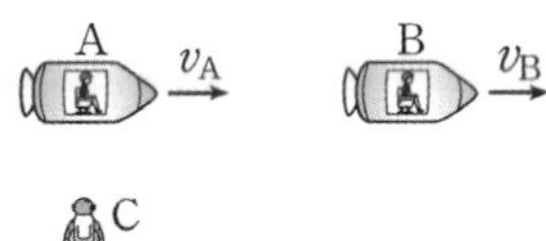

C의 관성계에서 동일 직선상에서 나란하게 각각 속력 v_A, v_B로 운동하는 A, B에 대해서, B의 관성계에서 A의 속도는 다음과 같이 계산된다.

$v_A - v_B$	$\dfrac{v_A - v_B}{1-\dfrac{v_A v_B}{c^2}}$
뉴턴 역학에서 상대 속도	상대론적 속도

상대론적 속도는 뉴턴 역학에서의 상대 속도에 $1-\dfrac{v_A v_B}{c^2}$ 를 나누어 계산된다.

○ 상대론적 속력을 외워야 하는가?
상대론적 속력은 외울 필요가 없다. 증명은 물리학과 기준 대학교 2학년 현대 물리에서 배운다.
사실 해당 식은 광속 불변과 로렌츠 변환을 먼저 배운 후에 유도 과정을 증명해야 한다.
하지만, 해당 과정에 대한 증명은 배우지 않기 때문에 역으로 상대론적 속도를 받아들인 후에 광속 불변을 해석하여 설명하도록 하겠다.

상대론적 속도식을 보면,

우리가 알고 있던 '뉴턴 역학에서의 상대 속도'와 같아지려면, 분모의 $\frac{v_A v_B}{c^2}=0$이어야 한다.

$$\frac{v_B - v_A}{1 - \boxed{\frac{v_A v_B}{c^2}}} = 0$$

그럼 $\frac{v_A v_B}{c^2}=0$가 되기 위해서는 v_A또는 v_B가 0이 되어야 한다.

v_A, v_B는 C의 관성계에서 A와 B의 속력인데,
v_A또는 v_B가 0이라는 것은
C의 관성계에서 정지, 즉, C와 같은 **관성계**라는 뜻이다.

결론적으로, 다음과 같다.

C의 관성계에서 속력이 0이 아닌 두 물체의 상대 속도는 단순 합차(뉴턴의 상대속도)로 표현할 수 없다!

수능 문제의 특성상 무조건,
기준이 되는 관성계에서 운동하는 우주선과 입자, 빛의 모습을 나타낸다.
방금 예시의 경우는 C의 **관성계**를 기준으로 나타냈다.

즉, C의 **관성계**에서 다음이 성립한다.

C의 관성계에서 A의 속력 = A의 관성계에서 C의 속력
C의 관성계에서 B의 속력 = B의 관성계에서 C의 속력

결론적으로 상대 속도와 관련된 판단을 하기 위해서는 다음과 같이 생각하면 된다.

※ 기준이 되는 관성계 (그림에서 제시된 '정지'한 관측자의 관성계)를 찾는다.
그런데 찾을 필요도 없다. 수능 문제에서 제시해 주기 때문이다.
(방금 예시에서 C의 관성계를 의미한다.)

○ 그 관성계와 서로 다른 두 관성계(방금 예시에서 A와 B의 관성계를 의미한다.) 사이의 상대 속도는 단순 합차로 계산이 불가능하다. (A와 B 사이)

○ 기준이 되는 관성계(C의 관성계)와 다른 관성계(A, B) 사이에서는 상대 속도는 같다.
(A와 C 사이, B와 C 사이)

사건과 이를 이용한 측정

'사건' 은 어떤 장소에서 언제 어떤 일이 일어남을 의미한다.

○ 사건에는 위치(x) 정보와 시각(t) 정보 두 가지가 존재한다.
그리고 이를 (x, t)로 표현할 수 있고, 이를 통해 현상을 설명할 수 있다.

다음 예시를 살펴보자.
아래 그림과 같이 A의 관성계에서 $+x$방향으로 v의 속력으로 운동하는 우주선 B가 $t=t_0$초일 때 점 P를 지나고, $t=2t_0$초일 때 점 Q를 지난다. P, Q는 동일 직선상에 존재하며, A의 관성계에서 P와 Q는 정지해 있다.

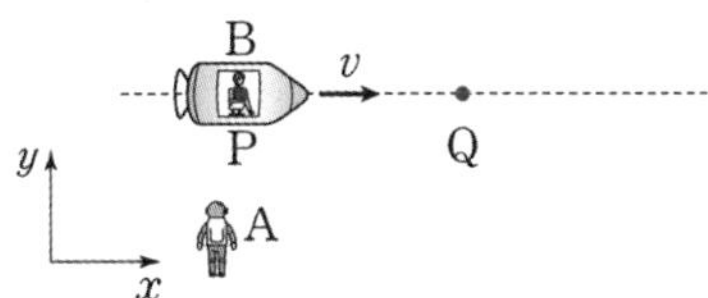

여기에서 A의 관성계에서 해당 사건은 두 가지이다.
(A의 관성계에서 P, Q의 좌표를 $x=x_1$, $x=x_2$로 두자. (y좌표는 $y=0$으로 생략하겠다.))

① B가 점 P를 지나는 사건
$$(x_1,\ t_0)$$
② B가 점 Q를 지나는 사건
$$(x_2,\ 2t_0)$$

그리고 다음과 같이 해석할 수 있다.

B가 점 P를 지나는 사건과
B가 점 Q를 지나는 사건은
서로 다른 장소에서 일어났으며
서로 다른 시각에서 일어났다.

A의 관성계에서 다음을 추론할 수도 있다.

① A 관성계에서 B가 P에서 Q 까지 이동하는데 걸린 시간
B가 P에서 Q까지 이동하는데 걸린 시간은

B가 점 P를 지나는 사건의 시각($t=t_0$)과
B가 점 Q를 지나는 사건 시각($t=2t_0$)
사이의 간격($2t_0-t_0=t_0$)인 t_0이다.

② A 관성계에서 P와 Q 사이의 거리
P와 Q 사이의 거리는 B가 $t=t_0$에서 $t=2t_0$까지 이동한 거리와 같다.
그 값은 다음과 같다.

$$v\times(2t_0-t_0)=vt_0$$

A의 관성계 ≠ A가 봤을 때

관성계를 설명하면서 'A의 관성계'와 'A가 봤을 때'는 다르다.

A가 봤을 때는 A의 눈에 빛이 들어올 때를 의미하기 때문에 다르다고 말하는 것이다.
다음 예시를 살펴보자.

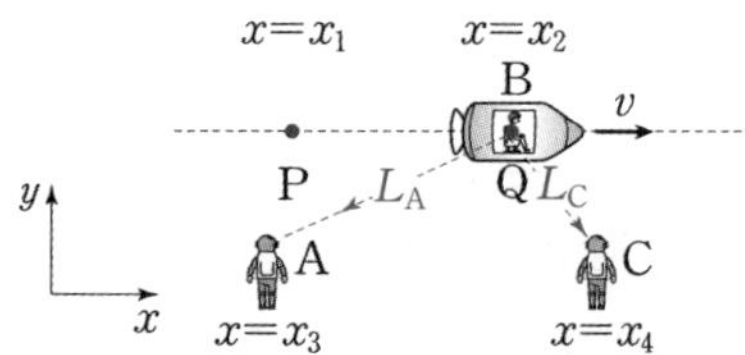

A의 관성계에서 $+x$방향으로 운동하던 우주선이 Q에 도착하는 사건을 생각해보자.
A의 관성계에서 C는 정지해 있고,
A의 관성계에서 P, Q, A, C의 좌표는 각각 $x=x_1$, $x=x_2$, $x=x_3$, $x=x_4$,
A의 관성계에서 A와 Q 사이 거리, C와 Q 사이의 거리를 각각 L_A, L_C,
A의 관성계에서 B가 Q에 도달하는 순간 시각을 $t=t_0$로 두자.

일단 A의 관성계에서 C는 정지해 있으므로
A와 C는 **같은 관성계이다.**

각 사건에 대해서 이야기해보자.

① A의 관성계에서 B가 Q에 도착하는 사건

$x=x_2$**에서** $t=t_0$**일 때 일어난 사건이다.**

② C의 관성계에서 B가 Q에 도착하는 사건
A와 C는 같은 관성계이므로 ②는 ①과 같다. 따라서 이는

$x=x_2$**에서** $t=t_0$**일 때 일어난 사건이다.**

③ A의 관성계에서 B가 Q에 도착하여 **이를** A가 **관찰하는** 사건
$x=x_3$에서 일어난 사건이다.
그리고 시각 또한 다르다.
빛이 A와 Q를 잇는 직선상을 이동해야 하므로 이는
③의 사건은

$x=x_3$**에서** $t=t_0+\frac{L_A}{c}$**일 때 일어난 사건이다.**

④ C의 관성계에서 B가 Q에 도착하여 **이를** C가 **관찰하는** 사건
$x=x_4$에서 일어난 사건이다.
마찬가지로
빛이 C와 Q를 잇는 직선상을 이동해야 하므로 이는
④의 사건은

$x=x_4$**에서** $t=t_0+\frac{L_C}{c}$**일 때 일어난 사건이다.**

①과 ②는 같다는 점을 주목해 보자.
특수 상대론을 이해하는데 있어서 ①과 ③이, ②와 ④가 같은 것이 아니다. 문제에서는 ①과 ②를 물어보고, ①과 ②는 같다.

2. 아인슈타인의 주장과 가설

아인슈타인은 뉴턴역학에서 제시한 '절대적인 좌표계'라는 개념을 부정했다.

모든 운동은 상대적이며, 시공간은 관성계에 따라 다르다고 주장했다.
아인슈타인은 상대론에서 두 가지 가설을 제시했다.

암기 아인슈타인의 두 가지 가설

① 모든 관성계에서 물리 법칙은 동일하다!
② 빛의 속력은 '그 누가 봐도' 모두 c로 같다!

모든 관성계에서 물리 법칙은 동등하다. (아인슈타인의 첫 번째 가설)

○ 수능에서는
수능은 어쩔 수 없이 상황을 '표현'해야 하기 때문에, 기준이 되는 관성계를 제시해 준다.

아인슈타인이 이 가설을 내세운 이유는
절대적인 관성계가 없다는 것을 말하기 위해서 내세웠다.

만약 서로 다른 두 관성계에서 물리 법칙이 서로 다르다면
이 차이를 이용하여 누가 이동하는지 누가 정지하는지 결정할 수 있기 때문이다.

빛의 속력은 동등하다. (아인슈타인의 두 번째 가설)

다음과 같은 예시를 생각해보자.
A의 관성계에서 빛이 $+x$방향으로 c의 속력으로 진행하고,
B와 C는 각각 $-x$, $+x$방향으로 각각 빛에 가까운 속력 v, $2v$의 속력으로 등속도 운동한다.

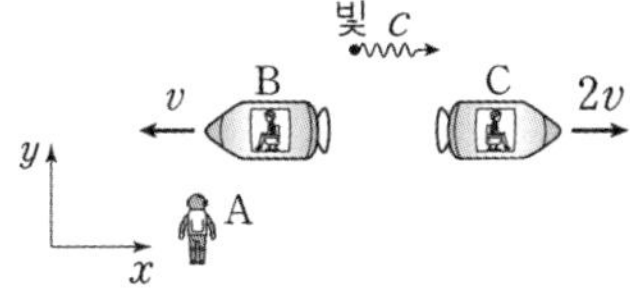

○ 결론만 알고 있자.
빛의 속력은 모든 관성계에서 같다는 것을 매번 저 식에 넣어서 증명하지 말자.

B와 C의 관성계에서 빛의 속력은 어떻게 될까?
증명은 상대론적 속도식 안에 넣어보면 알 수 있다.

○ B의 관성계에서 빛의 속력: $\dfrac{(c)-(-v)}{1-\dfrac{(-v)(c)}{c^2}}=c$

○ C의 관성계에서 빛의 속력: $\dfrac{(c)-2v}{1-\dfrac{(2v)(c)}{c^2}}=c$

놀랍게도 빛의 속력은 모든 관성계에서 같다.
그리고 '빛은 직진' 한다는 성질도 기억해야 한다. 정리해 보면 다음과 같다.

빛은 어느 관성계에서든 직진한다!
그리고 빛의 속력은 모든 관성계에서 같다!

3. 특수 상대성 이론

고유 시간/팽창 시간

'시간'을 말하기 위해서는
'사건'이 2개가 일어나야 한다.
그 두 개의 '사건'이 일어난 시각 사이의 간격을 '시간'이라 부른다.
그 중, 고유 시간은 다음과 같이 정의한다.

암기 고유 시간

고유 시간 시작 사건(x_1, y_1, t_1)과 끝 사건(x_1, y_1, t_2)이 같은 장소(x_1, y_1)에서 일어날 때, 그 시간 간격 (t_2-t_1)

예를 들어보자.
A의 관성계에서 정지해 있는 거울 Ⅰ, Ⅱ 사이에서 왕복하는 빛을 살펴보자. (빛의 속력은 c이다.)
A의 관성계에서 Ⅰ, Ⅱ 사이의 거리는 d이다. 빛은 거울 Ⅰ에서 출발하여 거울 Ⅱ에 도달한 후 반사되어 거울 Ⅰ로 다시 돌아온다. 빛의 경로는 y축과 나란하게 이동한다.
A의 관성계에서 B가 탄 우주선은 $+x$방향으로 v의 속력으로 등속도 운동한다.

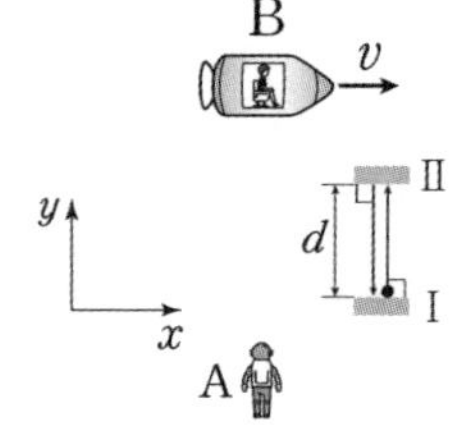

A의 관성계에서 Ⅰ과 Ⅱ를 왕복하는데 걸리는 시간 (T_1)
B의 관성계에서 Ⅰ과 Ⅱ를 왕복하는데 걸리는 시간 (T_2) 중
고유 시간에 해당하는 것은 무엇일까?

Ⅰ과 Ⅱ를 왕복하는데 걸리는 시간은 빛이 이동 경로가 아래와 같을 때 걸린 시간을 의미한다.

Ⅰ에서 출발 → Ⅱ에 도달 → Ⅰ에 도착

즉, Ⅰ과 Ⅱ를 왕복하는데 걸리는 시간은
빛이 Ⅰ에서 출발하는 사건과 **빛이 Ⅰ에 도착하는 사건** 사이의 시간 간격이다.

고유 시간은
Ⅰ에서 출발 하는 사건이 일어난 장소와
Ⅰ에 도착 하는 사건이 일어난 장소가 **같은 좌표**에 있는 **관성계**에서의 시간을 의미한다.

그럼 A와 B의 관성계 중 어느 관성계에서의 시간이 고유 시간일까?

고유 시간 찾기

○ A의 관성계

빛의 이동 경로는 아래 그림과 같이 빨간색 경로를 따라 $2d$만큼 진행한다.

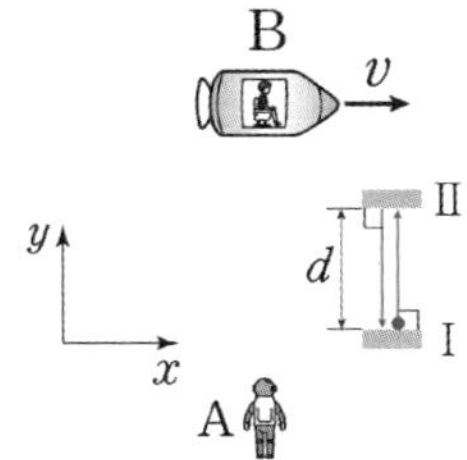

그런데, A의 관성계에서 Ⅰ과 Ⅱ는 정지해 있고,
각각의 위치를 아래 그림과 같이
Ⅰ $(x_1, 0)$, Ⅱ (x_1, d) 로 둘 수 있다. (좌표로 표현해 보면 아래와 같다.)

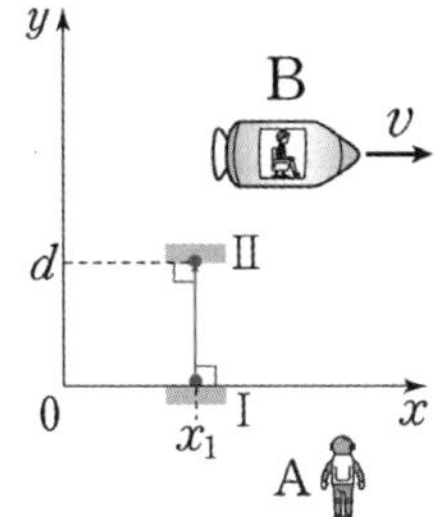

그렇다면 A의 관성계에서는
Ⅰ에서 **출발** 하는 사건은 $(x_1, 0)$ 에서 일어났고
Ⅰ에 **도착** 하는 사건은 $(x_1, 0)$ 에서 일어났다.

즉, Ⅰ에서 **출발** 하는 사건과 Ⅰ에 **도착** 하는 사건이 모두 $(x_1, 0)$에서 일어났다.
따라서 다음이 성립한다.

A 관성계에서 **빛이** Ⅰ에서 **출발하는 사건과 빛이** Ⅰ에 **도착하는 사건** 사이의 시간 간격 = Ⅰ과 Ⅱ를 왕복하는데 걸리는 시간 = **고유 시간**

○ B의 관성계

Ⅰ, Ⅱ, A는 모두 $-x$방향으로 v의 속력으로 운동한다.
즉, 빛의 경로가 아래 그림처럼 비스듬하게 이동한다.
파란색으로 표기된 부분이 빛이 진행하는 경로를 나타낸 것이다.

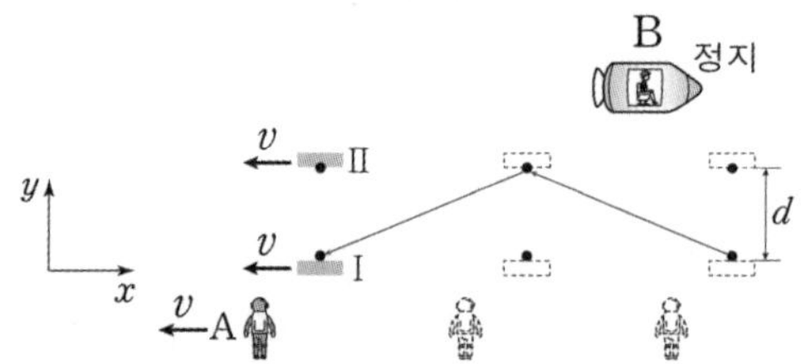

좌표로 표현해 보면 아래 그림과 같다.

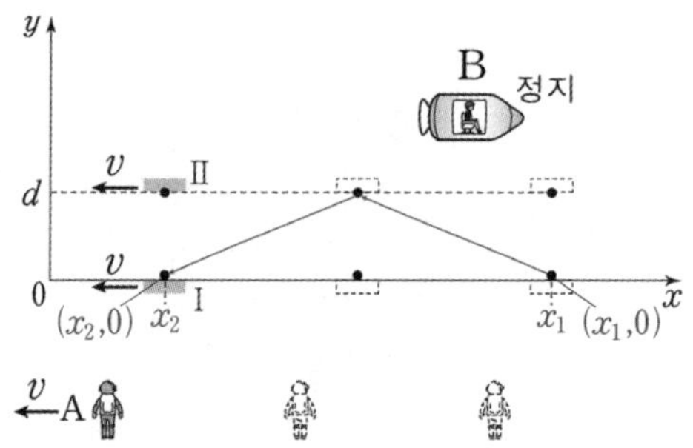

B의 관성계에서는
Ⅰ에서 출발 하는 사건은 $(x_1, 0)$ 에서 일어났고
Ⅰ에 도착 하는 사건은 $(x_2, 0)$ 에서 일어났다.

즉, Ⅰ에서 출발 하는 사건과 Ⅰ에 도착 하는 사건은 각각 $(x_1, 0)$, $(x_2, 0)$으로
서로 다른 장소에서 일어났다.
따라서 다음이 성립한다.

B 관성계에서 빛이 Ⅰ에서 출발하는 사건과 빛이 Ⅰ에 도착하는 사건 사이의 시간 간격 = Ⅰ과 Ⅱ를 왕복하는데 걸리는 시간 = 고유 시간이 아니다.

A와 B의 관성계에서 시간 비교

B의 관성계에서 B는 정지해 있고,
Ⅰ, Ⅱ는 $-x$방향으로 등속도 운동한다.
B의 관성계에서 Ⅰ에서 빛을 방출하는데, (그 점을 P 라 하자.)

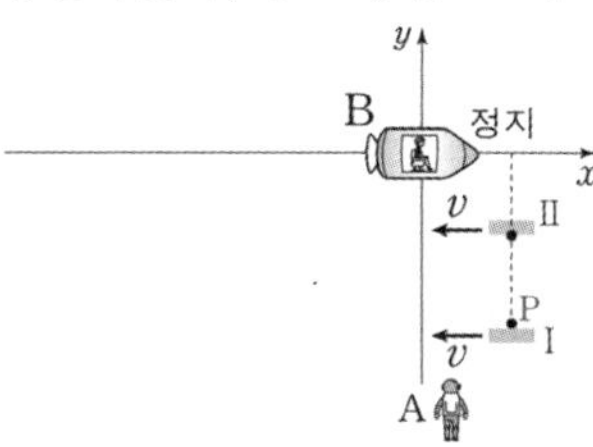

빛의 도착 지점이 $-x$방향으로 이동한 Ⅱ의 위치(그림에서 Q)이어야 한다.

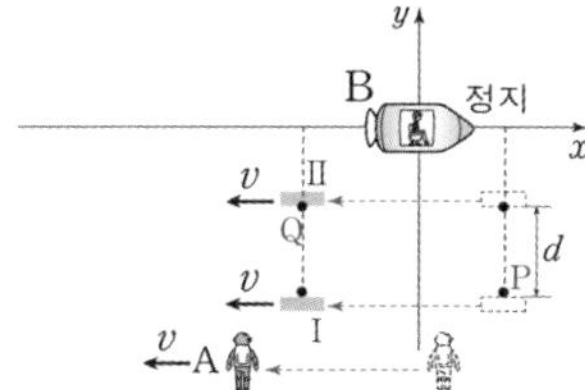

빛은 직진하므로, 빛은 P와 Q를 잇는 직선의 경로로 이동한다!

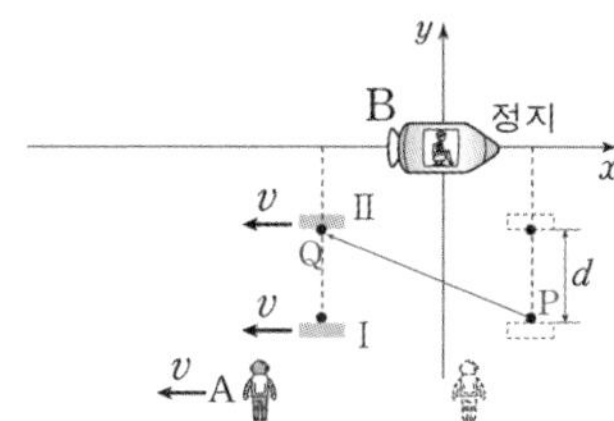

마찬가지로 빛이 되돌아갈 때는 움직인 Ⅰ의 위치(그림에서 R)에 도달해야 하므로 이동 경로는 아래 그림과 같을 것이다.

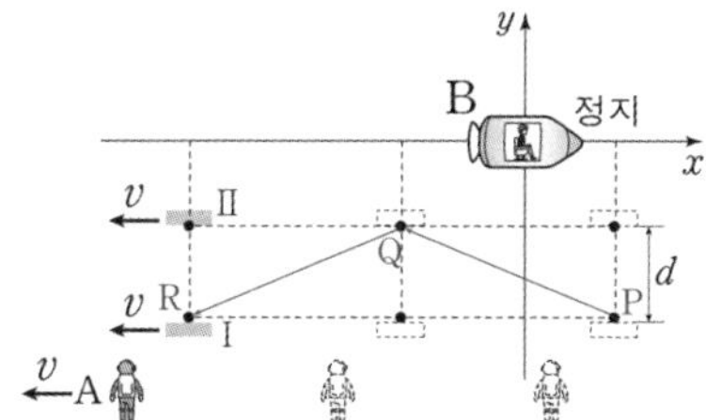

정리하자면 A와 B의 관성계에서 각각 빛이 Ⅰ→Ⅱ→Ⅰ로 진행하는 빛의 경로는 아래 그림과 같다.

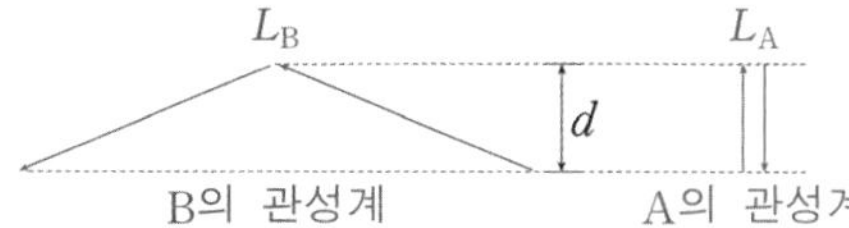

파란색 경로의 길이가 빨간색 경로의 길이보다 길다는 것을 알 수 있다.
파란색 경로의 길이를 L_B
빨간색 경로의 길이를 L_A로 두면 다음 식이 성립한다.

$$L_A < L_B$$

그런데! L_A, L_B는 '빛'의 이동 경로를 나타낸 것이고,
빛의 속력은 A와 B의 관성계에서가 c로 같기 때문에
빛이 한 번 왕복하는데 걸리는 시간은 L_A, L_B에 각각 c를 나누어준 값과 같다.
그 값은 다음이 성립한다.

$$\frac{L_A}{c} < \frac{L_B}{c}$$

즉, 빛이 한 번 왕복하는데 걸리는 시간은 B의 관성계에서가 A의 관성계에서보다 크다.

해석

빛이 Ⅰ→Ⅱ→Ⅰ로 왕복하는 빛 시계는
A의 관성계에서 정지해 있는 시계이다.

즉, 빛이 Ⅰ→Ⅱ→Ⅰ로 왕복하는데 걸리는 시간은
A의 관성계에서의 시간(A의 관성계에서 단위 시간)을 측정하는 것이다.

빛이 Ⅰ→Ⅱ→Ⅰ로 왕복하는데 걸리는 시간 = A의 시간

방금 페이지에서는 빛이 Ⅰ→Ⅱ→Ⅰ로 왕복하는데 걸리는 시간을 각각 A와 B의 관성계에서 다름을 알 수 있었다.

① A의 관성계에서 A의 1초 $\frac{L_A}{c}$

② B의 관성계에서 A의 1초 $\frac{L_B}{c}$

그런데 $\frac{L_A}{c} < \frac{L_B}{c}$ 이므로, 다음이 성립한다.

B의 관성계에서 A의 1초는 A의 관성계에서 A의 1초 보다 크다! → B의 관성계에서 A의 시간은 팽창된다! = B의 관성계에서 A의 시간은 느리게 간다!

○ 단위 시간
'단위 시간'이 생소하고 어렵다고 느껴지면 '1초'라고 생각하자.

용어의 명확한 의미를 잘 모르는 학생들이 많다.
정확한 뜻은 다음과 같다.

'시간이 팽창' → 1초의 길이가 길어진다.

'시간이 느리게 간다.' → 1초의 길이가 길어지니까 움직이는 관성계가 슬로우 모션으로 보인다.

빛의 속력이 일정하기 때문에 내가 본 다른 관성계의 시간이 느리게 간다.

정리 시간 팽창

자신과 다른 관성계의 시간은 자신의 관성계의 시간에 비해 느리게 간다! 자신과 다른 관성계의 시간은 팽창된다!

★ 수능에 적용 (필독)

수능에 적용하는 방법을 이야기해보자.
다음 순서는 반드시 기억하자.

암기 시간 팽창을 수능에 적용

○ 문제에서 시간에 대한 질문이 나온다. (예를 들면 ㉠ ~에서 ~까지 이동하는데 걸리는 시간)

① ㉠을 고유 시간으로 보는 관성계를 찾는다. (이를 관성계 Ⅰ으로 두자.)
② Ⅰ의 관성계에서 다른 관성계들(Ⅱ, Ⅲ...)의 속력(v_1, v_2...)을 확인한다.

○ ① ② 종합 결론
Ⅰ의 관성계 이외의 관성계(Ⅱ, Ⅲ...)에서 ㉠은 팽창 시간으로 고유 시간보다 크다.
(v_1, v_2...) 가 클수록 팽창되는 정도가 크다!

○ 팽창하는 정도
이게 바로 로렌츠 인자(γ)이다.

위 순서를 반드시 유의해야 한다. 아래 예시를 통해 체화해 보자.
그림과 같이 A의 관성계에서 $+x$방향으로 각각 $0.5c$, $0.6c$의 속력으로 이동하는 우주선 안에 관찰자 B, C가 타고 있다. A의 관성계에서 광원 X와 거울 p가 정지해 있다. 빛은 X에서 방출되어 p에서 반사되고 다시 X로 되돌아온다. A, B, C의 관성계에서 빛이 X에서 p에 도달한 후 다시 X에 도달할 때까지(X→p→X) 걸린 시간은 각각 t_1, t_2, t_3이다.

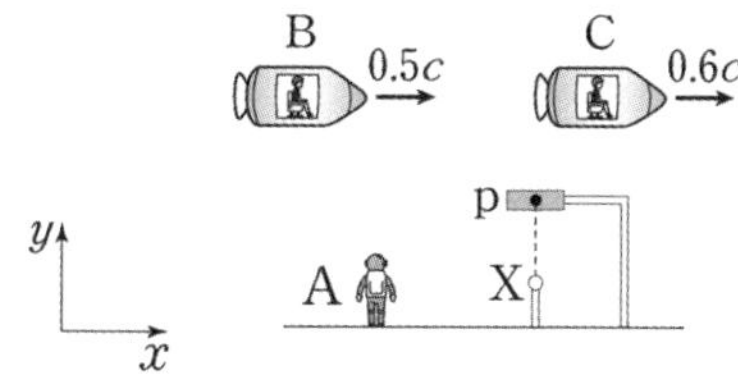

t_1, t_2, t_3를 비교해 보자. (단, 빛의 속력은 c이다.)

① 빛이 X→p→X로 진행하는데 걸리는 시간을 고유 시간으로 보는 관성계를 찾는다.

A의 관성계에서 X에서 방출된 빛은 다시 X로 돌아온다.
A의 관성계에서 빛이 X→p→X로 진행하는데 걸린 시간(t_1)은 고유 시간이다.

② A와 다른 관성계들의 속력을 확인한다.

A와 다른 관성계인
B와 C의 속력은 각각 $0.5c$, $0.6c$이다.

○ 결론

1) 고유 시간은 t_1이다.
2) 고유 시간으로 보는 관성계는 A의 관성계이고,
A의 관성계 이외의 관성계인 B와 C의 관성계에서 빛이 X→p→X로 진행하는데 걸리는 시간은 팽창 시간이다. 따라서 다음이 성립한다.

$$t_1 < t_2,\ t_1 < t_3$$

○ 시간 팽창의 정도는 어느 정도일까?
해당 부분은 동시성의 상대성을 정리한 뒤에 설명하도록 하겠다.

3) A의 관성계에서 속력이 클수록 팽창되는 정도가 크다.
A의 관성계에서 속력은 C가 B보다 크므로
시간이 팽창되는 정도는 C가 B보다 크다. 따라서 다음이 성립한다.

$$t_2 < t_3 \text{ 따라서 } t_1 < t_2 < t_3$$

예제

그림과 같이 A의 관성계에서 $+x$방향으로 각각 $0.3c$, $0.6c$의 속력으로 이동하는 우주선 안에 관찰자 B, C가 타고 있다. A의 관성계에서 광원 X와 거울 p가, B의 관성계에서 광원 Y와 거울 q가, C의 관성계에서 광원 Z와 거울 r가 각각 정지해 있다. 빛은 각 광원에서 출발하여 거울에서 반사되어 다시 광원으로 되돌아온다.

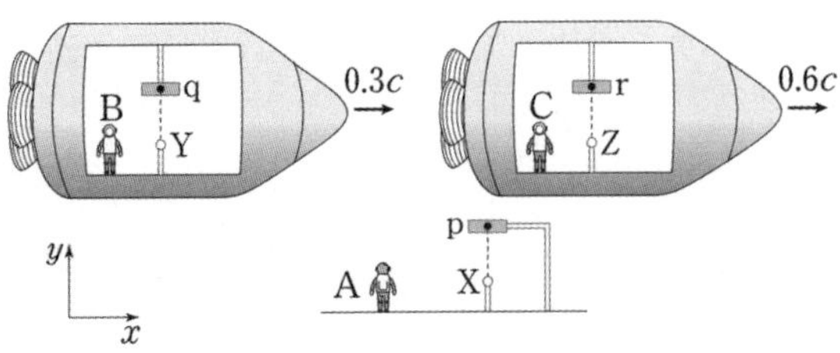

표는 A, B, C의 관성계에서 빛의 경로에 따른 이동 시간을 나타낸 것이다.
예를 들면, A의 관성계에서 빛이 Y에서 출발하여 q에서 반사되어 Y로 돌아오는데 걸리는 시간은 t_4이다.

걸린 시간	관성계		
	A	B	C
X→p→X	t_1	t_2	t_3
Y→q→Y	t_4	t_5	
Z→r→Z	t_6		t_7

다음을 답해보자.

① t_1, t_2, t_3 을 비교해 보아라.

② t_4, t_5 을 비교해 보아라.

③ t_6, t_7 을 비교해 보아라.

해설

① X→p→X

○ A의 관성계

빛이 X에서 출발하는 사건과 빛이 X에 도달하는 사건이 모두 정지해 있는 X에서 일어나므로 A의 관성계에서 빛이 X→p→X로 진행하는데 걸린 시간(t_1)은 고유 시간이다.

○ B와 C의 관성계

A의 관성계에서 우주선의 속력이 클수록 시간이 팽창되는 정도가 크다.
A의 관성계에서 B가 탄 우주선의 속력이 C가 탄 우주선의 속력보다 작으므로 시간이 팽창되는 정도는 C에서가 B에서보다 크다.
따라서 $t_1 < t_2 < t_3$이다.

② Y→q→Y

○ A의 관성계

빛이 Y에서 출발하는 사건과 빛이 Y에 도달하는 사건이 모두 움직이는 Y에서 일어나므로 A의 관성계에서 빛이 Y→q→Y로 진행하는데 걸린 시간(t_4)은 팽창 시간이다.

○ B의 관성계에서

빛이 Y에서 출발하는 사건과 빛이 Y에 도달하는 사건이 모두 정지해 있는 Y에서 일어나므로 B의 관성계에서 빛이 Y→q→Y로 진행하는데 걸린 시간(t_5)은 고유 시간이다.
따라서 $t_5 < t_4$이다.

③ Z→r→Z

○ A의 관성계

빛이 Z에서 출발하는 사건과 빛이 Z에 도달하는 사건이 모두 움직이는 Z에서 일어나므로 A의 관성계에서 빛이 Z→r→Z로 진행하는데 걸린 시간(t_6)은 팽창 시간이다.

○ C의 관성계에서

빛이 Z에서 출발하는 사건과 빛이 Z에 도달하는 사건이 모두 정지해 있는 Z에서 일어나므로 C의 관성계에서 빛이 Z→r→Z로 진행하는데 걸린 시간(t_7)은 고유 시간이다.
따라서 $t_7 < t_6$이다.

정답

예제

① $t_1 < t_2 < t_3$

② $t_5 < t_4$

③ $t_7 < t_6$

기출 예시 6

17학년도 수능 7번 문항

그림과 같이 영희가 탄 우주선 B가 민수가 탄 우주선 A에 대해 일정한 속도 $0.5c$로 운동하고 있다. 민수와 영희가 각각 우주선 바닥에 있는 광원에서 동일한 높이의 거울을 향해 운동 방향과 수직으로 빛을 쏘았다. 민수의 관성계에서 A의 광원에서 빛을 쏘아 거울에 반사되어 되돌아오는데 걸리는 시간은 t_A이고, 영희의 관성계에서 B의 광원에서 빛을 쏘아 거울에 반사되어 되돌아오는 데 걸린 시간은 t_B이다. 확대한 그림은 각각의 우주선 안에서 볼 때의 빛의 진행 경로를 나타낸 것이다.

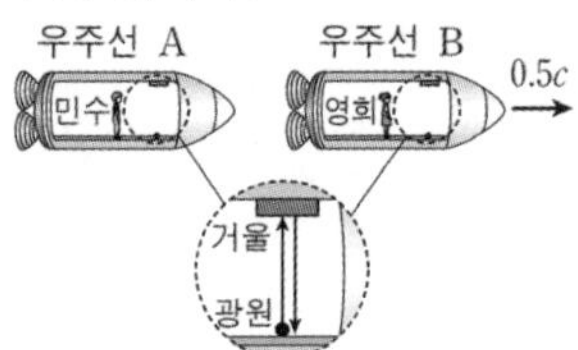

이에 대한 설명으로 옳은 것만을 〈보기〉에서 있는 대로 고른 것은? (단, c는 빛의 속력이다.)

〈보 기〉

ㄱ. $t_A = t_B$이다.

ㄴ. 영희의 관성계에서, 민수의 시간은 영희의 시간보다 느리게 간다.

ㄷ. 민수의 관성계에서 t_A 동안 멀어진 A와 B 사이의 거리는 영희의 관성계에서 t_B동안 멀어진 A와 B 사이의 거리보다 짧다.

해설

ㄱ. 거울과 광원 사이의 거리를 d로 두자.

민수의 관성계에서 A의 광원에서 빛을 쏘아 거울에서 반사되어 되돌아오는데 걸린 시간(t_A)은 다음과 같이 계산된다.

$$t_A = \frac{2d}{c}$$

영희의 관성계에서 B의 광원에서 빛을 쏘아 거울에서 반사되어 되돌아오는데 걸린 시간(t_B)은 다음과 같이 계산된다.

$$t_B = \frac{2d}{c}$$

따라서 $t_A = t_B = \frac{2d}{c}$이다.

(ㄱ. 참)

ㄴ. 영희의 관성계에서 민수는 운동하고 있다.

따라서 영희의 관성계에서 민수의 시간은 자신(영희)의 시간보다 느리게 간다.

(ㄴ. 참)

ㄷ. 민수의 관성계에서 A의 속력은 0이고, B의 속력은 $0.5c$이다.

영희의 관성계에서 B의 속력은 0이고, A의 속력은 $0.5c$이다.

민수의 관성계에서 t_A의 시간 동안 멀어진 A와 B 사이의 거리는 다음과 같다.

$$0.5ct_A$$

영희의 관성계에서 t_B동안 멀어진 거리는 다음과 같다.

$$0.5ct_B$$

그런데 $t_A = t_B$이므로 다음이 성립한다.

$$0.5ct_A = 0.5ct_B$$

(ㄷ. 거짓)

정답

기출 예시 6

ㄱ, ㄴ

고유 길이 / 길이 수축

고유 시간이 있듯, 고유 길이라는 개념도 존재한다.
그리고 서로 다른 두 관성계에서 길이가 다르다.
고유 길이는 다음과 같다.

암기 고유 길이

> 고유 길이
> 정지한 두 좌표 사이의 거리

예를 들어보자.
그림과 같이 관찰자 A의 관성계에서 $+x$ 방향으로 $0.6c$의 일정한 속력으로 운동하는 우주선 안에 관찰자 B가 있다. A의 관성계에서 정지해 있는 두 점 P와 Q 사이의 거리는 10m이고, P와 Q를 잇는 직선은 x축과 나란하다. (빛의 속력은 c이다.)

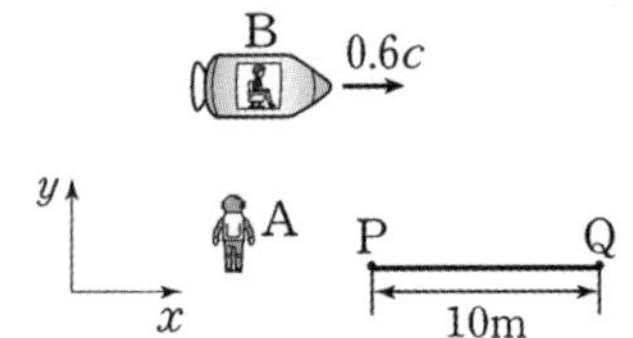

A의 관성계에서 P와 Q는 모두 정지해 있다.

따라서 A의 관성계에서 P와 Q 사이의 거리는 고유 길이이다.

B의 관성계에서는 어떨까?
위의 상황을 B의 관성계에서 표현해 보면 다음과 같다.

B 정지
y
x
0.6c A
0.6c P
0.6c Q

B의 관성계에서 P와 Q는 모두 $-x$방향으로 운동하고 있다.
따라서 B의 관성계에서 P와 Q 사이의 거리는 고유 길이가 아니다.
그럼 B의 관성계에서 P와 Q 사이의 거리는 수축된 길이이다.

○ 수축
수축은 짧아진다는 뜻이다.

암기 길이 수축

> 정지하지 않고 속도가 같은 두 좌표 사이의 거리는
> 고유 길이보다 짧다.
> 이를 길이 수축 이라고 한다.

길이 수축에는 중요한 성질이 있고 다음은 반드시 알고 있어야 한다.

암기 길이 수축 규칙

> ① 길이 수축은 '두 좌표의 운동 방향' 과 나란한 방향에서만 일어난다.
> 길이 방향과 운동 방향이 수직하면 수축되는 정도가 없다.
>
> ② '두 좌표의 속력'이 빠를수록 수축되는 정도가 크다.

길이 수축 규칙 의미

① 길이 수축은 '두 좌표의 운동 방향'과 나란한 방향에서만 일어난다.

아래 그림과 같이 우주선이 A의 관성계에서
P와 Q 사이의 거리의 고유 길이가 10m인 상황에서 (P와 Q는 y축과 나란하다.)
(가) 정지 상태일 때,
(나) 속도가 $+x$방향으로 $0.6c$일 때,
(다) 속도가 $+x$방향으로 $0.8c$일 때,

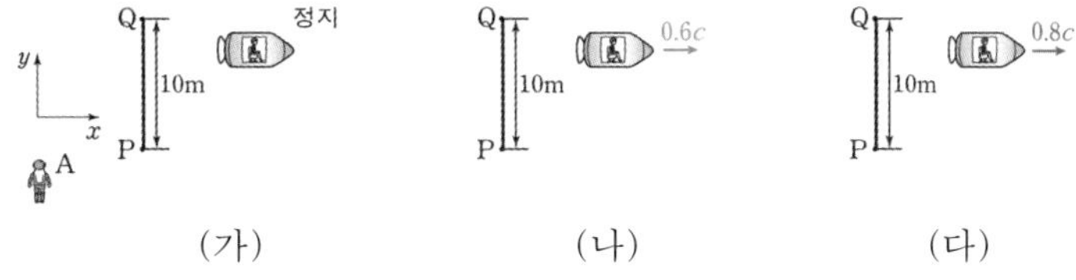

B의 관성계에서 P와 Q 사이의 거리는 (아래 그림) (가)~(다)에서 모두 10m로 같다.
(수축되지 않는다!)

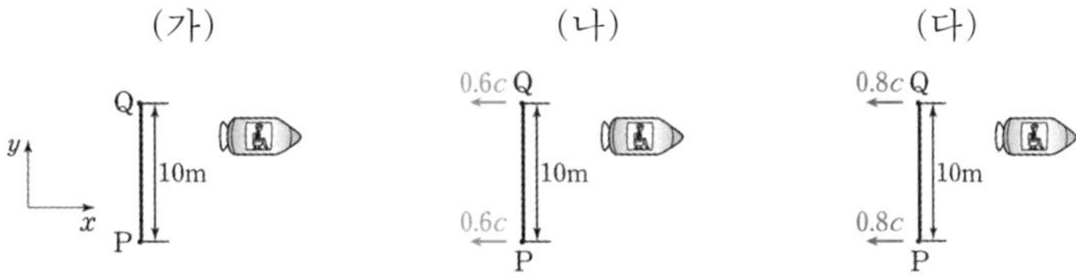

두 점의 속력이 빠르더라도
P와 Q 사이 거리가 짧아지지 않음

※편의상 A의 움직임은 그림에서 생략했다.

② '두 좌표의 속력'이 빠를수록 수축되는 정도가 크다.

아래 그림과 같이 우주선이 A의 관성계에서
P와 Q 사이의 거리의 고유 길이가 10m인 상황에서 (P와 Q는 x축과 나란하다.)
(가) 정지 상태일 때,
(나) 속도가 $+x$방향으로 $0.6c$일 때,
(다) 속도가 $+x$방향으로 $0.8c$일 때,

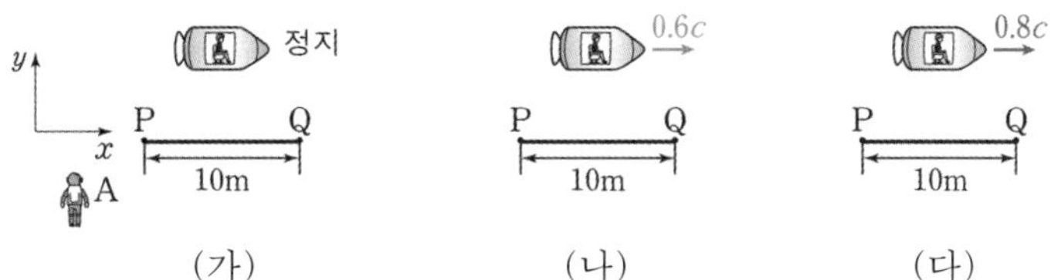

B의 관성계에서 P와 Q 사이의 거리는 (아래 그림)
(가)에서 10m, (나)에서 8m, (다)에서 6m으로

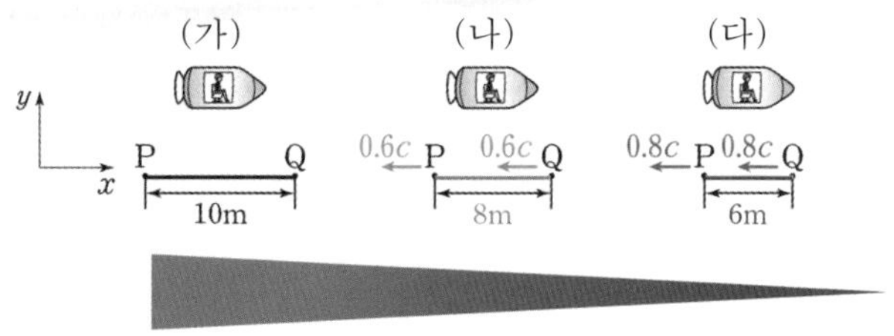

두 점의 속력이 빠를수록
길이가 더 짧아짐

※편의상 A의 움직임은 그림에서 생략했다.

우주선의 관성계에서 P와 Q 사이의 거리는
P의 Q의 속력이 빠를수록 작다!

특수 상대성 이론 정리

지금까지 했던 내용들을 정리해 보면 다음과 같고,
지금 페이지의 내용들은 당연히 알고 있어야 한다.

○ 특수 상대성 이론의 가정

○ 모든 관성계에서 물리법칙은 동일하다. ○ 모든 관성계에서 빛의 속력은 동일하다.

○ 고유 시간과 고유 길이

고유 시간 시작 사건$(x_1,\ y_1,\ t_1)$과 끝 사건$(x_1,\ y_1,\ t_2)$이 같은 장소$(x_1,\ y_1)$에서 일어날 때, 그 시간 간격 $(t_2 - t_1)$ **고유 길이** 정지한 두 좌표 사이의 거리

○ 팽창 시간과 수축 길이

팽창 시간 ① 어느 시간을 고유 시간으로 보는 관성계와 다른 관성계에서 보는 시간 ② 자신과 다른 관성계에서의 시간은 자신의 시간보다 느리게 간다. **수축 길이** 두 좌표가 동일한 속도로 이동할 때, 고유 길이보다 짧게 보인다.

○ 문제 풀이 방법

① 어느 시간에 대해 고유 시간으로 보는 관성계,
어느 길이에 대해 고유 길이로 보는 관성계를 각각 찾는다.

② 고유 길이, 고유 시간을 보는 관성계와 다른 관성계에서는 수축 길이, 팽창 시간으로 본다.

③ 팽창되는 정도, 수축되는 정도는
고유 길이, 고유 시간으로 보는 관성계에서의 속력이 클수록 크다.
(속력이 클수록 시간이 더 느리게 가고, 길이는 더 짧아진다.)

암기 그냥 읽어보기. (수능에 안 나옴)

빛의 속력은 그 누가 봐도 같다는 사실은 아인슈타인의 가정이었다. 그러니까 틀릴 수도 있다는 뜻이었다. 하지만, 상대론과 전혀 관계가 없는 전자기학에서 '빛(가시광선)은 전자기파'라는 점을 입증했고, 그 전자기파의 속력은 진공에서의 유전율(상수 ε_0)와 진공에서의 투자율(상수 μ_0)를 이용하여 $c = \dfrac{1}{\sqrt{\varepsilon_0 \mu}}$ 라는 값을 찾아낸다.
즉, 빛의 속력이라는 것은, ε_0와 μ_0의 일정한 '상수'의 조합으로 설명할 수 있었고, 이는 곧 빛의 속력 c는 상수임을 입증했다. 서로 다를 것 같았던 '상대론'과 '전자기학'에서 빛의 속력은 일정하다는 것을 가리키고 있다.

예제

그림과 같이 관찰자 A의 관성계에서 $+x$방향으로 $0.6c$의 일정한 속력으로 운동하는 우주선 안에 관찰자 B가 있다. A의 관성계에서 정지해 있는 두 점 P와 Q, P와 R 사이의 거리는 10m로 같고, P와 Q를 잇는 직선은 x축과 나란하며, P와 R를 잇는 직선은 y축과 나란하다. (빛의 속력은 c이다.)

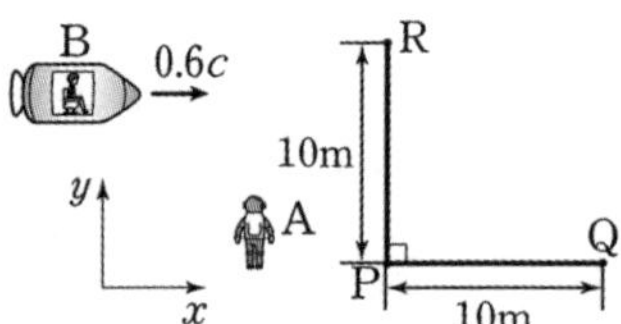

○ A, B의 관성계에서 P와 Q 사이의 거리(L_{PQ}), P와 R 사이의 거리(L_{PR})를 비교해 보자.

※ 맞는 것을 동그라미 해보자.

① A의 관성계

L_{PQ} 는 10m (이다. / 보다 길다. / 보다 짧다.)

L_{PR} 는 10m (이다. / 보다 길다. / 보다 짧다.)

② B의 관성계

L_{PQ} 는 10m (이다. / 보다 길다. / 보다 짧다.)

L_{PR} 는 10m (이다. / 보다 길다. / 보다 짧다.)

해설

① A의 관성계에서

P, Q, R는 모두 정지해 있다.

따라서

A의 관성계에서 P와 Q 사이의 거리, Q와 R 사이의 거리는 각각 고유 길이이다.

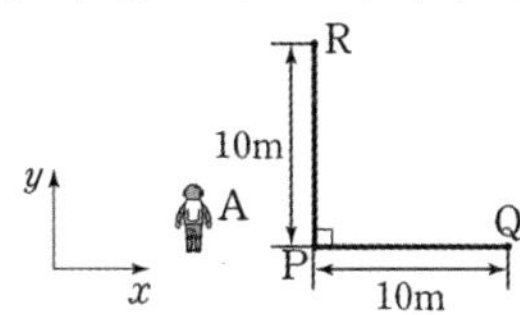

※편의상 B의 움직임은 그림에서 생략했다.

A의 관성계에서 L_{PQ} 는 10m이고, L_{PR} 는 10m이다.

② B의 관성계에서

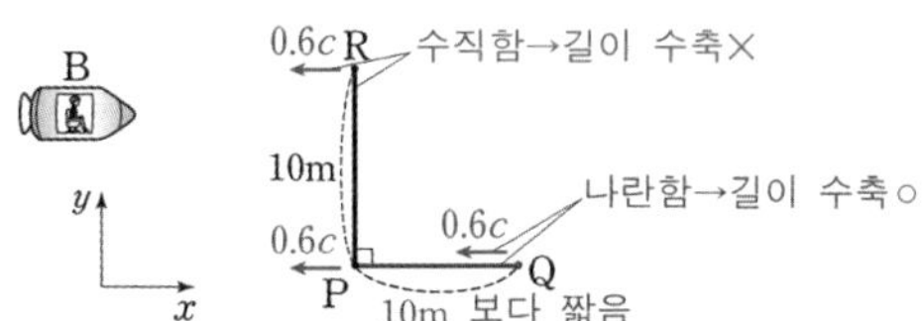

※편의상 A의 움직임은 그림에서 생략했다.

P, Q, R는 모두 $-x$방향으로 $0.6c$의 속력으로 이동한다.

○ L_{PQ}

P와 Q를 잇는 직선은 x축과 나란하고, P와 Q는 x축과 나란하게 이동하므로
(P와 Q의 속도 방향[x]과 P와 Q를 잇는 직선[x]은 서로 나란하다.)

B의 관성계에서 P와 Q 사이의 길이(L_{PQ})는 수축된 길이(10m보다 짧음)이다.

○ L_{PR}

P와 R를 잇는 직선은 y축과 나란하고, P와 R는 x축과 나란하게 이동하므로
(P와 R의 속도 방향[y]과 P와 R를 잇는 직선[x]은 서로 수직하다.)

B의 관성계에서 P와 R 사이의 길이(L_{PR})는 수축되지 않는다. (10m이다.)

B의 관성계에서 L_{PQ} 는 10m보다 짧고 L_{PR} 는 10m이다.

정답

예제

①

○ L_{PQ}는 10m이다.

○ L_{PR}는 10m이다.

②

○ L_{PQ}는 10m보다 짧다.

○ L_{PR}는 10m이다.

4. 동시성의 상대성

절대적 동시성(한 장소 동시성)

교과서에는 안 나와 있지만, 수능에서 출제되는 개념으로
반드시 알고 있어야 하는 개념이며,
해당 '동시성의 상대성'은 최근 수능에서 어려운 문제로 나오고 있다.

절대적 동시성은 다음과 같다.

○교과서에 없다.
매우 중요하고, 당연한 성질이다.
너무 당연해서 교과서에서
서술이 안되어 있다. 하지만,
알고 있어야한다.

암기 절대적 동시성

> 같은 좌표(한 장소)에서 동시에 일어난 두 개 이상의 사건은
> 모든 관성계에서 동시이다!

예를 들어보자.
그림과 같이 A의 관성계에서 $+x$방향으로 광속에 가까운 속력 v로 등속도 운동하는 우주선 안에 B가 타고 있다. A의 관성계에서, 광원에서 $-x$방향, $+x$방향으로 동시에 빛 a, b를 방출한다.

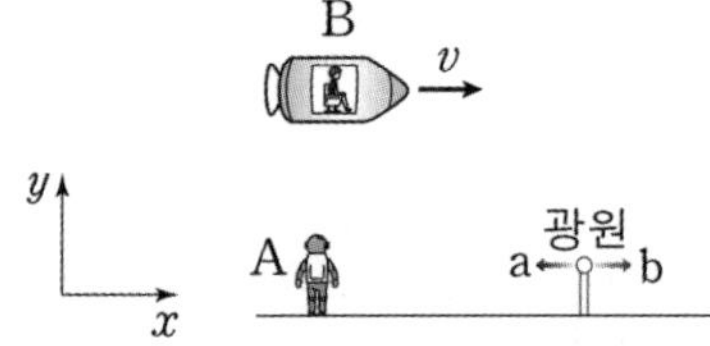

B의 관성계에서 광원에서 a와 b 중 어떤 빛이 먼저 방출될까?

A의 관성계에서
a와 b는 <u>① 광원</u>에서 <u>② 동시에</u> 방출된다.

즉,
a와 b는 <u>① 광원</u>이라는 **동일한 좌표**에서 <u>② 동시에</u> 방출된다.
따라서 A의 관성계뿐만 아니라 B의 관성계에서도 동시이다!

> 절대적 동시성은
> '한 장소'에서 일어나는 서로 다른 두 사건에 대해서 다룬다.
> 그렇다면
> '서로 다른 두 장소'에서 일어난 서로 다른 두 사건의 동시성은 어떻게 될까?

동시성의 상대성

서로 다른 두 장소에서 일어나는 사건에는 <u>순서가 존재한다.</u>

암기 동시성의 상대성

> 서로 다른 두 좌표(두 장소)에서 동시에 일어난 사건은
> 모든 관성계에서 동시가 아닐 수 있다.

방금 예시를 보강해서 설명해 보겠다.
동일한 상황에서 A의 관성계에서 a, b가 동시에 방출되어 a가 P에, b가 Q에 각각 도달한다. A의 관성계에서 광원과 P, 광원과 Q 사이의 거리는 L로 같고, A의 관성계에서 P, Q는 정지해 있다.

○ A의 관성계에서

① P, Q, 광원은 모두 정지해 있으므로
광원과 P, 광원과 Q 사이의 거리는 모두 고유 길이이다.

② a와 b의 속력이 c(빛의 속력)로 같고,
P, Q에 도달할 때까지 진행한 거리가 L로 동일하므로
A의 관성계에서는 a, b가 각각 P, Q에 동시에 도달한다.

○ B의 관성계에서

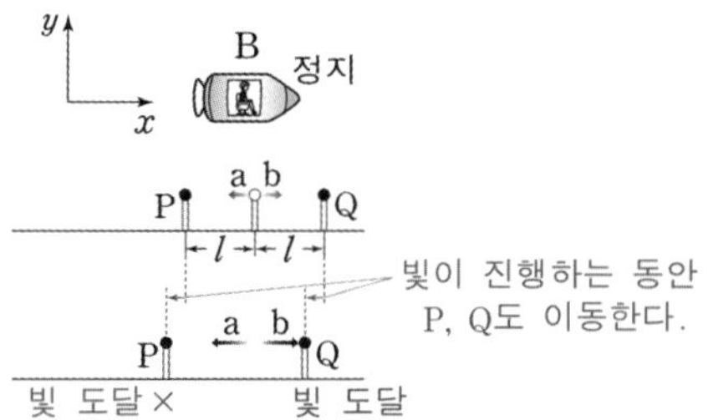

① P, Q, 광원은 모두 $-x$방향으로 v의 속력으로 이동하고 있으므로
광원과 P, 광원과 Q 사이의 거리는 모두 수축된 길이이다. 이를 l로 두겠다. ($l < L$)

② 당연하게도 B의 관성계에서 a와 b는 광원으로부터 동시에 방출된다.
하지만
a와 b가 P와 Q로 진행하는 동안
P와 Q도 $-x$방향으로 이동하고 있다.
a는 l보다 긴 길이를 이동하고
b는 l보다 짧은 길이를 이동하므로

b가 Q에 도달한 후 a가 P에 도달한다.

즉,
A의 관성계에서는 a, b가 각각 P, Q에 동시에 도달하지만
B의 관성계에서는 a, b가 각각 P, Q에 동시에 도달하지 않는다.

한 장소가 아닌 두 장소 동시성은 상대적이다.

동시성의 상대성 문제를 푸는 방법+유의 사항

동시성의 상대성 문제는 상당히 어려울 수 있다.
동시성의 상대성 문제에서 중요한 포인트는 다음과 같은 두 가지이다.

> ① 한 장소 동시성은 그 누가 봐도 동시이다. (절대적 동시성)
> ② 동시성의 상대성이 일어나는 이유는 빛이 진행하는 동안 도착지도 이동하기 때문이다.

동시성의 상대성 문제를 풀 때 푸는 순서는 다음과 같다.

푸는 방법 동시성의 상대성을 푸는 방법

① 첫 번째
절대적 동시성을 찾는다.
② 두 번째
빛의 도착지(거울, 검출기)가 어떻게 이동하는지 살펴본다.
빛의 출발지가 어떻게 이동하는지는 생각할 필요가 없다!
③ 세 번째
적절한 식과 비율을 찾는다.
④ 네 번째
주어진 조건과 비율을 이용하여 계산 후 정답을 찾는다.

지금부터 소개할 내용에서 거부감이 생길 수 있다.
왜냐하면, 정량적 '분석'이 들어가기 때문이다.
사실 상대론을 공부하다 보면 두 가지 학생들을 접해볼 수 있었다.

① 완벽한 이해를 목표로 하는 학생
② 대강 이해해서 문제를 풀려는 학생

메카니카의 취지는 ①을 목표로 하는 학생들에 초점을 두기 때문에,
해당 파트의 분석이 불편한 학생들은 '결론' 부분만 집중해서 보기를 추천한다.
아래와 같은 문제가 동시성의 상대성 문제이다.

17학년도 수능 10번 문항

그림은 철수가 탄 우주선이 영희의 관성계에서 $0.5c$로 등속도 운동하는 모습을 나타낸 것이다. 광원 P에서 발생한 빛은 영희의 관성계에서 점 A, B에 동시에 도달하였다.

이에 대한 설명으로 옳은 것만을 〈보기〉에서 있는 대로 고른 것은? (단, c는 빛의 속력이고, A, P, B는 동일 직선상에 있다.)

〈보 기〉

ㄱ. 철수의 관성계에서, 영희의 시간은 철수의 시간보다 느리게 간다.
ㄴ. 철수의 관성계에서, P에서 발생한 빛은 B보다 A에 먼저 도달한다.
ㄷ. 영희의 관성계에서, P에서 A까지의 거리는 P에서 B까지의 거리와 같다.

해당 문제를 풀 때 '가까워지는 효과' '멀어지는 효과' '길이가 수축되는 효과' 등 여러 가지 용어를 이용하여 최대한 정성적으로 문제를 푸는 경우가 많다. 하지만, 그렇게 접근한다면, 문제가 조금이라도 더 어려워지거나, 압박의 상황이 닥쳤을 때 실수를 유발할 수 있다.

해당 부분을 정량적으로 다루고 분석해서 유의미한 결론에 도달할 것이고, 이를 정확하게 이해하는 방향으로 서술하겠다.

일단 우리가 생각해야 할 것이 '로렌츠 인자'에 관한 부분이다. 참고로 '로렌츠 인자'의 존재 자체는 평가원에 나온적이 있다. 아래 ㄷ선택지가 그러하다.

22학년도 9월 모의고사 7번 문항

다음은 특수 상대성 이론에 대한 사고 실험의 일부이다.

가설 Ⅰ : 모든 관성계에서 물리 법칙은 동일하다.
가설 Ⅱ : 모든 관성계에서 빛의 속력은 c로 일정하다.

관찰자 A에 대해 정지해 있는 두 천체 P, Q 사이를 관찰자 B가 탄 우주선이 광속에 가까운 속력 v로 등속도 운동을 하고 있다. B의 관성계에서 광원으로부터 우주선의 운동 방향에 수직으로 방출된 빛은 거울에서 반사되어 되돌아온다.

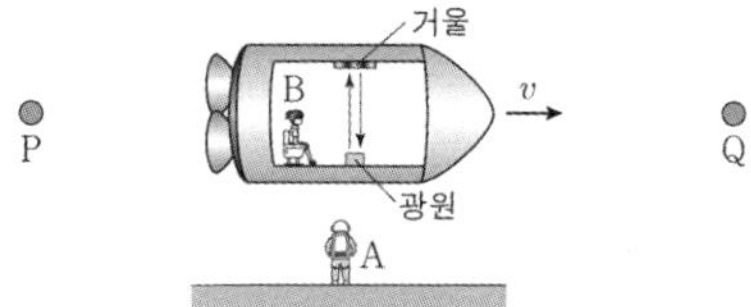

(가) 빛이 1회 왕복한 시간은 A의 관성계에서 t_A이고, B의 관성계에서 t_B이다.
(나) A의 관성계에서 t_A 동안 빛의 이동 경로의 길이는 L_A이고, B의 관성계에서 t_B 동안 빛의 경로 길이는 L_B이다.
(다) A의 관성계에서 P와 Q 사이의 거리 D_A는 P에서 Q까지 우주선의 이동 시간과 v를 곱한 값이다.
(라) B의 관성계에서 P와 Q 사이의 거리 D_B는 P가 B를 지날 때부터 Q가 B를 지날 때까지 걸린 시간과 v를 곱한 값이다.

이에 대한 설명으로 옳은 것만을 〈보기〉에서 있는 대로 고른 것은?

〈보 기〉

ㄱ. $t_A > t_B$이다.
ㄴ. $L_A > L_B$이다.
ㄷ. $\frac{D_A}{D_B} = \frac{L_A}{L_B}$이다.

여기에서는 로렌츠 인자식에 직접 대입해서 푸는 풀이 방법 보다는 그 존재성에 대해서 질문한 문제로 출제되었다. 하지만, v를 이용해서 직접 계산하는 문제는 출제되지 않았다.

즉,
로렌츠 인자로 직접 v를 찾아서 계산하는 것은 교육 과정 밖임을 명확하게 말한다.
하지만, 이미 나온 로렌츠 인자를 이용하여 정량적으로 계산하는 것은 교육과정 내이다.

로렌츠 인자의 활용 (사전 작업)

로렌츠 인자를 이용할 것이다. 로렌츠 인자는 다음과 같이 기술한다. (c는 빛의 속력, v는 정지 관성계에서 움직이는 관성계의 속력)

$$\gamma = \frac{1}{\sqrt{1-\left(\frac{v}{c}\right)^2}}$$

해당 부분이 외우기가 어렵다면, 위 아래를 c(빛의 속력)을 곱해서 다음과 같이 서술해 보자.

$$\gamma = \frac{c}{\sqrt{c^2 - v^2}}$$

로렌츠 인자는 다음과 같은 특성을 가진다.

> ① γ는 1보다 크다.
> ② v가 증가할수록 γ는 증가한다.
> ③ 길이 수축을 계산할 때는 고유 길이에 γ를 나누어 주면 되고
> 시간 팽창을 계산할 때는 고유 시간에 γ를 곱해주면 된다.
> 즉, 아래가 성립한다.
>
> $$\text{수축된 길이} = \frac{\text{고유 길이}}{\gamma}$$
> $$\text{팽창된 시간} = (\text{고유 시간}) \times \gamma$$

문자 표기의 경우 아래와 같이 잡는 것을 추천한다.

① 길이의 경우

그림과 같이 A의 관성계에서 $+x$방향으로 각각 v_B, v_C로 등속도 운동하는 우주선 안에 관찰자 B, C가 타고 있다. A의 관성계에서 P, Q 사이의 거리는 L이다.

A의 관성계에서 B와 C의 로렌츠 인자는 다음과 같이 '아래 첨자'를 써서 활용한다.

B: γ_B, C: γ_C

고유 길이는 '대문자'로, 수축 길이는 '소문자'와 '아래 첨자'를 활용한다.

B의 관성계에서 P, Q 사이의 거리: l_B
C의 관성계에서 P, Q 사이의 거리: l_C

그런데 수축 길이는 γ를 이용해서 다음이 성립한다.

$$l_B = \frac{L}{\gamma_B}, \quad l_C = \frac{L}{\gamma_C}$$

② 시간의 경우

그림과 같이 A의 관성계에서 $+x$방향으로 각각 v_B, v_C로 등속도 운동하는 우주선 안에 관찰자 B, C가 타고 있다. A의 관성계에서 거울 Ⅰ, 거울 Ⅱ는 정지해 있다. A의 관성계에서 빛이 Ⅰ→Ⅱ→Ⅰ으로 진행하는데 걸린 시간은 t이다. (당연히 t는 고유 시간이다.)

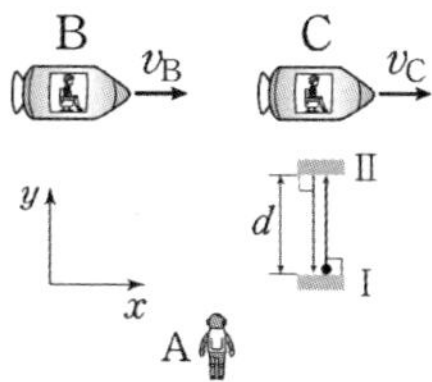

팽창된 시간은 '아래 첨자'를 활용한다.

B의 관성계에서 빛이 Ⅰ→Ⅱ→Ⅰ으로 진행하는데 걸린 시간: t_B
C의 관성계에서 빛이 Ⅰ→Ⅱ→Ⅰ으로 진행하는데 걸린 시간: t_C

팽창 시간을 γ를 이용해서 표현하면 다음이 성립한다.

$$t_B = t\gamma_B,\ t_C = t\gamma_C$$

여기까지 왔다면 기본적인 준비 과정은 끝났다.
유도 과정을 계산할 때는 아래 규칙을 활용하면 거부감을 줄일 수 있다.

규칙 분석 방법

① γ의 값을 환산하지 않고 곱하거나 나누어서 식을 전개한다.

② 식을 정리한 후 실제 γ의 값을 넣어서 분석한다.

상대성론 문제에 대한 제대로 된 분석

동시성의 상대성 관련 예시를 살펴보자. 아래 예시는 항상 수능에서 다루는 일반적인 상황이다.

그림과 같이 A의 관성계에서 정지해 있는 광원에서 정지해 있는 검출기 P, Q로 빛 p, q가 동시에 출발하는 모습을 나타낸 것이다. L_1과 L_2는 P와 광원, Q와 광원 사이의 고유 길이이다. A의 관성계에서 B는 $+x$방향으로 빛의 속력과 가까운 속력 v의 일정한 속력으로 등속도 운동한다. 빛의 속력은 c이다.

이 상황에서 A와 B의 관성계에서 빛이 광원→P, 광원→Q 까지 진행하는데 걸린 시간을 각각 생각해 보자.

① A의 관성계
빛은 광원→P로 진행할 때 빨간색 경로로 진행하고
빛은 광원→Q로 진행할 때 파란색 경로로 진행한다.

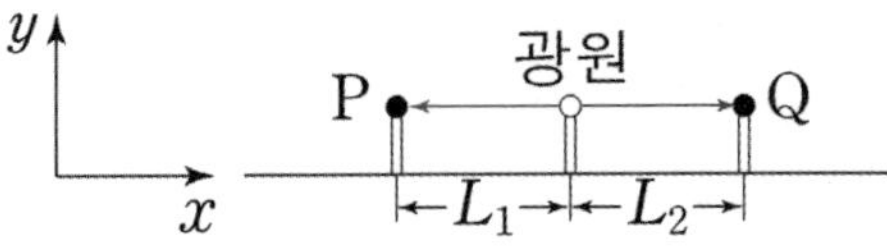

따라서 A의 관성계에서 빛의 이동 시간은 다음과 같이 계산된다.

$$광원→P: \frac{L_1}{c}$$

$$광원→Q: \frac{L_2}{c}$$

② B의 관성계

빛이 광원→P로 진행하는 동안 도착지인 P도 $-x$방향으로 운동한다.
빛이 광원→P로 진행하는데 걸린 시간을 t_1으로 두자.
광원과 P 사이의 거리는 다음과 같이 두자.

$$l_1 = \frac{L_1}{\gamma_B}$$

빛이 광원→Q로 진행하는 동안 도착지인 Q도 $-x$방향으로 운동한다.
빛이 광원→Q로 진행하는데 걸린 시간을 t_2로 두자.
광원과 Q 사이의 거리는 다음과 같이 두자.

$$l_2 = \frac{L_2}{\gamma_B}$$

즉, 아래 그림과 같은 경로를 따라 운동할 것이다.

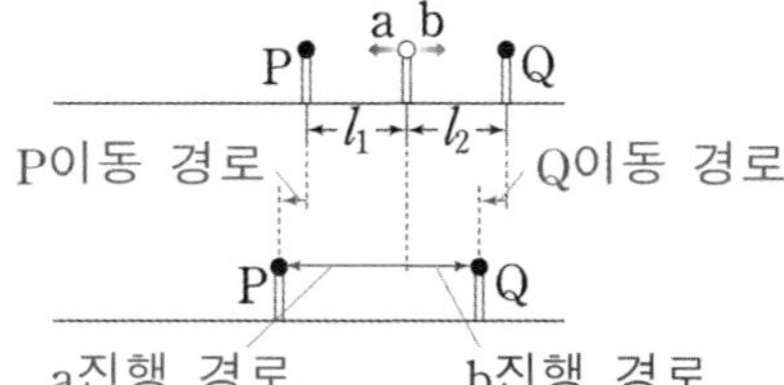

P와 Q가 각각 a, b와 만날 때까지 걸린 시간 t_1, t_2동안 이동 거리는 다음과 같다.

P의 이동 거리: vt_1

Q의 이동 거리: vt_2

이 동안 빛의 이동 거리는 다음과 같다.

a의 진행 거리: ct_1

b의 진행 거리: ct_2

이를 정리해 보면 아래 그림과 같다.

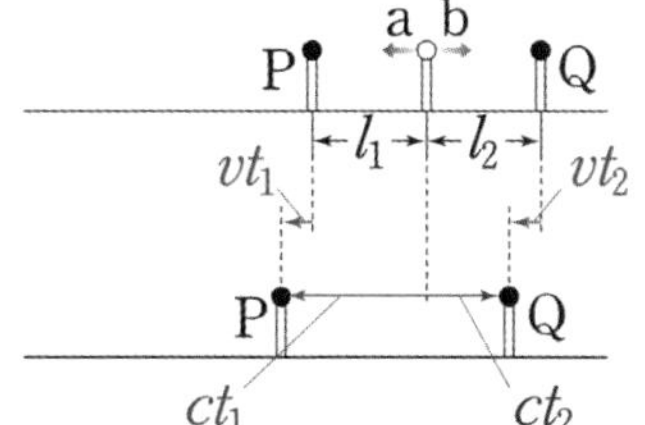

l_1은 ct_1과 vt_1의 차와 같고
l_2는 ct_2과 vt_2의 합과 같다.
따라서 다음 식이 성립한다.

$$l_1 = ct_1 - vt_1 \rightarrow t_1 = \frac{l_1}{c-v}$$

$$l_2 = ct_2 + vt_2 \rightarrow t_2 = \frac{l_2}{c+v}$$

l_1, l_2에 각각 $\frac{L_1}{\gamma_B}$, $\frac{L_2}{\gamma_B}$를 넣어 나타내 보면 다음과 같다.

$$t_1 = \frac{L_1}{\gamma_B(c-v)},\quad t_2 = \frac{L_2}{\gamma_B(c+v)}$$

$\gamma_B = \frac{c}{\sqrt{c^2-v^2}}$이므로 위 식에 넣어 계산해 보면 다음과 같다.

$$t_1 = \frac{L_1}{c}\frac{\sqrt{c^2-v^2}}{(c-v)} = \frac{L_1}{c}\sqrt{\frac{c+v}{c-v}},\quad t_2 = \frac{L_2}{c}\frac{\sqrt{c^2-v^2}}{(c+v)} = \frac{L_2}{c}\sqrt{\frac{c-v}{c+v}}$$

증명이 끝났으니 아래와 같이 정리할 수 있다.
아래와 같은 상태에서 빛의 진행한 경로에 따른 이동 시간은 다음과 같다.

	A의 관성계	B의 관성계
광원 → P	$\frac{L_1}{c}$	$\frac{L_1}{c}\sqrt{\frac{c+v}{c-v}}$
광원 → Q	$\frac{L_2}{c}$	$\frac{L_2}{c}\sqrt{\frac{c-v}{c+v}}$

연직 방향 운동에 대해서는 어떨까?

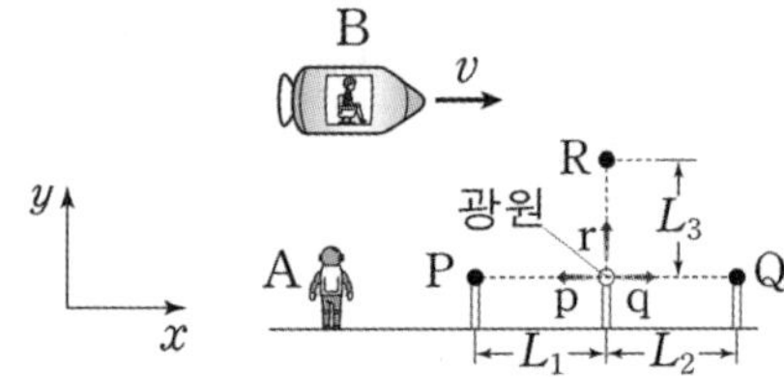

A의 관성계에서 빛의 진행 시간은 다음과 같다.

$$\frac{L_3}{c}$$

B의 관성계에서 빛의 진행 시간을 t_R로 두자.

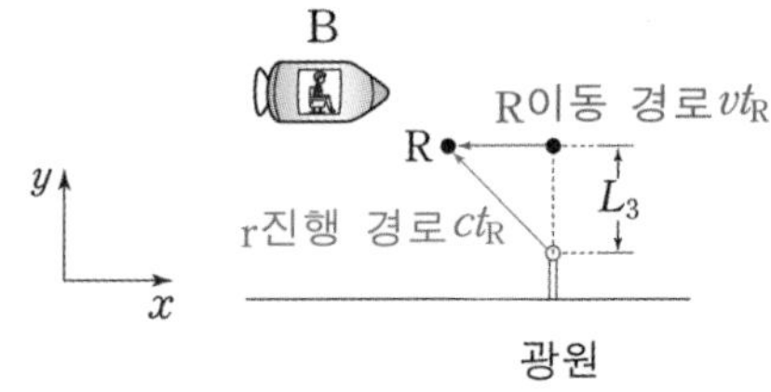

따라서 다음이 성립한다.

$$(ct_R)^2 - (vt_R)^2 = (L_3)^2$$

$$t_R = \frac{L_3}{\sqrt{c^2-v^2}} = \frac{L_3}{c}\frac{c}{\sqrt{c^2-v^2}} = \frac{L_3}{c}\gamma$$

모두 정리해 보면 다음과 같다.
(B의 관성계에서 빛이 광원 → R로 진행하는데 걸린 시간을 t_R로 두자.)

	A의 관성계		B의 관성계
광원 → P	$\frac{L_1}{c}$	$<$	$\frac{L_1}{c}\sqrt{\frac{c+v}{c-v}}$
광원 → Q	$\frac{L_2}{c}$	$>$	$\frac{L_2}{c}\sqrt{\frac{c-v}{c+v}}$
광원 → R	$\frac{L_3}{c}$	$<$	$\frac{L_3}{c}\frac{c}{\sqrt{c^2-v^2}}$

t_P, t_Q, t_R의 비는 다음과 같다.

$$t_P : t_Q : t_R = L_1(c+v) : L_2(c-v) : L_3 c$$

어떻게 활용하지?

○ 대소 비교

v는 속력으로 범위는 다음과 같다.

$$0 < v < c$$

즉, $\sqrt{\frac{c+v}{c-v}}$는 항상 1보다 크고, $\sqrt{\frac{c-v}{c+v}}$는 항상 1보다 작으며, γ는 1보다 크다.

재미있는 건 저 두 값을 더해 본 값이다.

$$\sqrt{\frac{c+v}{c-v}} + \sqrt{\frac{c-v}{c+v}} = \frac{(c+v)}{\sqrt{c^2-v^2}} + \frac{(c-v)}{\sqrt{c^2-v^2}} = \frac{2c}{\sqrt{c^2-v^2}} = 2\gamma$$

즉, γ는 $\sqrt{\frac{c+v}{c-v}}$와 $\sqrt{\frac{c-v}{c+v}}$의 **평균 값**이다.

즉, 다음이 성립한다.

$$\sqrt{\frac{c-v}{c+v}} < \gamma < \sqrt{\frac{c+v}{c-v}}$$

① B의 관성계에서

p의 진행 방향은 $-x$방향이고

도착지(P)의 이동 방향은 $-x$방향으로 서로 같다.

빛의 진행 방향과 도착지의 운동 방향이 서로 같다면

A의 시간($\frac{L_1}{c}$)에 1보다 큰 값($\sqrt{\frac{c+v}{c-v}}$)을 곱해서 B의 시간을 찾는다.

② B의 관성계에서

q의 진행 방향은 $+x$방향이고

도착지(Q)의 이동 방향은 $-x$방향으로 서로 반대이다.

빛의 진행 방향과 도착지의 운동 방향이 서로 반대라면

A의 시간($\frac{L_1}{c}$)에 1보다 작은 값($\sqrt{\frac{c-v}{c+v}}$)을 곱해서 B의 시간을 찾는다.

즉, 편도(왕복이 아닌 한쪽으로 이동)로 이동하는 시간은 다음과 같이 생각하면 된다.

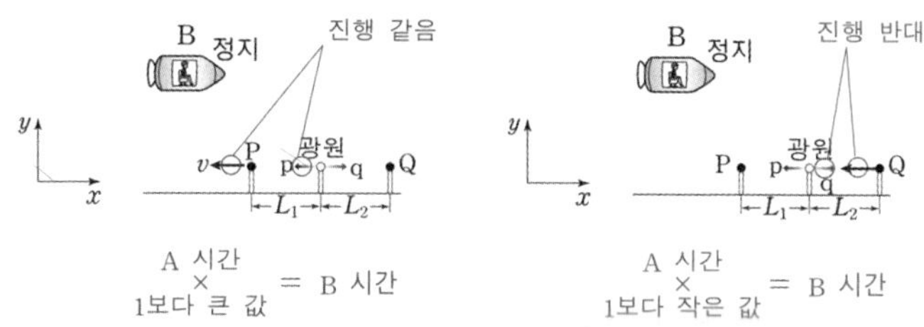

③ B의 관성계에서 광원 → R로 진행하는 동안 걸린 시간은

A의 시간($\frac{L_3}{c}$)에 1보다 큰 로렌츠 인자($\gamma = \frac{c}{\sqrt{c^2-v^2}}$)의 값을 곱해 B의 시간을 찾는다.

④ B의 관성계에서 t_P, t_Q, t_R의 비는 다음과 같다.

$$t_P : t_Q : t_R = L_1(c+v) : L_2(c-v) : L_3 c$$

이 비율은 외우는 게 좋다.

결론

1. A와 B 사이의 관계

① (광원 → P)

B의 관성계에서 빛의 도착지의 이동 방향과 빛의 진행 방향이 같다면

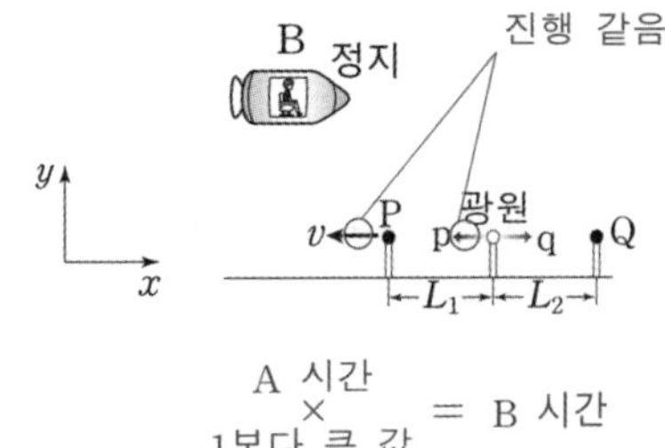

A 시간 × 1보다 큰 값 = B 시간

빛이 진행하는데 걸린 시간은 B에서가 A에서보다 크다.

	A의 관성계		B의 관성계
광원 → P	$\dfrac{L_1}{c}$	<	$\dfrac{L_1}{c}\sqrt{\dfrac{c+v}{c-v}}$

② (광원 → Q)

B의 관성계에서 빛의 도착지의 이동 방향과 빛의 진행 방향이 반대라면

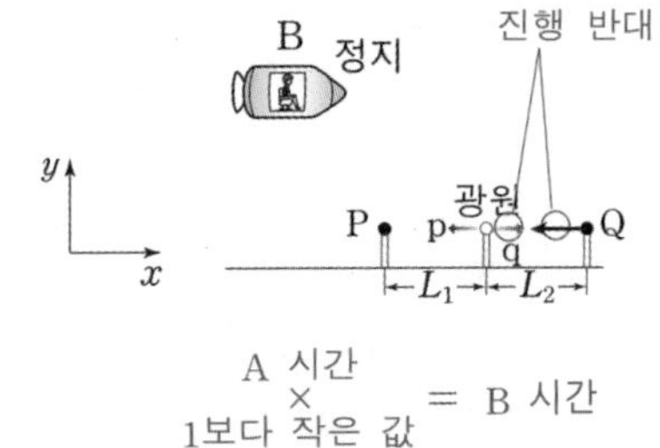

A 시간 × 1보다 작은 값 = B 시간

빛이 진행하는데 걸린 시간은 A에서가 B에서보다 크다.

	A의 관성계		B의 관성계
광원 → Q	$\dfrac{L_2}{c}$	>	$\dfrac{L_2}{c}\sqrt{\dfrac{c-v}{c+v}}$

③ (광원 → R)

A의 관성계에서 B의 진행 방향과 빛의 진행 방향이 수직이라면

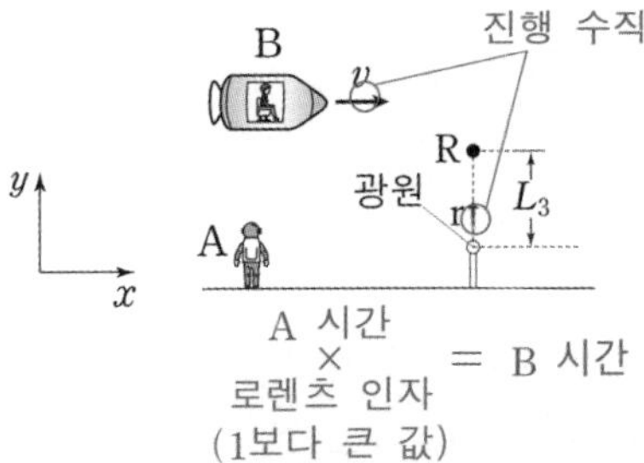

A 시간 × 로렌츠 인자 (1보다 큰 값) = B 시간

빛이 진행하는데 걸린 시간은 B에서가 A에서보다 크다.

	A의 관성계		B의 관성계
광원 → R	$\dfrac{L_3}{c}$	<	$\dfrac{L_3}{c}\dfrac{c}{\sqrt{c^2-v^2}}$

빛의 진행 방향과 빛의 도착지의 진행 방향이 반대일 때만 조심하자!

2. B만의 관계

이건 정확히 풀려면 방법이 없다. 비율을 알고 있어야 한다.
왜냐하면, 조건이 어떻게 나올지 모르기 때문이다. (출제자의 마음이기 때문)

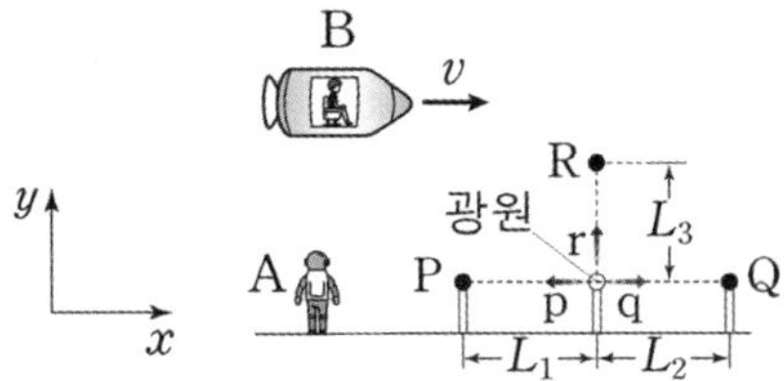

위와 같은 상황에서
B의 관성계에서 빛이 광원 → P, 광원 → Q, 광원 → R 로 진행하는데 걸리는 시간을 t_{P}, t_{Q}, t_{R}로 두면
t_{P}, t_{Q}, t_{R}의 비는 다음과 같다.

$$t_{\mathrm{P}} : t_{\mathrm{Q}} : t_{\mathrm{R}} = L_1(c+v) : L_2(c-v) : L_3 c$$

비율을 구할 때:

① (B의 관성계에서)빛의 진행 방향과 빛의 도착지의 운동 방향이 같을 때

$c+v$에 고유 길이(L_1)를 곱함

② (B의 관성계에서)빛의 진행 방향과 빛의 도착지의 운동 방향이 반대일 때

$c-v$에 고유 길이(L_2)를 곱함

③ (A의 관성계에서)빛의 진행 방향과 관찰자(B)의 운동 방향이 수직일 때

c에 고유 길이 (L_3)를 곱함

3. 속력이 다른 두 관성계?

이런 상황이라면 어떨까? $v_{\mathrm{B}} < v_{\mathrm{C}}$이다.

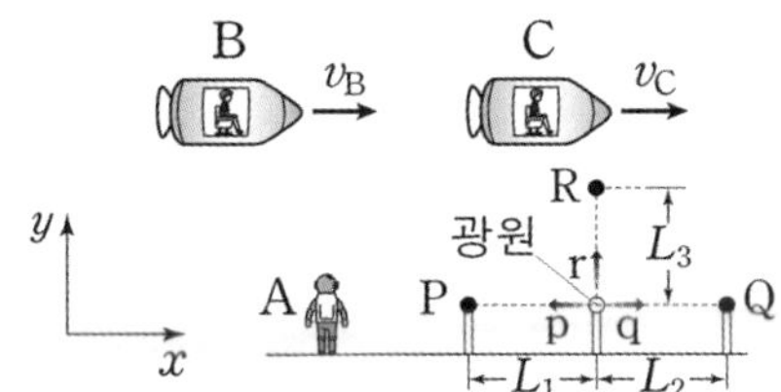

	A의 관성계		B의 관성계		C의 관성계
광원 → P	$\frac{L_1}{c}$	<	$\frac{L_1}{c}\sqrt{\frac{c+v_{\mathrm{B}}}{c-v_{\mathrm{B}}}}$	<	$\frac{L_1}{c}\sqrt{\frac{c+v_{\mathrm{C}}}{c-v_{\mathrm{C}}}}$
→ 점점 증가					
광원 → Q	$\frac{L_2}{c}$	>	$\frac{L_2}{c}\sqrt{\frac{c-v_{\mathrm{B}}}{c+v_{\mathrm{B}}}}$	>	$\frac{L_2}{c}\sqrt{\frac{c-v_{\mathrm{C}}}{c+v_{\mathrm{C}}}}$
→ 점점 감소					
광원 → R	$\frac{L_3}{c}$	<	$\frac{L_3}{c}\frac{c}{\sqrt{c^2-v_{\mathrm{B}}^2}}$	<	$\frac{L_3}{c}\frac{c}{\sqrt{c^2-v_{\mathrm{C}}^2}}$
→ 점점 증가					

※ 경향성을 파악할 수 있다!

기출 예시 7

19학년도 수능 12번 문항 일부

그림은 관찰자 A의 관성계에서 관찰자 B가 탄 우주선이 $0.8c$로 등속도 운동하는 모습을 나타낸 것이다. A의 관성계에서, 광원에서 발생한 빛이 검출기 P, Q, R에 동시에 도달한다. B의 관성계에서, P, Q, R은 광원으로부터 각각 거리 L_P, L_Q, L_R 만큼 떨어져 있다. P, 광원, Q는 운동 방향과 나란한 동일 직선상에 있다.

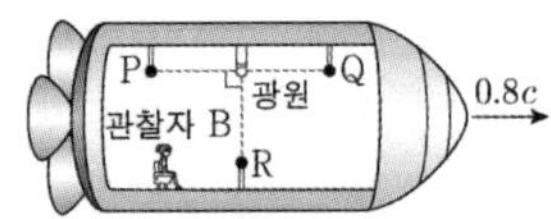

L_P, L_Q, L_R의 크기를 비교해 보면? (단, c는 빛의 속력이다.)

정답
기출 예시 7
$L_Q < L_R < L_P$

해설

○ B의 관성계에서 광원 → P, 광원 → Q, 광원 → R로 진행하는 데 걸린 시간(t_P, t_Q, t_R)은 다음과 같이 구할 수 있다.

① 광원 → P
A의 관성계에서
빛의 진행 방향은 $-x$방향이고
빛의 도착지(P)의 이동 방향은 $+x$방향으로 서로 반대 방향이다. (L_P와 $c-v$를 곱해야 함)

② 광원 → Q
A의 관성계에서
빛의 진행 방향은 $+x$방향이고
빛의 도착지(Q)의 이동 방향은 $+x$방향으로 서로 같은 방향이다. (L_Q와 $c+v$를 곱해야 함)

③ 광원 → R
B의 관성계에서
빛의 진행 방향은 $-y$방향이고
A의 이동 방향은 $-x$방향으로 수직이다. (L_R와 c를 곱해야 함)

즉, 광원에서 출발한 빛이 P, Q, R에 도달하는데 걸린 시간의 비(t_P:t_Q:t_R)은 다음과 같다. ($v=0.8c$)

$$t_P:t_Q:t_R = L_P(c-v):L_Q(c+v):L_Rc$$

그런데 A의 관성계에서, 광원에서 발생한 빛이 검출기 P, Q, R에 동시에 도달하므로 $t_P=t_Q=t_R$이다.
따라서 다음이 성립한다.

$$L_P(c-v)=L_Q(c+v)=L_Rc \rightarrow L_Q < L_R < L_P$$

이렇게 비교적 깔끔하게 구할 수 있다.

기출 예시 8

22학년도 수능 14번 문항

그림과 같이 관찰자 A에 대해 관찰자 B가 탄 우주선이 $+x$방향으로 광속에 가까운 속력 v로 등속도 운동한다. B의 관성계에서 빛은 광원으로부터 각각 점 p, q, r를 향해 $-x$, $+x$, $+y$방향으로 동시에 방출된다. 표는 A, B의 관성계에서 각각의 경로에 따라 빛이 진행하는 데 걸린 시간을 나타낸 것이다.

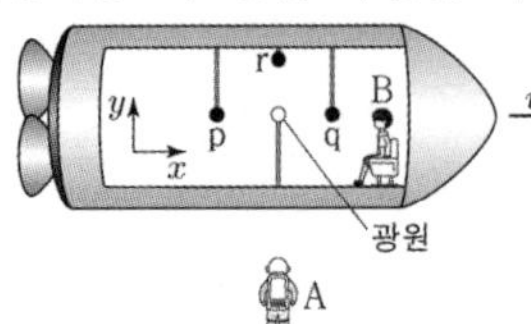

빛의 경로	걸린 시간	
	A의 관성계	B의 관성계
광원→p	t_1	㉠
광원→q	t_1	t_2
광원→r	㉡	t_2

이에 대한 설명으로 옳은 것만을 〈보기〉에서 있는 대로 고른 것은? (단, c는 빛의 속력이다.)

〈보 기〉

ㄱ. ㉠은 t_1보다 작다.

ㄴ. ㉡은 t_2보다 크다.

ㄷ. B의 관성계에서 p에서 q까지의 거리는 $2ct_2$보다 크다.

해설

광원~p, 광원~q, 광원~r 까지의 고유 길이를 각각 L_P, L_Q, L_R로 두자.

ㄱ. 광원→p
A의 관성계에서
빛의 진행 방향은 $-x$방향이고
빛의 도착지(p)의 이동 방향은 $+x$방향이므로 서로 반대이다.
따라서 ㉠> t_1이다.

(ㄱ. 거짓)

ㄴ. 광원→r
A의 관성계에서
빛의 진행 방향은 $+y$방향이고
빛의 도착지(r)의 이동 방향은 $+x$방향이므로 서로 수직이다.
따라서 ㉡> t_2이다.

(ㄴ. 참)

ㄷ. 광원→p와 광원→q의 시간이 같음 이용
광원→p는
A의 관성계에서
빛의 진행 방향은 $-x$방향이고
빛의 도착지(p)의 이동 방향은 $+x$방향이므로 서로 반대이다.($L_p(c-v)$)

광원→q는
A의 관성계에서
빛의 진행 방향은 $+x$방향이고
빛의 도착지(q)의 이동 방향은 $+x$방향이므로 서로 같다. ($L_q(c+v)$)
그 시간이 같으므로 다음이 성립한다.

$$L_p(c-v)=L_q(c+v) \rightarrow L_q < L_p$$

그런데 B의 관성계에서 광원→q로 진행하는데 걸린 시간이 t_2이므로 다음이 성립한다.

$$L_q = ct_2,\ 2ct_2 = 2L_q$$

B의 관성계에서 P, Q 사이의 거리는 $2L_q = 2ct_2 < L_p + L_q$ 이다.

(ㄷ. 참)

정답

기출 예시 8
ㄴ, ㄷ

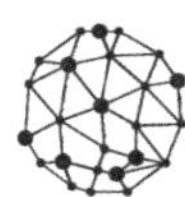

기출 예시 9

20학년도 9월 모의고사 7번 문항

그림과 같이 관찰자의 관성계에서 우주선 A, B가 각각 일정한 속도 $0.7c$, $0.9c$로 운동한다. A, B에서는 각각 광원에서 방출된 빛이 검출기에 도달하고, 광원과 검출기 사이의 고유 길이는 같다. 광원과 검출기는 운동 방향과 나란한 직선상에 있다.

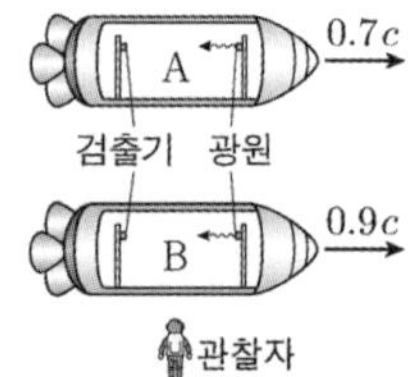

관찰자의 관성계에서, 이에 대한 설명으로 옳은 것만을 〈보기〉에서 있는 대로 고른 것은? (단, c는 빛의 속력이다.)

〈보 기〉

ㄱ. A에서 방출된 빛의 속력은 c보다 작다.

ㄴ. 광원과 검출기 사이의 거리는 A에서가 B에서보다 크다.

ㄷ. 광원에서 방출된 빛이 검출기에 도달하는 데 걸리는 시간은 A에서가 B에서보다 크다.

해설

검출기와 광원 사이의 고유 길이를 L로 두자.

ㄱ. 광속 불변의 법칙에 의해 빛의 속력은 c이다.

(ㄱ. 거짓)

ㄴ. A와 B의 로렌츠 인자를 비교해 보면 다음과 같다.

$$\gamma_A < \gamma_B$$

광원과 검출기 사이의 거리(l_A, l_B)는 다음과 같다.

$$l_A = \frac{L}{\gamma_A},\ l_B = \frac{L}{\gamma_B} \rightarrow l_B < l_A$$

(ㄴ. 참)

ㄷ. 관찰자의 관성계에서

A와 B에서

빛의 진행 방향은 $-x$방향으로 같고

검출기의 이동 방향은 $+x$방향으로

빛의 진행 방향과 빛의 도착지의 이동 방향은 서로 반대이다.

※외우는 방법

(반대 → 분모에 $c-v$있어야함 → $\sqrt{\frac{c-v}{c+v}}$가 곱해짐)

따라서 빛의 이동 시간은 다음과 같다.

$$t = \frac{L}{c}\sqrt{\frac{c-v}{c+v}}$$

v가 커질수록 t가 작아진다.

그런데 속력은 B가 A보다 빠르므로

빛이 검출기에 도달하는데 걸린 시간은 B에서가 A에서보다 작다.

(ㄷ. 참)

정답

기출 예시 9

ㄴ, ㄷ

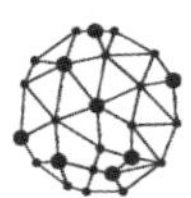

기출 예시 10

17학년도 6월 모의고사 7번 문항

그림은 철수가 탄 우주선이 영희의 관성계에서 $0.5c$로 등속도 운동하는 모습을 나타낸 것이다. 광원 P에서 발생한 빛은 영희의 관성계에서 점 A, B에 동시에 도달하였다.

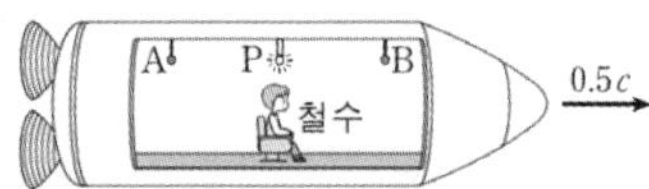

이에 대한 설명으로 옳은 것만을 〈보기〉에서 있는 대로 고른 것은? (단, c는 빛의 속력이고, A, P, B는 동일 직선상에 있다.)

〈보 기〉

ㄱ. 철수의 관성계에서, 영희의 시간은 철수의 시간보다 느리게 간다.

ㄴ. 철수의 관성계에서, P에서 발생한 빛은 B보다 A에 먼저 도달한다.

ㄷ. 영희의 관성계에서, P에서 A까지의 거리는 P에서 B까지의 거리와 같다.

해설

A와 P 사이의 고유 길이를 L_A, B와 P 사이의 고유 길이를 L_B로 두자.

ㄱ. 철수의 관성계에서 영희는 운동하므로
철수의 관성계에서 영희의 시간은 자신(철수)의 시간보다 느리게 간다.

(ㄱ. 참)

ㄴ, ㄷ.
영희의 관성계에서 철수의 운동 방향을 $+x$방향으로 두자.
P→A
빛이 P→A로 진행하는 동안
빛의 진행 방향은 $-x$방향
도착지(A)의 이동 방향은 $+x$방향으로 서로 **반대 방향**이다. ($L_A(c-v)$)
P→B
빛이 P→B로 진행하는 동안
빛의 진행 방향은 $+x$방향
도착지(B)의 이동 방향은 $+x$방향으로 서로 **같은 방향**이다. ($L_B(c+v)$)

그런데 빛의 이동 시간이 같으므로 다음이 성립한다.

$$L_A(c-v) = L_B(c+v)$$
$$L_B < L_A$$

철수의 관성계에서 빛이 P→A, P→B 로 진행하는데 걸린 시간(t_A, t_B)를 구해보면 다음과 같다.

$$t_A = \frac{L_A}{c},\ t_B = \frac{L_B}{c} \rightarrow t_B < t_A$$

즉, 철수의 관성계에서 P에서 발생한 빛은 B에 먼저 도달한 후 A에 도달하고,
영희의 관성계에서 P에서 A까지의 거리(L_A)는 P에서 B까지의 거리(L_B)보다 크다.

(ㄴ, ㄷ. 거짓)

정답

기출 예시 10
ㄱ

기출 예시 11

23학년도 수능 12번 문항

그림과 같이 관찰자 A에 대해 관찰자 B가 탄 우주선이 광원과 거울 P, Q를 잇는 직선과 나란하게 광속에 가까운 속력으로 등속도 운동한다. A의 관성계에서, P와 Q는 광원으로부터 각각 거리 L_1, L_2만큼 떨어져 정지해 있고, 빛은 광원으로부터 각각 P, Q를 향해 동시에 방출된다. B의 관성계에서, 광원에서 방출된 빛이 P, Q에 도달하는 데 걸리는 시간은 같다.

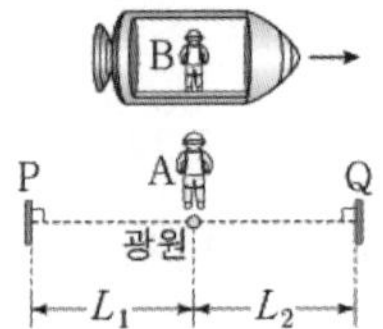

이에 대한 설명으로 옳은 것만을 〈보기〉에서 있는 대로 고른 것은?

〈보 기〉

ㄱ. $L_1 > L_2$이다.

ㄴ. A의 관성계에서, 빛은 P에서가 Q에서보다 먼저 반사된다.

ㄷ. 빛이 광원과 Q 사이를 왕복하는 데 걸리는 시간은 A의 관성계에서가 B의 관성계에서보다 크다.

해설

ㄱ. 광원 → P

B의 관성계에서
도착지(P)의 이동 방향이 $-x$방향이고
빛의 이동 방향이 $-x$방향으로 서로 같다. ($L_1(c+v)$)

광원 → Q

B의 관성계에서
도착지(Q)의 이동 방향이 $-x$방향이고
빛의 이동 방향이 $+x$방향으로 서로 반대이다. ($L_2(c-v)$)

그런데 두 시간이 같으므로 다음 식이 성립한다.

$$L_1(c+v) = L_2(c-v),\ L_1 < L_2$$

(ㄱ. 거짓)

ㄴ. $L_1 < L_2$ 이므로
빛은 P에 먼저 도달하고
이후 Q에 도달한다.

(ㄴ. 참)

ㄷ. A의 관성계에서
빛이 광원에서 출발하는 사건과 다시 광원으로 돌아오는 사건은 모두 광원이라는 움직이지 않는 하나의 장소에서 일어난다.
따라서
빛이 광원과 Q 사이를 왕복하는 데 걸린 시간은 A의 관성계에서 고유 시간이다.

B의 관성계에서
빛이 광원에서 출발하는 사건과 다시 광원으로 돌아오는 사건은 모두 광원이라는 **움직인 다른 장소**에서 일어난다.
따라서
빛이 광원과 Q 사이를 왕복하는 데 걸린 시간은 A의 관성계에서 팽창 시간으로

A의 관성계에서의 시간보다 크다.

(ㄷ. 거짓)

정답

기출 예시 11
ㄴ

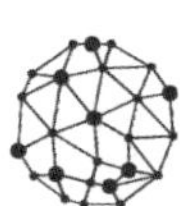

기출 예시 12

22학년도 9월 모의고사 10번 문항

다음은 특수 상대성 이론에 대한 사고 실험의 일부이다.

가설 Ⅰ : 모든 관성계에서 물리 법칙은 동일하다.
가설 Ⅱ : 모든 관성계에서 빛의 속력은 c로 일정하다.

관찰자 A에 대해 정지해 있는 두 천체 P, Q 사이를 관찰자 B가 탄 우주선이 광속에 가까운 속력 v로 등속도 운동을 하고 있다. B의 관성계에서 광원으로부터 우주선의 운동 방향에 수직으로 방출된 빛은 거울에서 반사되어 되돌아온다.

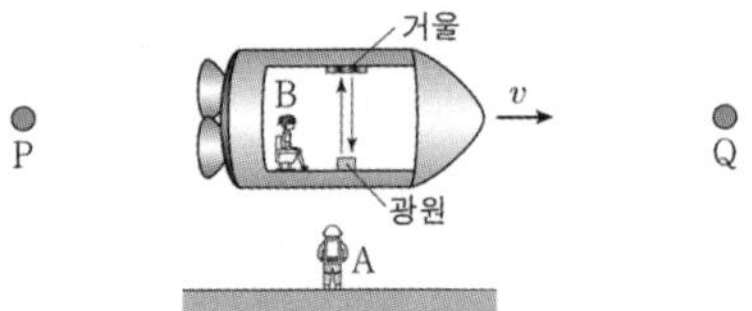

(가) 빛이 1회 왕복한 시간은 A의 관성계에서 t_A이고, B의 관성계에서 t_B이다.

(나) A의 관성계에서 t_A동안 빛의 이동 경로의 길이는 L_A이고, B의 관성계에서 t_B동안 빛의 경로 길이는 L_B이다.

(다) A의 관성계에서 P와 Q 사이의 거리 D_A는 P에서 Q까지 우주선의 이동 시간과 v를 곱한 값이다.

(라) B의 관성계에서 P와 Q 사이의 거리 D_B는 P가 B를 지날 때부터 Q가 B를 지날 때까지 걸린 시간과 v를 곱한 값이다.

이에 대한 설명으로 옳은 것만을 〈보기〉에서 있는 대로 고른 것은?

〈보 기〉

ㄱ. $t_A > t_B$이다.

ㄴ. $L_A > L_B$이다.

ㄷ. $\frac{D_A}{D_B} = \frac{L_A}{L_B}$이다.

정답

기출 예시 12

ㄱ, ㄴ, ㄷ

해설

ㄱ. 빛이 한 번 왕복하는데 걸린 시간은
빛이 광원에서 출발해서 다시 광원에 도달할 때까지 걸린 시간이다.

○ A의 관성계에서
빛이 광원에서 출발하는 사건과
빛이 광원으로 도달하는 사건은
서로 다른 장소에서 일어난다.
(빛이 진행하는 동안 A의 관성계에서 광원도 진행하기 때문)

○ B의 관성계에서는
빛이 광원에서 출발하는 사건과
빛이 광원으로 도달하는 사건은
서로 같은 장소에서 일어난다.
(빛이 진행하는 동안 B의 관성계에서 광원은 정지해 있으므로)

따라서 빛이 한 번 왕복하는데 걸린 시간은
A의 관성계에서 팽창 시간(t_A)
B의 관성계에서 고유시간(t_B)으로 다음이 성립한다.

$$t_A > t_B$$

A의 관성계에서 B의
[길이가 수축되는 정도의 역수 또는 시간이 팽창하는 비율]를 γ로 두면,
다음과 같이 둘 수 있다.

$$t_A = \gamma t_B$$

(ㄱ. 참)

ㄴ. A의 관성계에서 t_A의 시간 동안 빛의 이동 거리는 다음과 같다.

$$L_A = ct_A$$

B의 관성계에서 t_B의 시간 동안 빛의 이동 거리는 다음과 같다.

$$L_B = ct_B$$

따라서 $L_A > L_B$이다.

(ㄴ. 참)

ㄷ. 우주선이 P에서 Q까지 이동하는데 걸리는 시간을
A의 관성계에서 T_A, B의 관성계에서 T_B라 하자.

○ A의 관성계에서
우주선이 P에서 출발하는 사건과
우주선이 Q에 도달하는 사건은
P와 Q라는 서로 다른 장소에서 일어나므로
이 동안 걸린 시간 (T_A)는 팽창시간이다.

○ B의 관성계에서
P가 B를 지나는 사건과
Q가 B를 지나는 사건은
움직이지 않는 우주선이라는 같은 장소에서 일어나므로
이 동안 걸린 시간 (T_B)는 고유시간이다.
T_A, T_B의 관계식은 다음과 같다.

$$\gamma T_B = T_A$$

(다), (라)에 의해 D_A, D_B를 구해보면 다음과 같다.

$$D_A = vT_A,\ D_B = vT_B$$

따라서 다음 식이 성립한다.

$$\frac{D_A}{D_B} = \frac{L_A}{L_B} = \frac{t_A}{t_B} = \gamma$$

(ㄷ. 참)

5. 질량 에너지 동등성

정의

○ 원자의 구조

원자의 구조는 다음과 같다.

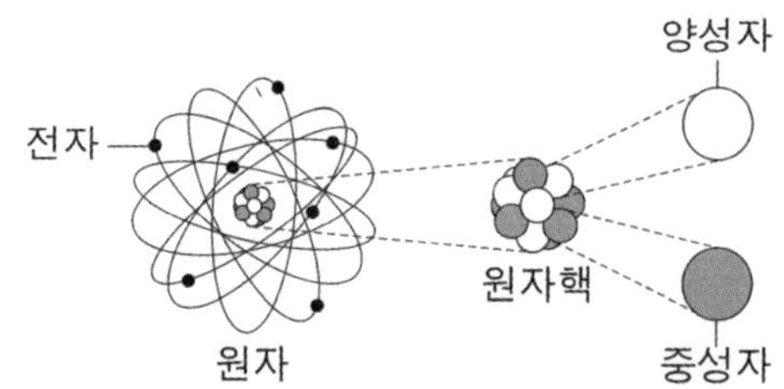

해당 파트에서는 '전자'와의 상호작용에 대해서 다루지 않는다.
원자핵과 전자 사이의 전기적 상호작용은 '보어의 수소원자 모형' 파트에서 다루도록 하자.

○ 원자핵의 구조와 종류

원자핵은 양성자와 중성자로 이루어져 있다.
원자의 종류에 따라
원자핵을 구성하는 양성자의 수와 중성자의 수가 달라진다.

특히 양성자 수에 따라 원자의 종류가 달라진다.

예를 들면 양성자 수에 따른 원자의 종류는 다음과 같다.

양성자 수	1	2	3	4	5	6	7
원자 기호	H	He	Li	Be	B	C	N
이름	수소	헬륨	리튬	베릴륨	붕소	탄소	질소

○ 외워야 하는가?
문제 푸는데 지장은 없지만, 중등 교육과정 상에 20번까지는 외우게 되어 있다.

○ 중성자 수는 원자의 종류에는 영향을 미치지 못한다.
예를 들면 아래와 같이 양성자 수가 같으면 화학 기호를 전부 동일하게 쓴다.

양성자 수	1	1	1	2
중성자 수	0	1	2	2
원자 기호	H	H	H	He
이름	수소	이중 수소	삼중 수소	헬륨

○ 질량수: 양성자 수와 중성자 수를 합한 값.
아래처럼
원자핵의 **양성자 수**는 원자 기호 좌측하단에 적어두고
원자핵의 질량수는 원자 기호 좌측상단에 적어둔다.

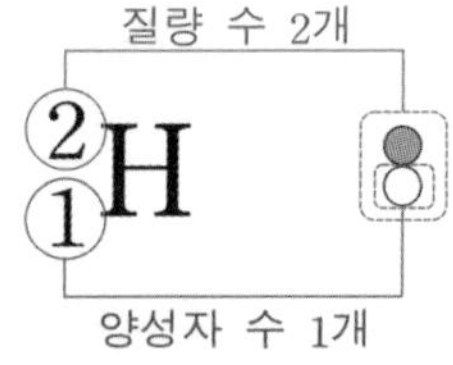

이 규칙에 따라 원자핵의 양성자 수와 중성자 수, 질량수를 알 수 있다.

원자 기호	$^{2}_{1}H$	$^{4}_{2}He$	$^{1}_{1}H$	$^{1}_{0}n$	$^{0}_{-1}e$	$^{235}_{92}U$	$^{141}_{56}Ba$	$^{140}_{54}Xe$
질량수	2	4	1	1	−	235	141	140
양성자 수	1	2	1	0	−	92	56	54
중성자 수	1	2	0	1	−	143	85	86

※색칠된 부분은 알고 있는 것이 좋다.

핵반응 시 일어나는 현상

원자핵은 충돌하여 핵반응이 일어난다.

핵반응은 2가지로 나뉜다.

핵반응 핵융합과 핵분열

핵융합: 질량수가 작은 원자핵이 질량수가 큰 원자핵으로 변하는 과정
핵분열: 질량수가 큰 원자핵이 질량수가 작은 원자핵으로 변하는 과정

핵분열 반응은 질량수가 100이상 넘어가는 원자핵의 반응을 말하고
핵융합 반응은 질량수가 1~2자리 수인 원자핵의 반응을 말한다.

○ 핵반응의 표현.
핵반응은 다음과 같이 표현한다.

$$ {}^{a}_{x}X + {}^{b}_{y}Y \rightarrow 2{}^{c}_{z}Z + 5.5\text{MeV} $$

① +의 의미

$$ {}^{a}_{x}X + {}^{b}_{y}Y \rightarrow 2{}^{c}_{z}Z + 5.5\text{MeV} $$

+는 (+)양쪽의 두 원자핵이 반응한다는 뜻을 의미한다.

② → 의 의미

$$ {}^{a}_{x}X + {}^{b}_{y}Y \rightarrow 2{}^{c}_{z}Z + 5.5\text{MeV} $$

→ 는 왼쪽 두 원자핵이 반응하여 나온 결과물을 오른쪽에 적는다.
위에서의 의미는 ${}^{a}_{x}X$ 원자핵과 ${}^{b}_{y}Y$ 원자핵이 반응하여 $2{}^{c}_{z}Z$가 되고,
5.5MeV가 방출된다는 뜻이다.

③ 5.5MeV의 의미

$$ {}^{a}_{x}X + {}^{b}_{y}Y \rightarrow 2{}^{c}_{z}Z + 5.5\text{MeV} $$

5.5MeV는 반응 시 방출된 에너지를 나타낸 수치이다.

○ MeV의 의미
MeV는 에너지의 단위이다.
$1\text{eV} = 1.60217646 \times 10^{-19}\text{J}$이다.

④ 2의 의미

$$ {}^{a}_{x}X + {}^{b}_{y}Y \rightarrow 2{}^{c}_{z}Z + 5.5\text{MeV} $$

${}^{c}_{z}Z$가 2개가 생성된다는 의미이다.

⑤ 핵반응 계산법

$$ {}^{a}_{x}X + {}^{b}_{y}Y \rightarrow 2{}^{c}_{z}Z + 5.5\text{MeV} $$

a, b, c는 X, Y, Z의 **질량수**를 나타낸 값이고,
x, y, z는 X, Y, Z의 **양성자 수**를 나타낸 값이다.

핵반응 전후 **질량수**는 변하지 않는다. 따라서 다음 식이 성립한다.

$$ a+b=2c $$

핵반응 전후 **양성자 수**는 변하지 않는다. 따라서 다음 식이 성립한다.

$$ x+y=2z $$

질량 결손

$$ {}^{a}_{x}X + {}^{b}_{y}Y \rightarrow 2{}^{c}_{z}Z + 5.5\text{MeV} $$

위 5.5MeV에 대해서 말해보자.

핵반응 전후 질량수의 합과 양성자 수의 합은 각각 보존된다.
$(a+b=2c,\ x+y=2z)$

그렇다면 질량은 어떨까?

유의할 것은 질량과 질량수는 다르다.

원자핵의 질량을 다음과 같이 두자.

원자핵	${}^{a}_{x}X$	${}^{b}_{y}Y$	${}^{c}_{z}Z$
원자핵의 질량	m_X	m_Y	m_Z

다음 식이 성립한다.

$$ m_X + m_Y > m_Z $$

왜 그럴까? 바로 방출되는 에너지 5.5MeV 때문이다.

정의 질량 에너지 동등성

○ 질량은 에너지로 환산될 수 있고
에너지는 질량으로 환산될 수 있다.
그 식은 다음과 같다.

$$ E = mc^2 $$

(E는 에너지, m은 질량, c는 빛의 속력)

○ 핵 반응시 방출되는 에너지는 원자핵의 질량이 결손되기 때문에 발생한다.

5.5MeV의 에너지에 해당하는 질량을 m_E로 두면, 아래 식이 성립한다. $(m_E c^2 = 5.5\text{MeV})$

$$ m_X + m_Y = m_Z + m_E $$

방출된 에너지를 질량으로 바꾸어 등식을 표현할 수 있다.

서로 다른 두 반응식에서 방출되는 에너지가 클수록 질량 결손은 크다.

상대론적 에너지와 질량

① 정지 질량/정지 에너지

정지 질량과 정지 에너지는 다음과 같은 정의를 가진다.

정의 정지 질량과 정지 에너지

정지 질량(m_0): 입자가 상대적으로 정지해 있을 때 입자의 질량

정지 에너지(E): 정지 질량과 정지 에너지는 같은 개념으로 다음과 같이 정의한다.

$$E=m_0c^2$$

(c는 빛의 속력)

② 상대론적 질량

질량은 에너지로 환산될 수 있고,

에너지는 질량으로 환산될 수 있다.

질량체가 빛의 속력 가까이 운동할 때 나타나는 현상에 대해서 다루어보자.

정지해 있는 입자에 F의 힘이 작용하여 입자의 속력을 점점 증가시키는 상황을 살펴보자.

입자의 알짜힘은 F이고, F가 한 일은 곧 입자의 운동 에너지 증가량이다.
(일 에너지 정리)

그런데

입자의 속력에는 한계가 있다. (모든 입자는 빛의 속력 이상이 될 수 없다.)

즉, 입자는 무한정으로 속력이 증가하지 않는다.

따라서 F가 한 일은 입자의 운동 에너지 변화량이 아니다.
일부의 에너지는 질량으로 환산되어 입자의 질량을 증가시킨다.

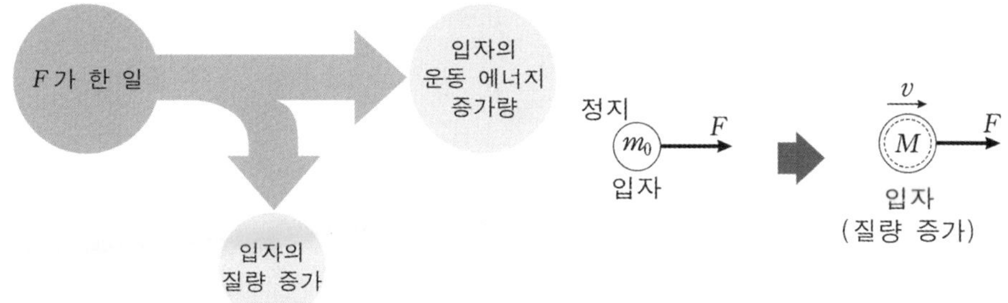

입자가 정지해 있지 않고 움직이는 입자의 질량을 입자의 '상대론적 질량'이라 부른다.
상대론적 질량은 다음과 같은 정의를 가진다.

○ 속력이 클수록 상대론적 질량도 커진다.

정의 상대론적 질량

상대론적 질량(M): 입자가 상대적으로 운동하고 있을 때 입자의 질량

상대론적 질량(M)과 정지 질량(m_0) 사이의 관계는 다음과 같다.

$$M=m_0\gamma=m_0\frac{1}{\sqrt{1-\left(\frac{v}{c}\right)^2}}$$

(c: 빛의 속력, m_0: 정지 질량, v입자의 속력)

Mechanica 물리학1

지엽적인 부분

핵반응 문제에서 약간은 지엽적인 문제가 나올 수 있다. 이를 정리해 보자.

① 원자력 발전소, 핵발전소의 원자로에서 활용되는 핵반응

○ 핵분열 반응

$${}^{235}_{92}\mathrm{U} + {}^{1}_{0}\mathrm{n} \rightarrow {}^{141}_{56}\mathrm{Ba} + {}^{92}_{36}\mathrm{Kr} + 3{}^{1}_{0}\mathrm{n} + \text{약 } 200\mathrm{MeV}$$

② 태양에서 일어나는 핵반응.

○ 핵융합 반응

$${}^{2}_{1}\mathrm{H} + {}^{3}_{1}\mathrm{H} \rightarrow {}^{4}_{2}\mathrm{He} + {}^{1}_{0}\mathrm{n} + 17.6\mathrm{MeV}$$

③ KSTAR

→ 핵융합 반응

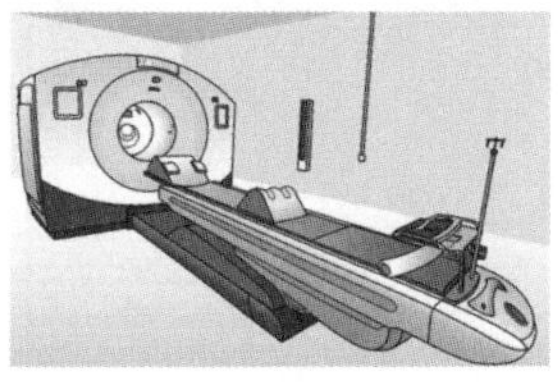

④ 양전자 방출 단층 촬영(PET)에서 양전자와 전자가 만나 감마(γ)선이 방출되는 현상

→ 질량과 에너지 사이의 변환 예시

수능/EBS에 등장한 핵반응

핵반응 문제는 실제 반응식을 활용한다. 여태 평가원/EBS에서 다룬 모든 핵 반응식은 다음과 같이 정리할 수 있다.

평가원

- $^2_1H + ^2_1H \rightarrow ^3_2He + ^1_0n + 3.27MeV$
- $^2_1H + ^2_1H \rightarrow ^3_1H + ^1_1H + 4.03MeV$
- $^2_1H + ^2_1H \rightarrow ^4_2He + 24MeV$
- $^2_1H + ^3_1H \rightarrow ^4_2He + ^1_0n + 17.6MeV$
- $^3_1H + ^3_1H \rightarrow ^4_2He + 2^1_0n + 11.3MeV$
- $^1_1H + ^2_1H \rightarrow ^3_2He + 5.5MeV$
- $^2_1H + ^2_1H \rightarrow ^4_2He + 24MeV$
- $^3_2He + ^3_2He \rightarrow ^1_1H + ^1_1H + ^4_2He + 12.86MeV$
- $^{15}_7N + ^1_1H \rightarrow ^{12}_6C + ^4_2He + 4.69MeV$
- $^{226}_{88}Ra \rightarrow ^{222}_{86}Rn + ^4_2He + 5MeV$
- $^{235}_{92}U + ^1_0n \rightarrow ^{94}_{38}Sr + ^{140}_{54}Xe + 2^1_0n +$ 약 $200MeV$
- $^{235}_{92}U + ^1_0n \rightarrow ^{141}_{56}Ba + ^{92}_{36}Kr + 3^1_0n +$ 약 $200MeV$

EBS (평가원 제외)

- $^{235}_{92}U + ^1_0n \rightarrow ^{101}_{40}Zr + ^{133}_{52}Te + 2^1_0n$
- $^{238}_{92}U + ^1_0n \rightarrow ^{239}_{93}Np + ^0_{-1}e$
- $^{239}_{93}Np \rightarrow ^{239}_{94}Pu + ^0_{-1}e$
- $^{101}_{40}Zr \rightarrow ^{101}_{41}Nb + ^0_{-1}e$
- $^{133}_{52}Te \rightarrow ^{133}_{53}I + ^0_{-1}e$
- $^1_1H + ^7_3Li \rightarrow 2^4_2He$
- $^4_2He + ^4_2He \rightarrow ^8_4Be - 0.092MeV$
- $^8_4Be + ^4_2He \rightarrow ^{12}_6C + 7.376MeV$
- $^{13}_6C + ^1_1H \rightarrow ^{14}_7C + 7.55MeV$
- $^{15}_7N + ^1_1H \rightarrow ^{15}_8O +$ 에너지
- $^{99}_{42}Mo \rightarrow ^{99m}_{43}Tc + ^0_{-1}e$
- $^{99m}_{43}Tc \rightarrow ^{99}_{43}Tc + \gamma$선
- $4^1_1H \rightarrow ^4_2He + 2^0_{+1}e$

기출 예시 13

22학년도 6월 모의고사 6번 문항

다음은 두 가지 핵반응이다.

(가) ${}_{1}^{2}\mathrm{H}+{}_{1}^{2}\mathrm{H}\rightarrow{}_{2}^{3}\mathrm{He}+$ [㉠] $+3.27\mathrm{MeV}$
(나) ${}_{1}^{2}\mathrm{H}+{}_{1}^{2}\mathrm{H}\rightarrow{}_{1}^{3}\mathrm{H}+$ [㉡] $+4.03\mathrm{MeV}$

이에 대한 설명으로 옳은 것만을 〈보기〉에서 있는 대로 고른 것은?

〈보 기〉

ㄱ. ㉠은 중성자이다.

ㄴ. ㉠과 ㉡은 질량수가 서로 같다.

ㄷ. 질량 결손은 (가)에서가 (나)에서보다 작다.

해설

① ㉠과 ㉡에 들어갈 원자핵을 각각 ${}_{x}^{a}X$, ${}_{y}^{b}Y$로 두자.

② 질량수 합이 보존되므로 다음이 성립한다.

(가) $2+2=3+a$, $a=1$

(나) $2+2=3+b$, $b=1$

(㉠과 ㉡의 질량수는 같다.)

③ 양성자 수 합이 보존되므로 다음이 성립한다.

(가) $1+1=2+x$, $x=0$

(나) $1+1=1+y$, $y=1$

④ 따라서 다음과 같다.

$${}_{0}^{1}X \longrightarrow {}_{0}^{1}n \text{ (중성자)}$$

$${}_{1}^{1}Y \longrightarrow {}_{1}^{1}H \text{ (양성자)}$$

⑤ 결손 된 질량은 아래 해당하는 에너지를 질량으로 환산한 값이다.

(가) ${}_{1}^{2}H + {}_{1}^{2}H \rightarrow {}_{2}^{3}He +$ [㉠] $+3.27MeV$

(나) ${}_{1}^{2}H + {}_{1}^{2}H \rightarrow {}_{1}^{3}H +$ [㉡] $+4.03MeV$

(가)에서 방출된 에너지는 3.27MeV이고
(나)에서 방출된 에너지는 4.03MeV이므로
방출된 에너지는 (나)에서가 (가)에서보다 크다.
따라서
결손된 질량은 (나)에서가 (가)에서보다 크다.

ㄱ. ㉠은 중성자이다.

(ㄱ. 참)

ㄴ. ㉠과 ㉡의 질량수는 1로 같다.

(ㄴ. 참)

ㄷ. 결손된 질량은 (나)에서가 (가)에서보다 크다.

(ㄷ. 참)

정답

기출 예시 13
ㄱ, ㄴ, ㄷ

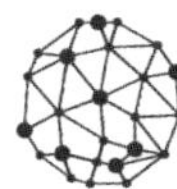

기출 예시 14

22학년도 수능 2번 문항

다음은 두 가지 핵반응이다.

(가) ${}^{235}_{92}\mathrm{U}+{}^{1}_{0}\mathrm{n}\rightarrow{}^{141}_{56}\mathrm{Ba}+$ ㉠ $+3{}^{1}_{0}\mathrm{n}+$약 200MeV

(나) ${}^{235}_{92}\mathrm{U}+$ ㉡ $\rightarrow{}^{140}_{54}\mathrm{Xe}+{}^{94}_{38}\mathrm{Sr}+2{}^{1}_{0}\mathrm{n}+$약 200MeV

이에 대한 설명으로 옳은 것만을 〈보기〉에서 있는 대로 고른 것은?

〈보 기〉

ㄱ. ㉠은 ${}^{94}_{38}\mathrm{Sr}$보다 질량수가 크다.

ㄴ. ㉡은 중성자이다.

ㄷ. (가)에서 질량 결손에 의해 에너지가 방출된다.

해설

① ㉠과 ㉡에 들어갈 원자핵을 각각 ${}^{a}_{x}X$, ${}^{b}_{y}Y$로 두자.

② 질량수 합이 보존되므로 다음이 성립한다.

(가) $235+1=141+a+3$, $a=92$

(나) $235+b=140+94+2$, $b=1$

(㉠과 ㉡의 질량수는 같다.)

③ 양성자 수 합이 보존되므로 다음이 성립한다.

(가) $92+0=56+x+0$, $x=36$

(나) $92+y=54+38+0$, $y=0$

④ 따라서 다음과 같다.

$${}^{92}_{36}X$$

$${}^{1}_{0}Y \rightarrow {}^{1}_{0}n \text{ (중성자)}$$

⑤ 결손 된 질량은 아래 해당하는 에너지를 질량으로 환산한 값이다.

(가) ${}^{235}_{92}U+{}^{1}_{0}n \rightarrow {}^{141}_{56}Ba+$ ㉠ $+3{}^{1}_{0}n+$약 200MeV

(나) ${}^{235}_{92}U+$ ㉡ $\rightarrow {}^{140}_{54}Xe+{}^{94}_{38}Sr+2{}^{1}_{0}n+$약 200MeV

(가), (나)에서 위에 빨간색 표시된 에너지만큼 방출한다.

ㄱ. ㉠의 질량수는 92로 ${}^{94}_{38}Sr$의 질량수인 94보다 작다.

(ㄱ. 거짓)

ㄴ. ㉡은 중성자이다.

(ㄴ. 참)

ㄷ. (가)에서 질량 결손에 의해 약 200MeV의 에너지가 방출된다.

(ㄷ. 참)

정답

기출 예시 14

ㄴ, ㄷ

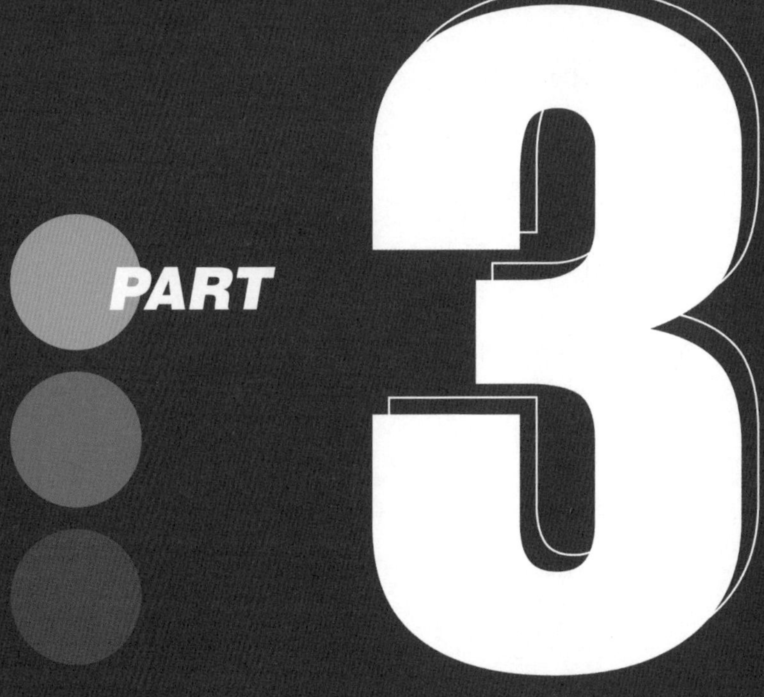
PART
3

개념편

PART

Mechanica 물리학1

1. 전하와 점전하의 정의

전하(electric charge, 電荷)

물체가 전기를 띠는 정도.
전하에 대해서는 다음과 같은 특징을 가진다.

특징 전하

- ㅇ 단위는 C(쿨롱)이다.
- ㅇ 전하의 종류
  전하의 종류는 세 가지이다.
  ① 양(+)전하
  ② 음(−)전하
  ③ 중성
- ㅇ 전하량
  전하를 띠는 양.
- ㅇ 전하량의 크기
  전하의 종류와 관계없는 전하의 크기를 나타낸다.

예를 들어
물체 A, B, C의 전하량이 다음과 같다면,

A: +1C
B: −2C
C: 0

① A, B, C의 전하량의 전하의 종류는 다음과 같다.

A: 양(+)전하
B: 음(−)전하
C: 중성

② A, B, C의 전하량의 크기를 각각 q_A, q_B, q_C라 할 때 다음과 같다.

$$q_A = 1C,\ q_B = 2C,\ q_C = 0$$

따라서 $q_B > q_A > q_C$이다.

점전하

전하를 갖는 점입자.

점전하는 부피와 공간상에 크기가 없고, 단지 '전하'를 가진 하나의 점이다.

아래와 같이 표현한다.

양(+)전하 음(−)전하

전하의 종류 제시 안됨 찾아야함

- ㅇ ○는 중성을 의미하는 것이 아니다. 전하의 종류를 조건을 통해 찾아야 한다.
- ㅇ 전하의 종류는 발문에서도 제시된다.
- ㅇ 전하량의 크기는 그림에서 찾을 수 없다. 발문 조건에서

'전하량의 크기는 A가 B보다 크다.'

이런 식으로 제시되거나, 전기력의 방향을 이용하여 추론해서 찾는다.

2. 전기력의 기본적 작용

전기력의 방향

두 점전하 사이에 작용하는 전기력의 방향에 영향을 미치는 요인을 알아보자.

점전하는 아래 그림과 같이 x축 상에 고정시켜서 점전하 사이에 작용하는 전기력의 방향을 판단한다.

① 서로 다른 종류의 점전하 사이에는 전기적 **인력(당기는 전기력)**이 작용한다.

○ 양(+)전하와 음(−)전하 사이에는 **인력(당기는 전기력)**이 작용한다.

A는 양(+)전하이고, B가 음(−)전하이며, 그림과 같이 x축 상에 고정시켜보고 전기력의 방향을 생각해 보면 다음과 같다.

A에 작용하는 전기력의 방향: $+x$방향

B에 작용하는 전기력의 방향: $-x$방향

B에 작용하는 전기력의 방향: $+x$방향

A에 작용하는 전기력의 방향: $-x$방향

② 서로 같은 종류의 점전하 사이에는 전기적 **척력(미는 전기력)**이 작용한다.

○ 양(+)전하와 양(+)전하 사이,
음(−)전하와 음(−)전하 사이에는
척력(미는 전기력)이 작용한다.

A, B는 양(+)전하, C, D는 음(−)전하이고, 그림과 같이 x축 상에 고정시켜보고 전기력의 방향을 생각해 보면 다음과 같다.

A에 작용하는 전기력의 방향: $-x$방향

B에 작용하는 전기력의 방향: $+x$방향

C D

x

C에 작용하는 전기력의 방향: $-x$방향

D에 작용하는 전기력의 방향: $+x$방향

전기력의 크기

두 점전하 사이에 작용하는 전기력의 크기는 다음과 같이 정의한다.

암기 전기력의 크기

○ 두 점전하의 크기를 q_{A}, q_{B}, 두 점전하 사이의 거리를 r로 두면

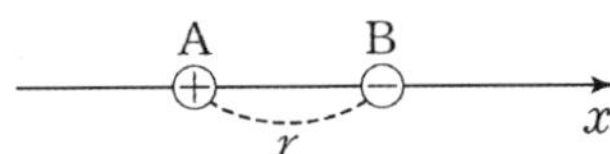

A와 B에 작용하는 전기력의 크기는 다음과 같다.

$$F = k\frac{q_{\text{A}} \times q_{\text{B}}}{r^2}$$

(k는 쿨롱 상수이다.)

이를 '쿨롱 힘'이라 부른다.

○ 자석과 비슷하다.
자석도 서로 다른 극끼리는 당기고 서로 같은 극 끼리는 밀어낸다.
자석도 N극과 S극 사이 간격이 멀어지면 약해지고 가까워 지면 강해진다. 센 자석일수록 자기력이 강해진다. 전하도 마찬가지이다.

① 식에 따르면 두 점전하의 거리가 **가까울수록** 전기력의 크기는 커진다.

② 전하량의 크기가 클수록 전기력의 크기는 커진다.

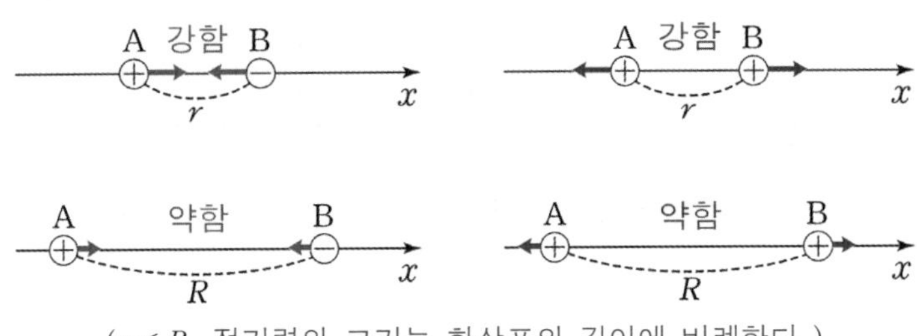

($r < R$, 전기력의 크기는 화살표의 길이에 비례한다.)

★ 두 점전하 사이에 작용하는 전기력의 크기는 **작용 반작용 관계로** 크기가 같다.

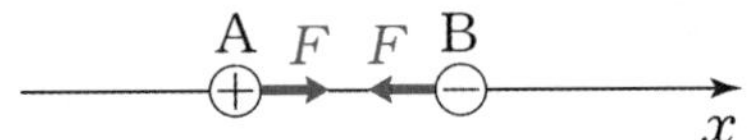

예를 들면 위의 그림에서
A가 B에 작용하는 전기력의 크기(F)와
B가 A에 작용하는 전기력의 크기(F)는 작용 반작용 관계로 서로 같다.

3. 전기력 문제 풀이 규칙

두 점전하에 의한 전기력을 다룰 때가 존재한다.
전기력 문제를 풀 때 다음과 같은 순서로 진행한다.

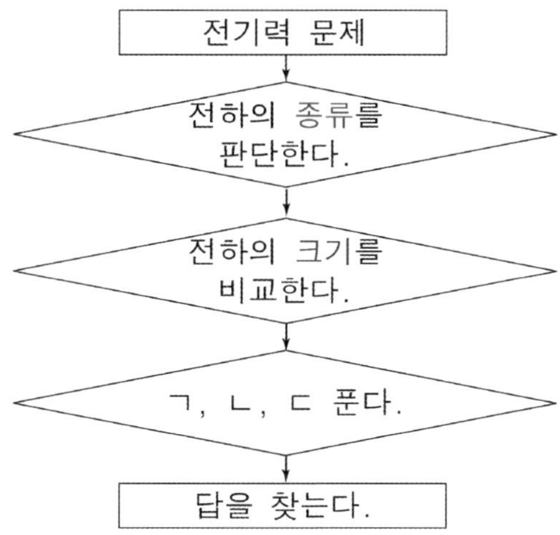

전하의 종류와 크기를 판단하는 방법
전하의 종류(양(+) 전하, 음(−) 전하)를 판단한다.
이때는 전하의 종류를 직접 하나하나 귀납적으로 넣는 방법이 있다.
전하가 3개가 고정되어있는 문제가 출제된다면
최소 전하 1개의 종류가 주어지고 나머지 2개의 전하의 종류를 판단해야한다.
예를 들면 아래 그림에서 A의 전하의 종류가 주어지고
B와 C의 전하의 종류는 다음과 같이 4가지 중 하나이다.

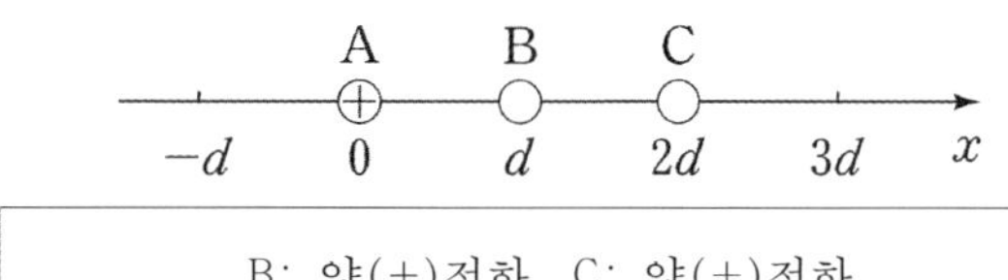

B: 양(+)전하, C: 양(+)전하
B: 양(+)전하, C: 음(−)전하
B: 음(−)전하, C: 양(+)전하
B: 음(−)전하, C: 음(−)전하

해당 경우의 수를 하나하나 넣어서 맞는 하나를 찾는다.
나쁘지 않은 방법이다. 시간이 걸리겠지만, 하나하나 넣으면서 모순을 찾아내면 된다.
시간 단축을 위해 아래와 같은 방법('스킬')을 활용한다.

① 전기력이 0이 되는 지점/그래프 이용
② 변화량 이용

해당 부분에 대해서는 다음 장에서 소개해 보도록 하겠다.

그런데 이도 저도 안 되는 상황에서는 하는 수 없이 '정량 계산'을 활용하면 된다.
그럼 모든 문제를 풀 수 있다.

4. 전기력 문제 풀이 ① 모든 점전하에 작용하는 전기력의 합=0

○ 작용 반작용
A가 B에 작용하는 전기력과
B가 A에 작용하는 전기력은
작용 반작용 관계로
크기는 같고 방향은 반대이다.

점전하 A, B, C가 x축 상에 고정되어있는 상황을 살펴보자.
A가 B에 작용하는 힘(F_{AB})
B가 A에 작용하는 힘($-F_{AB}$)
A가 C에 작용하는 힘(F_{AC})
C가 A에 작용하는 힘($-F_{AC}$)
B가 C에 작용하는 힘(F_{BC})
C가 B에 작용하는 힘($-F_{BC}$)으로 두고
A, B, C에 작용하는 전기력을 표기해 보면 다음과 같다.

F_{AB} A　F_{BC} B F_{AB}　C F_{AC}
F_{AC}　F_{BC}　x

A에 작용하는 전기력(F_A): $-F_{AB}-F_{AC}$
B에 작용하는 전기력(F_B): $F_{AB}-F_{BC}$
C에 작용하는 전기력(F_C): $F_{BC}+F_{AC}$

F_A, F_B, F_C를 모두 더해보자.

$$F_A+F_B+F_C=$$
$$-F_{AB}-F_{AC}+F_{AB}-F_{BC}+F_{BC}+F_{AC}=$$
$$F_{AB}-F_{AB}+F_{AC}-F_{AC}+F_{BC}-F_{BC}$$
$$=0$$

즉, A+B+C 전체 계에서 <u>점전하 서로가 서로에게 작용하는 힘들을 모두 합하면 0이다.</u>
예를 들면
A와 B에 작용하는 전기력은 각각 $+x$방향으로 F, $+x$방향으로 $4F$일 때

A, B, C에 작용하는 전기력의 합이 0이 되기 위해서는
C에 작용하는 전기력은 $-x$방향으로 $5F$이어야 한다.

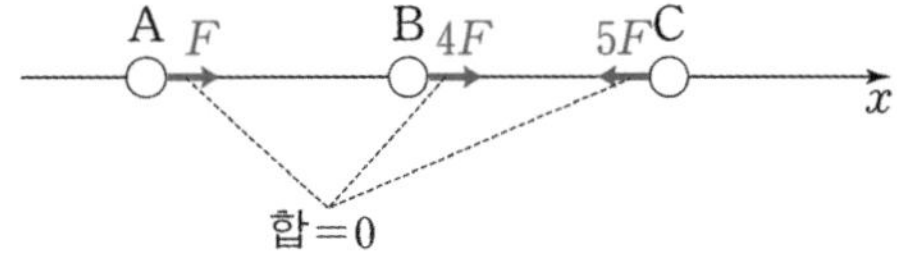

간단 예시
다음 예시에서 A, B, C 중 전기력이 주어지지 않는 점전하의 전기력을 찾아보자.
답은 오른쪽에 적어 두었다.

① B에 작용하는 전기력은?

A: $3F$ (←), B, C: $5F$ (→), x

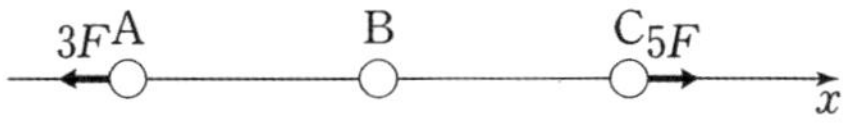

② C에 작용하는 전기력은?

A: F (→), B: F (→), C, x

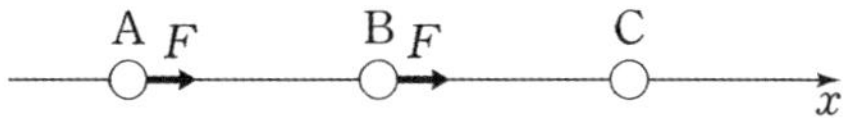

③ B에 작용하는 전기력은?

A: F (→), B, C: F (←), x

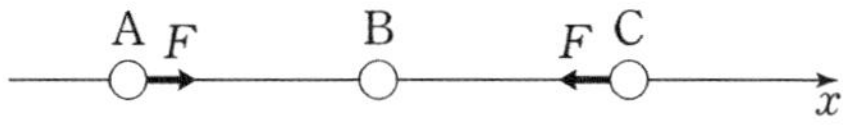

④ C에 작용하는 전기력은?

A: F (←), B: F (→), C, x

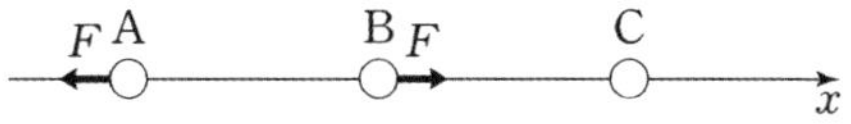

⑤ C에 작용하는 전기력은?

A: $3F$ (←), B: F (→), C, x

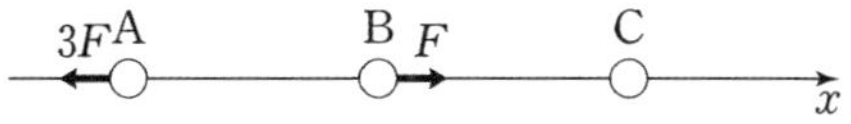

① $-x$방향으로 $2F$

② $-x$방향으로 $2F$

③ 0

④ 0

⑤ $+x$방향으로 $2F$

특징 전기력의 합은 0이다.

고정되어 있는 모든 점전하에 작용하는 전기력의 합은 0이다!

기출 예시 15

18학년도 10월 모의고사 8번 문항

그림은 점전하 A, B, C를 각각 $x=0$, $x=2d$에 고정시켜 놓은 모습을 나타낸 것으로, B와 C는 모두 양(+)전하이고 전하량의 크기는 서로 같다. B와 C에 작용하는 전기력의 방향은 각각 $+x$방향이고, 전기력의 크기는 F로 같다.

A B F C F x

0 d $2d$

이에 대한 설명으로 옳은 것만을 〈보기〉에서 있는 대로 고른 것은?

〈보 기〉

ㄱ. A는 양(+)전하이다.

ㄴ. A에 작용하는 전기력의 방향은 $-x$방향이다.

ㄷ. A에 작용하는 전기력의 크기는 $2F$이다.

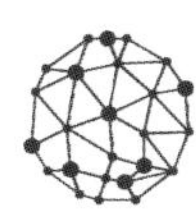

해설

A, B, C를 전체 계로 했을 때
A, B, C 전체 계 내부에 작용하는 전기력의 합은 0이어야 한다.
B와 C에 작용하는 전기력의 방향이 $+x$방향으로 F이므로
A에 작용하는 전기력의 방향이 $-x$방향으로 $2F$이어야 한다.

ㄱ. A가 음(−) 전하이면, B가 A에 작용하는 힘의 방향과 C가 A에 작용하는 힘의 방향은 모두 $+x$방향이다.
그런데 A에 작용하는 전기력의 방향은 $-x$방향이므로 모순이다.
따라서 A는 양(+)전하이다.

(ㄱ. 참)

ㄴ, ㄷ.
A에 작용하는 전기력의 방향은 $-x$방향으로 $2F$이다.

(ㄴ. 참), (ㄷ. 참)

정답

기출 예시 15
ㄱ, ㄴ, ㄷ

5. 전기력 문제 풀이 ② 전기력이 0이 되는 지점

서술 규칙

평가원 문제의 단서 중에 가장 중요한 단서 중 하나가 바로 '전기력이 0이 되는 지점'이다.
두 점전하에 의한 전기력이 0이 되는 위치를 알고 있다면,
두 점전하의 전하의 종류와 전하의 크기를 비교할 수 있다.

세 개의 점전하 A, B, C가 x축 상에 고정되어 있다.

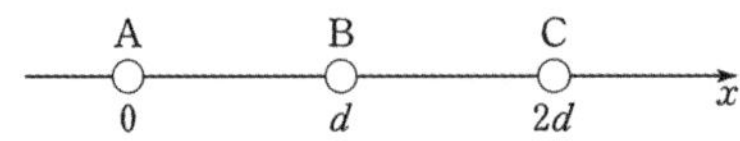

점전하에 작용하는 전기력이 0인 조건이 주어지면
나머지 두 개의 점전하의 전하의 종류와 전하의 크기를 비교할 수 있다.

○위치 정의

두 점전하 안쪽 영역

아래 그림과 같이 A와 C 사이에 $0<x<2d$인 영역을
A와 C의 안쪽 영역으로 명명하겠다.

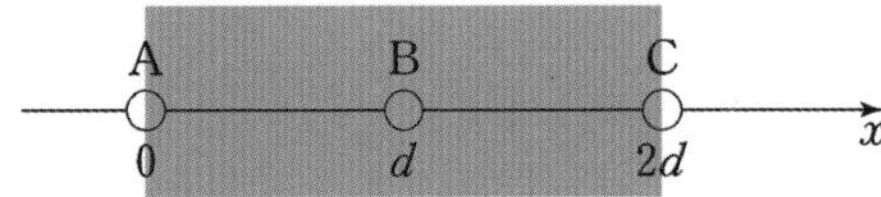

두 점전하 밖 영역

아래 그림과 같이 A와 C 밖에 $x<0$, $2d<x$인 영역을
A와 C의 밖 영역으로 명명하겠다.

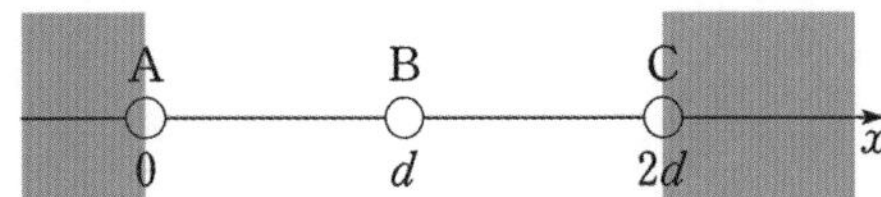

○전기력이 0이 된다?

아래 그림에서 C에 작용하는 전기력의 크기가 0이라면
A가 C에 작용하는 전기력의 크기(F)와
B가 C에 작용하는 전기력의 크기(F)가 같고
방향이 서로 반대라는 뜻이다.

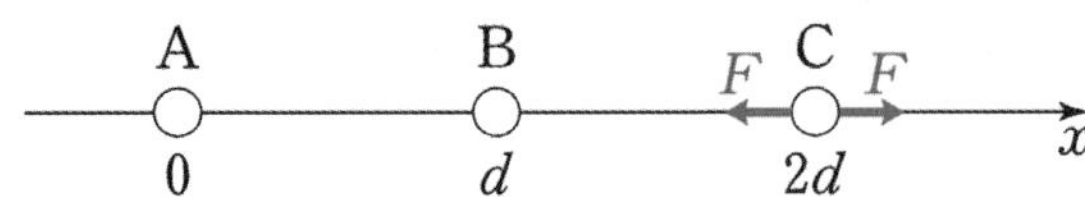

전기력이 0이 되는 지점 (두 점전하 안쪽 영역에 있는 경우)

A, B, C가 x축상에 각각 $x=0$, $x=x_0$, $x=d$에 고정되어 있다. B는 양(+)전하이다. B에 작용하는 전기력의 크기가 0이다.

A B 전기력:0 C
0 x_0 d x

이때 A와 C의 전하의 종류와 전하량의 크기를 비교할 수 있다.
A가 B에 작용하는 힘의 방향과
C가 B에 작용하는 힘의 방향은 서로 반대이어야 한다.

A F B F C
0 x_0 d x

① 전하의 종류 판단

1) A가 양(+)전하인 경우

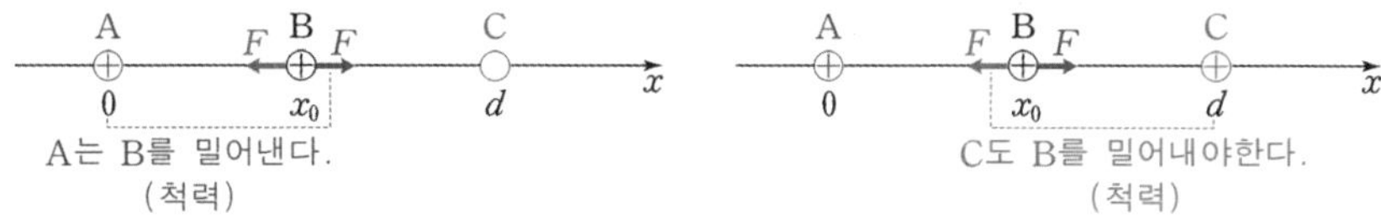

A가 B에 작용하는 전기력의 방향이 $+x$방향이므로
C가 B에 작용하는 전기력의 방향이 $-x$방향이다.
C가 B에 작용하는 전기력의 방향이 $-x$방향이므로
C는 B를 밀어내야 한다. (척력 작용)
따라서 C는 양(+)전하이어야 한다.
결론: A가 양(+)전하이면, C도 양(+)전하이다.

2) A가 음(−)전하인 경우

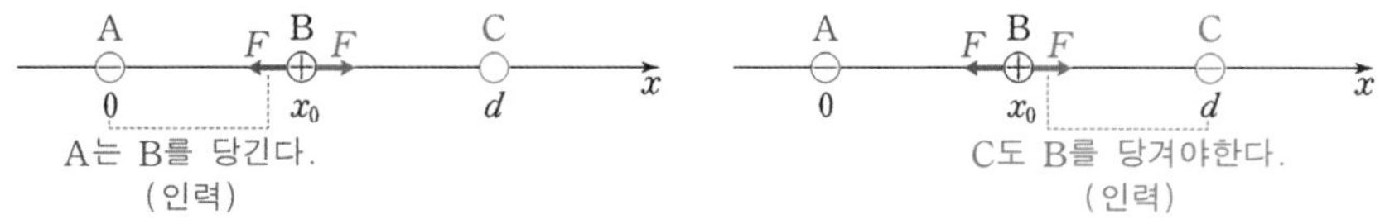

A가 B에 작용하는 전기력의 방향이 $-x$방향이므로
C가 B에 작용하는 전기력의 방향이 $+x$방향이다.
C가 B에 작용하는 전기력의 방향이 $+x$방향이므로
C는 B를 당겨야 한다. (인력 작용)
따라서 C는 음(−)전하이어야 한다.

결론: A가 음(−)전하이면, C도 음(−)전하이다.

B가 음(−)전하 일때도 마찬가지로
A가 B를 밀어낸다면 C도 B를 밀어내야하고
A가 B를 당긴다면 C도 B를 당겨야 하기 때문에
A와 C의 전하의 종류가 같다는 결과는 동일하다!

② 전하량 판단

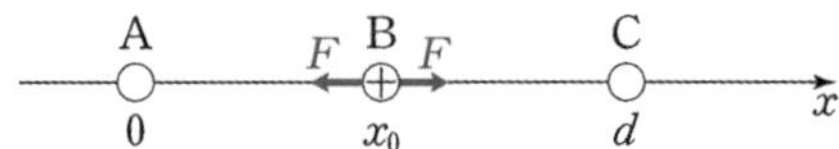

A가 B에 작용하는 전기력의 크기와
C가 B에 작용하는 전기력의 크기가 같아야 한다.
A, B, C의 전하량의 크기를 각각 Q_A, Q_B, Q_C로 두면 다음이 성립한다.

$$k\frac{Q_A Q_B}{(x_0)^2} = k\frac{Q_B Q_C}{(d-x_0)^2} \rightarrow Q_A : Q_C = (x_0)^2 : (d-x_0)^2$$

x_0는 A와 B 사이의 거리이고
$d-x_0$는 B와 C 사이의 거리이다.

즉, 거리가 멀리 떨어져 있을수록 전하량의 크기가 크다!

이해를 위해 그림으로 설명하자면

A와 B 사이의 거리가 B와 C 사이의 거리보다 가까우면
전하량의 크기는 A가 C보다 작다!

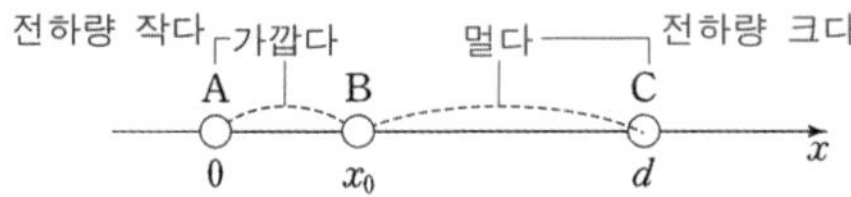

A와 B 사이의 거리가 B와 C 사이의 거리보다 멀다면
전하량의 크기는 A가 C보다 크다!

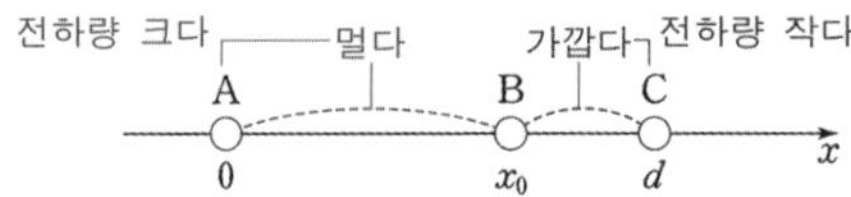

일반화 해보면 다음과 같다.

특징 두 점전하 안쪽 영역에 전기력이 0인 점전하가 있다면

① 두 점전하 사이에 두 점전하에 의한 전기력의 크기가 0이 되는 점전하가 있다면 두 점전하의 **전하의 종류가 같다!**

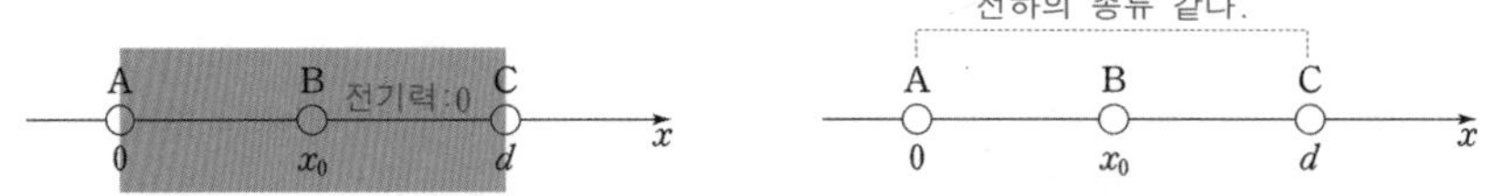

A가 양(+)전하면, C도 양(+)전하
A가 음(−)전하면, C도 음(−)전하

② 두 점전하 사이에 두 점전하에 의한 전기력의 크기가 0이 되는 점전하가 있다면, **전하량의 크기는 전기력이 0이 되는 점전하 사이 거리 제곱에 비례한다.**
즉, 먼 쪽의 전하가 가까운 쪽 전하보다 전하량의 크기가 크다!

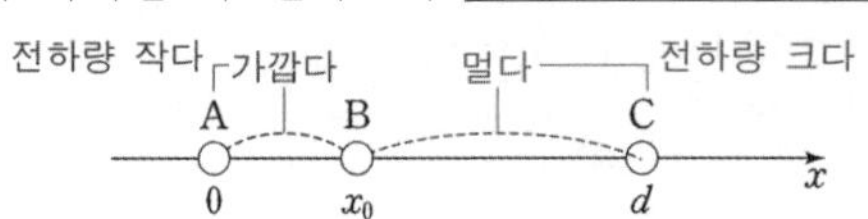

전기력이 0이 되는 지점 (두 점전하 밖 영역에 있는 경우)

A, B, C가 x축상에 고정되어 있다. C는 양(+)전하이다.
이때 C에 작용하는 전기력의 크기가 0이다.
A와 C는 $x=0$, $x=d$에 고정되어 있고, B는 $x=x_0$에 고정되어 있다.

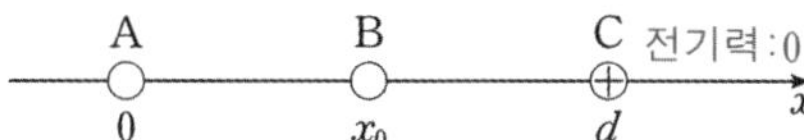

이때 A와 B의 전하의 종류와 전하량의 크기를 비교할 수 있다.
A가 C에 작용하는 힘의 방향과
B가 C에 작용하는 힘의 방향은 서로 반대이어야 한다.

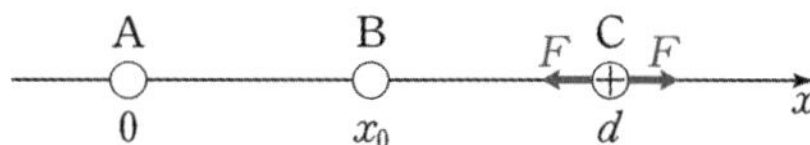

① 전하의 종류 판단

1) A가 양(+)전하인 경우

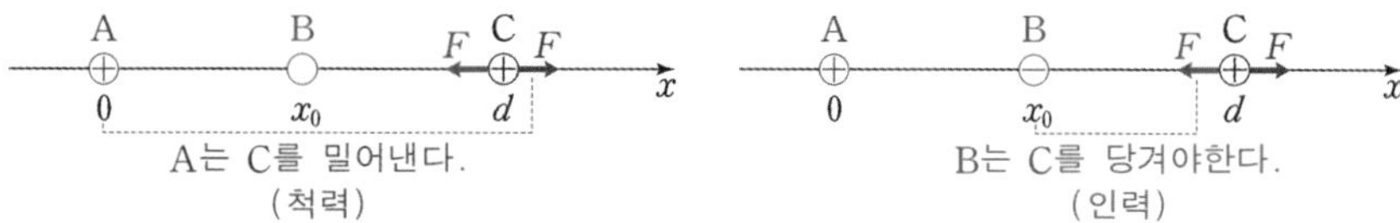

A가 C에 작용하는 전기력의 방향이 $+x$방향이므로
B가 C에 작용하는 전기력의 방향이 $-x$방향이다.
B가 C에 작용하는 전기력의 방향이 $-x$방향이므로
B는 C를 **당겨야 한다. (인력 작용)**
따라서 B는 음(−)전하이어야 한다.

결론: A가 양(+)전하이면, B는 음(−)전하이다.

2) A가 음(−)전하인 경우

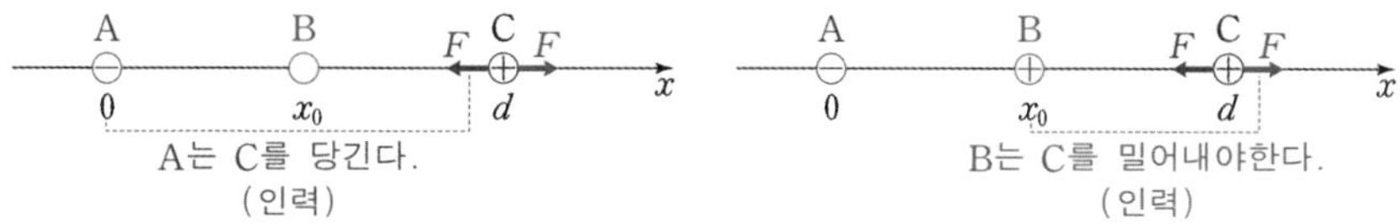

A가 C에 작용하는 전기력의 방향이 $-x$방향이므로
B가 C에 작용하는 전기력의 방향이 $+x$방향이다.
B가 C에 작용하는 전기력의 방향이 $+x$방향이므로
B는 C를 **밀어내야 한다. (척력 작용)**
따라서 B는 **양(+)전하이어야 한다.**

결론: A가 음(−)전하이면, B는 양(+)전하이다.

B가 음(−)전하일때도 마찬가지로
A가 C를 밀어낸다면 B는 C를 당겨야 하고
A가 C를 당긴다면 B는 C를 밀어야하기 때문에
A와 B의 전하의 종류가 반대라는 결과는 동일하다!

② 전하량 판단

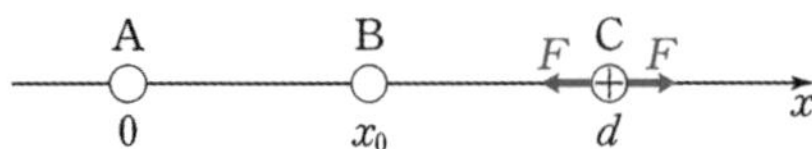

A가 C에 작용하는 전기력의 크기와
B가 C에 작용하는 전기력의 크기가 같아야 한다.
A, B, C의 전하량의 크기를 각각 Q_A, Q_B, Q_C로 두면 다음이 성립한다.

$$k\frac{Q_A Q_C}{(d)^2} = k\frac{Q_B Q_C}{(d-x_0)^2} \rightarrow Q_A : Q_B = d^2 : (d-x_0)^2$$

d는 A와 C 사이의 거리이고
$d-x_0$는 B와 C 사이의 거리이다.

즉, 거리가 멀리 떨어져 있을수록 전하량의 크기가 크다!

이해를 위해 그림으로 설명하자면
C에 작용하는 전기력의 크기가 0일 때
C와 먼 쪽에 있는 전하(A)의 전하량의 크기가
C와 가까운 쪽에 있는 전하(B)의 전하량의 크기보다 크다. ($Q_A > Q_B$)

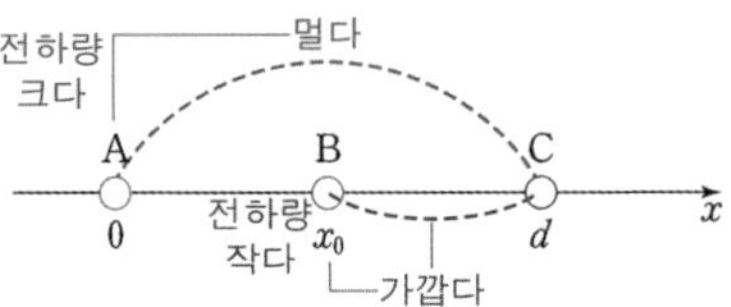

일반화해 보면 다음과 같다.

특징 두 점전하 밖 영역에 전기력이 0인 점전하가 있다면

① 두 점전하 밖에 두 점전하에 의한 전기력의 크기가 0이 되는 점전하가 있다면 두 점전하의 전하의 종류가 반대이다!

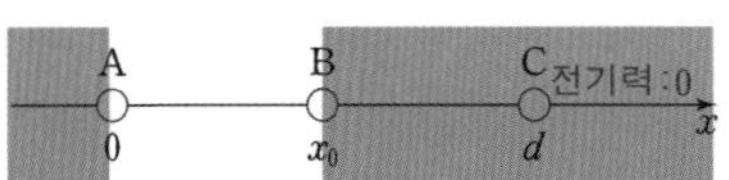

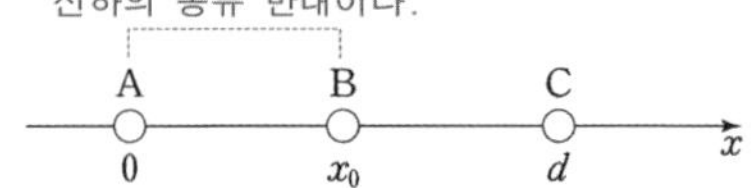

A가 양(+)전하면, B는 음(−)전하
A가 음(−)전하면, B는 양(+)전하

② 두 점전하 밖 영역에 두 점전하에 의한 전기력의 크기가 0이 되는 점전하가 있다면, 전하량의 크기는 전기력이 0이 되는 점전하 사이 거리 제곱에 비례한다.
즉, 먼 쪽의 전하가 가까운 쪽 전하보다 전하량의 크기가 크다!

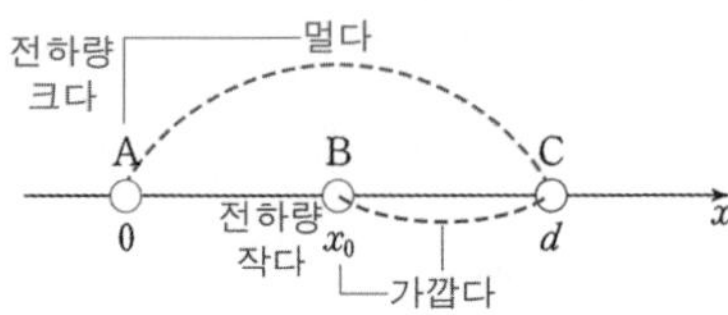

정리

두 점전하 안쪽 영역에 전기력이 0인 점전하가 있다면

① 두 점전하 사이에 두 점전하에 의한 전기력의 크기가 0이 되는 점전하가 있다면 두 점전하의 전하의 종류가 같다!

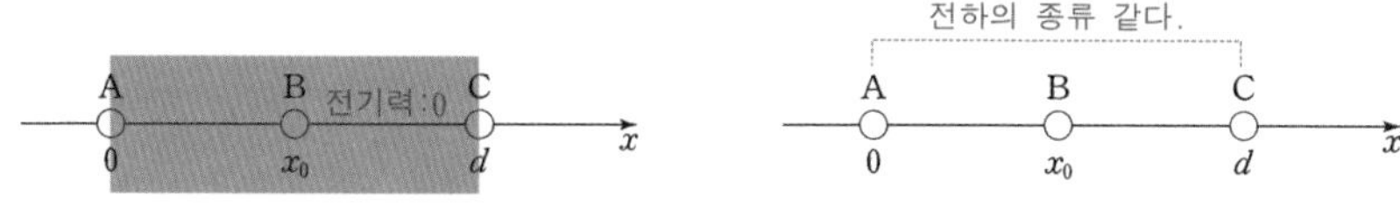

A가 양(+)전하면, C도 양(+)전하
A가 음(−)전하면, C도 음(−)전하

② 두 점전하 사이에 두 점전하에 의한 전기력의 크기가 0이 되는 점전하가 있다면, 전하량의 크기는 전기력이 0이 되는 점전하 사이 거리 제곱에 비례한다.
즉, 먼 쪽의 전하가 가까운 쪽 전하보다 전하량의 크기가 크다!

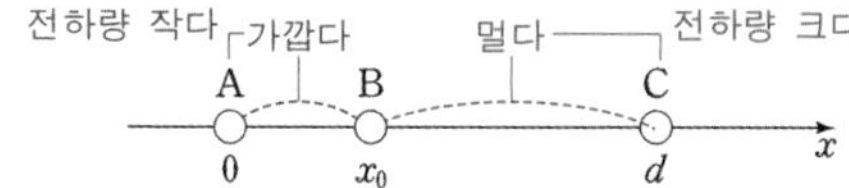

두 점전하 밖 영역에 전기력이 0인 점전하가 있다면

① 두 점전하 밖에 두 점전하에 의한 전기력의 크기가 0이 되는 점전하가 있다면 두 점전하의 전하의 종류가 반대이다!

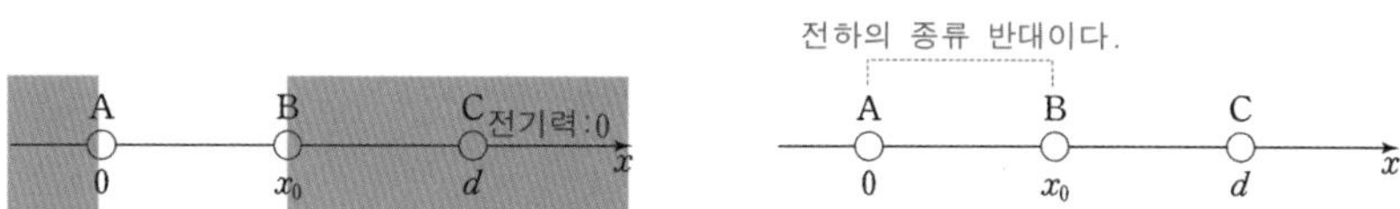

A가 양(+)전하면, B는 음(−)전하
A가 음(−)전하면, B는 양(+)전하

② 두 점전하 밖 영역에 두 점전하에 의한 전기력의 크기가 0이 되는 점전하가 있다면, 전하량의 크기는 전기력이 0이 되는 점전하 사이 거리 제곱에 비례한다.
즉, 먼 쪽의 전하가 가까운 쪽 전하보다 전하량의 크기가 크다!

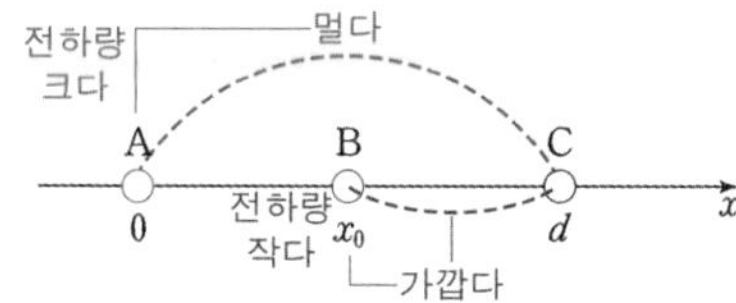

기출 예시 16

21학년도 6월 모의고사 19번 문항

그림과 같이 x축 상에 점전하 A, B, C가 같은 거리만큼 떨어져 고정되어 있다. 양(+)전하 A에 작용하는 전기력은 0이고, B에 작용하는 전기력의 방향은 $-x$방향이다.

A B C

(+) ○ ○ x

이에 대한 설명으로 옳은 것만을 〈보기〉에서 있는 대로 고른 것은?

〈보 기〉

ㄱ. B는 음(−)전하이다.

ㄴ. 전하량의 크기는 C가 A보다 크다.

ㄷ. C에 작용하는 전기력의 방향은 $-x$방향이다.

해설

A, B, C의 전하량의 크기를 각각 Q_A, Q_B, Q_C로 두자.
A에 작용하는 전기력의 크기가 0이다.
B, C가 A에 작용하는 전기력의 크기가 0인 지점이
B와 C 밖에 존재하므로
전하의 종류는 B와 C가 서로 반대이고
B 왼쪽 영역에서 전기력의 크기가 0인 지점이 존재하므로
전하량의 크기는 C가 B보다 크다. ($Q_C > Q_B$)

B에 작용하는 전기력의 방향이 $-x$방향이고
A에 작용하는 전기력의 크기가 0이다.
A, B, C 전체 계에서 A, B, C에 작용하는 전기력을 모두 더하면 0이다.
따라서
C에 작용하는 전기력의 방향은 $+x$방향이다.

B와 C의 전하의 종류가 반대이므로
B와 C의 전하의 종류는 다음과 같이 두 가지가 가능하다.
① B(−), C(+)
② B(+), C(−)

②의 경우
A가 C에 작용하는 전기력의 방향과
B가 C에 작용하는 전기력의 방향이 모두 $-x$방향으로 같기 때문에
C에 작용하는 전기력의 방향이 $-x$방향이므로 조건을 만족하지 않는다.

따라서 ①의 경우가 적절하므로
B는 음(−)전하, C는 양(+)전하이다.

한편 A와 B 사이의 거리와 B와 C 사이의 거리가 같고,
A와 C는 모두 양(+)전하이므로
A가 B에 작용하는 전기력의 방향은 $-x$방향
C가 B에 작용하는 전기력의 방향은 $+x$방향으로 서로 반대이다.
그런데 B에 작용하는 전기력의 방향이 $-x$방향이므로
A가 B에 작용하는 전기력의 크기가
C가 B에 작용하는 전기력의 크기보다 크다.
따라서 전하량의 크기는 A가 C보다 크다. ($Q_A > Q_C$)
따라서 $Q_A > Q_C > Q_B$이다.
ㄱ. B는 음(−)전하이다.

(ㄱ. 참)

ㄴ. 전하량의 크기는 $Q_A > Q_C$이다.

(ㄴ. 거짓)

ㄷ. C에 작용하는 전기력의 방향은 $+x$방향이다.

(ㄷ. 거짓)

정답

기출 예시 16
ㄱ

기출 예시 17

21학년도 수능 19번 문항

그림 (가)와 같이 x축상에 점전하 A, B, C를 같은 간격으로 고정시켰더니 양(+)전하 A에 작용하는 전기력이 0이 되었다. 그림 (나)와 같이 (가)의 C를 $-x$방향으로 옮겨 고정시켰더니 B에 작용하는 전기력이 0이 되었다.

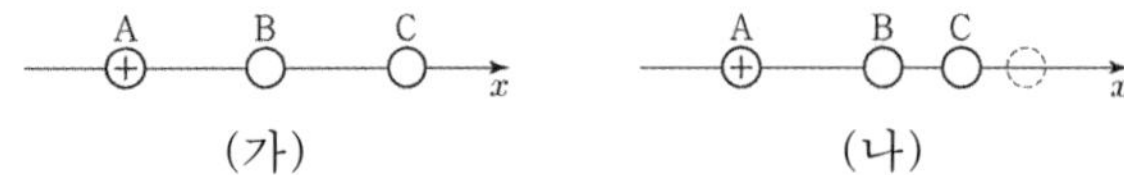

이에 대한 설명으로 옳은 것만을 〈보기〉에서 있는 대로 고른 것은?

〈보 기〉

ㄱ. C는 양(+)전하이다.
ㄴ. 전하량의 크기는 B가 A보다 크다.
ㄷ. (가)에서 C에 작용하는 전기력의 방향은 $-x$방향이다.

해설

A, B, C의 전하량의 크기를 각각 Q_A, Q_B, Q_C로 두자.
A에 작용하는 전기력이 0이다.
B, C가 A에 작용하는 전기력의 크기가 0인 지점이
B와 C 밖에 존재하므로
전하의 종류는 B와 C가 서로 반대이고
B 왼쪽 영역에서 전기력의 크기가 0인 지점이 존재하므로
전하량의 크기는 C가 B보다 크다. ($Q_C > Q_B$)

(나)에서 B에 작용하는 전기력이 0이므로,
A, C가 B에 작용하는 전기력의 크기가 0인 지점이
A와 C 안에 존재하므로
전하의 종류는 A와 C가 서로 같다.
B는 음(−)전하, C는 양(+)전하이다.
(나)에서 A와 B 사이의 거리가 B와 C 사이의 거리보다 멀다.
따라서
전하량의 크기는 A가 C보다 크다. ($Q_A > Q_C$)
따라서 전하량의 크기는 다음과 같다.

$$Q_A > Q_C > Q_B$$

ㄱ. C는 양(+)전하이다.

(ㄱ. 참)

ㄴ. 전하량의 크기는 B가 A보다 작다. ($Q_A > Q_B$)

(ㄴ. 거짓)

ㄷ. (가)에서 A에 작용하는 전기력의 크기가 0이고
$Q_A > Q_C$이므로
B에 작용하는 전기력의 방향은 $-x$방향이다.
A+B+C전체 계의 전기력의 합이 0이므로
C에 작용하는 전기력의 방향은 $+x$방향이다.

(ㄷ. 거짓)

정답

기출 예시 17
ㄱ

6. 전기력 문제 풀이 ③ x축상의 전기력 〔그래프〕

점전하 A, B, C가 x축 상에 고정되어있다. C는 양(+)전하이다.

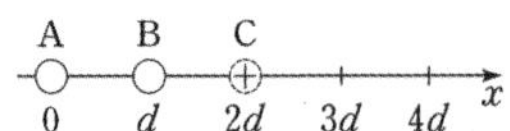

이때
A와 B는 고정시키고,
C를 x축 상에 이동시키면서 C에 작용하는 전기력의 크기와 방향을 측정해보자.

C의 위치에 따른 C에 작용하는 전기력의 크기는 어떻게 될까?

이는 그래프로 표현이 가능하다.
아래 그림은
C에 작용하는 전기력의 크기가 다음과 같을 때
이를 그래프로 표현하는 방법을 설명한 것이다.
+x방향을 양(+)으로 하겠다.

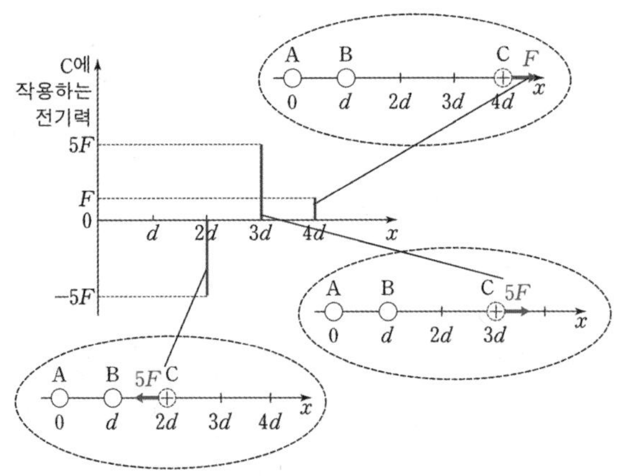

이렇듯 움직이면서 고정하는 점전하와 고정된 점전하가 존재하는데
움직이면서 고정하는 점전하(위 그림에서 C)를 **테스트 전하**라고 부른다.
평가원에서는 고정된 점전하가 2개와 테스트 전하 1개를 이용하여
점전하 3개를 이용한 문제들이 출제될 수 있다.

○ 테스트 전하
테스트 전하는 점선으로 표시하겠다.

이때 두 점전하에 의한 전기력을 판단함으로써
고정된 두 점전하의 전하의 종류와 전하량의 크기를 판단할 수 있다.
점전하 2~3개에 대해서는 다음과 같은 경우의 수로 출제될 수 있다.
(테스트 전하는 양(+)전하로 두겠다. 그 이유는 왼쪽에 적어 두었다.)

○ 테스트 전하는 양(+)전하
일단 테스트 전하는 양(+)전하로 두고 설명하겠다. 음(−)전하일 때는 양(+)전하일 때의 정확하게 반대로 그래프가 만들어지기 때문에, 양(+)전하로 먼저 분석한다면 자연스럽게 음(−)전하의 개형도 분석이 된 것이다.

점전하 2개 (테스트 전하 1개(P)+고정 점전하 1개(A)	
고정 점전하	① 양(+)전하 ② 음(−)전하
총 2가지	

점전하 3개 (테스트 전하 1개(P)+고정 점전하 2개(A, B))					
고정 점전하	① 양(+)전하, 양(+)전하 ② 양(+)전하, 음(−)전하 ③ 음(−)전하, 양(+)전하 ④ 음(−)전하, 음(−)전하	×	① $Q_A > Q_B$ ② $Q_A < Q_B$	=	총 8가지
	4가지		2가지		

※ Q_A :A의 전하량의 크기, Q_B :B의 전하량의 크기

그래프 풀이의 중요성과 전기력 문제의 출제 방식

○ 수능 문제에서는 점전하가 x축상에 3개 이상이 고정된 문제가 출제된다. 아래는 평가원 기출문제이다.

○ 2개는 출제가 안 되나요? 너무 쉽기 때문에 출제되지 않는다.

22학년도 9월 모의고사 19번 문항

그림 (가)는 점전하 A, B, C를 x축 상에 고정시킨 것으로 C에 작용하는 전기력의 방향은 $+x$방향이다. 그림 (나)는 (가)에서 C의 위치만 $x=2d$로 바꾸어 고정시킨 것으로 A에 작용하는 전기력의 크기는 0이고, C에 작용하는 전기력의 방향은 $-x$방향이다. B는 양(+)전하이다.

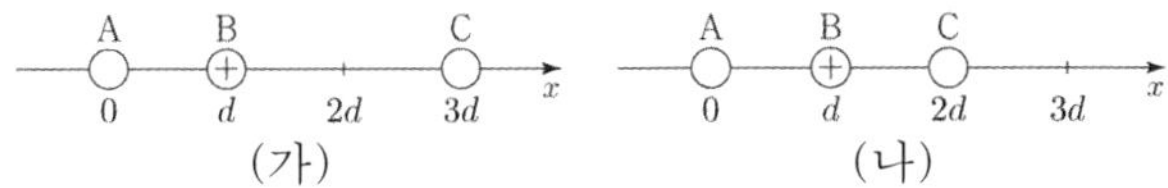

이에 대한 설명으로 옳은 것만을 〈보기〉에서 있는 대로 고른 것은?

〈보 기〉

ㄱ. A는 음(−)전하이다.
ㄴ. 전하량의 크기는 A가 C보다 크다.
ㄷ. B에 작용하는 전기력의 방향은 (가)에서와 (나)에서가 같다.

이 문제처럼 A와 B는 x축 상에 고정시키고
<u>C만 옮겨 고정시키는 문제</u>가 출제된다.
그리고 각 상황에서
<u>C에 작용하는 전기력에 대한 조건이 제시</u>된다.

이때는 위의 문제는
A와 B를 고정된 점전하,
C를 테스트 전하로 생각하고 문제에 접근할 수 있다.

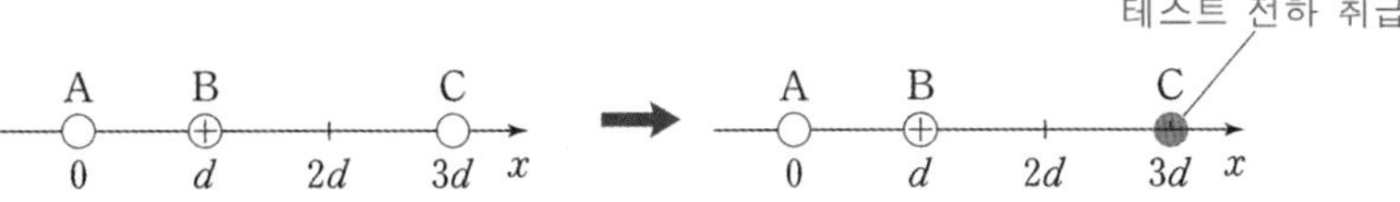

C에 작용하는 전기력이 어떻게 변하는지 알고 있다면
A와 B의 전하의 종류와 전하량의 크기를 단번에 찾을 수 있다.

그만큼 테스트 전하로 보고 전기력을 분석하는 것은 중요한 내용이고,
빠르게 전하의 종류를 판단할 수 있어서 좋다.

점전하 2개 (고정 점전하 1개+테스트 전하 1개)

$+x$방향을 양(+)으로 하겠다.
A는 $x=3d$에 고정시키고 테스트 점전하 P(테스트 양(+)전하)를 옮겨가며 고정시켰을 때 P에 작용하는 전기력을 측정해 보자.

○ A가 양(+)전하인 경우

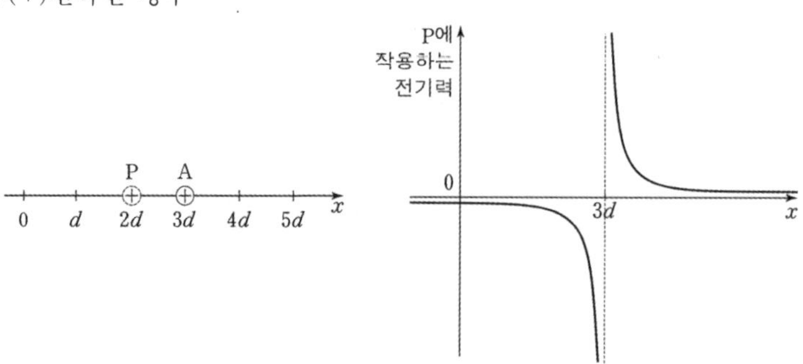

○ A가 음(−)전하인 경우

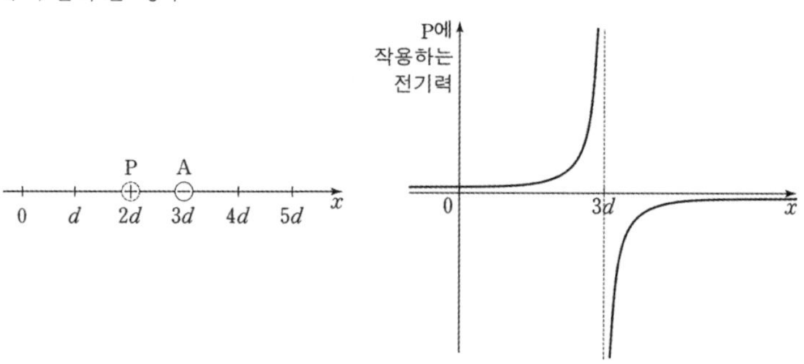

위와 같이 나오는 이유는 전기력의 크기는 점전하끼리 멀어지면 작아지기 때문이고, 무한대(∞)인 지점에는 결국 전기력의 크기가 0으로 수렴하게 될 것이다.

(전기력은 $\frac{1}{r^2}$에 비례하므로, r이 무한대이면 전기력은 0이다.)

(r은 점전하 사이의 거리이다.))

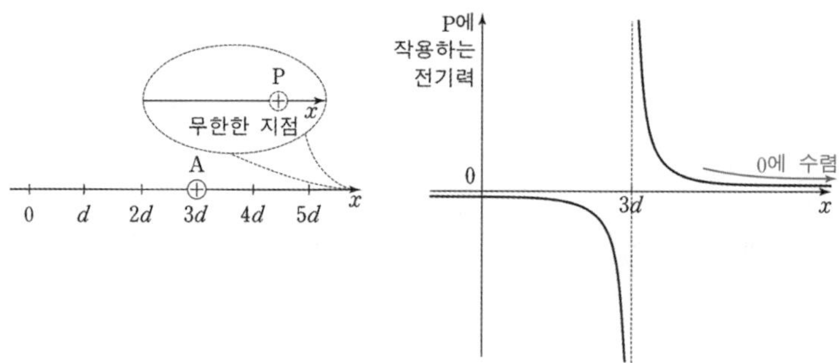

점전하끼리 매우 가까울 경우 전기력의 크기는 무한(∞)이 될 것이다.

(전기력은 $\frac{1}{r^2}$에 비례하므로, (r은 점전하 사이의 거리이다.))

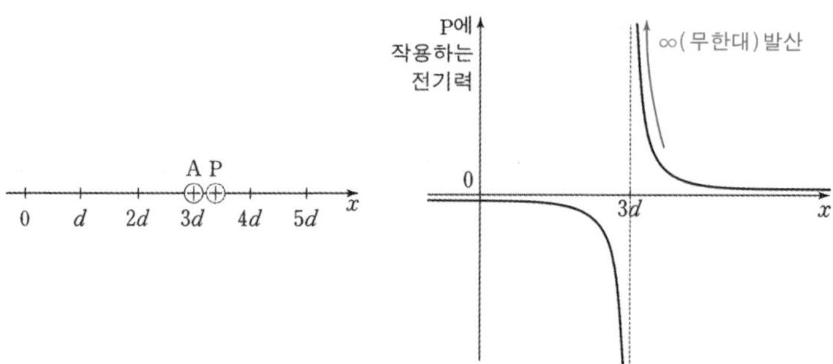

점전하 3개인 상황에서 점전하 근처의 전기력

점전하 근처에서의 전기력은 다음과 같이 생각해 보자.

만약 P를 A에 한없이 가까이 가져가 고정시키면,
B가 P에 작용하는 전기력에 비해 A가 P에 작용하는 전기력이 월등하게 크게 된다.

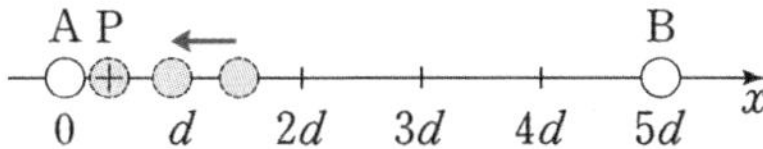

왜냐하면 전기력의 크기는 거리 제곱에 반비례하므로($\propto \frac{1}{r^2}$)
거리가 0에 가까워지면 전기력의 크기가 무한이 되기 때문이다.

P를 $x=2d \rightarrow x=d \rightarrow x=0.2d \rightarrow x=0.1d \rightarrow x=0.00001d$... 로 가져가면
A가 P에 작용하는 전기력이 B가 P에 작용하는 전기력보다 월등히 크게 될 것이다.

즉, A와 매우 가까운 거리에서
A, B가 P에 작용하는 전기력의 방향은
A가 P에 작용하는 전기력의 방향과 같다.

아래 그림과 같은 상황을 예로 들어보자.

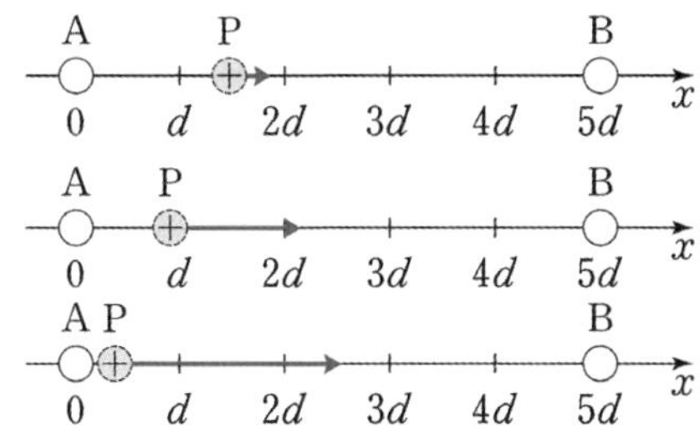

화살표는 P에 작용하는 A, B에 의한 전기력을 나타낸 것이고,
화살표의 길이는 전기력의 크기에 비례한다.
A에 가까워질수록
A가 P에 작용하는 전기력의 크기가 무한에 가까워지고
A가 P에 작용하는 전기력의 크기가
B가 P에 작용하는 전기력의 크기보다 월등히 크다.

A, B가 P에 작용하는 전기력의 방향은
A가 P에 작용하는 전기력의 방향과 같다.

이를 통해 A가 양(+)전하임을 알 수 있다.

점전하 3개 (고정 점전하 2개+테스트 전하 1개)

① A, B가 모두 양(+)전하인 경우/ A, B가 모두 음(-)전하인 경우

A와 B를 각각 $x=d$, $x=3d$에 고정시키고 P(테스트 양(+)전하)를 옮겨가며 고정시켰을 때 P에 작용하는 전기력을 측정해 보자.(+x방향을 양(+)으로 하자.)

○ A와 B가 양(+)전하이고, 전하량이 A가 B보다 큰 경우

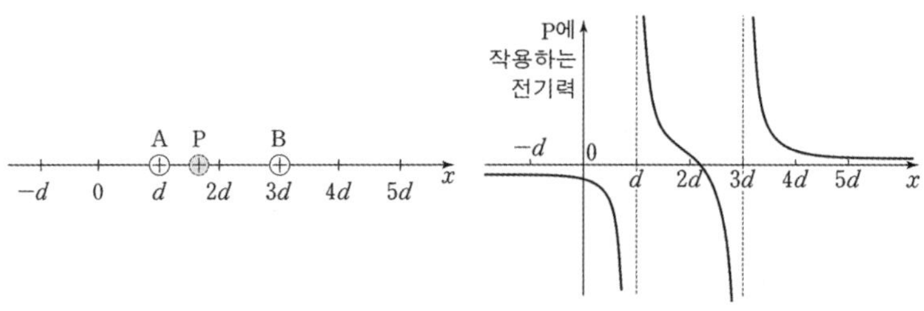

○ A와 B가 양(+)전하이고, 전하량이 B가 A보다 큰 경우

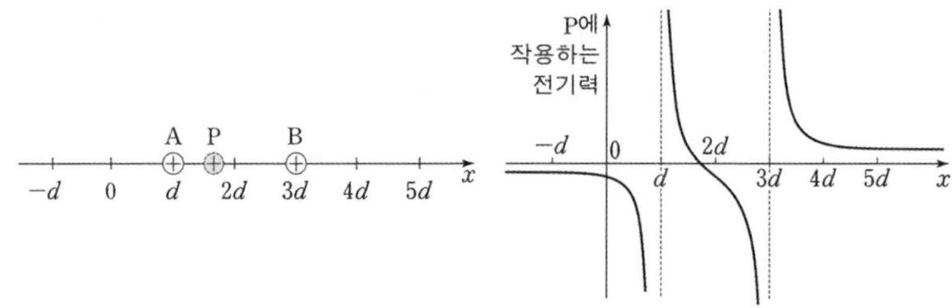

○ A와 B가 음(−)전하이고, 전하량이 A가 B보다 큰 경우

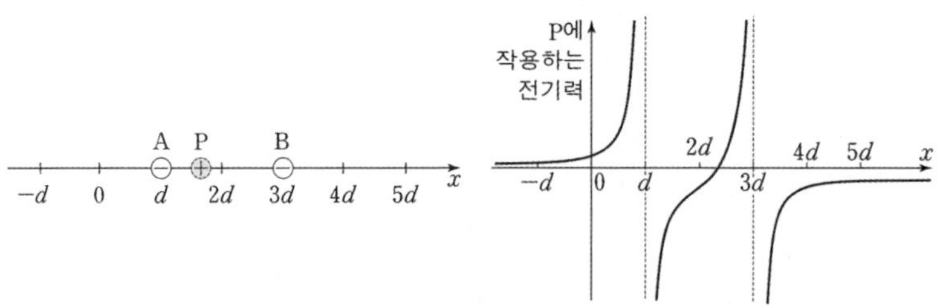

○ A와 B가 음(−)전하이고, 전하량이 B가 A보다 큰 경우

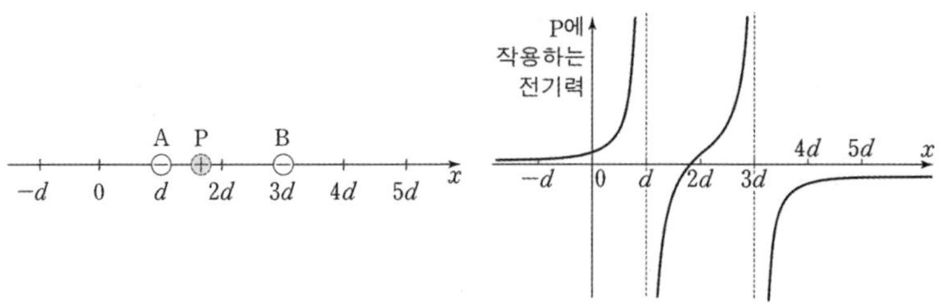

※ A와 B가 음(−)전하인 경우는
단지 A와 B가 양(+)전하인 경우를 x축 대칭한 형태이므로

A와 B가 모두 양(+)전하인 경우만 분석해도
A와 B가 모두 음(−)전하인 경우의 특징도 대칭을 활용하여 알 수 있다.
A와 B가 양(+)전하인 경우만 분석해 볼 예정이다.

※ 개형만 본다면
A와 B의 전하량의 크기에 따라 $d<x<3d$에서의 전기력이 0이 되는 지점이 옮겨진다.

※ 관찰 중점 포인트
전기력이 0이 되는 지점과 그 주변에서의 전기력

특징

① 앞선 장에서 두 점전하에 의해 전기력이 0이 되는 지점을 생각해 봤다.
A와 B의 전하의 종류가 같을 때
전기력이 0이 되는 지점은 A와 B 사이 영역에 있고,
전하량의 크기는 전하와 0이 되는 지점 사이의 거리의 제곱에 비례한다.

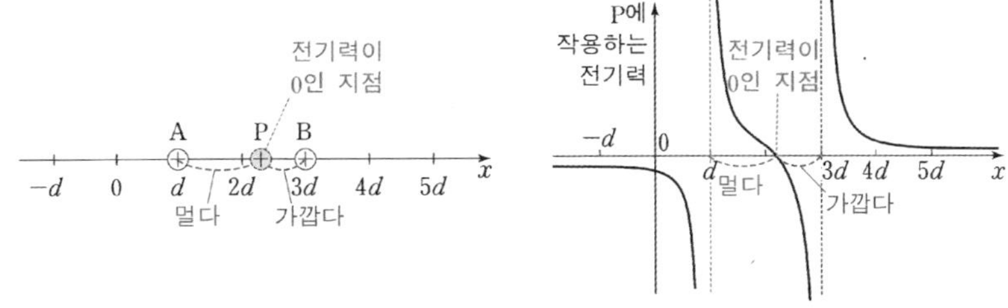

(전기력의 크기는 A가 B보다 크다.)

따라서 A와 B에 의한 전기력의 크기가 0이 되는 지점은
$x=d$와(A로부터) 멀리 떨어져 있고
$x=3d$와(B로부터) 가까이 있어야 한다.

② 전기력이 0이 되는 지점에서 그래프는 x축을 관통하게 된다.
즉, 전기력이 0이 되는 지점에서 전기력의 방향이 바뀐다.

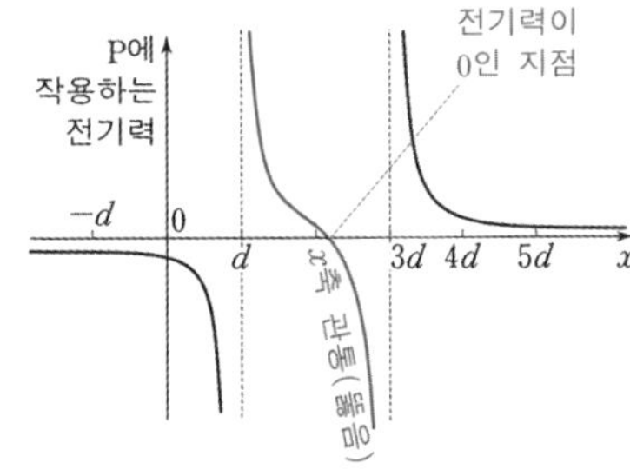

③ 두 점전하 밖 영역 ($x<d$, $3d<x$)에서는 전기력이 0이 되는 지점은 존재하지 않는다.
★ 전기력이 0인 지점은 x축 상 한 지점밖에 없다!

④ ★★(매우 중요) 전기력이 0이 되는 지점 주변에서의 전기력

전기력이 0이 되는 지점에서 <u>A와 가까운 쪽(빨간색 영역)에서의 전기력의 방향</u>은
<u>A가 P에 작용하는 전기력의 방향</u>과 같다!

반대로
전기력이 0이 되는 지점에서 <u>B와 가까운 쪽(파란색 영역)에서의 전기력의 방향</u>은
<u>B가 P에 작용하는 전기력의 방향</u>과 같다!

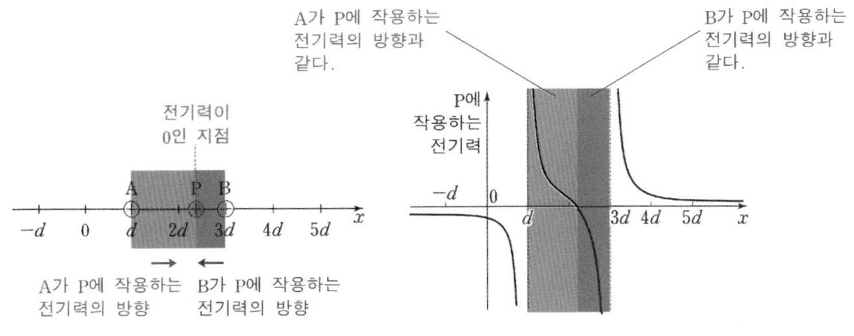

② A, B의 전하의 종류가 다른 경우

A와 B를 각각 $x=d$, $x=3d$에 고정시키고 P(테스트 양(+)전하)를 옮겨가며 고정시켰을 때 P에 작용하는 전기력을 측정해 보자.

○ A가 양(+)전하, B가 음(−)전하이고, 전하량이 A가 B보다 큰 경우

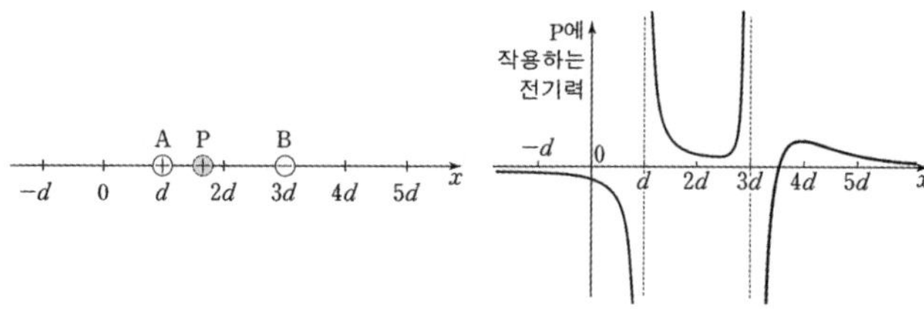

○ A가 양(+)전하, B가 음(−)전하이고, 전하량이 B가 A보다 큰 경우

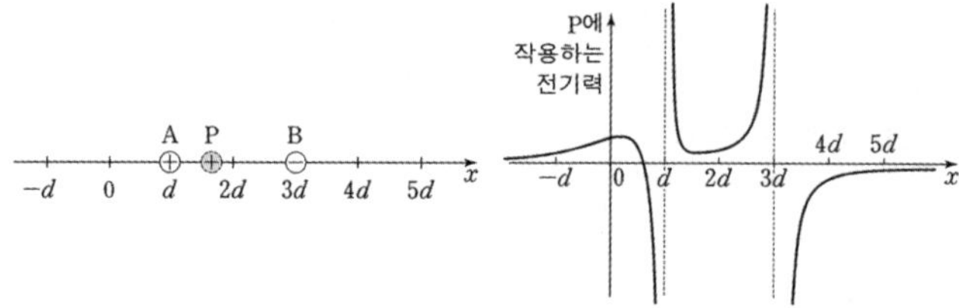

○ A가 음(−)전하, B가 양(+)전하이고, 전하량이 A가 B보다 큰 경우

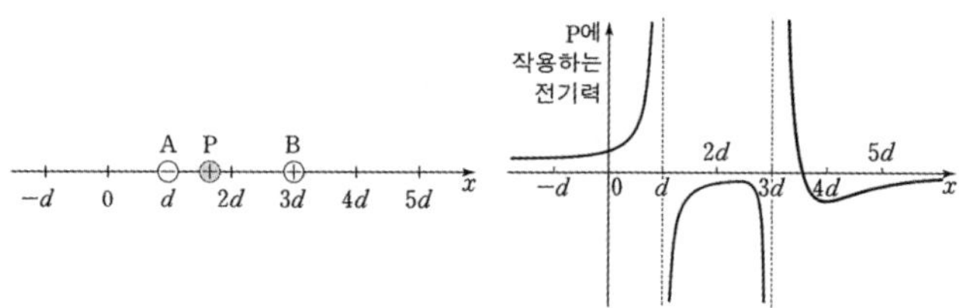

○ A가 음(−)전하, B가 양(+)전하이고, 전하량이 B가 A보다 큰 경우

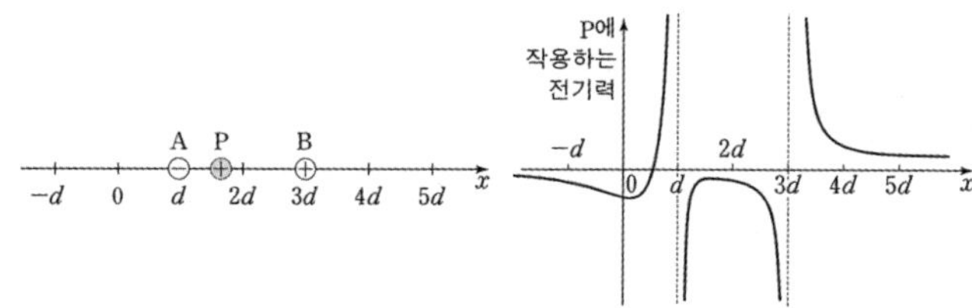

※ A가 음(−)전하, B가 양(+)전하

단지 A가 양(+)전하, B가 음(−)전하인 경우를 x축 대칭인 형태이므로

A가 양(+)전하, B가 음(−)전하인 경우만 분석해도

A가 음(−)전하, B가 양(+)전하인 경우의 특징이 똑같을 것이다.

A가 양(+)전하, B가 음(−)전하인 경우만 분석해 볼 예정이다.

※ 개형만 본다면

A와 B의 전하량의 크기에 따라 두 점전하 밖 영역에서 전기력이 0이 되는 지점이 옮겨진다.

※ 관찰 중점 포인트

① 그래프의 최소가 되는 지점

② 전기력이 0이 되는 지점과 그 주변에서의 전기력

특징

① 전기력이 0이 되는 지점

A와 B의 전하의 종류가 반대이고, 전하량이 A가 B보다 큰 경우
전기력이 0이 되는 지점은 A와 B 밖 영역에 있고,
전하량의 크기는 전하와 0이 되는 지점 사이의 거리의 제곱에 비례한다.

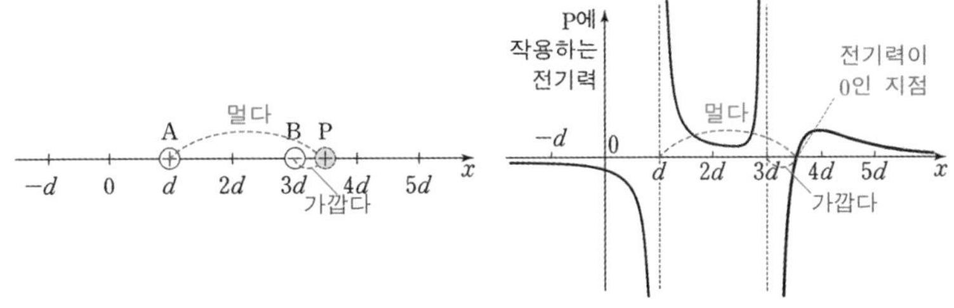

(전기력의 크기는 A가 B보다 크다.)

따라서 A와 B에 의한 전기력의 크기가 0이 되는 지점은
$x=d$와(A로부터) 멀리 떨어져 있고
$x=3d$와(B로부터) 가까이 있어야 한다.

② 전기력이 0이 되는 지점에서 그래프는 x축을 관통하게된다.
즉, 전기력이 0이 되는 지점에서 전기력의 방향이 바뀐다.

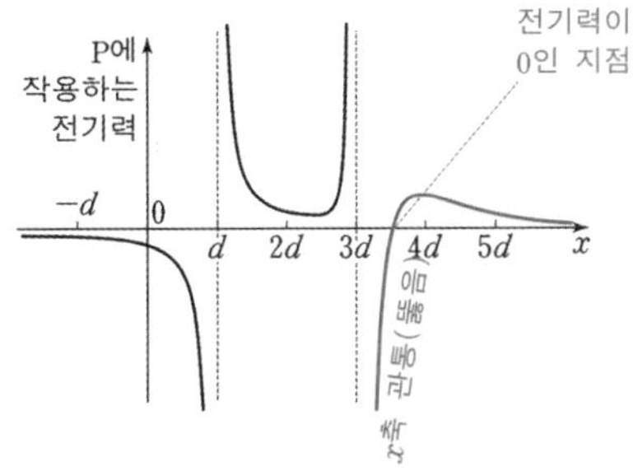

③ 두 점전하 안쪽 영역 $(d<x<3d)$에서는 전기력이 0이 되는 지점은 존재하지 않는다.

★ **전기력이 0인 지점은 x축 상 한 지점밖에 없다!**

④ ★★[매우 중요] 전기력이 0이 되는 지점 주변에서의 전기력

전기력이 0이 되는 지점에서 B와 가까운 쪽(파란색 영역)에서의 전기력의 방향은 B가 P에 작용하는 전기력의 방향과 같다!

반대로
전기력이 0이 되는 지점에서 오른쪽 영역(빨간색 영역)에서의 전기력의 방향은 A가 P에 작용하는 전기력의 방향과 같다!

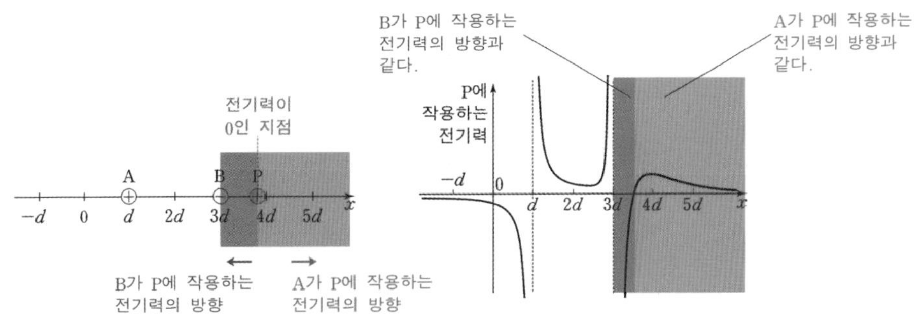

⑤ A와 B 사이에서의 전기력이 최소가 되는 지점
전하의 종류가 반대일 때
전하량이 **작은 쪽에 전기력의 크기가 최소가 되는 지점이 존재**한다.

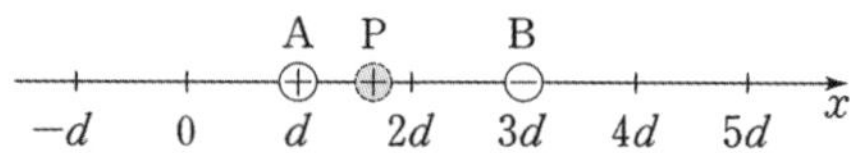

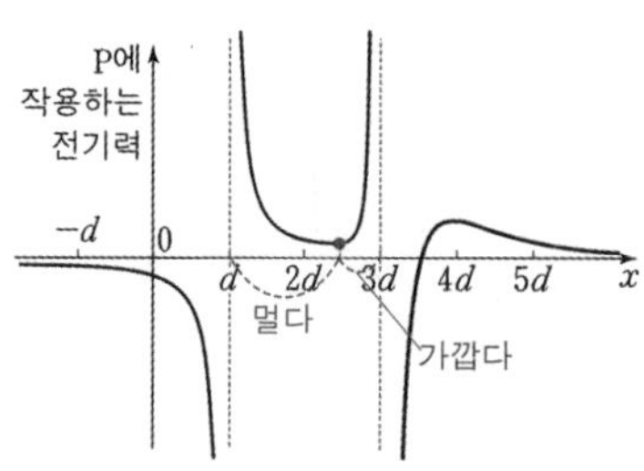

A가 B보다 큰 경우
B와 가까운쪽 ($x=3d$와 가까운 쪽)
에 최소인 지점 존재

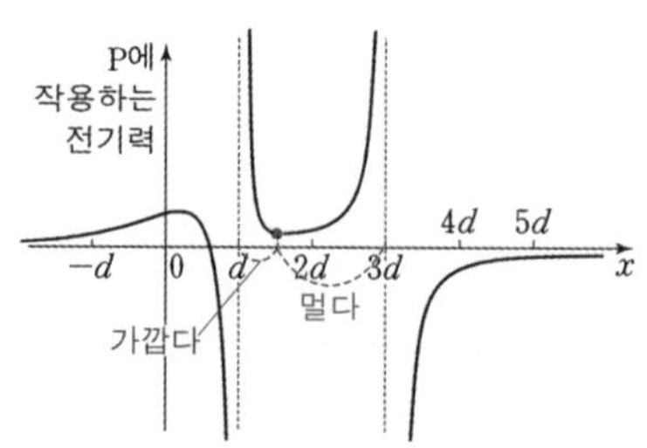

B가 A보다 큰 경우
A와 가까운쪽 ($x=d$와 가까운 쪽)
에 최소인 지점 존재

여태 공통적 내용을 정리해 보면 다음과 같다.
① 전기력이 0이 되는 지점에서 **전기력의 방향이 바뀐다.**
② 전기력이 0이 되는 지점을 기준으로
전하의 종류가 **같을 때는**
A와 가까운 쪽(**빨간색 영역**)에서의 전기력의 방향은
A가 P에 작용하는 전기력의 방향과 같다!

B와 가까운 쪽(**파란색 영역**)에서의 전기력의 방향은
B가 P에 작용하는 전기력의 방향과 같다!

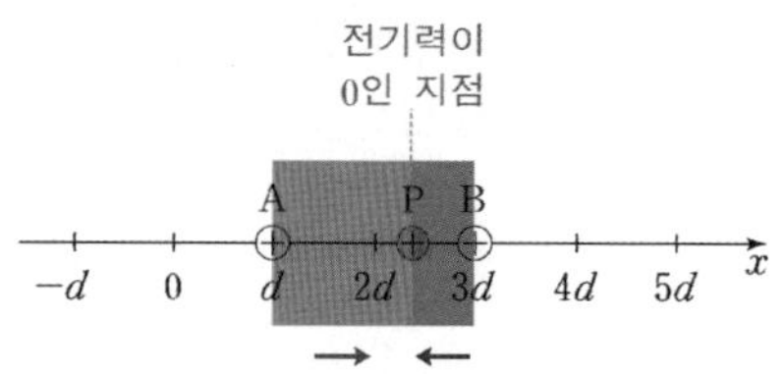

전하의 종류가 **반대일 때는**
B와 가까운 쪽(**파란색 영역**)에서의 전기력의 방향은
B가 P에 작용하는 전기력의 방향과 같다!

B와 먼쪽(**빨간색 영역**)에서의 전기력의 방향은
A가 P에 작용하는 전기력의 방향과 같다!

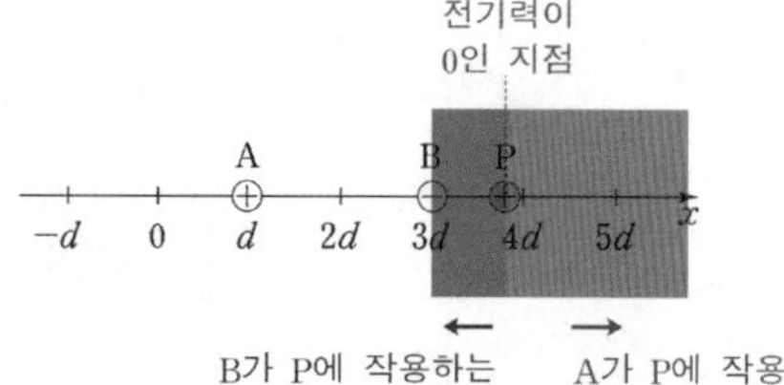

★생각해 보자.

전하의 종류가 같을 때와 반대일 때
각 위치에서 전기력의 방향을 아래에 표현해 보자.

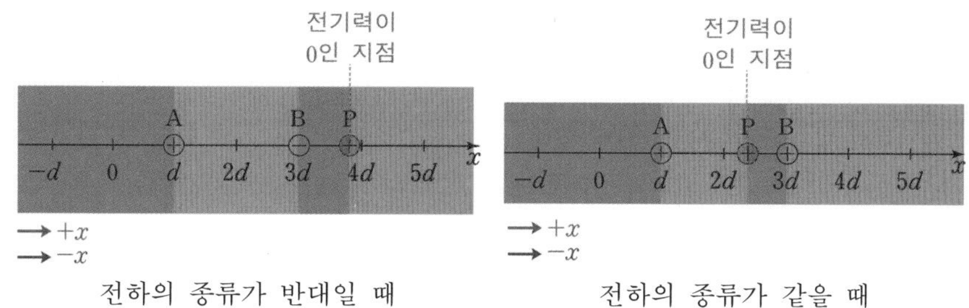

전기력의 방향은 언제 바뀔까? 경계에 해당하는 부분이 의미하는 바를 그려 보면 아래와 같다.

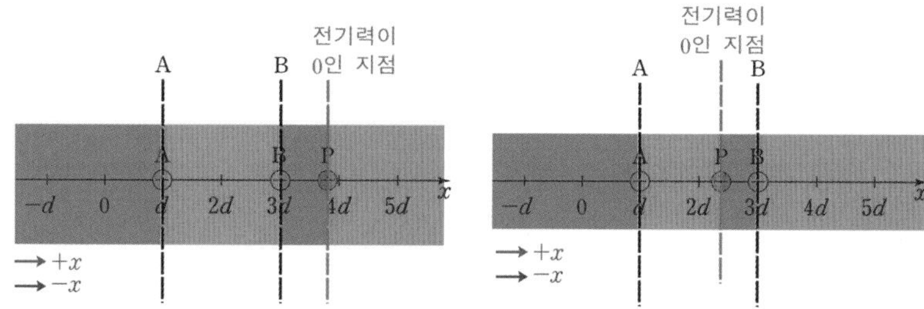

전기력의 방향은
점전하가 존재하는 위치와
전기력이 0인 위치에서 전기력의 방향이 바뀐다.

★ 중요한 성질
점전하가 2개 이상이 고정되어 있고, 테스트 전하를 옮기며 고정할 때
점전하가 존재하는 위치 외의 영역에서 전기력의 방향이 서로 다른 위치가 존재하면

그 두 지점 사에에는 반드시 전기력이 0인 지점이 존재한다.
예를 들면
A, B, C, D가 고정되어 있는 상태에서 P(테스트 전하)를 옮겨 가며 고정시킬 때

$x=3d$ 인 지점에서 전기력의 방향이 $+x$방향
$x=4d$ 인 지점에서 전기력의 방향이 $-x$방향인 상황에서
$3d<x<4d$에 점전하가 존재하지 않으므로
$3d<x<4d$에 전기력이 0인 위치가 존재한다는 것을 추론할 수 있다!

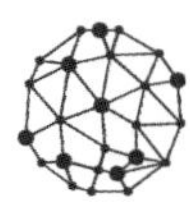

기출 예시 18

23학년도 6월 모의고사 20번 문항

그림과 같이 x축상에 점전하 A, B를 각각 $x=0$, $x=3d$에 고정한다. 양(+)전하인 점전하 P를 x축상에 옮기며 고정할 때, $x=d$에서 P에 작용하는 전기력의 방향은 $+x$방향이고, $x>3d$에서 P에 작용하는 전기력의 방향이 바뀌는 위치가 있다.

P A B
0 d $2d$ $3d$ x

이에 대한 설명으로 옳은 것만을 〈보기〉에서 있는 대로 고른 것은?

〈보 기〉

ㄱ. A는 양(+)전하이다.

ㄴ. 전하량의 크기는 A가 B보다 작다.

ㄷ. $x<0$에서 P에 작용하는 전기력의 방향이 바뀌는 위치가 있다.

해설

$x > 3d$에서 P에 작용하는 전기력의 방향이 바뀌는 위치가 있으므로
$x > 3d$에서 P에 작용하는 전기력의 크기가 0인 지점이 있다는 의미이다.
따라서 A와 B 밖($x < 0$, $x > 3d$)에서 전기력의 크기가 0인 지점이 있으므로
A와 B의 전하의 종류가 반대이고
$x > 3d$에서 전기력의 크기가 0인 지점이 있으므로
전하량의 크기는 A가 B보다 크다.
A와 B의 전하의 종류는 다음과 같이 두 가지가 가능하다.
① A(−), B(+)
② A(+), B(−)
①의 경우 $x = d$에서 P에 작용하는 전기력의 방향이 $-x$방향이다.
(A가 P에 작용하는 전기력 방향 $-x$방향,
B가 P에 작용하는 전기력의 방향 $-x$방향이므로)
따라서 ②가 가장 적절하다.
ㄱ. A는 양(+)전하이다.

(ㄱ. 참)

ㄴ. 전하량의 크기는 A가 B보다 크다.

(ㄴ. 거짓)

ㄷ. $x < 0$인 위치에서
A가 P에 작용하는 전기력의 크기는
B가 P에 작용하는 전기력의 크기보다 무조건 크다.
(P와 A 사이 거리가 P와 B 사이 거리보다 짧고,
전하량이 A가 B보다 크므로)
즉, A가 P를 미는 힘의 크기가 B가 P를 당기는 힘보다 크므로
$x < 0$에서 전기력의 방향이 바뀌는 위치는 없다.

(ㄷ. 거짓)

정답

기출 예시 18
ㄱ

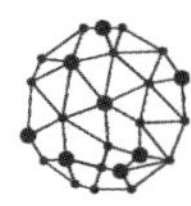

기출 예시 19

22학년도 수능 19번 문항

그림과 같이 x축상에 점전하 A ~ D를 고정하고 양(+)전하인 점전하 P를 옮기며 고정한다. A, B는 전하량이 같은 음(−)전하이고 C, D는 전하량이 같은 양(+)전하이다. 그림 (나)는 P의 위치 x가 $0 < x < 5d$인 구간에서 P에 작용하는 전기력을 나타낸 것이다.

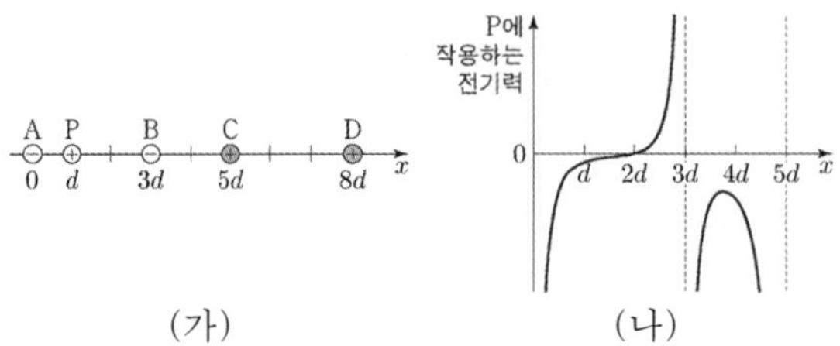

(가) (나)

이에 대한 설명으로 옳은 것만을 〈보기〉에서 있는 대로 고른 것은?

〈보 기〉

ㄱ. $x = d$에서 P에 작용하는 전기력의 방향은 $-x$방향이다.

ㄴ. 전하량의 크기는 A가 C보다 작다.

ㄷ. $5d < x < 6d$인 구간에서 P에 작용하는 전기력이 0이 되는 위치가 있다.

정답

기출 예시 19
ㄱ, ㄴ

해설

ㄱ. $x=4d$에서
A, B, C, D가 각각 P에 작용하는 전기력의 방향이 $-x$방향으로 같으므로,
$x=4d$에서 전기력의 방향은 $-x$방향이다.
$x=d$에서 전기력의 방향은 $x=4d$에서와 같아야 하므로
$x=d$에서 P에 작용하는 전기력의 방향은 $-x$방향이다.

(ㄱ. 참)

ㄴ. 만약 A, B, C, D의 전하량의 크기가 모두 같았다면
$3d<x<5d$인 구간에서
$x=4d$에서 P에 작용하는 전기력의 크기가 최소가 되었을 것이다.
그런데 최소 지점이 $x=3d$, (A와 B)근처에 존재하므로
전하량의 크기는 A, B가 C, D보다 작다.

(ㄴ. 참)

ㄷ. $x=4d$를 기준으로 A, B, C, D가 대칭이다.
$x=2d$에서 전기력과
$x=6d$에서 전기력을 비교해 보자.

① A와 B가 $x=2d$에서 P에 작용하는 전기력의 크기는
C와 D가 $x=6d$에서 P에 작용하는 전기력의 크기보다 작다.
근거:
(A, B의 전하량의 크기를 q, C와 D의 전하량의 크기를 Q, P의 전하량의 크기를 Q_P, k는 상수이다.)
A와 B가 $x=2d$에서 P에 작용하는 전기력의 크기는 $k\frac{3Q_Pq}{4d^2}$
C와 D가 $x=6d$에서 P에 작용하는 전기력의 크기는 $k\frac{3Q_PQ}{4d^2}$
그런데 $Q>q$이므로,
A와 B가 $x=2d$에서 P에 작용하는 전기력의 크기는
C와 D가 $x=6d$에서 P에 작용하는 전기력의 크기보다 작다.
(각각 f, F로 두자. $f=k\frac{3Q_Pq}{4d^2}$, $F=k\frac{3Q_PQ}{4d^2}$)

② A와 B가 $x=6d$에서 P에 작용하는 전기력의 크기는
C와 D가 $x=2d$에서 P에 작용하는 전기력의 크기보다 작다.
근거: $x=2d$와 $x=6d$는 대칭인 위치이고, ①의 근거와 같다.
A와 B가 $x=6d$에서 P에 작용하는 전기력의 크기를 f_1
C와 D가 $x=2d$에서 P에 작용하는 전기력의 크기를 F_1으로 두고

○ ①과 ②를 그림으로 나타내면 아래 그림과 같다.

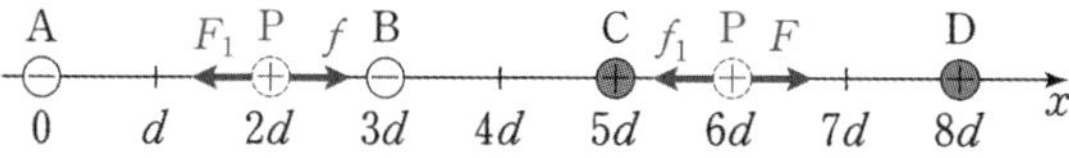

$x=2d$에서 P에 작용하는 전기력의 크기가 0이므로 $f=F_1$이다.
그런데
$F>f=F_1>f_1$이므로
$x=6d$에서 P에 작용하는 전기력의 방향은 $+x$방향이다.
$x=6d$에서 $x=5d$쪽으로 P를 이동할수록
C와 D가 P에 작용하는 힘의 크기가 $+x$방향으로 커지므로
$5d<x<6d$에서 P에 작용하는 전기력이 0이 되는 지점은 존재하지 않는다.

(ㄷ. 거짓)

특징 적용 방법

앞서 배운 특징들을 어떻게 적용할 수 있을까?

예를 들어 아래와 같은 문제가 출제되었다고 생각해보자.
그림 (가), (나)와 같이 A, B, C가 x축상에 고정되어 있다. (가)에는 C가 $x=2d$에, (나)에는 C가 $x=3d$에 고정되어 있다. C에 작용하는 전기력의 방향은 (가)에서와 (나)에서가 각각 $+x$, $-x$방향이다. A는 양(+)전하이다.

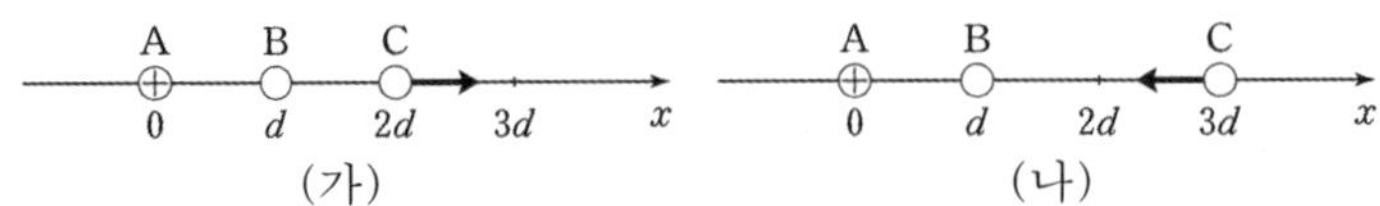

① (가)와 (나)를 보면 A와 B는 움직이지 않고, C는 옮겨 고정하였다.
C를 테스트 전하로 생각하자.
그런데 테스트 전하인 C가 $x=2d$와 $x=3d$에서 전기력의 방향이 변한다.
즉, C에 작용하는 전기력이 0인 지점이 $2d<x<3d$ 에 존재한다.
A, B의 전기력이 0인 지점이 A, B 밖인 지점에, B와 가까운 영역에 존재한다.
(아래 그림 참고)

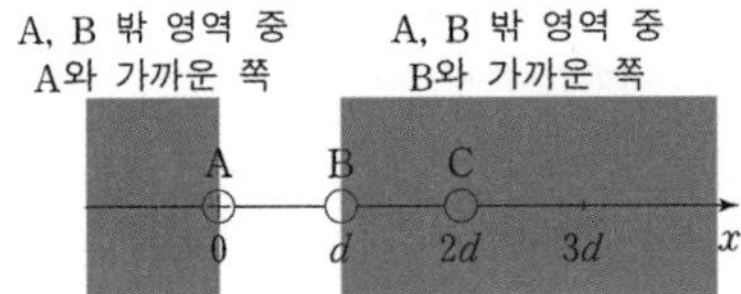

이를 통해
전하의 종류는 A와 B가 서로 반대이고,
전하량의 크기는 A가 B보다 크다.
따라서 B는 음(−)전하임을 알 수 있다.

② 0이 되는 위치에서
B와 가까운쪽과 먼쪽으로 나눌 수 있다. (그림 참고)

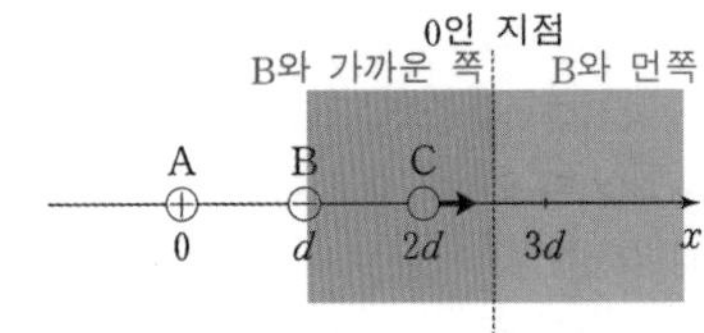

○ 전기력 방향
B와 가까운쪽에서
C에 작용하는 전기력의 방향은
B가 C에 작용하는 전기력의 방향과 같고,

B와 먼쪽에서
C에 작용하는 전기력의 방향은
A가 C에 작용하는 전기력의 방향과 같다.

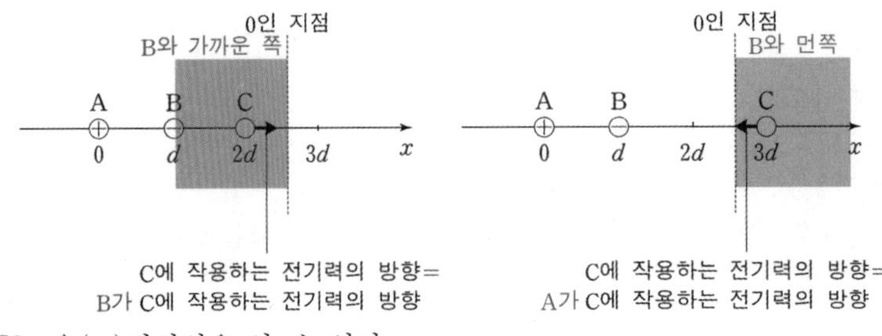

따라서 C는 음(−)전하임을 알 수 있다.

간단 예시 전기력이 0이 되는 위치

그림 (가)와 (나)는 x축상에 점전하 A, B, C를 고정시킨 모습으로, (가)에서 B에 작용하는 전기력의 방향은 $+x$방향이고, (나)에서는 $-x$방향이다. (가)에서 C에 작용하는 전기력의 크기는 0이다.

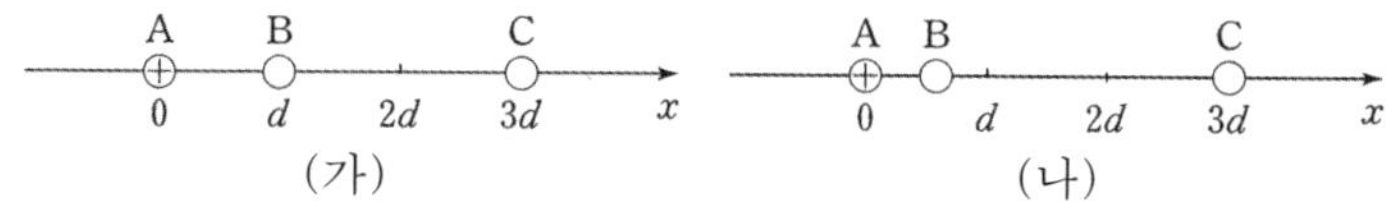

① B, C의 전하의 종류는?

② A, B, C의 전하량의 크기를 각각 Q_A, Q_B, Q_C로 둘 때 A, B, C의 전하량의 크기를 비교해 보자.

① (가)와 (나)에서 B에 작용하는 전기력이 바뀌는 위치가 $0 < x < d$ 에 존재한다.
이는 A와 C 사이 영역에 존재하므로 A와 C는 전하의 종류가 같다.
C는 양(+)전하이다.
(가)에서 C에 작용하는 전기력이 0이다.
C의 위치는 A와 B 밖 영역이므로
A와 B의 전하의 종류가 반대임을 알 수 있다.
B는 음(−)전하이다.

② (가)에서 C에 작용하는 전기력이 0이다.
C의 위치는 A와 B 밖 영역이고,
B와 C 사이의 거리가
A와 C 사이의 거리보다 가까우므로
전하량의 크기는 B가 A보다 작다. ($Q_B < Q_A$)

B에 작용하는 전기력이 0이 되는 위치가 $0 < x < d$ 에 존재하므로
B에 작용하는 전기력이 0이 되는 위치와 A 사이의 거리는
B에 작용하는 전기력이 0이 되는 위치와 C 사이의 거리보다 작다.
따라서 전하량의 크기는 A가 C보다 작다. ($Q_A < Q_C$)
정리하면 전하량의 크기는 다음과 같다.

$$Q_B < Q_A < Q_C$$

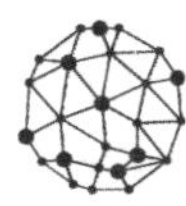

기출 예시 20

22학년도 6월 모의고사 19번 문항

그림 (가)는 x축 상에 고정된 점전하 A, B, C를 나타낸 것으로, B에 작용하는 전기력의 방향은 $+x$방향이고, C에 작용하는 전기력은 0이다. 그림 (나)는 (가)에서 A, B의 위치만 바꾸어 고정시킨 것을 나타낸 것이다. A는 양(+)전하이다.

A B C — 0 d $2d$ $3d$ x

(가)

B A C — 0 d $2d$ $3d$ x

(나)

이에 대한 설명으로 옳은 것만을 〈보기〉에서 있는 대로 고른 것은?

〈보 기〉

ㄱ. 전하량의 크기는 B가 C보다 작다.
ㄴ. A에 작용하는 전기력의 방향은 (가)에서와 (나)에서가 같다.
ㄷ. (나)에서 A에 작용하는 전기력의 크기는 B에 작용하는 전기력의 크기보다 크다.

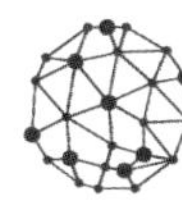

해설

A, B, C의 전하량의 크기를 각각 Q_A, Q_B, Q_C로 두자.
(가)에서 C에 작용하는 전기력이 0이다.
A, B가 C에 작용하는 전기력의 크기가 0인 지점이
A와 B 밖에 존재하므로
전하의 종류는 A와 B가 서로 반대이므로
B는 음(−)전하이다.
B 오른쪽 영역에서 전기력의 크기가 0인 지점이 존재하므로
전하량의 크기는 A가 B보다 크다. ($Q_A > Q_B$)
(가)에서 B에 작용하는 전기력의 방향은 $+x$방향이다.
만약 C가 음(−)전하라면
A가 B에 작용하는 전기력의 방향이 $-x$방향이고
C가 B에 작용하는 전기력의 방향이 $-x$방향이므로
B에 작용하는 전기력의 방향이 $-x$방향으로 조건에 맞지 않는다.
따라서 C는 양(+)전하이다.
그런데 (가)에서
A와 B 사이의 거리가
C와 B 사이의 거리보다 가깝다.
그런데 C가 B를 당기는 힘의 크기가 A가 B를 당기는 힘의 크기보다 커야하므로
전하량은 C가 A보다 크다. ($Q_C > Q_A$)
따라서 $Q_C > Q_A > Q_B$이다.
ㄱ. 전하량의 크기는 B가 C보다 작다. ($Q_C > Q_A > Q_B$)

(ㄱ. 참)

ㄴ. (가)에서 A, B, C 전체 계에서 A, B, C에 작용하는 전기력을 모두 더하면 0이다.
C에 작용하는 전기력의 0이고,
B에 작용하는 전기력의 방향은 $+x$방향이므로
A에 작용하는 전기력의 방향은 $-x$방향이다.
(나)에서
C가 A에 작용하는 힘의 방향과
B가 A에 작용하는 힘의 방향은 모두 $-x$방향이므로
A에 작용하는 전기력의 방향은 $-x$방향이다. (그 크기를 F_A로 두자.)
따라서
A에 작용하는 전기력의 방향은 (가), (나)에서 모두 $-x$방향으로 같다.

(ㄴ. 참)

ㄷ. (나)에서
A가 B에 작용하는 힘의 방향과
C가 B에 작용하는 힘의 방향은 모두 $+x$방향이므로
B에 작용하는 전기력의 방향은 $+x$방향이다. (그 크기를 F_B로 두자.)
(나)에서 C에 작용하는 전기력의 방향을 구해보자.
$Q_A > Q_B$이고,
A와 C 사이의 거리가
B와 C 사이의 거리보다 가까우므로
C에 작용하는 전기력의 방향은
A가 C에 작용하는 전기력 방향과 같다.
그 방향은 $+x$방향이다. (그 크기를 F_C로두자.)
(나)에서 A, B, C 전체 계에서 A, B, C에 작용하는 전기력을 모두 더하면 0이다. 이에 따라 다음 식이 성립한다.

$$F_C + F_B = F_A,\ F_B < F_A$$

(ㄷ. 참)

정답

기출 예시 20
ㄱ, ㄴ, ㄷ

기출 예시 21

22학년도 9월 모의고사 19번 문항

그림 (가)는 점전하 A, B, C를 x축 상에 고정시킨 것으로 C에 작용하는 전기력의 방향은 $+x$방향이다. 그림 (나)는 (가)에서 C의 위치만 $x=2d$로 바꾸어 고정시킨 것으로 A에 작용하는 전기력의 크기는 0이고, C에 작용하는 전기력의 방향은 $-x$방향이다. B는 양(+)전하이다.

A B C
0 d $2d$ $3d$ x
(가)

A B C
0 d $2d$ $3d$ x
(나)

이에 대한 설명으로 옳은 것만을 <보기>에서 있는 대로 고른 것은?

〈보 기〉

ㄱ. A는 음(−)전하이다.
ㄴ. 전하량의 크기는 A가 C보다 크다.
ㄷ. B에 작용하는 전기력의 방향은 (가)에서와 (나)에서가 같다.

해설

A, B, C의 전하량의 크기를 각각 Q_A, Q_B, Q_C로 두자.
(가)와 (나)에서 A와 B가 C에 작용하는 전기력의 합이
$2d < x < 3d$ 사이에서 방향이 바뀌는 곳이 존재한다.
즉, A와 B가 C에 작용하는 전기력의 합이 0이 되는 지점이
$2d < x < 3d$ 사이에 존재한다는 뜻이다.
A와 B에 의한 전기력이 0이 되는 지점이 A와 B 밖($x > d$, $x < 0$)에 존재하므로
A와 B는 전하의 종류가 반대이고
$x > d$인 영역에서 전기력의 크기가 0인 지점이 존재하므로

전하량의 크기는 A가 B보다 크다.
($Q_A > Q_B$)
한편 (나)에서 B와 C에 의해 A에 작용하는 전기력의 크기가 0인 지점이 $x = 0$으로
B와 C의 밖($x < d$, $x > 2d$)에 존재하므로
전하의 종류는 B와 C가 반대이고
$x < d$인 영역에 전기력의 크기가 0인 지점이 존재하므로
전하량의 크기는 C가 B보다 크다.
($Q_C > Q_B$)

(나)에서 A, B, C를 전체 계로 했을 때 전기력의 합이 0이 되어야한다.
A에 작용하는 전기력이 0이고
C에 작용하는 전기력이 $-x$방향이므로
B에 작용하는 전기력은 $+x$방향이어야 한다.

그런데 A와 B 사이의 거리와 B와 C 사이의 거리가 같은데
C가 B를 당기는 힘이 A가 B를 당기는 힘보다 커야 하므로
전하량은 C가 A보다 크다.
($Q_C > Q_A$)
따라서 $Q_C > Q_A > Q_B$이다.
ㄱ. A는 음(−)전하이다.

(ㄱ. 참)

ㄴ. 전하량의 크기는 A가 C보다 작다. ($Q_C > Q_A$)

(ㄴ. 거짓)

ㄷ. (가)→(나)로 변하는 동안 C가 A를 미는 힘의 크기가 증가한다.
(나)에서 A에 작용하는 전기력이 0이므로
(가)에서 A에 작용하는 전기력의 방향은 $+x$방향이다.
(가)에서 A, B, C를 전체 계로 했을 때 전기력의 합이 0이 되어야한다.
(가)에서 A와 C에 작용하는 전기력의 방향이 모두 $+x$방향이므로
(가)에서 B에 작용하는 전기력의 방향은 $-x$방향이다.

(가)에서 B에 작용하는 전기력의 방향은 $-x$방향
(나)에서 B에 작용하는 전기력의 방향은 $+x$방향이므로
서로 반대이다.

(ㄷ. 거짓)

정답

기출 예시 21
ㄱ

7. 전기력 문제 풀이 ④ 변화량 관점

개요

앞서 배운 부분은 아래 그림과 같이 움직여 고정시키는 전하(테스트 전하)의 전기력이 어떻게 되는지를 보고 고정되어 있는 점전하의 종류를 따져보았다.

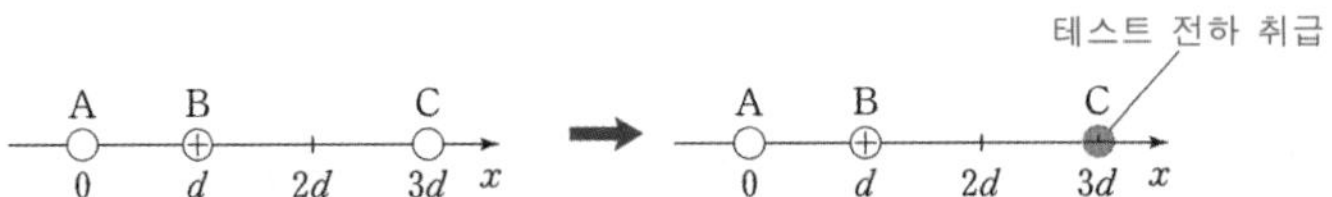

그런데 테스트 전하를 움직이며 고정할 때 테스트 전하가 아닌 고정된 점전하의 전기력이 어떻게 변하는지 주어지면 어떻게 될까?

그러니까 아래 그림과 같이 C를 옮겨 고정할 때 우리는 C를 테스트 전하 취급했고 C에 작용하는 전기력의 변화를 살펴보았다.

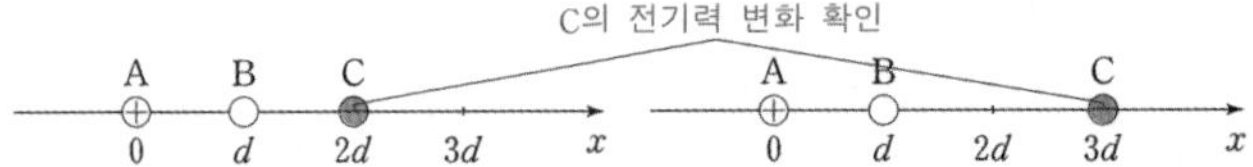

그런데 C를 옮겨 고정할 때 C에 작용하는 전기력이 아닌 B나 A에 작용하는 전기력이 어떻게 변했는지 주어진다면 어떻게 해석해야 할까?

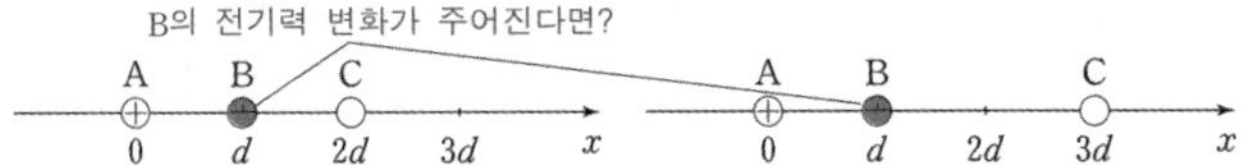

이때는 고정된 점전하의 전기력이 어떻게 바뀌었는지 <u>그 변화량을 살펴보면</u> 된다.

변화량의 관점을 살펴보면,

전하의 종류와 전하의 크기를 비교할 수 있다.
변화량의 관점을 설명하기 위해 구체적으로 A와 B의 전하의 종류를 제시하여 설명하겠다.
(가)에서
A가 B에 작용하는 전기력의 크기를 F_{AB}
C가 B에 작용하는 전기력의 크기를 F_{BC}로 두자.
(나)에서는 B와 C 사이의 거리가 d에서 $2d$가 되므로 C가 B에 작용하는 전기력의 크기가 $\frac{1}{4}F_{BC}$로 변한다. A, C가 각각 양(+)전하이고, B는 음(−)전하이다.

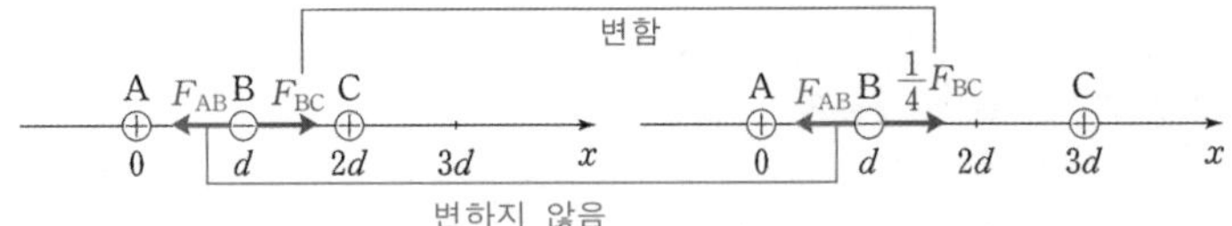

A B F_1 C
0 d 2d 3d x
(가)

A F_2 B C
0 d 2d 3d x
(나)

오른쪽 방향을 양(+)으로 할 때,
(가)에서 B에 작용하는 전기력은 $F_1 = -F_{AB} + F_{BC}$이고
(나)에서 B에 작용하는 전기력은 $-F_2 = -F_{AB} + \frac{1}{4}F_{BC}$이다.

(나)에서 (가)를 빼주어 변화한 양을 생각해 보면 다음과 같다.

$$F_1-(-F_2)=(-F_{AB}+F_{BC})-(-F_{AB}+\frac{1}{4}F_{BC})$$

$$F_1+F_2=F_{BC}-\frac{1}{4}F_{BC}$$

위의 식의 좌변(F_1+F_2)의 의미는 'B의 전기력의 변화량'이고

위의 식의 우변($F_{BC}-\frac{1}{4}F_{BC}$)의 의미는 'C가 B에 작용하는 전기력의 변화량'이다.

즉,
(가)→(나)로 변하는 과정에서 B에 작용하는 전기력의 변화량 중
변하지 않는 것(F_{AB})은 고려할 필요 없이

변하는 것 (F_{BC}, $\frac{1}{4}F_{BC}$)만 고려해도 상관없다!

정리 변화량 관점

전기력의 전체적 변화량을 관찰하려면, 변하지 않는 것은 생각해 줄 필요 없이 변한 것만 따지면 된다!

범위 설정

테스트 전하가 아닌 '전기력이 제시된 점전하'의
왼쪽 영역과 오른쪽 영역을 아래와 같이 정의하겠다.

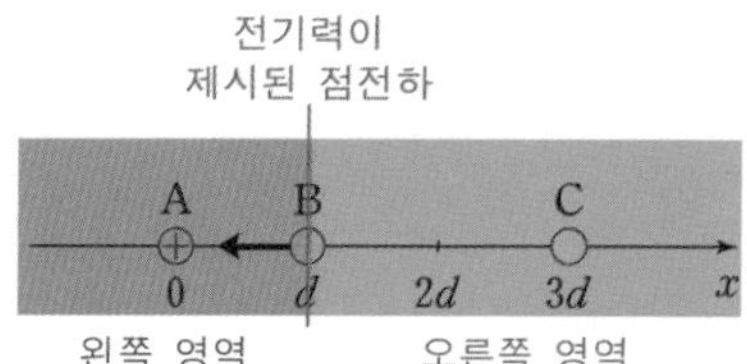

평가원에서는 그림 (가), (나) 등 상황이 2가지 이상으로 주어진다.
이때 테스트 전하가 있는 위치에 따라 분석을 달리 할 수 있다.

① 테스트 전하가 같은 영역에 두 번 고정된 경우
(예를 들면 아래 그림과 같이 전기력이 제시된 점전하 B의 오른쪽 영역에 테스트 전하(C)가 두 번 고정된 경우)

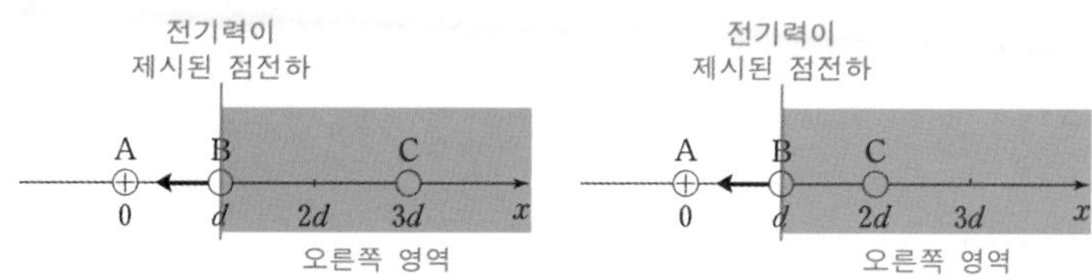

② 테스트 전하가 서로 다른 영역에 한 번씩 고정된 경우
(예를 들면 아래 그림과 같이 전기력이 제시된 점전하 B의 오른쪽 영역과 왼쪽 영역에 각각 테스트 전하(C)가 한 번씩 고정된 경우)

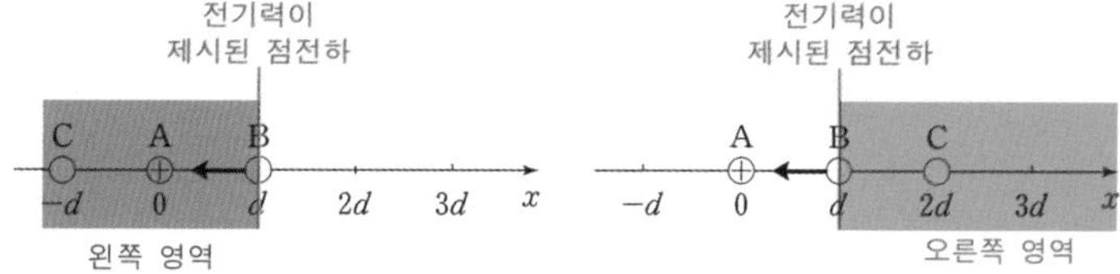

변화량 관점 (테스트 전하가 한쪽 영역에 있는 경우)

그림 (가)와 (나)에서 C를 옮겨 고정할 때
(가)에서 B에 작용하는 전기력의 방향이 $-x$방향이고
(나)에서 B에 작용하는 전기력의 방향이 $+x$방향이다.

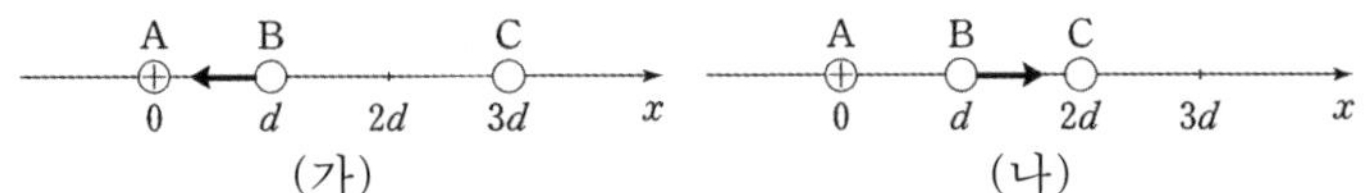

(가)→(나)에서 C가 B에 작용하는 힘이 증가한다.
B가 C에 작용하는 힘은 당기는 힘 또는 미는 힘인데
미는 힘이 증가했다면 B에 작용하는 전기력은 $-x$방향으로 전기력이 증가했을 것이다.
그런데 전기력의 방향이 $+x$방향으로 증가하므로
B와 C는 당기는 전기력이 작용함을 알 수 있다.

B가 양(+)전하라면 C는 음(−)전하인데
그렇게 되면 (가)에서 B에 작용하는 전기력의 방향은 $+x$방향이다.
따라서
B는 음(−)전하 C는 양(+)전하이다.

이렇듯 C에 의해서 B의 전기력 변화를 살펴볼 수 있다.

이걸 경우로 나누면 두 가지이다.

경우 변화량 관점 (테스트 전하가 한쪽 영역에 있는 경우)

① 테스트 전하가 가까워지는 경우
② 테스트 전하가 멀어지는 경우

★ 증가량과 감소량 관계

변화량 관점을 생각할 때, 증가량과 감소량을 살펴 봐야한다.
때에 따라서는
증가량을 감소량으로 바꾸어 표현해야 하고
반대로
감소량을 증가량으로 바꾸어 표현해야 한다.
다음과 같이 바꾸면 된다.

$+x$ 방향으로 증가 $=$ $-x$ 방향으로 감소
$-x$ 방향으로 증가 $=$ $+x$ 방향으로 감소

① 테스트 전하가 가까워지는 경우

방금의 예시처럼 테스트 전하가 (가)→(나) 과정에서 가까워지는 경우
전기력이 주어진 점전하의 '전기력의 증가량'을 보고
테스트 전하와 **전기력이 주어진 점전하** 사이의 관계를 확인할 수 있다.

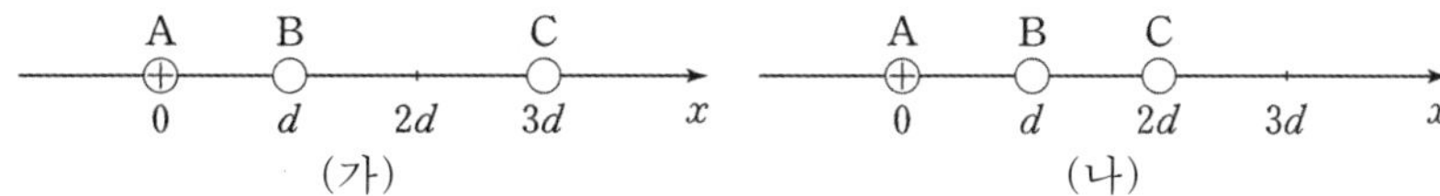

〔테스트 전하인 C가 $x=3d$에서 $x=2d$로 B와 가까워진다.〕

예를 들면 B에 작용하는 힘이 다음과 같이 변했을 때, B와 C의 전하의 종류를 다음과 같이 추론할 수 있다.

○ (가): $+x$방향으로 F → (나): $+x$방향으로 $3F$

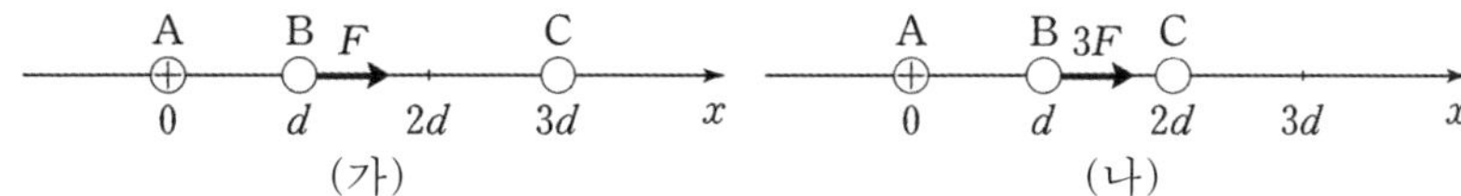

B에 작용하는 전기력은
$+x$ 방향으로 증가한다.
즉, B와 C에 당기는 힘이 증가하므로
B와 C의 전하의 종류가 반대이다.

○ (가): $+x$방향으로 $3F$ → (나): $+x$방향으로 F

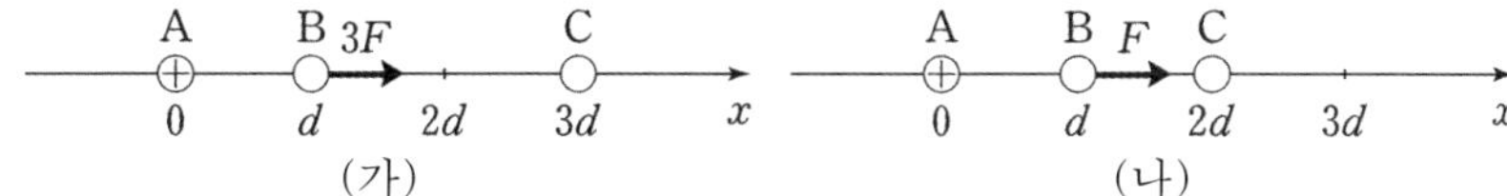

B에 작용하는 전기력은
$+x$ 방향으로 감소한다.
이를 증가량으로 바꾸면 다음과 같다.
$-x$ 방향으로 증가한다.
즉, B와 C에 미는 힘이 증가하므로
B와 C의 전하의 종류가 같다.

○ (가): $-x$방향으로 F → (나): $+x$방향으로 F_0

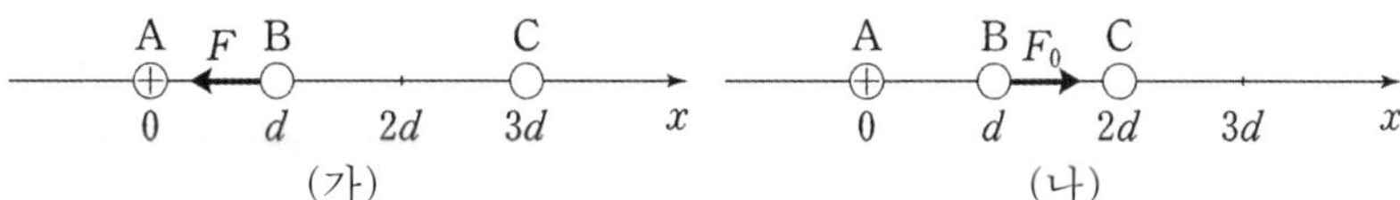

B에 작용하는 전기력은
$+x$ 방향으로 증가한다.
즉, B와 C에 당기는 힘이 증가하므로
B와 C의 전하의 종류가 반대이다.

○ (가): $+x$방향으로 F → (나): $-x$방향으로 F_0

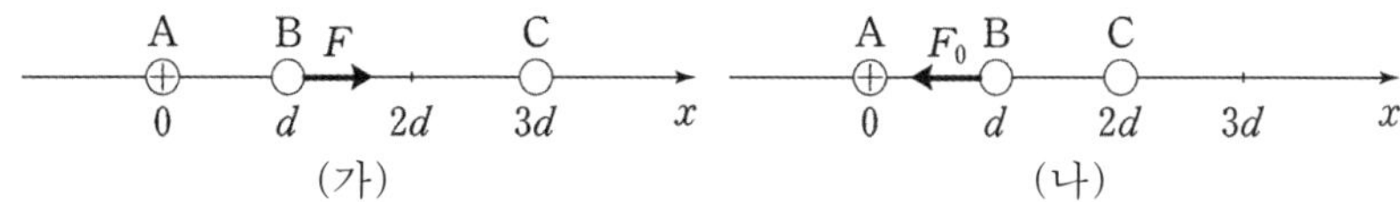

B에 작용하는 전기력은
$-x$ 방향으로 증가한다.
즉, B와 C에 미는 힘이 증가하므로
B와 C의 전하의 종류가 같다.

② 테스트 전하가 멀어지는 경우

방금의 예시처럼 테스트 전하가 (가)→(나) 과정에서 멀어지는 경우
전기력이 주어진 점전하의 '**전기력의 감소량**'을 보고
테스트 전하와 **전기력이 주어진 점전하** 사이의 관계를 확인할 수 있다.

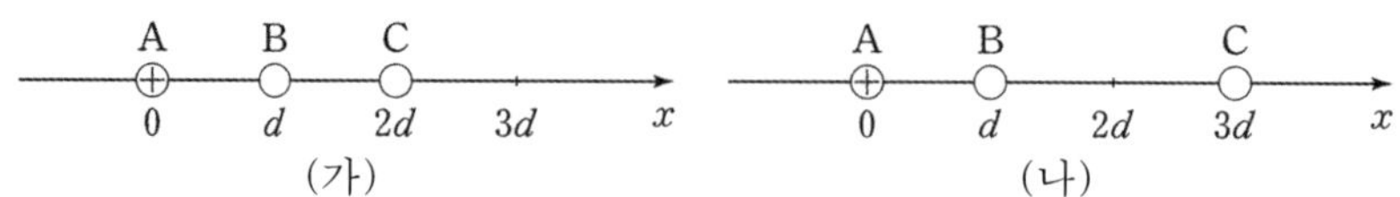

〔테스트 전하인 C가 $x=2d$에서 $x=3d$로 B와 멀어진다.〕

예를 들면 B에 작용하는 힘이 다음과 같이 변했을 때, B와 C의 전하의 종류를 다음과 같이 추론할 수 있다.

○ (가): $+x$방향으로 F → (나): $+x$방향으로 $3F$

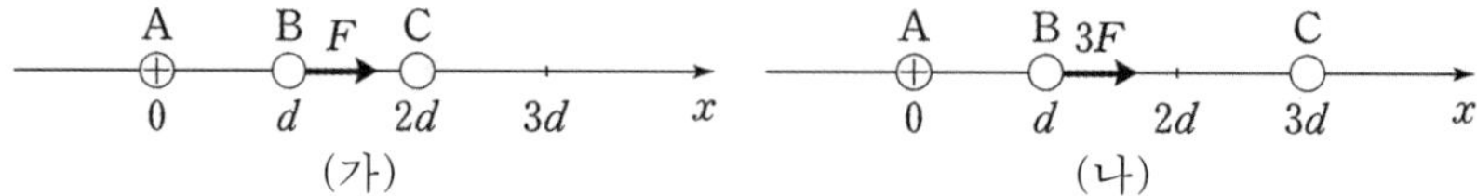

B에 작용하는 전기력은
$+x$ 방향으로 증가한다.
이를 감소량으로 바꾸면 다음과 같다.
$-x$ 방향으로 감소한다.
즉, B와 C에 **미는 힘**이 감소하므로
B와 C의 전하의 종류가 **같다**.

○ (가): $+x$방향으로 $3F$ → (나): $+x$방향으로 F

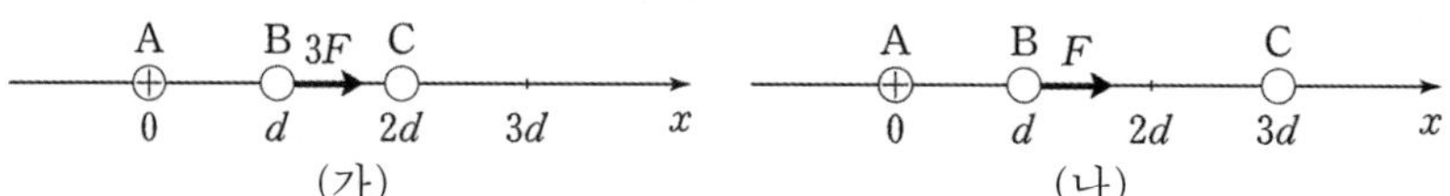

B에 작용하는 전기력은
$+x$ 방향으로 감소한다.
즉, B와 C에 **당기는 힘**이 감소하므로
B와 C의 전하의 종류가 **반대이다**.

○ (가): $-x$방향으로 F → (나): $+x$방향으로 F_0

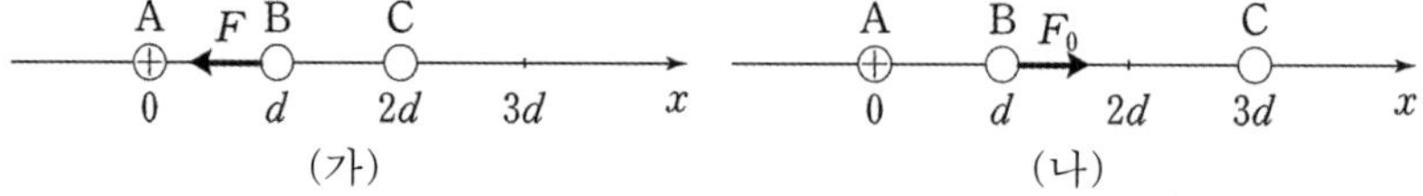

B에 작용하는 전기력은
$+x$ 방향으로 증가한다.
이를 감소량으로 바꾸면 다음과 같다.
$-x$ 방향으로 감소한다.
즉, B와 C에 **미는 힘**이 감소하므로
B와 C의 전하의 종류가 **같다**.

○ (가): $+x$방향으로 F → (나): $-x$방향으로 F_0

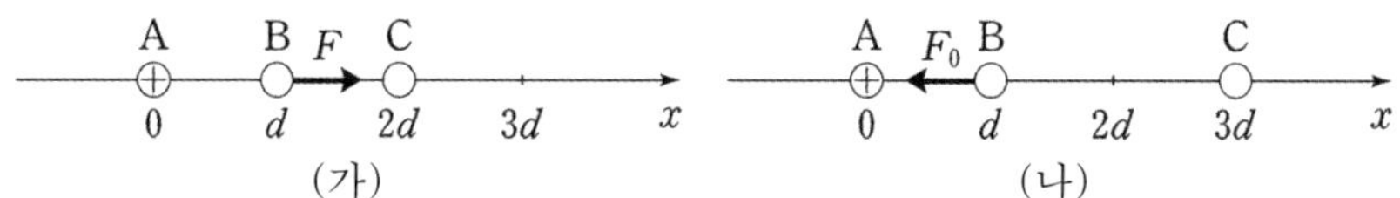

B에 작용하는 전기력은

$-x$ **방향으로** 증가한다.

이를 감소량으로 바꾸면 다음과 같다.

$+x$ **방향으로** 감소한다.

즉, B와 C에 **당기는** 힘이 감소하므로
B와 C의 전하의 종류가 반대이다.

이렇듯, 전기력의 변화량을 통해
테스트 전하와 **전기력이 주어진 점전하** 사이의 관계를 파악할 수 있다.

정리 변화량 관점

① 테스트 전하가 가까워지는 경우
1) **전기력이 주어진 점전하**의 전기력 증가량을 확인한다.
2) 증가하는 방향($+x$, $-x$)이 당기는 방향인지 미는 방향인지 판단한다.
3) 증가하는 방향이
당기는 방향이면 테스트 전하와 **전기력이 주어진 점전하**의 전하의 종류는 반대
미는 방향이면 테스트 전하와 **전기력이 주어진 점전하**의 전하의 종류는 같다.

② 테스트 전하가 멀어지는 경우
1) **전기력이 주어진 점전하**의 전기력 **감소량**을 확인한다.
2) 감소하는 방향($+x$, $-x$)이 당기는 방향인지 미는 방향인지 판단한다.
3) 감소하는 방향이
당기는 방향이면 테스트 전하와 **전기력이 주어진 점전하**의 전하의 종류는 반대
미는 방향이면 테스트 전하와 **전기력이 주어진 점전하**의 전하의 종류는 같다.

변화량 관점 [테스트 전하가 양쪽 영역을 오가는 경우]

아래 그림처럼 테스트 전하(C)가 **전기력이 주어진 점전하**(B)의 전기력 방향 변화를 통해 전하의 종류를 판단할 수 있다.

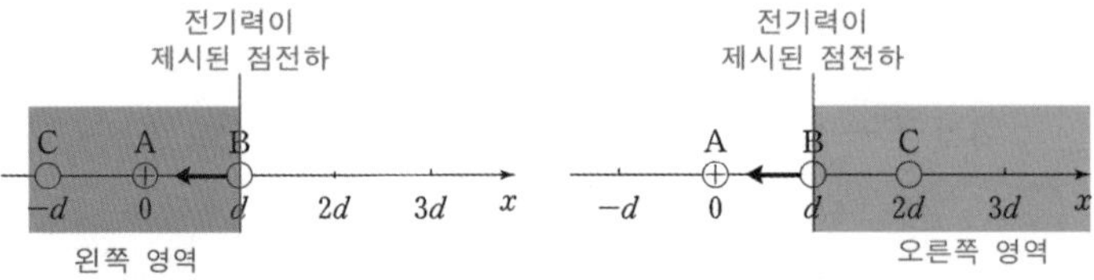

두 가지 경우가 있다.

경우 변화량 관점 [테스트 전하가 양쪽 영역을 오가는 경우]

테스트 전하(C)가 옮겨졌을 때에도

① **전기력이 주어진 점전하**(B)의 전기력의 방향이 **변하지 않을 때**.

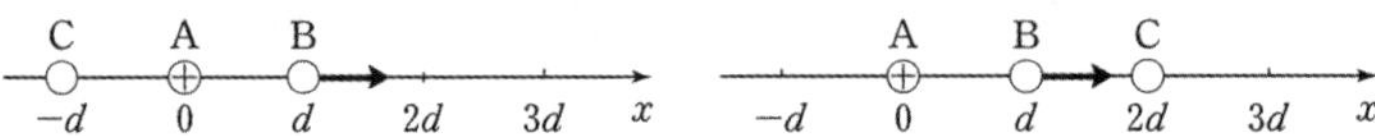

이때는 테스트 전하(C)가 아닌 고정되어 있는 두 점전하(A, B) 사이의 관계를 확인할 수 있다.

② **전기력이 주어진 점전하**(B)의 전기력의 방향이 **변할 때**.

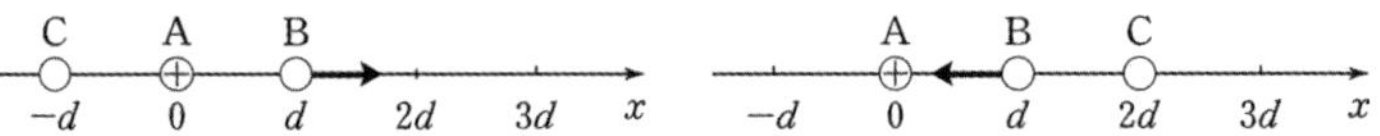

이때는 테스트 전하(C)와 **전기력이 주어진 점전하**(B) 사이의 관계를 확인할 수 있다.

이 관찰은 상당히 의미가 있고, 풀이 시간을 상당히 단축할 수 있을 것이다.

① 전기력이 주어진 점전하의 전기력의 방향이 변하지 않을 때.

그림과 같이 C를 $x=-d$에서 $x=2d$로 옮겨 고정할 때,
B에 작용하는 전기력의 방향이 $+x$방향으로 변하지 않는다.

(가) (나)

이때 A, B, C의 전하의 종류는 어떻게 될까?

1) A와 B가 서로 당기는 전기력이 작용한다면

B가 음(−)전하인 경우를 살펴보자.
(가)에서 B에 작용하는 전기력의 방향이 $+x$방향이어야 하는데
C가 양(+)전하라면 B에 작용하는 전기력의 방향이 $-x$방향이 될 것이다.
따라서 C는 음(−)전하이어야한다.

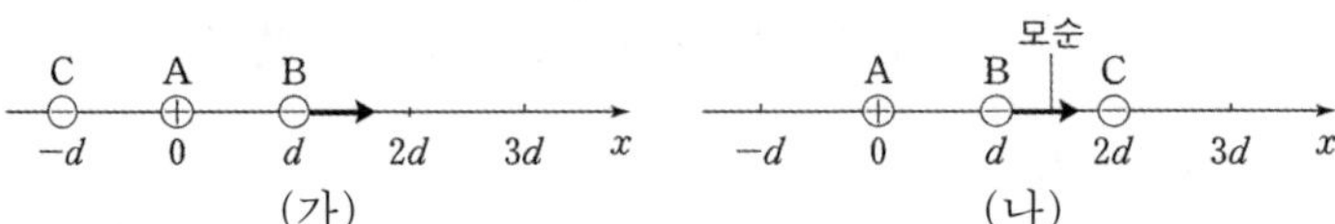

그렇게 되면 (나)에서
C가 B를 밀어내고, A가 B를 당기므로
B에 작용하는 전기력의 방향이 $-x$방향이어야 한다.

따라서 이 경우는 조건에 맞지 않는다.

2) A와 B가 서로 미는 전기력이 작용한다면

B가 양(+)전하인 경우
C가 양(+)전하인 경우와 음(−)전하인 경우 둘로 나뉜다.

- C가 양(+)전하인 경우

(가) (나)

(가)의 경우
C가 B에 작용하는 전기력의 방향과
A가 B에 작용하는 전기력의 방향이 모두 $+x$방향이므로
B에 작용하는 전기력의 방향은 $+x$방향이다. 따라서 모순점이 없고,
(나)의 경우도 C가 A보다 전하량의 크기가 작다면 모순점이 없다.

- C가 음(-)전하인 경우

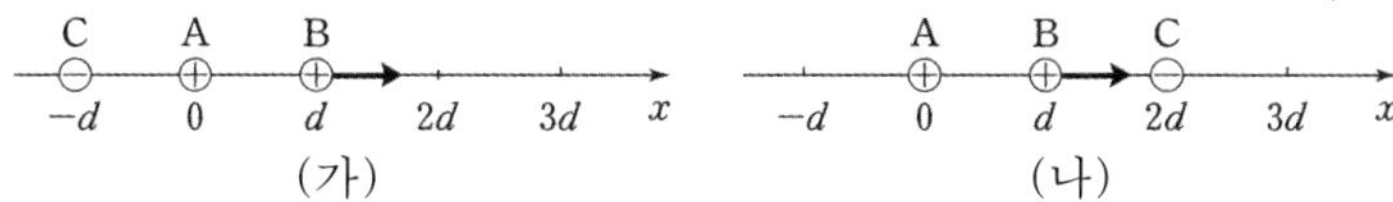

(가)의 경우
C가 B를 당기는 전기력의 크기가
A가 B에 작용하는 전기력의 크기보다 작다면 모순점이 없고,
(나)의 경우
C가 B에 작용하는 전기력의 방향과
A가 B에 작용하는 전기력의 방향이 모두 $+x$방향이므로
B에 작용하는 전기력의 방향은 $+x$방향이다. 따라서 모순점이 없다.

즉, 1)의 경우는 모순점이 있고, 2)의 경우는 가능한 경우가 존재하므로
2)의 경우가 타당하다.
2)의 경우에서는 C의 전하의 종류는 판별할 수 없지만,

<u>**A와 B의 관계는 판별할 수 있다.**</u>

C의 전하의 종류를 판별하기 위해서는 추가 조건이 필요하다.

이를 토대로 다음과 같은 결론에 도달할 수 있다.

결론 변화량 관점 (테스트 전하가 양쪽 영역을 오가는 경우)

전기력이 주어진 점전하(B)의 전기력의 방향이 변하지 않을 때.

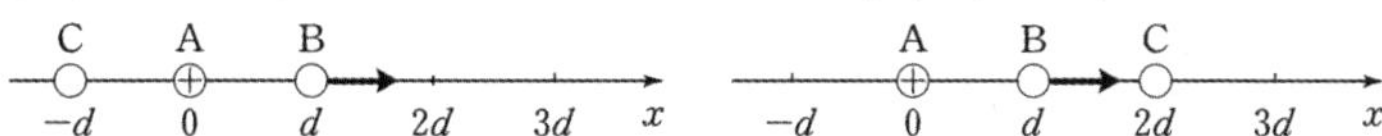

전기력이 주어진 점전하(B)의 전기력의 방향은
전기력이 주어지지 않은 점전하(A)가 **전기력이 주어진 점전하**(B)에 작용하는 전기력의 방향과 같다.

② 전기력이 주어진 점전하의 전기력의 방향이 변할 때.

그림과 같이 C를 $x=-d$에서 $x=2d$로 옮겨 고정할 때,
B에 작용하는 전기력의 방향이 $+x$방향에서 $-x$방향으로 변한다.

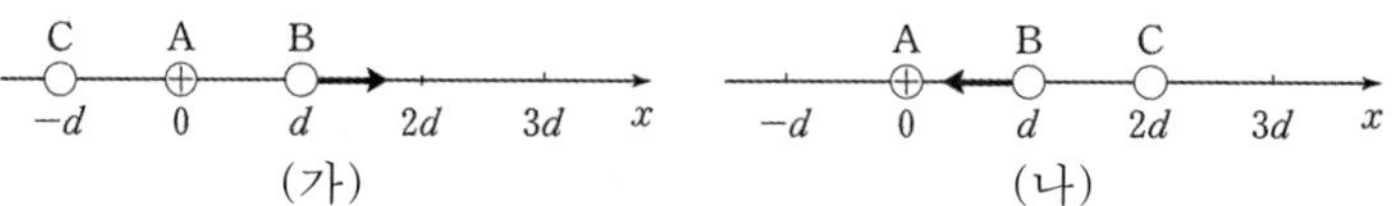

(가) (나)

이때 A, B, C의 전하의 종류는 어떻게 될까?

이건 ①의 경우보다 간단하다.

(가)→(나)에서
B에 작용하는 전기력의 변화는
C가 B에 작용하는 전기력의 변화에 의해 결정된다.

즉, 전기력의 방향이 바뀌는 이유는 C 때문이라는 것이다.

따라서 B에 작용하는 전기력의 변화는
$+x$방향에서 $-x$방향으로,
$-x$방향으로 증가한다.

이는 (나)에서 C가 B를 밀어내는 방향이므로
B와 C의 전하의 종류가 같음을 알 수 있다.

A와 B의 관계, A와 C의 관계를 알기 위해서는 추가 정보가 필요하다.

※ **전기력이 주어진 점전하**(B)의 전기력의 방향이 **변하지 않을 때**에도,
만약 **전기력이 주어진 점전하**(B)의 전기력의 크기 변화가 주어진 경우가 존재한다.

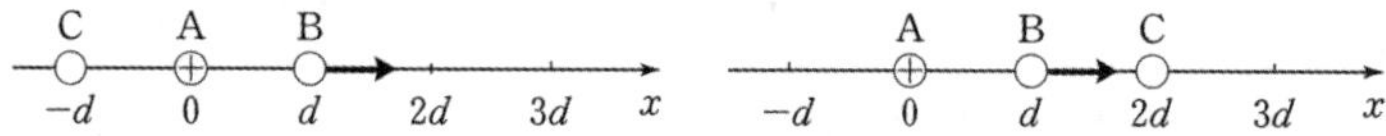

예를 들면 위의 그림에서
B에 작용하는 전기력이
(가)에서 $+x$방향으로 $4F$
(나)에서 $+x$방향으로 F일 때,

B의 전기력의 변화가 $-x$방향이다.
이는 (나)에서 C가 B를 미는 힘의 방향과 같으므로
B와 C 사이에는 미는 전기력이 작용하고, 이에 따라
B와 C의 전하의 종류가 같음을 알 수 있다.

이를 토대로 다음과 같은 결론에 도달할 수 있다.

결론 변화량 관점 (테스트 전하가 양쪽 영역을 오가는 경우)

전기력이 주어진 점전하(B)의 전기력의 방향이 변할 때

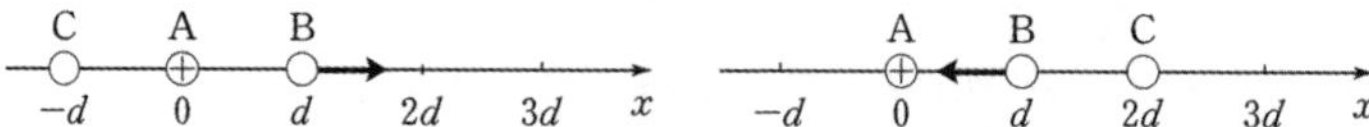

전기력이 주어진 점전하(B)에 작용하는 전기력의 변화는
테스트 전하(C)가 **전기력이 주어진 점전하**(B)에 작용하는 전기력의 변화와 같다.

간단하게
전기력이 주어진 점전하(B)에 작용하는 전기력의 변화의 방향은
(나)에서 테스트 전하(C)가 **전기력이 주어진 점전하**(B)에 작용하는 전기력의 방향과 같다.

결론 부분만 한번에 정리하면 다음과 같다.

결론 변화량 관점

① 전기력이 주어진 점전하(B)의 전기력의 방향이 변하지 않을 때.

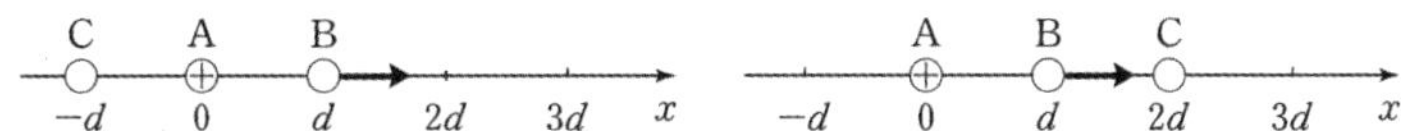

전기력이 주어진 점전하(B)의 전기력의 방향은
전기력이 주어지지 않은 점전하(A)가 전기력이 주어진 점전하(B)에 작용하는 전기력의 방향과 같다.

② 전기력이 주어진 점전하(B)의 전기력의 방향이 변할 때

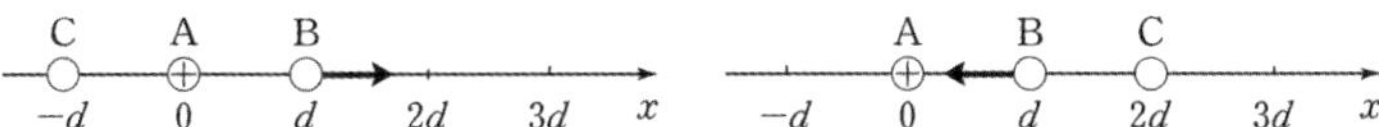

전기력이 주어진 점전하(B)에 작용하는 전기력의 변화는
테스트 전하(C)가 전기력이 주어진 점전하(B)에 작용하는 전기력의 변화와 같다.

간단하게
전기력이 주어진 점전하(B)에 작용하는 전기력의 변화의 방향은
(나)에서 테스트 전하(C)가 전기력이 주어진 점전하(B)에 작용하는 전기력의 방향과 같다.

기출 예시 22

21학년도 9월 모의고사 19번 문항 일부

그림 (가), (나), (다)는 점전하 A, B, C가 x축 상에 고정되어 있는 두 가지 상황을 나타낸 것이다. (가)에서는 양(+)전하인 C에 $+x$방향으로 크기가 F인 전기력이, A에는 크기가 $2F$인 전기력이 작용한다. (나)에서는 C에 $+x$방향으로 크기가 $2F$인 전기력이 작용한다.

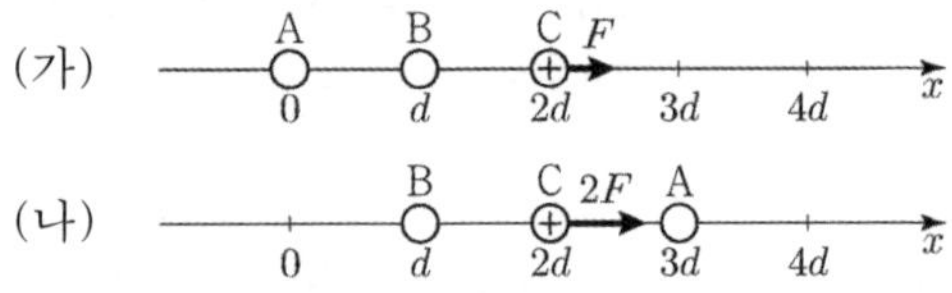

(가) A: 0, B: d, C(+): $2d$, C에 작용하는 힘 F (+x방향), 눈금 $3d$, $4d$, x

(나) B: d, C(+): $2d$, A: $3d$, C에 작용하는 힘 $2F$ (+x방향), 눈금 0, $4d$, x

A와 B의 전하의 종류는?

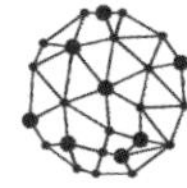

기출 예시 23

23학년도 9월 모의고사 19번 문항 일부

그림 (가)는 점전하 A, B, C를 x축상에 고정시킨 것으로 양(+)전하인 C에 작용하는 전기력의 방향은 $+x$방향이다. 그림 (나)는 (가)에서 A의 위치만 $x=3d$로 바꾸어 고정시킨 것으로 B, C에 작용하는 전기력의 방향은 $+x$방향으로 같다.

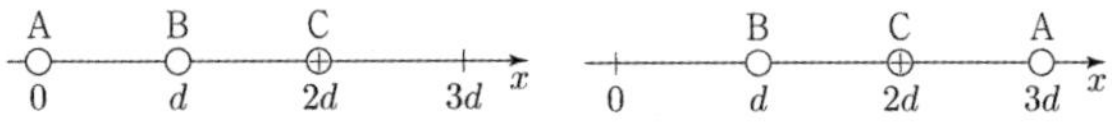

(가) A: 0, B: d, C(+): $2d$, 눈금 $3d$, x

(나) B: d, C(+): $2d$, A: $3d$, 눈금 0, x

A와 B의 전하의 종류는?

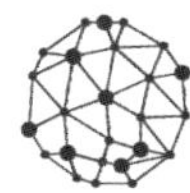

해설

테스트 전하(A)가 **전기력이 주어진 점전하**(C)의 왼쪽 영역에서 오른쪽 영역으로 옮겨진다.

이때 **전기력이 주어진 점전하**(C)의 전기력의 방향이 변하지 않는다.

그 방향이 B가 C를 미는 방향이므로

B와 C의 전하의 종류가 같다.

따라서 B는 양(+)전하이다.

(가)→(나)과정에서
C에 작용하는 전기력의 변화는 $+x$방향이고,
이는 (나)에서 A가 C를 당기는 힘의 방향과 같으므로
A와 C의 전하의 종류는 반대이다.

따라서 A는 음(−)전하이다.

정답
기출 예시 22
A: 음(−)전하
B: 양(+)전하

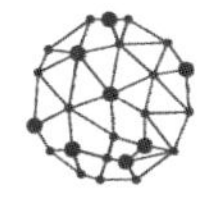

해설

테스트 전하(A)가 **전기력이 주어진 점전하**(C)의 왼쪽 영역에서 오른쪽 영역으로 옮겨진다.

이때 **전기력이 주어진 점전하**(C)의 전기력의 방향은 $+x$방향으로 변하지 않는다.

따라서
B가 C에 작용하는 전기력의 방향과
C에 작용하는 전기력의 방향은 같으므로

B와 C 사이에는 밀어내는 전기력이 작용한다.

따라서 B는 양(+)전하이다.

(나)에서 B에 작용하는 전기력의 방향이 $+x$방향이고
C가 B에 작용하는 전기력의 방향이 $-x$방향이므로
A가 B에 작용하는 전기력의 방향은 $+x$방향이어야한다.

따라서 A는 음(−)전하이다.

정답
기출 예시 23
A: 음(−)전하
B: 양(+)전하

기출 예시 24

23학년도 수능 19번 문항

그림 (가)는 점전하 A, B, C를 x축상에 고정시킨 것으로 A, B에 작용하는 전기력의 방향은 같고, B는 양(+)전하이다. 그림 (나)는 (가)에서 $x=3d$에 음(−)전하인 점전하 D를 고정시킨 것으로 B에 작용하는 전기력은 0이다. C에 작용하는 전기력의 크기는 (가)에서가 (나)에서보다 크다.

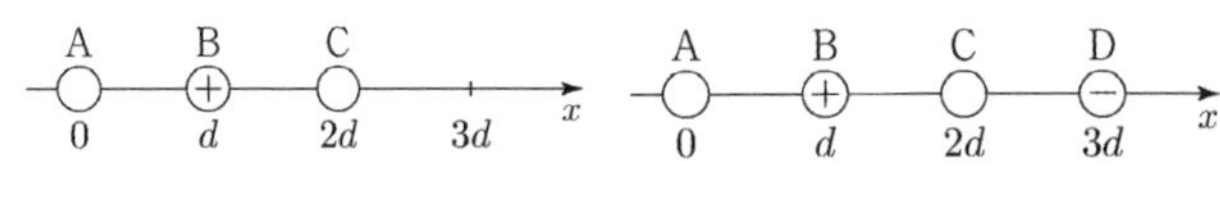

(가) (나)

이에 대한 설명으로 옳은 것만을 〈보기〉에서 있는 대로 고른 것은?

〈보 기〉

ㄱ. (가)에서 C에 작용하는 전기력의 방향은 $+x$방향이다.

ㄴ. A는 음(−)전하이다.

ㄷ. 전하량의 크기는 A가 C보다 크다.

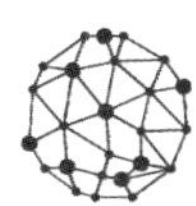

해설

A, B, C의 전하량의 크기를 각각 Q_A, Q_B, Q_C로 두자.

ㄱ. (가)→(나) 과정에서 D가 B에 $+x$방향으로 전기력이 추가되어
B에 작용하는 전기력의 크기가 0이 되었다.
따라서 (가)에서 B에 작용하는 전기력의 방향은 $-x$방향이다.
(가)에서 A, B, C를 전체 계로 했을 때 전기력의 합이 0이 되어야 한다.
(가)에서 B에 작용하는 전기력의 방향은 $-x$방향이고,
(가)에서 A에 작용하는 전기력의 방향은 B와 같은 $-x$방향이므로
(가)에서 C에 작용하는 전기력의 방향은 $+x$방향이다.

(ㄱ. 참)

ㄴ. (가)에서 C에 작용하는 전기력의 방향이 $+x$방향이다.
만약 C가 양(+)전하라면
(가)→(나)과정에서 D가 추가되었을 때 D가 C에 작용하는 힘이 추가되어
전기력의 크기가 증가해야한다.
그런데 C에 작용하는 전기력의 크기가 (가)에서가 (나)에서보다 크므로
조건에 맞지 않는다.
따라서 C는 음(−)전하이다.
그런데 B가 C에 작용하는 전기력의 방향이 $-x$방향이므로
A가 C에 작용하는 전기력의 방향은 $+x$방향이어야한다.
따라서 A와 C는 같은 종류의 전하로,
A는 음(−)전하이다.

(ㄴ. 참)

ㄷ. (가)에서 B에 작용하는 전기력의 방향이 $-x$방향이다.
즉,
A가 B를 당기는 힘의 크기가
C가 B를 당기는 힘의 크기보다 커야하는데,
A와 B 사이의 거리와 B와 C 사이의 거리가 같으므로
따라서 전하량의 크기는 A가 C보다 크다.

(ㄷ. 참)

정답

기출 예시 24
ㄱ, ㄴ, ㄷ

8. 전기력 문제 풀이 ④ 정량 계산

전기력 정량 계산 방법

앞선 풀이법으로도 전부 추론했는데도 전하의 종류와 전하의 크기를 비교할 수 없는 경우 그리고 도저히 논리 전개가 안 될 때 쓰는 풀이법이다.

그런데 문제를 풀 때 $k\frac{Q_1Q_2}{r^2}$를 매번 쓰면서 문제를 푸는 것은 매우 비 효율적이다.

왜냐하면 k, Q, 1, Q, 2, r, 2 7개 글자를 써야하므로, 손의 피로도가 생겨서 실수를 유발할 수 있다.

따라서 다음과 같은 정의를 활용한다.

정의 전기력 정량 계산 방법

서로 다른 두 점전하 A, B가 문제에서 주어진 **가장 기본적 한 칸**(d)만큼 떨어져 있을 때 A가 B, B가 A에 작용하는 전기력의 크기는 다음과 같이 정의한다.
(A와 B의 전하량의 크기를 Q_A, Q_B로 두자.)

$$k\frac{Q_A Q_B}{d^2} = F_{AB}$$

점전하를 옮겨 고정할 때
점전하의 전하량의 크기(Q_A, Q_B)가 변할 이유가 없다.
즉, 전기력의 크기는 점전하 사이의 거리의 제곱에 반비례한다.
두 점전하 사이의 거리에 따른 전기력의 크기를 다음과 같이 계산할 수 있다.

점전하 사이 거리	$1d$	$2d$	$3d$	$4d$	$5d$	$6d$
전기력의 크기	$1F_{AB}$	$\frac{1}{4}F_{AB}$	$\frac{1}{9}F_{AB}$	$\frac{1}{16}F_{AB}$	$\frac{1}{25}F_{AB}$	$\frac{1}{36}F_{AB}$

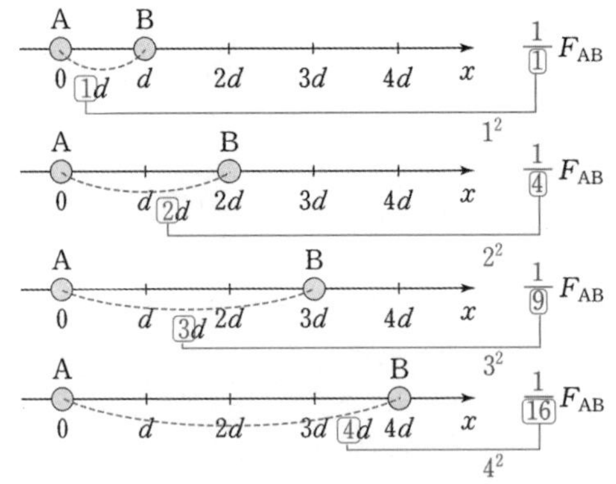

다음 예시를 살펴보자.
점전하 A, B, C가 x축상에 고정되어 있다.
B에 작용하는 전기력의 크기를 계산해보자.

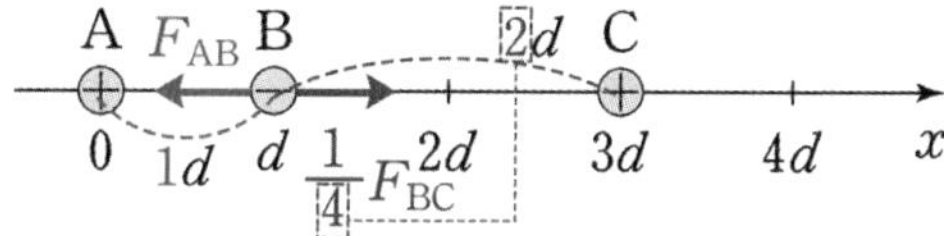

d만큼 떨어져 있을 때
A가 B에 작용하는 전기력의 크기를 F_{AB}
d만큼 떨어져 있을 때
B가 C에 작용하는 전기력의 크기를 F_{BC}로 두자.

A와 B 사이의 거리가 $1d$이므로
A가 B에 작용하는 전기력은 $-x$방향으로 F_{AB}이다.

B와 C 사이의 거리가 $2d$이므로
C가 B에 작용하는 전기력은 $+x$방향으로 $\frac{1}{4}F_{BC}$이다.
오른쪽 방향을 양(+)으로 하면 B에 작용하는 전기력은 다음과 같이 표현할 수 있다.

$$\frac{1}{4}F_{BC}-F_{AB}$$

★ F_{AB}와 F_{BC}를 나눈 값

F_{AB}와 F_{BC}를 나눈 값은 물리학적 의미가 있다. 둘을 나눈 값은 다음과 같이 표현한다.

$$\frac{F_{AB}}{F_{BC}}=\frac{k\frac{Q_A Q_B}{d^2}}{k\frac{Q_B Q_C}{d^2}}=\frac{Q_A}{Q_C}$$

즉, 아래와 같이 아래 첨자가 지워지고, 남은 전하량으로 생각할 수 있다.

$$\frac{F_{A\not{B}}}{F_{\not{B}C}}=\frac{Q_A}{Q_C}$$

기출 예시 25

21학년도 9월 모의고사 19번 문항 일부

그림 (가), (나), (다)는 점전하 A, B, C가 x축 상에 고정되어 있는 세 가지 상황을 나타낸 것이다. (가)에서는 양(+)전하인 C에 $+x$방향으로 크기가 F인 전기력이, A에는 크기가 $2F$인 전기력이 작용한다. (나)에서는 C에 $+x$방향으로 크기가 $2F$인 전기력이 작용한다.

(가) A: 0, B: d, C(+): $2d$ (F, $+x$방향)

(나) B: d, C(+): $2d$ ($2F$, $+x$방향), A: $3d$

(다) C(+): $2d$, A: $3d$, B: $4d$

(다)에서 A에 작용하는 전기력의 크기와 방향으로 옳은 것은?

	크기	방향		크기	방향
①	$\frac{F}{2}$	$+x$	②	$\frac{F}{2}$	$-x$
③	F	$+x$	④	F	$-x$
⑤	$2F$	$+x$			

해설

A와 B가 d만큼 떨어져 있을 때 A와 B 사이의 전기력을 F_{AB}
B와 C가 d만큼 떨어져 있을 때 B와 C 사이의 전기력을 F_{BC}
A와 C가 d만큼 떨어져 있을 때 A와 C 사이의 전기력을 F_{AC}
로 두자.

(가)에서 (나)로 변할 때
B가 C에 작용하는 전기력이 변하지 않는 상황에서
A가 C에 작용하는 전기력이 변했다.
즉, C의 전기력의 변화는 A가 C에 작용하는 전기력의 변화와 같다.
그런데 A가 양(+)전하였다면
A가 C를 미는 힘의 방향이 $-x$방향으로 변했으므로
C에 작용하는 전기력은 $-x$방향으로 증가해야 하는데
$+x$방향으로 F만큼 증가했으므로
A는 음(−)전하이다.

A가 C에 작용하는 전기력의 변화량은 다음과 같다.
(오른쪽 방향을 양(+)으로 두자.)

$$F_{AC}-(-\frac{F_{AC}}{4})=\frac{5}{4}F_{AC}$$

이는 C에 작용하는 전기력의 변화량과 같다. 그 값은 다음과 같다.

$$2F-F=F$$

따라서 다음 식이 성립한다.

$$F=\frac{5}{4}F_{AC},\ F_{AC}=\frac{4}{5}F$$

(가)에서 C에 작용하는 전기력을 계산해 보면 다음과 같다.

$$F=F_{BC}-\frac{1}{4}F_{AC},\ F_{BC}=\frac{6}{5}F$$

B가 C에 작용하는 전기력의 방향이 $+x$방향임을 알 수 있다.
따라서 B는 양(+)전하이다.

한편 A에 작용하는 전기력은 다음과 같이 계산된다.

$$F_{AB}+\frac{1}{4}F_{AC}=2F,\ F_{AB}=\frac{9}{5}F$$

(다)에서 A에 작용하는 전기력은 다음과 같이 계산된다.

$$F_{AB}-F_{AC}=\frac{9}{5}F-\frac{4}{5}F=F$$

따라서 (다)에서 A에 작용하는 전기력의 크기는 F이고 방향은 $+x$방향이다.

정답

기출 예시 25
③

PART
4

개념편

/

PART

Mechanica 물리학1

1. 스펙트럼과 과학적 현상

스펙트럼의 종류

① 연속 스펙트럼
태양 빛 또는 백색광(백열등의 빛)을 분광기(프리즘)에 비추었을 때 나타나는 색의 띠로
아래 그림과 같이 '빨주노초파남보'의 무지개색을 띤다.

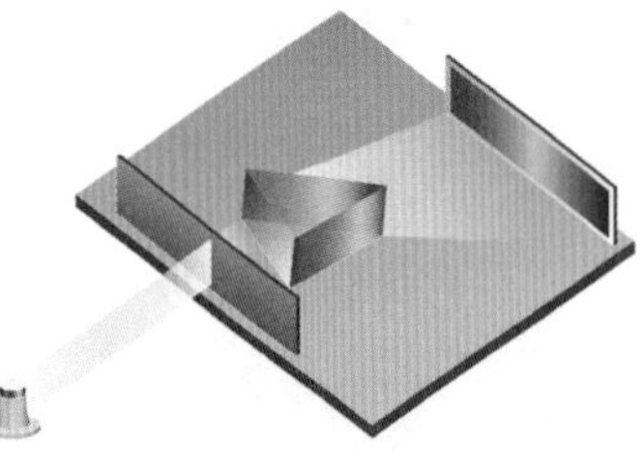

② 흡수 스펙트럼
저온의 기체에 연속 스펙트럼이 형성되는 태양 빛 또는 백색광(백열등의 빛)을 통과시켰을 때
기체가 특정 파장의 빛을 흡수하고 남은 빛을 분광기(프리즘)에 비추었을 때 나온 색의 띠

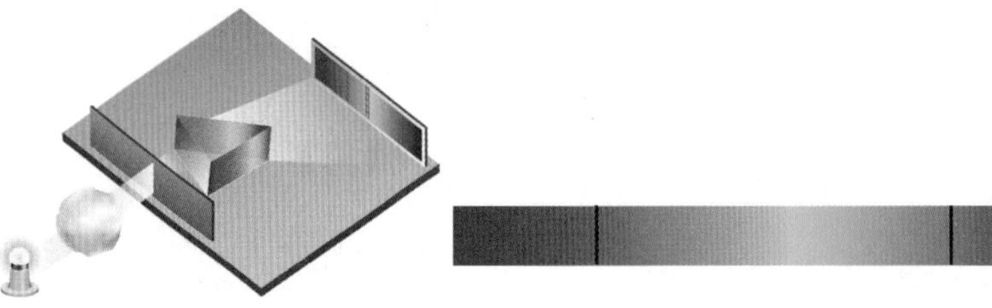

③ 방출 스펙트럼
고온의 기체에서 방출되는 빛을 분광기(프리즘)에 비추었을 때 나온 색의 띠

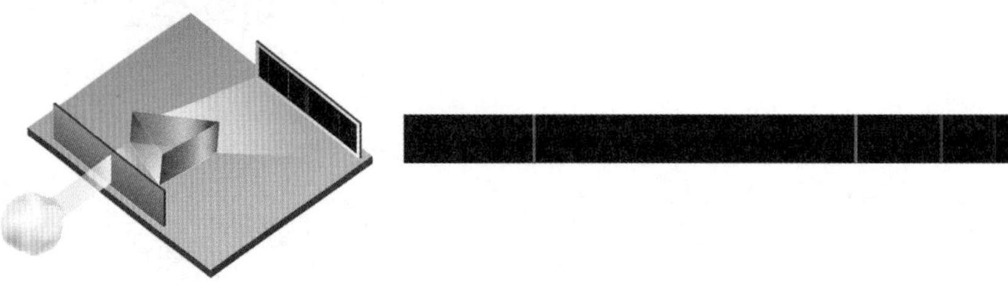

스펙트럼의 의의

분광기(프리즘)로 빛을 분리했을 때
아래 그림과 같이 **빨간색 빛**의 경로는 덜 꺾이고, **파란색 빛**의 경로는 많이 꺾인다.

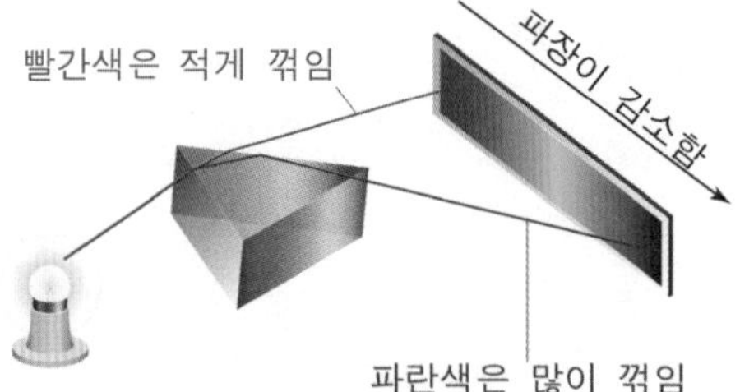

즉, **빛의 파장**에 따라 빛의 꺾이는 정도가 다르므로,
스펙트럼은 흡수되거나 방출되는 **빛의 파장**에 따라 나누어진다.

2. 원자 모형과 그 한계

러더퍼드 원자 모형의 한계

러더퍼드는 알파 입자 산란 실험을 통해 '원자핵'을 발견했다. (아래 그림 참고)

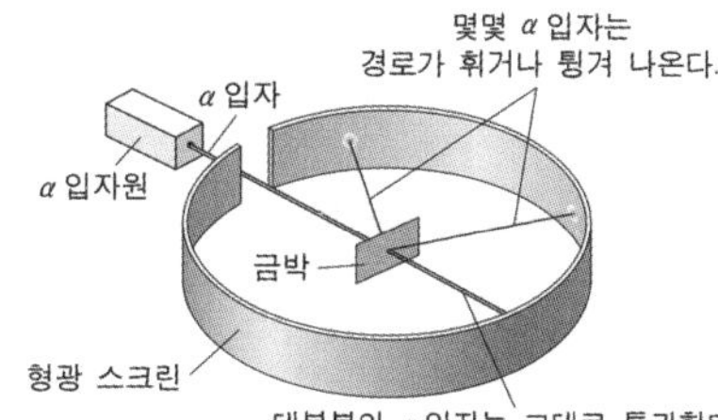

원자핵은 양(+)전하를 띠고, 단단하며, 부피가 매우 작을 것으로 예상했다.
그 외에는 빈 공간이 있을 것으로 생각했다.
원자핵 주변에는 '전자'가 일정한 속력으로 원운동하고 있다고 생각했다.
이를 '행성 모형'이라 한다.
마치 태양 주변을 지구가 도는 것처럼
원자핵 주변을 전자가 도는 모형으로 설명했다. (아래 그림 참고)
전자는 원자핵으로부터 일정한 크기의 전기력(쿨롱 힘 $\frac{kq_1q_2}{r^2}$)을 받아 움직인다고 가정했다.

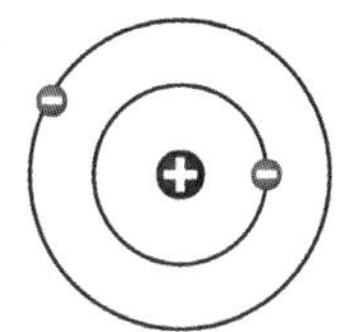

하지만, 이러한 '행성 모형'에는 한계가 있다.

① 전자는 일정한 속력으로 원운동할 수 없다.
왜냐하면 '전하'를 띤 입자가 가속도 운동을 하면 반드시 '에너지'를 방출해야하고
'에너지'를 방출하기 위해서는 전자의 운동 에너지의 일부를 방출해야하므로
전자는 아래 그림과 같이 원자핵으로 빨려 들어갈 수밖에 없다.

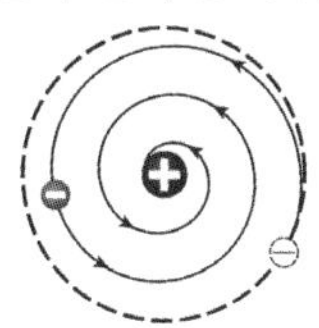

② 만약 빨려 들어가는 상황이라면
만약 빨려 들어가면서 전자기파를 방출한다면, 궤도 반지름이 연속적으로 변해
원자는 다양하고, 연속적인 전자기파를 방출해야 한다.
하지만, 해당 전자기파를 분광기에 분석해 보면 불연속적인 띠가 형성된다.

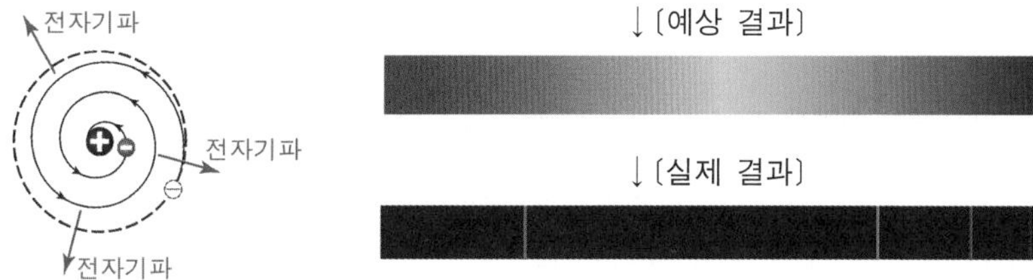

보어의 수소 원자 모형

러더퍼드의 제자였던 보어는 새로운 형태의 원자 모형을 제시했다.
새로운 형태의 원자 모형은 다음과 같은 특징을 가지며, 해당 규칙성은 '수소' 원자핵에만 적용된다.
수소 원자핵의 전자는 1개다.

① 원궤도 운동을 한다.
행성 모형과 마찬가지로 전자는 원자 주변에서 원운동한다.

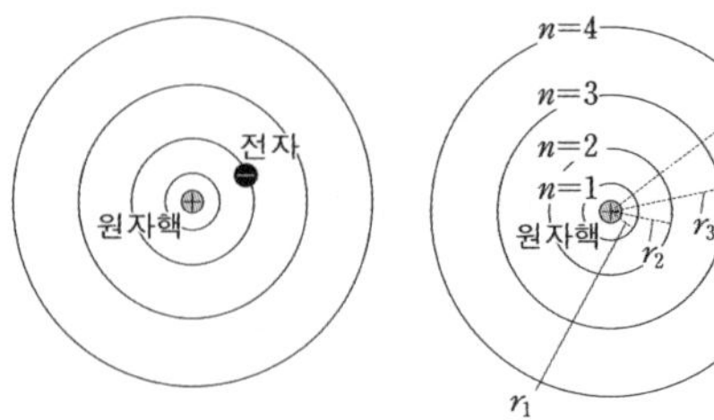

이때 궤도 반지름은 정해져 있다. 해당 반지름을 '보어 반지름'이라 한다.
보어 반지름(r_n)은 다음과 같으며, **수능에 안 나온다.**

$$r_n = a_0 n^2 \text{ } (a_0\text{는 } n=1\text{일 때 보어 반지름(상수), } n\text{은 양자수})$$

○ 양자수(n)는 0보다 큰 정수이다. (1, 2, 3.....)
○ 양자수(n)가 클수록 궤도 반지름(r_n)이 커진다.
★매우 중요! [이건 수능에 출제 가능]

양자수(n)가 커질수록 궤도 반지름(r_n)이 커지고, 쿨롱 힘($F=k\frac{q_1q_2}{r^2}$)이 **작아진다!**

○ 전자가 돌 수 있는 가장 안쪽 궤도는 양자수가 $n=1$인 상태라 부르고
이를 '바닥 상태에 있다.'고 한다.
○ 전자의 양자수가 $n=2$ 이상인 궤도를 '**들뜬 상태에 있다.**' 라 한다.

② 전자기파 방출 여부
전자는 반지름이 보어 반지름인 원궤도에서 **전자기파를 방출하지 않고** 안정적으로 원운동한다.

③ 이외의 궤도에서
보어 반지름에 해당하지 않는 궤도에서 전자는 안정적인 궤도 운동을 할 수 없다.
즉, '전자의 궤도 반지름은 정해져 있다.'

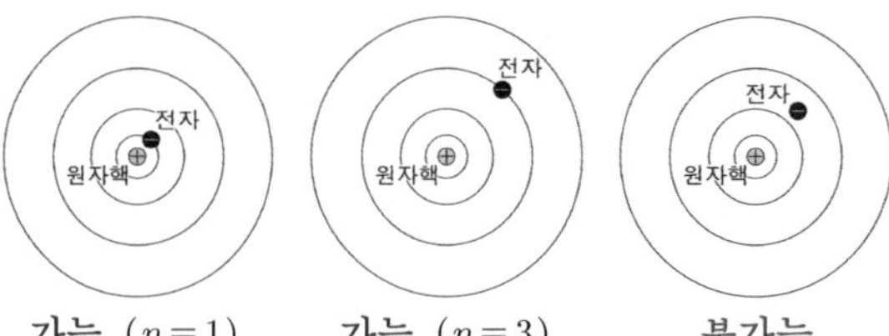

가능 ($n=1$)　　가능 ($n=3$)　　불가능

○ 양자화
값이 정해져 있다.

④ 에너지 준위의 양자화
전자는 양자수(n)에 따라 특정한 에너지 값(E_n)만을 갖는다.
이외의 에너지 값은 가질 수 없다.
이를 '**에너지의 양자화**'라 부른다.
E_n은 '에너지 준위'라 부르며 다음 식이 성립하는데,
이 식 자체는 **수능에 나오긴 어려우니 외울 필요는 없다.**

$$E_n = -\frac{13.6}{n^2}\text{eV}$$

n은 0보다 큰 정수이므로 '에너지 준위는 불연속적이다.'
그리고, n이 클수록 '에너지 준위가 커진다.'

3. 보어의 수소 원자 모형의 특징

보어의 수소 원자 모형에서 전자의 전이

보어의 수소 원자 모형에서 전자는 특정 에너지값(E_n)만을 가질 수 있다.
전자의 에너지 준위를 그림과 같이 표현한다.

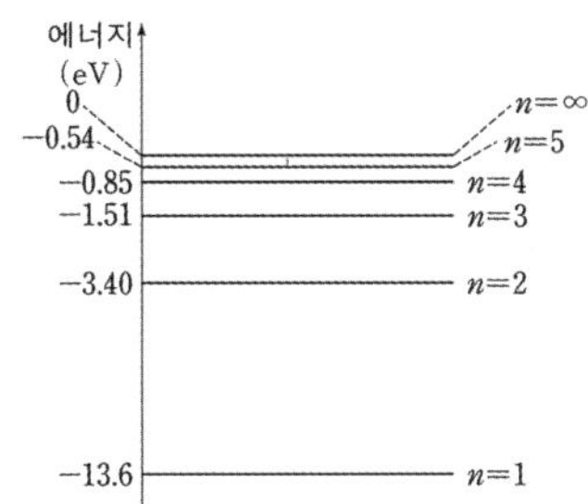

○ 전자의 전이

전자의 양자수가 변하는 것을 '전자의 전이'라고 한다.

예를 들면
전자가 $n=4$인 상태에서 $n=2$인 상태로 변할 때 (a)
전자가 $n=1$인 상태에서 $n=3$인 상태로 변할 때 (b)
전자가 전이한다고 한다!
이를 그림처럼 화살표를 활용하며 표현한다.

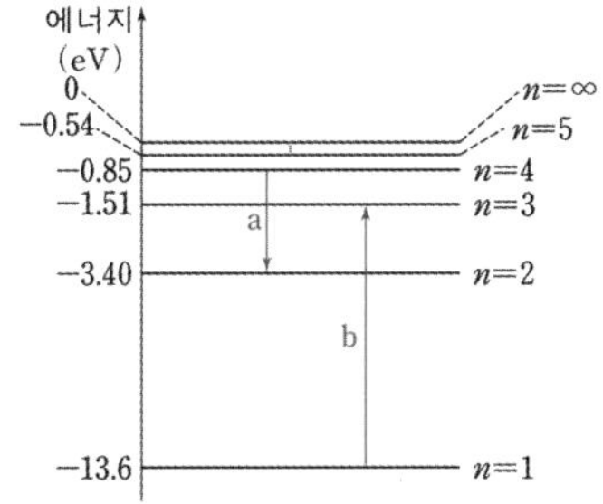

○ 전자의 전이의 특징

전자의 전이에서 **'빛을 흡수하거나 방출한다.'**

① 빛을 방출

전자가 **양자수가 큰 상태**에서 **양자수가 작은 상태**로 변할 때
전자의 전이에서 빛을 **방출**한다.
방금 예시에서
전자가 $n=4$인 상태에서 $n=2$인 상태로 변할 때 (a)
a에서 빛을 **방출**한다.

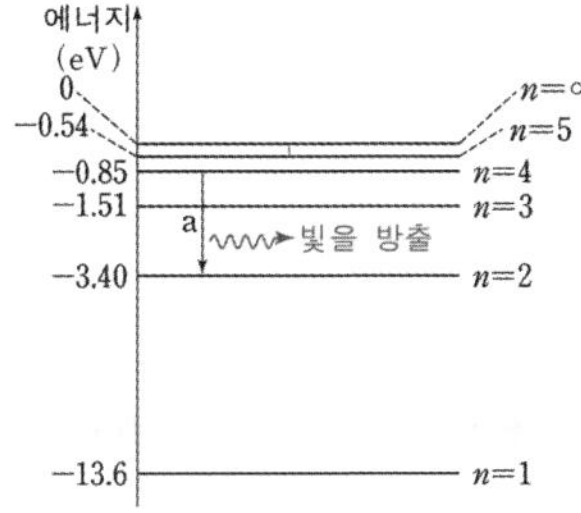

② 빛을 흡수

전자가 **양자수가 작은 상태**에서 **양자수가 큰 상태**로 변할 때
전자의 전이에서 빛을 **흡수**한다.
방금 예시에서
전자가 $n=1$인 상태에서 $n=3$인 상태로 변할 때 (b)
b에서 빛을 **흡수**한다.

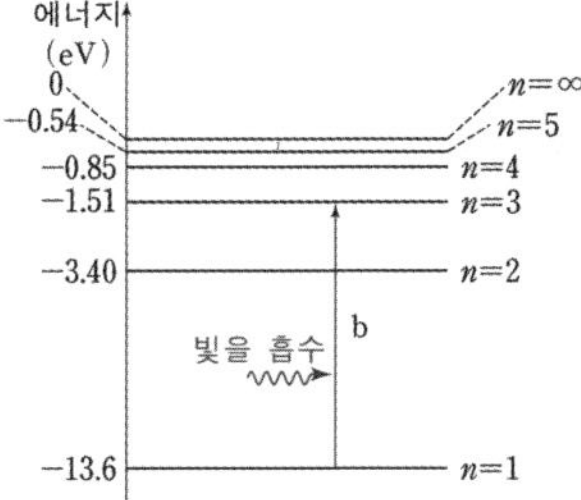

전자의 전이 과정에서 빛의 물리량

전자의 전이 과정에서 빛이 **흡수**되거나 방출된다.

흡수되거나 방출된 빛은 다음과 같은 특징을 가진다.

① 흡수되거나 방출된 빛의 광자 1개의 에너지는
전이 전 에너지 준위와
전이 후 에너지 준위의 차이에 해당한다.

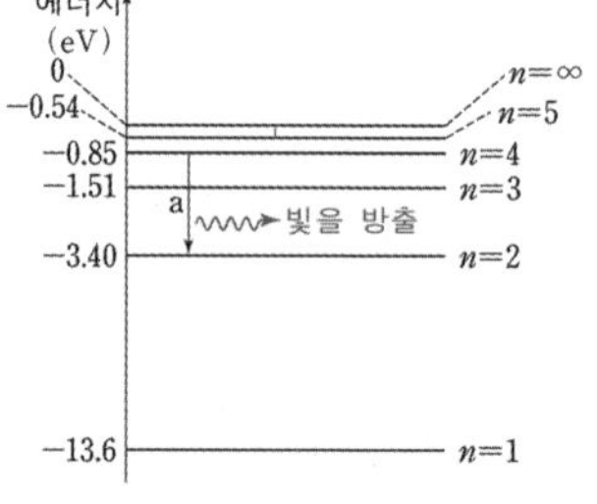

예를 들면 a에서는
$n=4$ (에너지 준위 -0.85eV)에서
$n=2$ (에너지 준위 -3.40eV)로 전이되므로
방출되는 빛의 광자 1개의 에너지는 다음과 같이 계산된다.

$$3.40\text{eV}-0.85\text{eV}=2.55\text{eV}$$

② 전자가 전이될 때 전이되는 두 양자수가 동일한 경우가 존재한다.
예를 들면 오른쪽 그림과 같이
a는 $n=2$에서 $n=1$로 전이되고
b는 $n=1$에서 $n=2$로 전이된다.
a와 b는 $n=1$과 $n=2$ 사이에서 전자의 전이가 일어나므로

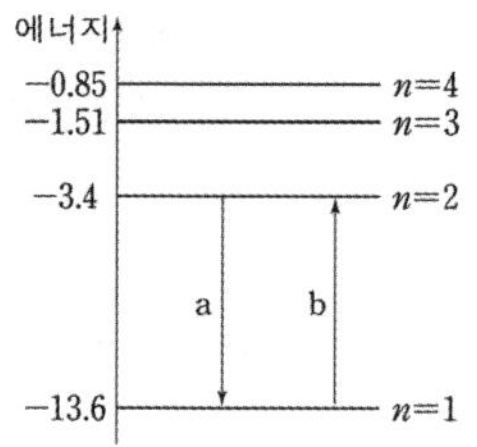

흡수되거나 방출되는
빛의 광자 1개의 에너지, 빛의 파장, 빛의 진동수가 모두 같다!

③ 흡수되거나 방출되는 **빛의 광자 1개의 에너지**(E)와
흡수되거나 방출되는
빛의 진동수(f)
빛의 속력(c)
빛의 파장(λ)
사이의 관계는 다음과 같다.

$$E=hf=\frac{hc}{\lambda}$$

(위의 식의 관계는 수능에서 출제될 수 있다.)
h는 '플랑크 상수'라 부르는 일정한 값이다.
즉, 흡수되거나 방출되는 빛의 광자 1개의 에너지는
빛의 진동수(f)에 비례하고
빛의 파장(λ)에 반비례한다!

정리 흡수되거나 방출되는 빛과 광자 1개의 에너지

흡수되거나 방출되는 빛의 파장(λ), 빛의 진동수(f), 빛의 광자 1개의 에너지(E)로 두면
○ 에너지 준위 차가 클수록
① E가 크다.
② λ가 **짧**다.
③ f가 크다.

보어의 수소 원자 모형에서 전자의 전이 관계

전자의 전이 과정 a, b, c를 살펴보자.

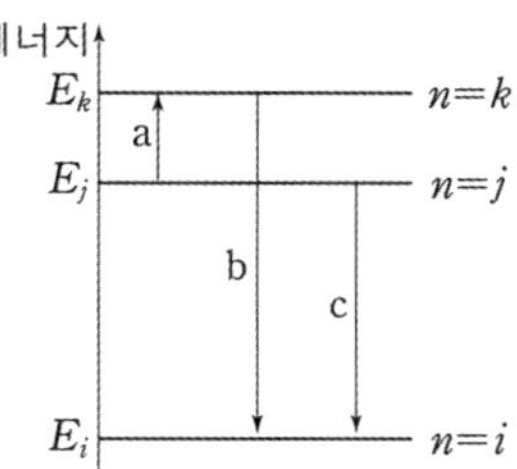

양자수	에너지 준위
$n=i$	E_i
$n=j$	E_j
$n=k$	E_k

○ a, b, c에서의 물리량을 다음과 같이 두자.

전자의 전이		흡수되거나 방출되는 빛	
		파장	진동수
a	$n=j \rightarrow n=k$	λ_a	f_a
b	$n=k \rightarrow n=i$	λ_b	f_b
c	$n=j \rightarrow n=i$	λ_c	f_c

① 흡수되거나 방출되는 빛의 광자 1개의 에너지는 다음과 같다. (h는 플랑크 상수, c는 빛의 속력)

$$\text{a: } E_k - E_j = hf_a = \frac{hc}{\lambda_a}$$

$$\text{b: } E_k - E_i = hf_b = \frac{hc}{\lambda_b}$$

$$\text{c: } E_j - E_i = hf_c = \frac{hc}{\lambda_c}$$

② 이때, a와 c에서 흡수되거나 방출되는 광자 1개의 에너지를 더해보면 다음과 같다.

$$(E_k - E_j) + (E_j - E_i) = E_k - E_i$$

즉,
a와 c에서 흡수되거나 방출되는 빛의 광자 1개의 에너지의 합은
b에서 방출되는 빛의 광자 1개의 에너지와 같다!

③ ②의 에너지 부분에 ①의 진동수, 파장 관련 식을 대입해 보면 다음과 같다.

$$hf_a + hf_c = hf_b \rightarrow f_a + f_c = f_b$$

$$\frac{hc}{\lambda_a} + \frac{hc}{\lambda_c} = \frac{hc}{\lambda_b} \rightarrow \frac{1}{\lambda_a} + \frac{1}{\lambda_c} = \frac{1}{\lambda_b}$$

즉,
a와 c에서 흡수되거나 방출되는 빛의 진동수의 합은
b에서 방출되는 빛의 진동수와 같다!

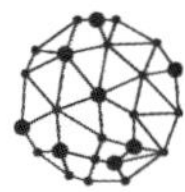

예제

그림은 보어의 수소 원자 모형에서 양자수 n에 따른 에너지 준위 E_n의 일부와 전자의 전이 a, b, c, d, e를 나타낸 것이다. a, b, c, d, e에서 흡수되거나 방출되는 빛의 진동수는 각각 f_a, f_b, f_c, f_d, f_e이고, a, b, c, d, e에서 흡수되거나 방출되는 빛의 파장은 각각 λ_a, λ_b, λ_c, λ_d, λ_e이다. (빛의 속력은 c이다.)

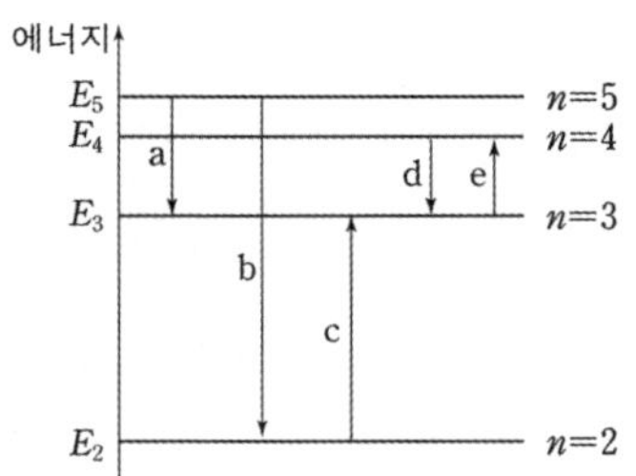

① 수소 원자의 에너지 준위는 (연속적 / 불연속적)이다.

② a, b, c, d, e 중

빛을 흡수하는 전자의 전이 과정: ( )

빛을 방출하는 전자의 전이 과정: ( )

③ a, b, c, d, e에서 흡수되거나 방출되는 빛의 광자 1개의 에너지를 에너지 준위 차이로 구해보고, 각각 f_a, f_b, f_c, f_d, f_e, λ_a, λ_b, λ_c, λ_d, λ_e의 관계식을 세워보자. (h는 플랑크 상수, c는 빛의 속력)

a: ( )

b: ( )

c: ( )

d: ( )

e: ( )

④ f_a, f_b, f_c 사이의 관계식을 세워보자.

( )

⑤ λ_a, λ_b, λ_c 사이의 관계식을 세워보자.

( )

⑥ 전자가 원자핵으로부터 받는 전기력(쿨롱 힘)의 크기는 $n=2$일 때가 $n=3$일 때보다 (크다 / 작다).

해설

① 수소 원자의 에너지 준위는 불연속적이다. (양자화되어있다.)

② 전자의 전이 과정 중,
양자수가 증가하는 과정에서 빛을 흡수하는 과정이고
양자수가 감소하는 과정에서 빛을 방출하는 과정이다.
따라서 빛을 흡수 또는 방출되는 전자의 전이는 다음과 같다.
빛을 흡수하는 전자의 전이 과정: c, e
빛을 방출하는 전자의 전이 과정: a, b, d

③ 에너지 준위 차이와 진동수, 파장의 관계는 다음과 같다.

$$\text{a: } E_5-E_3=hf_a=\frac{hc}{\lambda_a}$$

$$\text{b: } E_5-E_2=hf_b=\frac{hc}{\lambda_b}$$

$$\text{c: } E_3-E_2=hf_c=\frac{hc}{\lambda_c}$$

$$\text{d: } E_4-E_3=hf_d=\frac{hc}{\lambda_d}$$

$$\text{e: } E_4-E_3=hf_e=\frac{hc}{\lambda_e}$$

④ a, b, c에서 흡수되거나 방출되는 빛의 진동수 관계는 다음과 같다.

$$\text{a: } E_5-E_3=hf_a$$

$$\text{b: } E_5-E_2=hf_b$$

$$\text{c: } E_3-E_2=hf_c$$

a와 c에서 흡수되거나 방출되는 빛의 광자 1개의 에너지를 합하면 다음과 같다.

$$(E_5-E_3)+(E_3-E_2)=hf_a+hf_c$$

$$E_5-E_2=hf_a+hf_c=hf_b \rightarrow f_a+f_c=f_b$$

⑤ $f_a+f_c=f_b$이고, $f=\frac{c}{\lambda}$이므로 다음이 성립한다.

$$f_a+f_c=f_b \rightarrow \frac{hc}{\lambda_a}+\frac{hc}{\lambda_c}=\frac{hc}{\lambda_b} \rightarrow \frac{1}{\lambda_a}+\frac{1}{\lambda_c}=\frac{1}{\lambda_b}$$

⑥ 양자수가 작을수록 원자핵으로부터 거리가 가깝고, 전자가 원자핵으로부터 받는 전기력(쿨롱 힘)이 커진다.
따라서 전자가 원자핵으로부터 받는 전기력(쿨롱 힘)의 크기는
$n=2$일 때가 $n=3$일 때보다 크다.

정답

예제

① 불연속적

② 흡수: c, e
방출: a, b, d

③
a:
$E_5-E_3=hf_a=\frac{hc}{\lambda_a}$
b:
$E_5-E_2=hf_b=\frac{hc}{\lambda_b}$
c:
$E_3-E_2=hf_c=\frac{hc}{\lambda_c}$
d:
$E_4-E_3=hf_d=\frac{hc}{\lambda_d}$
e:
$E_4-E_3=hf_e=\frac{hc}{\lambda_e}$

④ $f_a+f_c=f_b$

⑤ $\frac{1}{\lambda_a}+\frac{1}{\lambda_c}=\frac{1}{\lambda_b}$

⑥ 크다.

보어의 수소 원자 모형에서 스펙트럼

전자의 전이가 일어날 때 빛은 흡수되거나 방출된다. 이때 스펙트럼선이 나타난다.

① 방출 스펙트럼
전자의 전이 a, b, c, d, e에서 빛이 방출될 때,
방출되는 빛의 스펙트럼은 오른쪽 그림과 같다.
통상적으로 방출 스펙트럼은 **검은색** 배경에 흰 스펙트럼선을 활용한다.

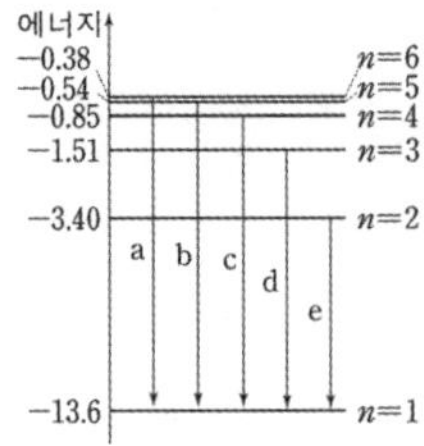

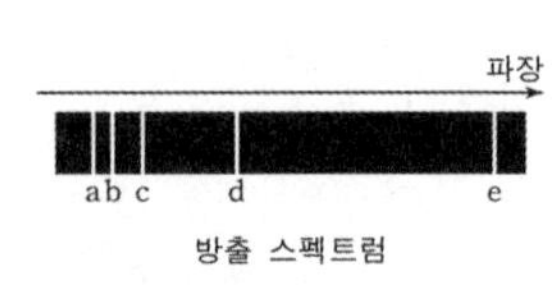

방출 스펙트럼

즉, 전자의 전이 과정에서 빛이 방출될 때, 방출 스펙트럼에 스펙트럼선이 표시된다.

② 흡수 스펙트럼
전자의 전이 a, b, c, d, e에서 빛이 흡수될 때,
흡수되는 빛의 스펙트럼은 오른쪽 그림과 같다.
통상적으로는 흡수 스펙트럼은 회색 배경에 **검은색** 스펙트럼선을 활용한다.

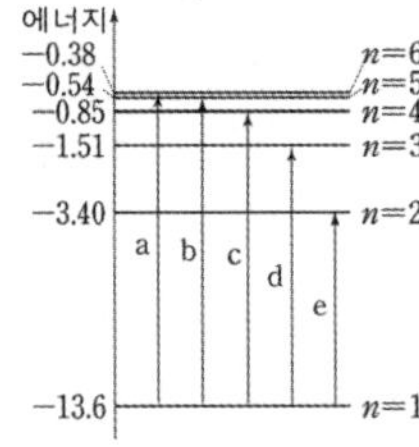

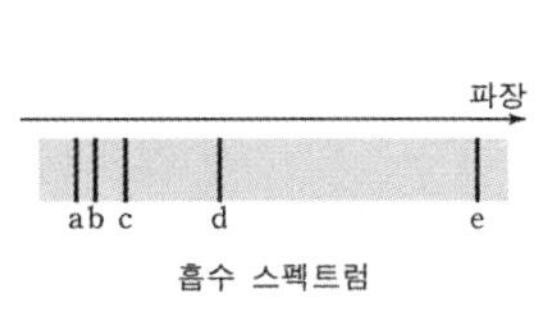

흡수 스펙트럼

즉, 전자의 전이 과정에서 빛이 흡수될 때, 흡수 스펙트럼에 스펙트럼선이 표시된다.

○ **복합적 상황**
평가원에서는 흡수 또는 방출 스펙트럼이 나오고, 이를 구분하는 문제가 출제된다.
이때
방출 스펙트럼에는 '방출되는 빛'에 의한 스펙트럼선이
흡수 스펙트럼에는 '흡수되는 빛'에 의한 스펙트럼선이 나온다.

아래 그림과 같은 상황에서

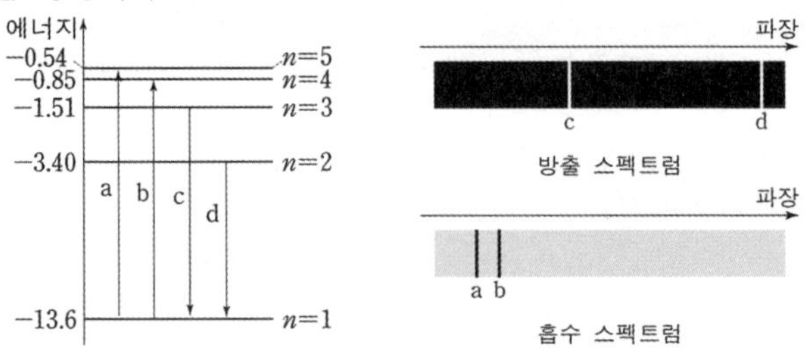

1) a와 b에서 빛을 흡수하므로, a와 b에 의한 스펙트럼선은
흡수 스펙트럼에 표기되고, 방출 스펙트럼에는 표기되지 않는다.

2) c와 d에서 빛을 방출하므로, c와 d에 의한 스펙트럼선은
방출 스펙트럼에 표기되고, 흡수 스펙트럼에는 표기되지 않는다.

평가원에서는 다음과 같이 문제가 출제된다.

23학년도 6월 모의고사 7번 문항

그림 (가)는 보어의 수소 원자 모형에서 양자수 n에 따른 에너지 준위 일부와 전자의 전이 a~d를 나타낸 것이다. 그림 (나)는 a~d에서 방출과 흡수되는 빛의 스펙트럼을 파장에 따라 나타낸 것이다.

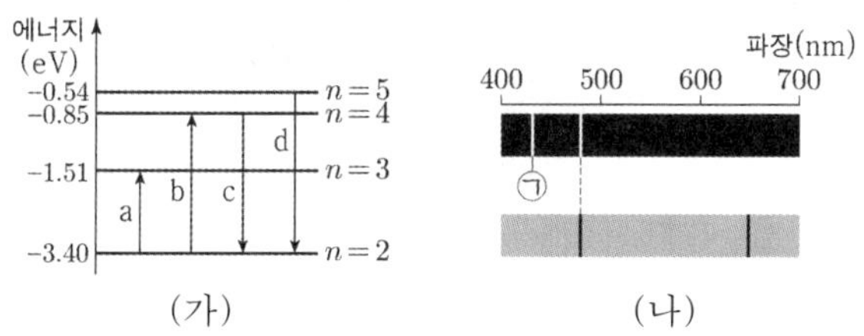

이에 대한 설명으로 옳은 것만을 〈보기〉에서 있는 대로 고른 것은?

〈보 기〉

ㄱ. ㉠은 a에 의해 나타난 스펙트럼선이다.
ㄴ. b에서 흡수되는 광자 1개의 에너지는 2.55eV이다.
ㄷ. 방출되는 빛의 진동수는 c에서가 d에서보다 크다.

① 자료를 살펴보면
a와 b에서 빛이 **흡수**되고
c와 d에서 빛이 **방출**된다.
즉,
a와 b는 **흡수** 스펙트럼에 표기되고, **방출** 스펙트럼에는 표기되지 않는다!
c와 d는 **방출** 스펙트럼에 표기되고, **흡수** 스펙트럼에는 표기되지 않는다!

a와 b는 아래쪽 **흡수** 스펙트럼에 표기될 것이고
c와 d는 위쪽 **방출** 스펙트럼에 표기될 것이다.

② 흡수되거나 방출되는 빛의 광자 1개의 에너지는 다음과 같다.

a: $-1.51-(-3.40)=$ 1.89eV **흡수**
b: $-0.85-(-3.40)=$ 2.55eV **흡수**
c: $-0.85-(-3.40)=$ 2.55eV **방출**
d: $-0.54-(-3.40)=$ 2.86eV **방출**

○ 흡수되는 빛의 광자 1개의 에너지는 a(1.89eV)가 b(2.55eV)보다 작다.
→ a와 b에서 흡수되는 빛의 파장(λ_a, λ_b), 빛의 진동수(f_a, f_b)의 관계

$$\lambda_b < \lambda_a$$
$$f_a < f_b$$

○ 방출되는 빛의 광자 1개의 에너지는 c(2.55eV)가 d(2.86eV)보다 작다.
→ c와 d에서 방출되는 빛의 파장(λ_c, λ_d), 빛의 진동수(f_c, f_d)의 관계

$$\lambda_d < \lambda_c$$
$$f_c < f_d$$

③ b와 c는 모두 $n=2$와 $n=4$ 사이의 전자의 전이이므로 다음이 성립한다.

$$\lambda_b = \lambda_c,\ f_b = f_c$$

따라서
흡수되거나 방출되는 빛의 파장의 관계는 아래와 같고
(나)에서 스펙트럼선은 다음과 같다.

$$\lambda_d < \lambda_c = \lambda_b < \lambda_a$$

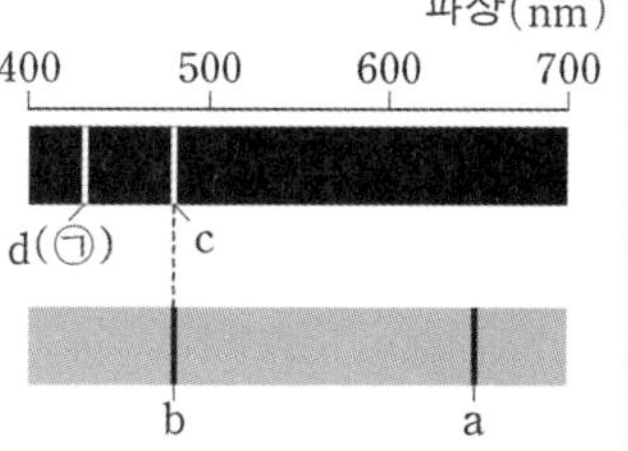

보어의 수소 원자 모형에서 모든 스펙트럼 관계

전자의 전이 과정에서 빛이 흡수되거나 방출된다.
수소 기체 방전관에서 방출되는 빛을 분광기(프리즘)로 분석할 수 있다.

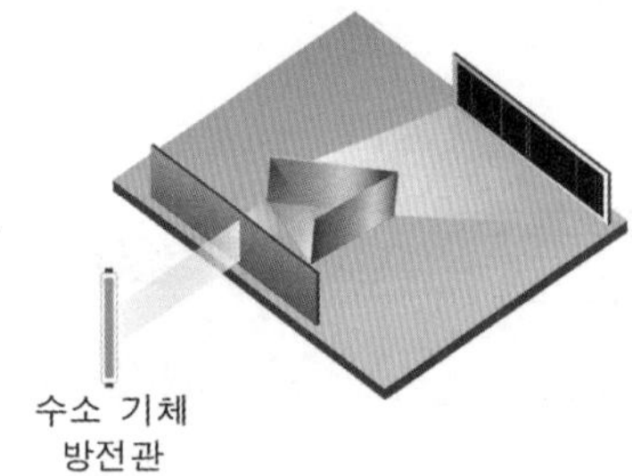

그 결과 다음과 같은 결과가 나온다.

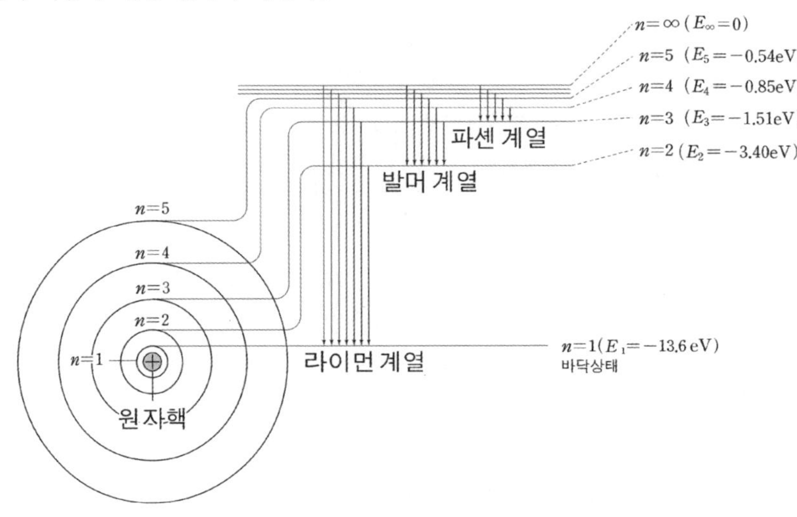

○ 전자의 스펙트럼 계열 〔방출되는 경우〕

계열	전자의 전이	방출되는 빛의 종류
라이먼 계열	전자가 $n>1$인 궤도에서 $n=1$인 궤도로 전이할 때	자외선 영역
발머 계열	전자가 $n>2$인 궤도에서 $n=2$인 궤도로 전이할 때	가시광선 영역과 일부 자외선 영역
파셴 계열	전자가 $n>3$인 궤도에서 $n=3$인 궤도로 전이할 때	적외선 영역

이에 의한 스펙트럼선은 다음과 같다.

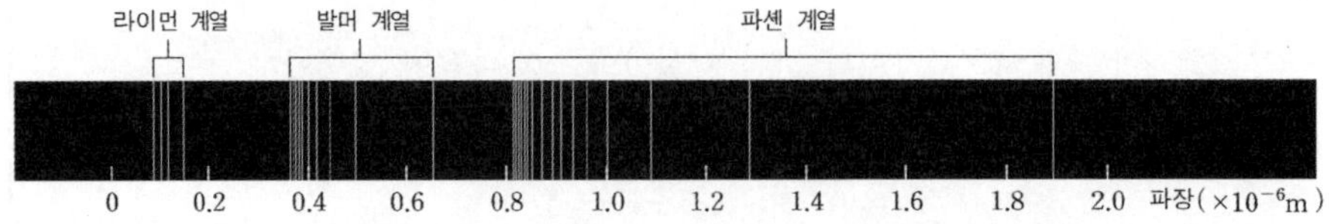

ㅇ 모든 방출 스펙트럼선과 파장의 관계

아래 그림은 $n=2$로 전이되는 모든 방출 스펙트럼의 모습을 나타낸 것이다.
㉠은 파장과 진동수 중 하나이다.

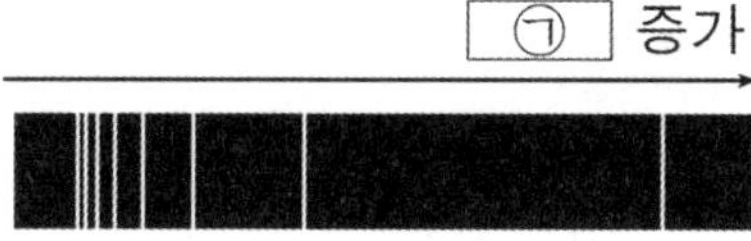

㉠은 파장일까? 진동수일까?

이러한 조건이 주어졌을 때
스펙트럼선 사이 간격이 비교적 좁은쪽을 살펴보는게 좋다.

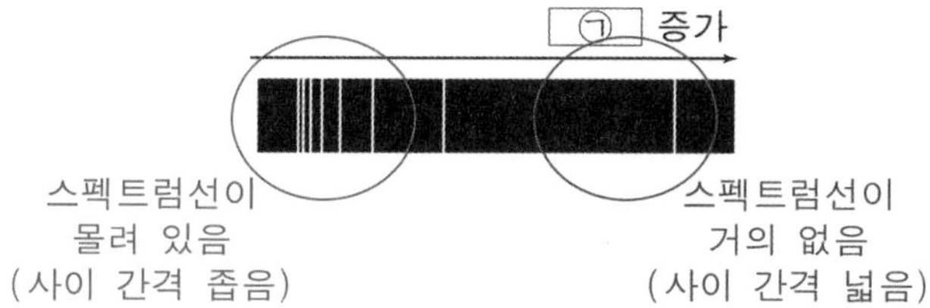

★ 암기

스펙트럼선이 몰려 있는 쪽의 광자 1개의 에너지가 크다.
파장이 짧다.
진동수가 크다.

따라서 ㉠으로 적절한 것은 파장이다.

위의 그림에서 증감 관계를 따져보면 다음과 같다.

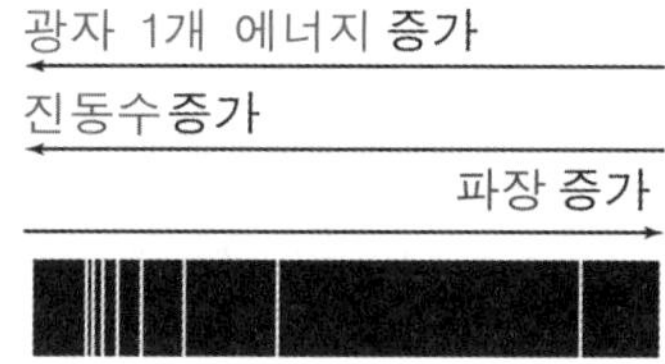

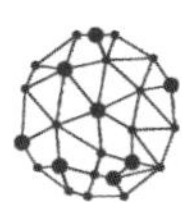

기출 예시 26

22학년도 수능 5번 문항

그림은 보어의 수소 원자 모형에서 양자수 n에 따른 에너지 준위의 일부와 전자의 전이 a, b를 나타낸 것이다. a, b에서 방출되는 빛의 진동수는 각각 f_a, f_b이다.

에너지
E_3 $n=3$
b f_b
E_2 $n=2$
a f_a
E_1 $n=1$

이에 대한 설명으로 옳은 것만을 〈보기〉에서 있는 대로 고른 것은? (단, h는 플랑크 상수이다.)

〈보 기〉

ㄱ. 전자가 원자핵으로부터 받는 전기력의 크기는 $n=1$인 궤도에서가 $n=2$인 궤도에서보다 크다.

ㄴ. b에서 방출되는 빛은 가시광선이다.

ㄷ. $f_a + f_b = \dfrac{|E_3 - E_1|}{h}$이다.

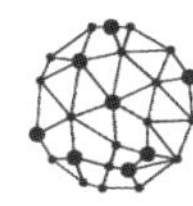

해설

ㄱ. 전자가 원자핵으로부터 받는 전기력의 크기는
전자와 원자핵 간 거리 제곱에 반비례하므로
원자핵과의 거리가 상대적으로 더 가까운 $n=1$인 궤도에서가 $n=2$인 궤도에서보다 크다.

(ㄱ. 참)

ㄴ. b에서는 전자가 $n=3$에서 $n=2$로 전이되므로 가시광선을 방출한다.

(ㄴ. 참)

ㄷ. f_a는 $n=2$인 상태에 있던 전자가
$n=1$인 상태로 전이하는 과정에서 방출되는 빛의 진동수이고,
f_b는 $n=3$인 상태에 있던 전자가 $n=2$인 상태로 전이하는 과정에서 방출되는 빛의 진동수이므로
f_a+f_b는 $n=3$인 상태에 있던 전자가
$n=1$인 상태로 전이하는 과정에서 방출되는 빛의 진동수이다.
따라서 $f_a+f_b=\frac{|E_3-E_1|}{h}$이다.

(ㄷ. 참)

정답

기출 예시 26
ㄱ, ㄴ, ㄷ

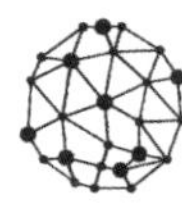

기출 예시 27

23학년도 수능 5번 문항

그림은 보어의 수소 원자 모형에서 양자수 n에 따른 에너지 준위의 일부와 전자의 전이 a~d를, 표는 a~d에서 흡수 또는 방출되는 광자 1개의 에너지를 나타낸 것이다

전이	흡수 또는 방출되는 광자 1개의 에너지(eV)
a	0.97
b	0.66
c	㉠
d	2.86

이에 대한 설명으로 옳은 것만을 〈보기〉에서 있는 대로 고른 것은?

〈보 기〉

ㄱ. a에서는 빛이 방출된다.

ㄴ. 빛의 파장은 b에서가 d에서보다 길다.

ㄷ. ㉠은 2.55이다.

해설

ㄱ. a는 낮은 에너지 준위에서 더 높은 에너지 준위로 전이하므로
a에서는 빛이 흡수된다.

(ㄱ. 거짓)

ㄴ. 흡수 또는 방출되는 광자 1개의 에너지와
흡수 또는 방출되는 빛의 파장은 반비례하므로
빛의 파장은 b에서가 d에서보다 길다.

(ㄴ. 참)

ㄷ. a에서는 전자가 $n=3$에서 $n=5$로 전이되고,
b에서는 전자가 $n=4$에서 $n=3$으로 전이되고,
c에서는 전자가 $n=4$에서 $n=2$로 전이되고,
d에서는 전자가 $n=5$에서 $n=2$으로 전이되므로
c에서 방출되는 광자 1개의 에너지는 d에서 방출되는 광자 1개의 에너지와
b에서 방출되는 광자 1개의 에너지를 합한 것에서
a에서 흡수되는 광자 1개의 에너지를 뺀 값과 같다.
이를 식으로 세워보면 다음과 같다.

$$2.86+0.66-0.97=2.55$$

(ㄷ. 참)

정답

기출 예시 27
ㄴ, ㄷ

기출 예시 28

21학년도 수능 8번 문항

그림 (가)는 보어의 수소 원자 모형에서 양자수 n에 따른 에너지 준위의 일부와 전자의 전이 a~d를 나타낸 것이다. 그림 (나)는 (가)의 b, c, d에서 방출되는 빛의 스펙트럼을 파장에 따라 나타낸 것이고, ㉠은 c에 의해 나타난 스펙트럼선이다.

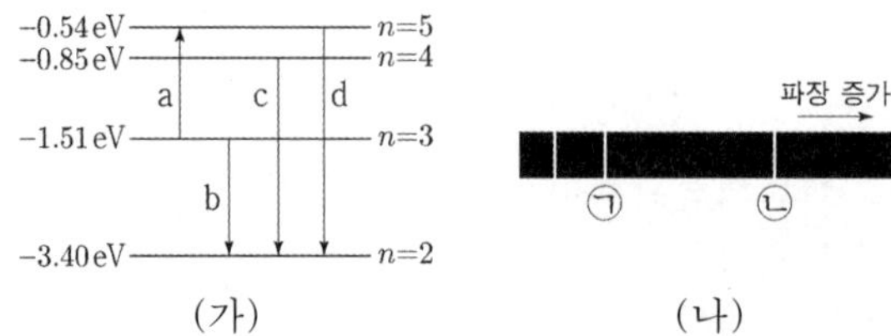

이에 대한 설명으로 옳은 것만을 〈보기〉에서 있는 대로 고른 것은?

〈보 기〉

ㄱ. a에서 흡수되는 광자 1개의 에너지는 1.51eV이다.

ㄴ. 방출되는 빛의 진동수는 c에서가 b에서보다 크다.

ㄷ. ㉡은 d에 의해 나타난 스펙트럼선이다.

해설

ㄱ. a에서 흡수되는 광자 1개의 에너지는 다음과 같이 계산된다.

$$|-1.51\text{eV}-(-0.54\text{eV})|=0.97\text{eV}$$

(ㄱ. 거짓)

ㄴ. 방출되는 광자 1개의 에너지는
에너지 준위 차이가 큰 궤도 사이를 전이할 때 더 크고,
방출되는 광자 1개의 에너지와 방출되는 빛의 진동수는 비례하므로
방출되는 빛의 진동수는 c에서가 b에서보다 크다.

(ㄴ. 참)

ㄷ. 방출되는 광자 1개의 에너지는
에너지 준위 차이가 작은 궤도 사이를 전이할 때 더 작고,
방출되는 광자 1개의 에너지와 방출되는 빛의 파장은 반비례하므로
b, c, d 중 b에서 방출되는 빛의 파장이 가장 길다.
(나)에서 ㉡은 파장이 가장 긴 방출선이므로
㉡은 b에 의해 나타난 스펙트럼선이다.

(ㄷ. 거짓)

정답

기출 예시 28
ㄴ

기출 예시 29

14학년도 수능 12번 문항

그림 (가)는 보어의 수소 원자 모형에서 양자수 n에 따른 에너지 준위와 전자의 전이 a, b를 나타낸 것이고, (나)는 가열된 수소 원자에서 전자가 $n=2$인 궤도로 전이할 때 방출되는 빛의 선 스펙트럼을 파장에 따라 나타낸 것이다.

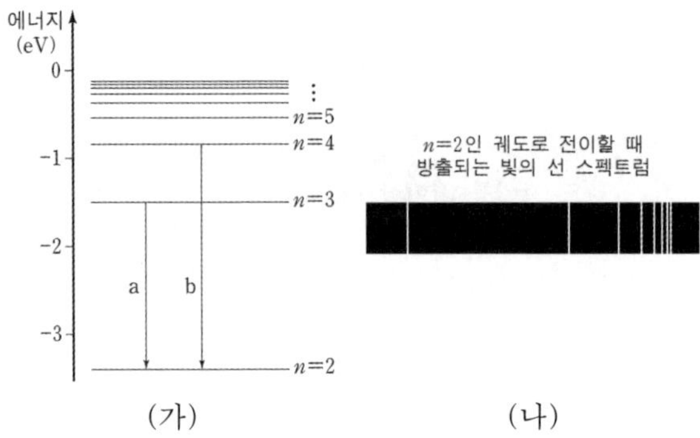

이에 대한 설명으로 옳은 것만을 〈보기〉에서 있는 대로 고른 것은?

〈보 기〉

ㄱ. 전자가 $n=2$인 궤도에 머물러 있는 동안에는 빛이 방출되지 않는다.

ㄴ. 방출되는 광자의 에너지는 a에서가 b에서보다 크다.

ㄷ. (나)에서 오른쪽으로 갈수록 파장이 짧다.

해설

ㄱ. 전자가 전이하지 않고 특정 궤도에 머물러 있는 동안에는
빛이 방출되거나 흡수되지 않는다.

(ㄱ. 참)

ㄴ. 방출되는 광자의 1개의 에너지는
에너지 준위 차이가 큰 궤도 사이를 전이할 때 더 크므로
방출되는 광자의 에너지는 a에서가 b에서보다 작다.

(ㄴ. 거짓)

ㄷ. 양자수 n이 커질수록
인접하는 두 궤도 간 에너지 준위 차이가 줄어들므로
양자수 n이 커질수록 인접하는 두 궤도에서 $n=2$인 궤도로 전이할 때 방출되는 광자 1개의 에너지 차이가 줄어든다.
따라서 (나)에서 방출되는 빛의 선 스펙트럼 사이의 간격이 좁아지는 쪽으로 갈수록
양자수 n이 큰 궤도에서 $n=2$로 전이할 때
방출되는 빛의 선 스펙트럼이 나타난다.
방출되는 광자의 에너지는
에너지 준위 차이가 큰 궤도 사이를 전이할 때 더 크고,
방출되는 광자의 에너지와 방출되는 빛의 파장은 반비례하므로
(나)에서 오른쪽으로 갈수록 파장이 짧다.

(ㄷ. 참)

정답

기출 예시 29
ㄱ, ㄷ

PART
5

개념편

PART

Mechanica 물리학1

1. 고체의 에너지 준위 (에너지 띠)

에너지 띠가 형성되는 이유

○ 수소 원자의 에너지 준위는 양자화 되어 있다.
이는 수소 '기체'에 해당하는 에너지 준위이며,
거의 대부분의 기체의 경우 에너지 준위가 양자화되어 있다.
이전 장에서는 아래 그림과 같은 '기체'의 에너지 준위에 대해서 다루었다.

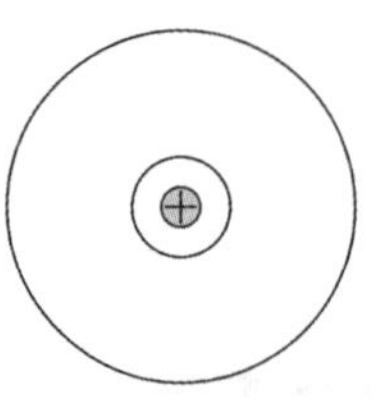

그런데 아래 그림과 같이 원자가 규칙적으로 여러 개인 고체에서는 에너지 준위가 어떻게 될까?

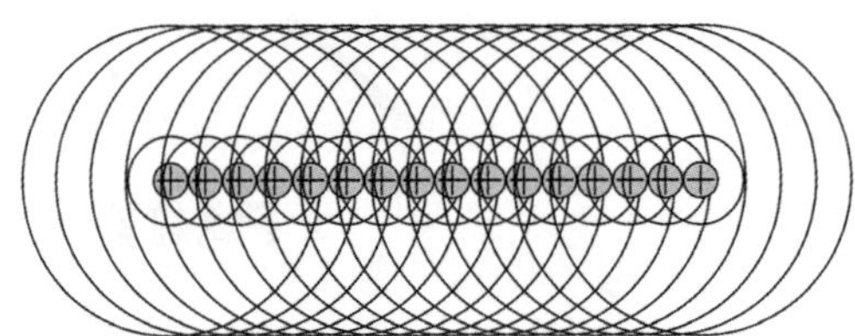

① 파울리 배타 원리
쉽게 동일한 원자 X, Y를 두고 생각해 보자.
X와 Y에는 각각의 에너지 준위가 있다.

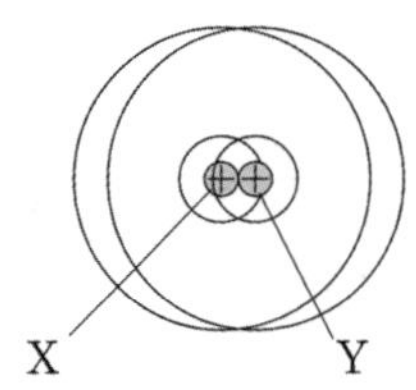

고체는 원자 사이의 간격이 기체보다 가까운 상태이다.
즉, 아래 그림과 같이 원자가 가까워진 상태이며,
이런 경우 아래 그림과 같이 에너지 준위가 겹치게 되며
같은 에너지 준위에 두 개의 전자가 존재하게 된다.

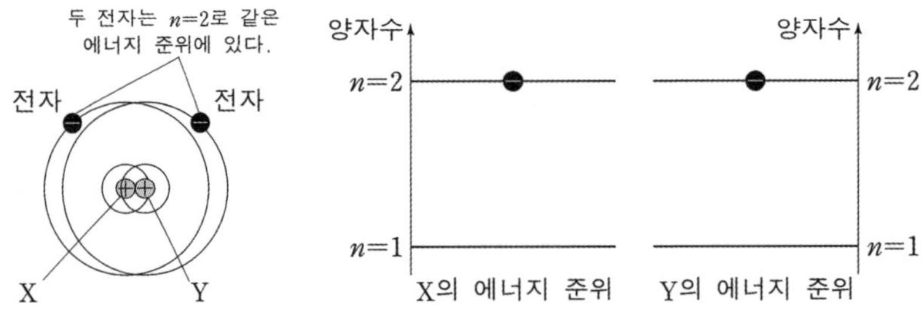

그런데
과학적으로 하나의 양자 상태에 동일한 전자 2개가 존재할 수 없다.
이를 '파울리 배타 원리'라 한다.
즉, 위와 같이 두 개의 전자의 에너지 준위가 같은 상황은 과학적으로 말이 안 된다는 뜻이다.

② 그럼 어떻게 되는게 맞을까?
파울리 배타 원리에 따라 전자는 같은 양자 상태에 존재하지 못하므로 미세한 차이를 두며 존재한다.

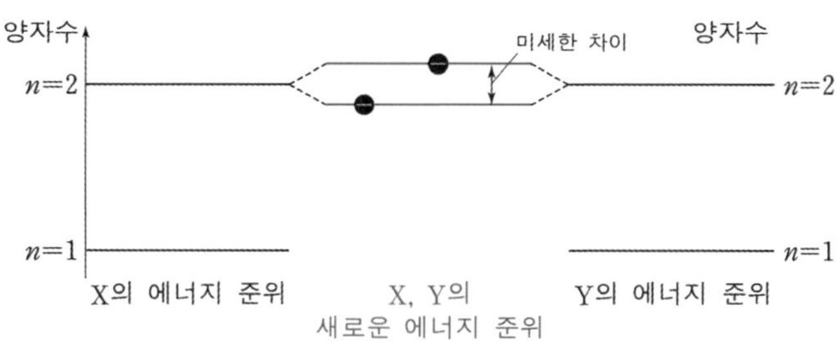

원자 개수를 늘려 보자. (X, Y, Z, W)

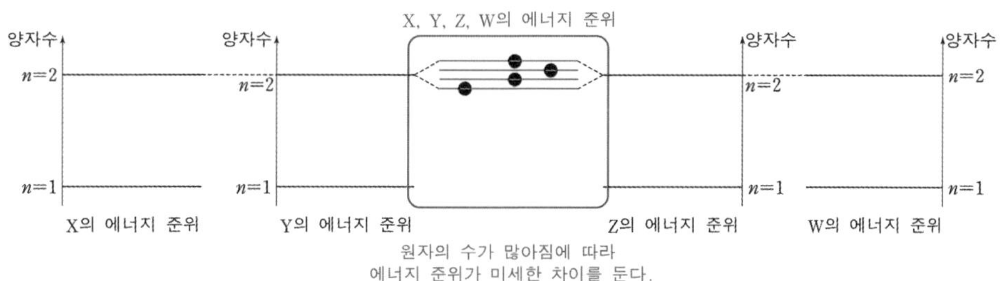

원자의 개수가 많아진다면 위 그림과 같이 에너지 준위가 촘촘해진다.

원자의 개수를 매우 많이 늘린다면 다음과 같이 변할 것이다.

이를 **'에너지 띠'**라 부른다.
원자의 에너지 준위는 하나만 존재하는게 아니기 때문에 고체의 에너지 띠는 여러 구역으로 생길 것이다.
(빨간색 뿐만 아니라 **파란색 초록색** 에너지 띠처럼 띠가 일정 간격을 두고 나타날 것이다.)

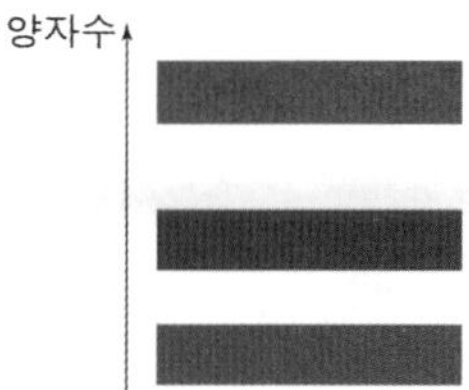

에너지 띠는 통상적으로 아래 그림과 같이 그린다.

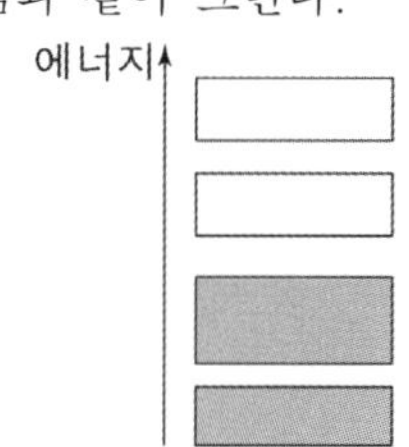

평가원에서는
회색 부분은 '색칠된 부분'이고
흰색 부분은 '색칠되지 않는 부분'이라고 부른다.

에너지 띠 구조와 용어

에너지 띠는 아래 그림과 같이 표현한다.

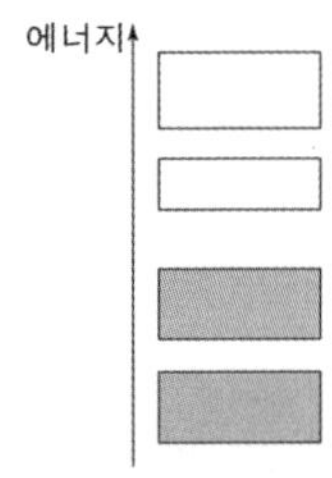

에너지 띠를 부르는 용어가 있다.

우선 보어의 수소 원자 모형에서 '에너지 준위 사이'에는 전자가 존재할 수 없다.
마찬가지로 에너지 띠 사이에 벌어진 틈에는 전자가 존재할 수 없다.
이를 금지된 띠라고 부른다.

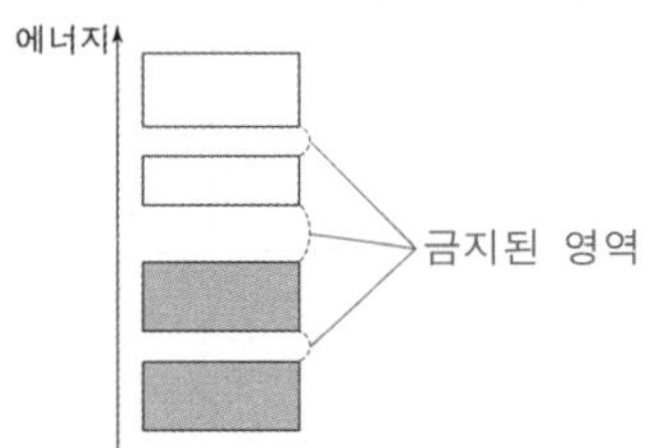

에너지 띠에 해당하는 영역은 전자가 존재할 수 있는 영역이다.
이를 허용된 띠라 부른다.

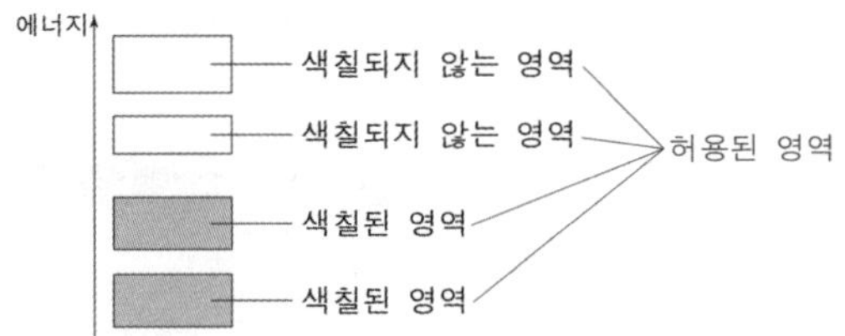

에너지 띠를 보면 색칠된 영역과 색칠되지 않는 영역이 있다.
이는 고체의 온도와 관련이 있다.
이와 같은 모습은 고체가 절대 영도(0K)일 때의 모습이다.

ㅇ 절대 영도(0K)
원자와 전자의 운동 에너지가 0인 온도로, 이 온도에서는 고체 내 전자의 에너지가 0이다.

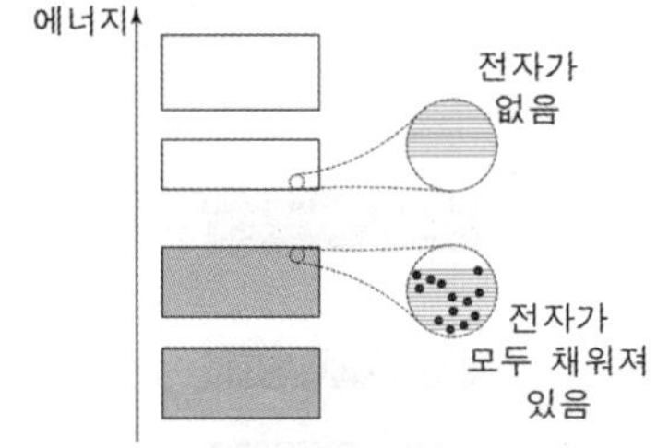

색칠된 영역과 색칠되지 않는 영역을 확대해 보면 위와 같다.
즉,
색칠된 영역은 전자가 모두 채워진 영역을 의미하고,
색칠되지 않는 영역은 전자가 없는 영역을 의미한다.

색칠된 영역에서 전자는 모두 빈틈없이 채워져 있다.

색칠된 영역 중 가장 에너지가 높은 띠를 원자가 띠라 부른다.
색칠되지 않는 영역 중 가장 에너지가 낮은 띠를 전도띠라 부른다.

원자가 띠와 전도띠 사이의 에너지 준위 차를 띠 간격이라 부른다.

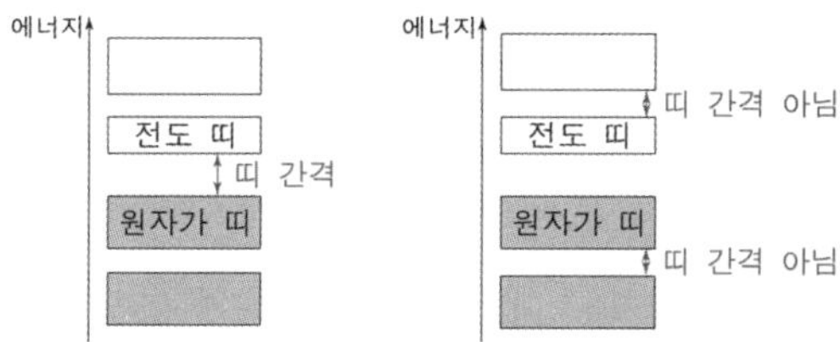

★★ 주의 사항!
원자가 띠와 전도띠 사이의 간격이 아닌 띠 사이의 간격을 띠 간격이라 부르지 않는다.
원자가 띠와 전도띠 사이의 간격만을 띠 간격이라 부른다.

 에너지 띠에서 전자의 전이 / 양공

절대 영도(0K)에서 전자는 모두 바닥 상태에 존재하며,
전도띠와 그 이상의 띠에서는 전자가 존재하지 않는다.

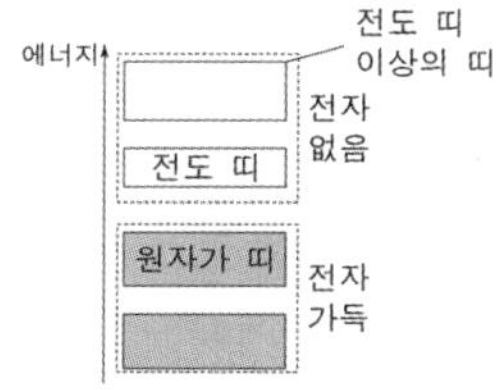

이때
고체의 온도가 증가하거나,
고체에 전압을 가하거나
고체에 빛을 비추어 준다면
전자는 에너지를 흡수한다.
이로 인해 원자가 띠의 전자가 전도띠로 넘어간다.

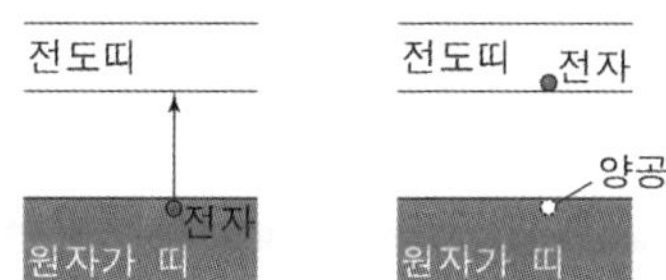

채워진 띠는 '전기적으로 중성'이다.
그런데 전자가 원자가 띠에서 전도띠로 넘어가면서 음(−)전하가 빠져 나가는데
그 자리에는 전자의 빈 공간이 남게 된다.
이를 **양공**이라 한다. 쉽게 양(+)전하를 띠는 입자라 생각해도 된다.

참고로 고체에 에너지를 많이 가하거나, 온도가 높아지면 전자는 원자가 띠에서 전도띠로 넘어가 양공이 많이 생기게 된다.

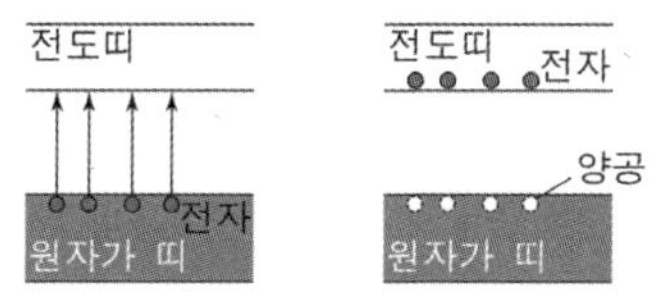

전기 전도도와 전기 전도성

전기 전도도(σ)/전기 전도성: 전류가 잘 흐르는 정도

※ 주로 전기 전도도는 수치적인 값이고, 전기 전도성은 정성적으로 좋다 나쁘다로 표현한다.

전기가 잘 흐르는 물질 → 전기 전도성이 **좋다**! / 전기 전도도가 **크다**!

전기가 잘 못 흐르는 물질 → 전기 전도성이 **안 좋다**! / 전기 전도도가 **낮다**!

비저항(ρ): 단위 면적 당, 단위 길이 당 저항.

비저항이 클수록 저항이 커서 **전류가 잘 못 흐름**

전기 전도도(σ)는 식으로 나타낼 수 있다. 이는 비저항(ρ)의 역수로 표현한다.

$$\sigma = \frac{1}{\rho}$$

(단위: $\Omega^{-1} \cdot \mathrm{m}^{-1}$)

도체의 저항값과 비저항 사이 관계는 다음과 같다.

(R: 도체의 저항값, S: 도체의 면적, l: 도체의 길이, ρ: 비저항, σ: 전기 전도도)

$$R = \rho\frac{l}{S},\quad \rho = R\frac{S}{l},\quad \sigma = \frac{1}{\rho} = \frac{l}{RS}$$

고체의 전기 전도도

전도띠로 전이된 전자는 '자유 전자'로 불린다.

자유 전자는 고체 내에서 자유롭게 이동한다.

전자가 자유롭게 이동함에 따라 고체는 전류가 흐를 수 있다.

전자의 수가 많으면 많을수록 전류가 잘 흐르게 된다.

(전기 전도성이 좋아진다/ 전기 전도도가 커진다.)

즉, 전자가 '원자가 띠에서 **전도띠**로 쉽게 전이 되는 물질일수록 **전류가 쉽게 흐를 수 있다.**'

고체의 띠 간격이 작을수록 고체에 에너지를 적게 가해 주어도

전자가 쉽게 전도띠로 넘어갈 수 있고, **전류가 쉽게 흐를 수 있다.**

즉, 띠 간격이 작을수록 전류가 쉽게 흐를 수 있고, 전기 전도도가 커진다.

다음과 같은 성질은 기억하자!

정리 띠 간격

띠 간격이 작을수록 전기 전도도가 커진다!

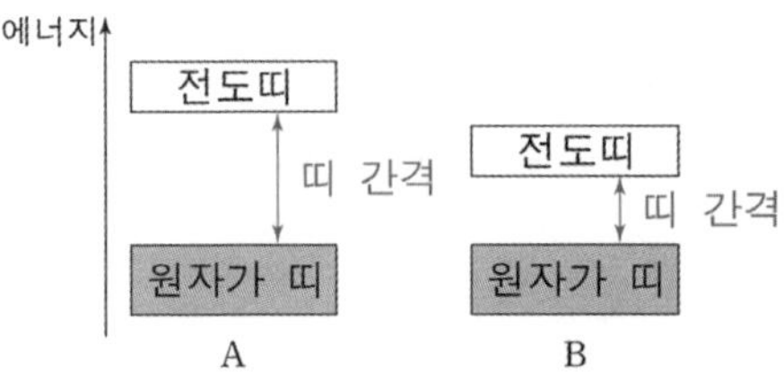

예를 들면 위 그림은 고체 A와 B의 에너지 띠를 나타낸 것이다.

띠 간격은 A가 B보다 크다.

따라서

전기 전도도는 A가 B보다 **작다**.

고체의 성분에 따라서 띠 간격이 달라진다.

물리학1 교육과정에서 배우는 고체의 종류에 대해서 다루어보자.

○ 띠 간격이 어떻게 달라지나요?
띠 간격이 어떻게 달라지는지는 고등 교육과정에서 설명하기 힘들다. 물리학과 학부 4학년 교육과정에 '고체 물리'와 '반도체 물리학'을 공부해야 이해할 수 있고, 그 마저도 부족하다. 물리학과 대학원에 들어가서 실험과 공부를 통해 알 수 있다. 고등 교육과정에서는 지금까지 배운 내용과의 연관성만을 생각하여 암기하는 식으로만 다룬다.

도체/절연체/반도체

고체의 띠 간격에 따라 도체, 절연체, 반도체 세 가지로 나누어져 있다.

도체: 원자가 띠와 전도띠가 겹쳐 있는 고체
전기 전도도가 매우 크다.

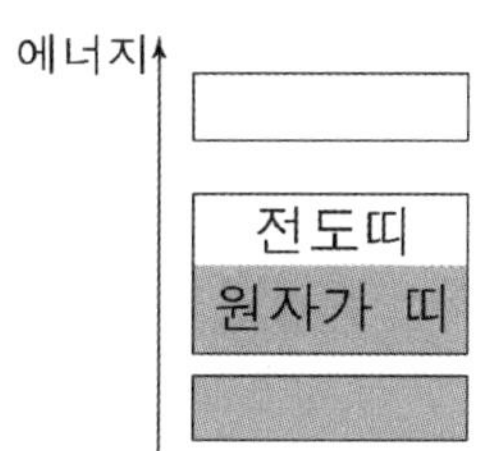

띠 간격이 0이다.
원자가 띠의 전자가 매우 작은 에너지에도 전도띠로 전이된다.
전기 전도도가 크다.
예시) 은, 구리, 알루미늄

절연체: 띠 간격이 매우 넓은 고체
전기 전도도가 매우 작다.

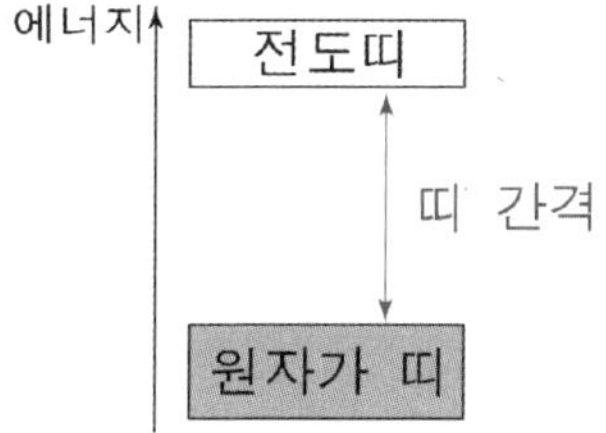

띠 간격이 비교적 크다.
원자가 띠의 전자에 매우 큰 에너지를 가해야 전도띠로 전이될 수 있다.
전기 전도도가 작다.
예시) 나무, 고무, 유리

반도체: 띠 간격이 절연체보다 작은 고체. 하지만, 도체처럼 원자가 띠와 전도띠가 겹쳐 있지는 않다.

띠 간격이 도체보다는 작다.
예시) 규소(Si), 저마늄(Ge)
전기 전도도는 도체보다 작고 절연체보다 크다.

○ 온도에 따른 비저항
수능에 출제되기는 살짝 힘들지만 EBS에 나온 자료로, 온도에 따른 변화를 살펴보자.

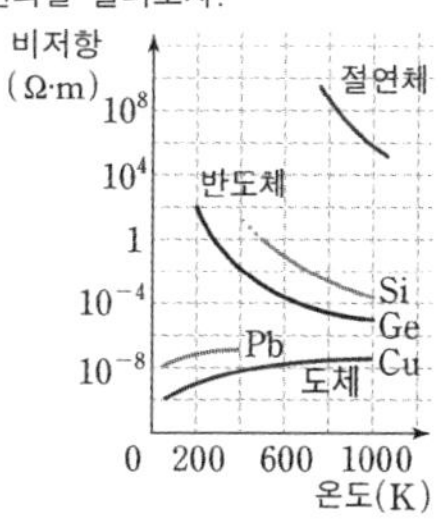

절연체와 반도체는 온도가 증가할수록 비저항은 감소하고 전기 전도도는 증가한다. 이는 앞서 설명과 일치하지만, 도체의 경우는 온도가 증가할수록 비저항이 증가하고, 전기 전도도가 감소한다.
그 이유는 온도가 높아질수록 원자가 운동하기 때문에 전자가 원자 사이를 통과하기 어렵기 때문이다.

기출 예시 30

22학년도 6월 모의고사 3번 문항

그림은 학생 A, B, C가 도체, 반도체, 절연체를 각각 대표하는 세 가지 고체의 전기 전도도와 에너지띠 구조에 대해 대화하는 모습을 나타낸 것이다.

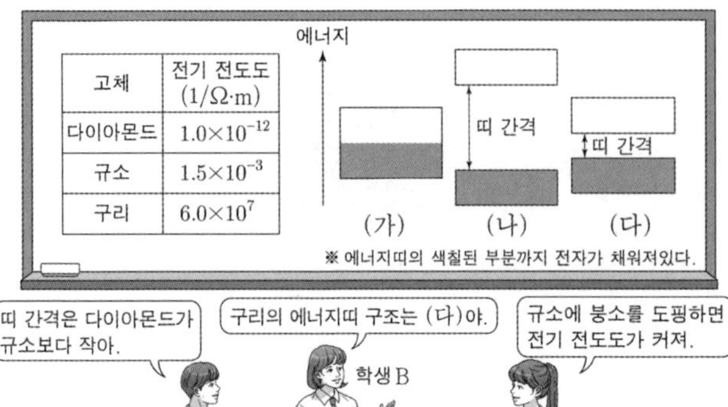

고체	전기 전도도 $(1/\Omega \cdot m)$
다이아몬드	1.0×10^{-12}
규소	1.5×10^{-3}
구리	6.0×10^{7}

제시한 내용이 옳은 학생만을 있는 대로 고른 것은?

① A　② B　③ C　④ A, B　⑤ B, C

기출 예시 31

20학년도 9월 모의고사 5번 문항

그림 (가), (나)는 반도체의 원자가 띠와 전도띠 사이에서 전자가 전이하는 과정을 나타낸 것이다. (나)에서는 광자가 방출된다.

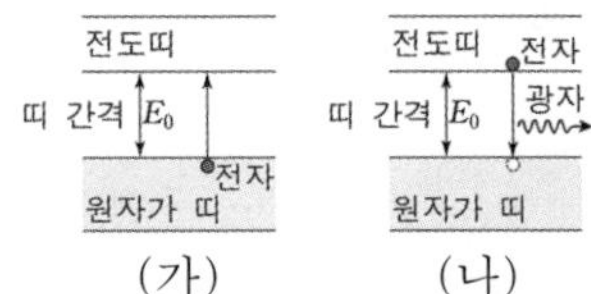

이에 대한 설명으로 옳은 것만을 〈보기〉에서 있는 대로 고른 것은?

〈보 기〉

ㄱ. (가)에서 전자는 에너지를 흡수한다.
ㄴ. (나)에서 방출되는 광자의 에너지는 E_0보다 작다.
ㄷ. (나)에서 원자가 띠에 있는 전자의 에너지는 모두 같다.

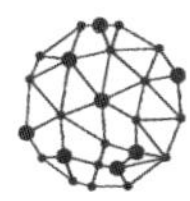

해설

A. 띠 간격이 작을수록 전기 전도도가 커지므로
띠 간격은 다이아몬드가 규소보다 크다.

(A. 거짓)

B. 구리는 전기 전도도가 가장 큰 도체이므로 원자가 띠와 전도띠가 겹쳐 있어 띠 간격이 없다.
따라서 구리의 에너지띠 구조는 (가)이다.

(B. 거짓)

C. 규소의 전기 전도도가 도체인 구리보다 작고
절연체인 다이아몬드보다 큰 반도체이다.
반도체에 불순물인 붕소를 첨가하는 도핑을 하면
반도체의 전기 전도도가 커진다.

(C. 참)

정답

기출 예시 30
③

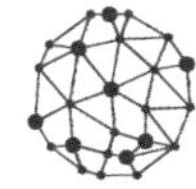

해설

ㄱ. (가)에서 전자는 원자기 띠에서 전도띠로 전이하므로
띠 간격 E_0 이상의 에너지를 흡수한다.

(ㄱ. 참)

ㄴ. (나)에서 전자는 전도띠에서 원자가 띠로 전이하므로
(나)에서 방출되는 광자의 에너지는 띠 간격 E_0보다 크다.

(ㄴ. 거짓)

ㄷ. 파울리 배타 원리에 의해
하나의 양자 상태에 동일한 2개 이상의 전자가 존재할 수 없다.
따라서 (나)에서 원자가 띠에 있는 전자의 에너지는 모두 다르다.

(ㄷ. 거짓)

정답

기출 예시 31
ㄱ

기출 예시 32

21학년도 9월 모의고사 5번 문항

다음은 물질 A, B, C의 전기 전도도를 알아보기 위한 탐구이다.

〔자료 조사 결과〕
- ○ A, B, C는 각각 도체와 반도체 중 하나이다.
- ○ 에너지띠의 색칠된 부분까지 전자가 채워져 있다.

에너지지
A B C
에너지띠 구조

〔실험 과정〕
(가) 그림과 같이 저항 측정기에 A, B, C를 연결하여 저항을 측정한다.
(나) 측정한 저항값을 이용하여 A, B, C의 전기 전도도를 구한다.

〔실험 결과〕

물질	A	B	C
전기 전도도($1/\Omega\cdot m$)	6.0×10^7	2.2	㉠

이에 대한 설명으로 옳은 것만을 〈보기〉에서 있는 대로 고른 것은?

〈보 기〉

ㄱ. ㉠에 해당하는 값은 2.2보다 작다.
ㄴ. A에서는 주로 양공이 전류를 흐르게 한다.
ㄷ. B에 도핑을 하면 전기 전도도가 커진다.

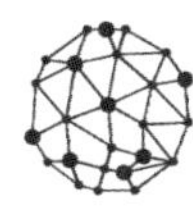

해설

ㄱ. A와 C는 원자가 띠와 전도띠가 겹쳐있는 도체이고,
B는 띠 간격이 존재하므로 반도체이다.
도체인 C는 반도체인 B보다 전기 전도도가 크므로
㉠에 해당하는 값은 2.2보다 크다.

(ㄱ. 거짓)

ㄴ. A는 도체로, 주로 자유 전자가 전류를 흐르게 한다.

(ㄴ. 거짓)

ㄷ. 반도체에 불순물을 첨가하는 도핑을 하면 양공 또는 자유 전자가 생겨 전기 전도도가 커진다.

(ㄷ. 참)

정답

기출 예시 32
ㄷ

기출 예시 33

21학년도 수능 4번 문항

다음은 물질의 전기 전도도에 대한 실험이다.

〔실험 과정〕

(가) 물질 X로 이루어진 원기둥 모양의 막대 a, b, c를 준비한다.

(나) a, b, c의 ㉠ 과/와 길이를 측정한다.

(다) 저항 측정기를 이용하여 a, b, c의 저항값을 측정한다.

(라) (나)와 (다)의 측정값을 이용하여 X의 전기 전도도를 구한다.

〔실험 결과〕

막대	㉠ (cm^2)	길이 (cm)	저항값 (kΩ)	전기 전도도 (1/Ω·m)
a	0.20	1.0	㉡	2.0×10^{-2}
b	0.20	2.0	50	2.0×10^{-2}
c	0.20	3.0	75	2.0×10^{-2}

이에 대한 설명으로 옳은 것만을 〈보기〉에서 있는 대로 고른 것은?

〈보 기〉

ㄱ. 단면적은 ㉠에 해당한다.

ㄴ. ㉡은 50보다 크다.

ㄷ. X의 전기 전도도는 막대의 길이에 관계없이 일정하다.

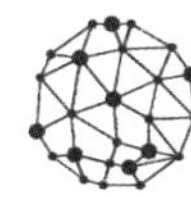

해설

ㄱ. 전기 전도도를 알기 위해서는
저항값, 단면적, 길이를 알아야 하므로 단면적은 ㉠에 해당한다.

(ㄱ. 참)

ㄴ. 전기 전도도를 σ, 저항값을 R, 길이를 l, 단면적을 S로 두면
다음이 성립한다.

$$R=\frac{1}{\sigma}\frac{l}{S}$$

a와 b는 단면적과 전기 전도도가 같으므로
길이와 저항값이 비례한다. 따라서 ㉡은 25이다.

(ㄴ. 거짓)

ㄷ. 전기 전도도는 물질의 고유한 특성이므로
물질 X의 전기 전도도는 막대의 길이에 관계없이 일정하다.

(ㄷ. 참)

정답

기출 예시 33
ㄱ, ㄷ

2. 반도체와 다이오드

순수한 반도체

띠 간격이 비교적 좁은 반도체에 대해서 이야기해보자.

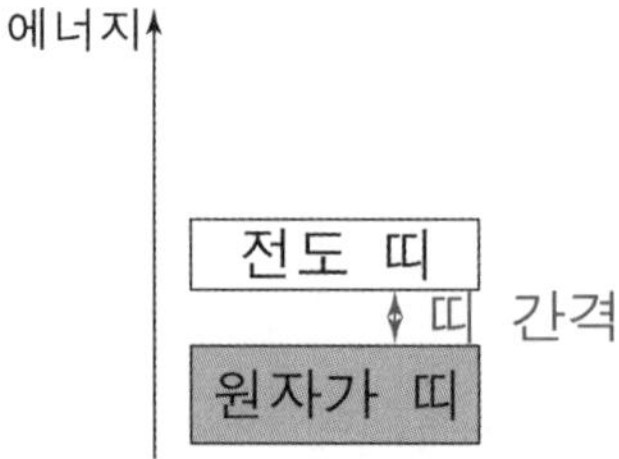

반도체의 예로는 규소(Si), 저마늄(Ge)가 있다.

주기율표에서 해당 원소의 위치를 한번 살펴보자.

	1족	2족	13족	14족	15족	16족	17족	18족
1주기	H							He
2주기	Li	Be	B	C	N	O	F	Ne
3주기	Na	Mg	Al	Si	P	S	Cl	Ar
4주기	K	Ca	Ga	Ge	As	Se	Br	Kr

ㅇ 14족 원소인 탄소(C)는 왜 반도체가 아닐까?
다이아몬드 구조를 갖는 원소가 하나 더 있다. 다이아몬드 그 자체이다. 다이아몬드는 탄소(C)로 이루어졌다. 다이아몬드는 왜 반도체로 활용되지 못할까? 이에 대해서 논문을 찾아보고 전공교수님께 직접 질문했다. 다음과 같은 이유 때문에 활용되지 않는다.
① 띠 간격이 생각보다 크다.
② 탄소는 타기 쉽다.
③ 다이아로 반도체소자를 만들어봐라. 전자기기 가격이 어떻겠는가?

실험적으로 다이아반도체가 존재하긴 한다. 하지만! 고등교육과정상 탄소(다이아몬드)는 절연체로 이해하자.

해당 원소들은 14족 원소에 속한다.
규소(Si), 저마늄(Ge)으로만 이루어진 물질은 공유 결합하여 결정 구조를 이룬다.

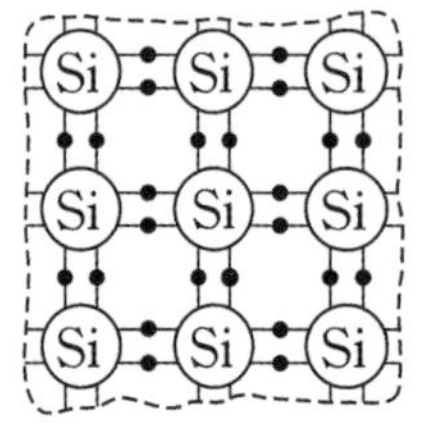

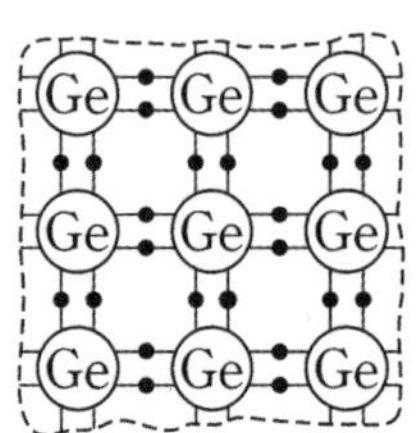

여담으로 규소(Si), 저마늄(Ge)의 결합을 입체적으로 나타내 보면 아래와 같다.

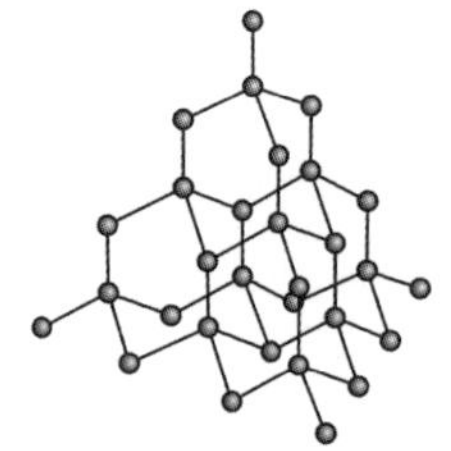

위와 같은 결정 구조를 '다이아몬드 구조'라 한다.
이런 구조를 갖는 원소들은 '반도체'로서 적합하다.

이렇듯 한 원소로만 이루어진 반도체를 '순수한 반도체' 또는 '진성 반도체'라고 부른다.

불순물을 첨가한 반도체 (도핑한 반도체)

도핑: 순수한 반도체(진성 반도체)에 13족, 15족 원소를 첨가하는 과정

규소(Si)에 도핑을 하면 어떤 현상이 일어날까?

아래 그림은 도핑을 한 결과를 나타낸 것이다.

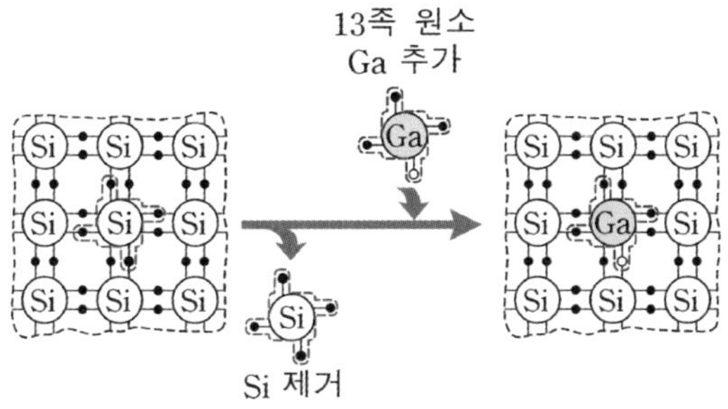

〔13족 원소 도핑〕

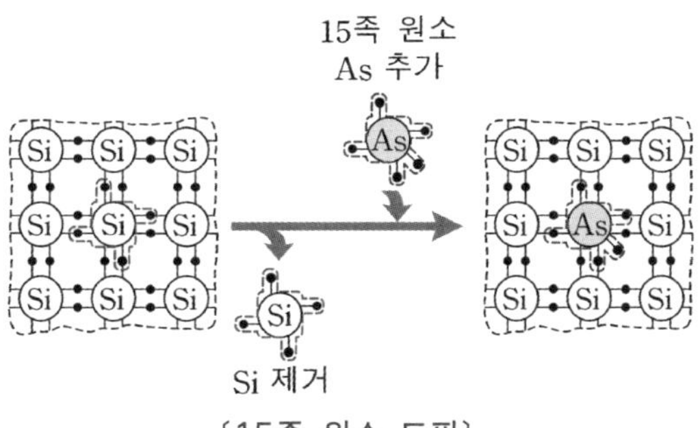

〔15족 원소 도핑〕

13족 원소를 도핑한 결과 양공이 생기고
15족 원소를 도핑한 결과 자유 전자가 생긴다.

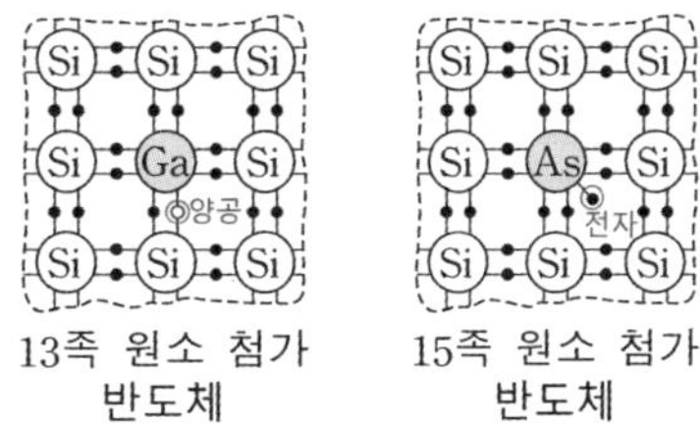

해당 반도체는 이 양공과 전자가 추가적인 전하를 운반하기 때문에 전류를 더 잘 흐르게 한다.
즉,
전기 전도도가 커지는 효과가 생긴다.

13족 원소를 첨가한 반도체를 p형 반도체
15족 원소를 첨가한 반도체를 n형 반도체 라 부른다.

p형 반도체에는 양(+)(positive)전하를 띤 양공이
n형 반도체에는 음(−)(negative)전하를 띤 자유 전자가 존재한다.

p형 반도체와 n형 반도체의 에너지 띠는 어떻게 형성되어 있을까?
다음 페이지에서 살펴보자.

Mechanica 물리학1

도핑한 반도체의 전기 전도도와 에너지 띠

진성 반도체, p형 반도체, n형 반도체의 에너지 띠는 아래와 같다.

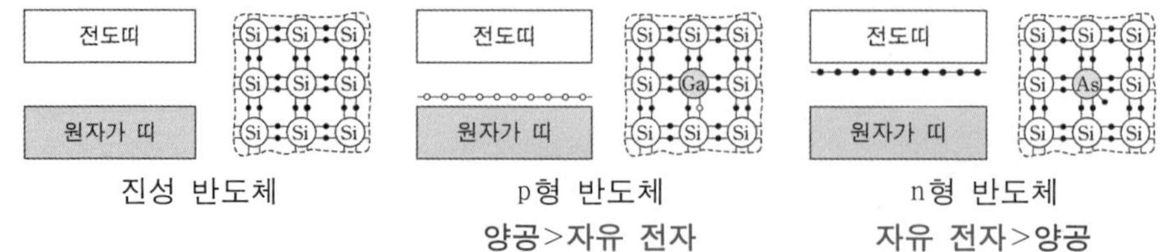

- p형 반도체는 **양공**이 **자유 전자**의 수보다 많다.
  따라서 p형 반도체의 주요 전하 나르개 **양공**이다.
- n형 반도체는 **자유 전자**가 **양공**의 수보다 많다.
  따라서 n형 반도체의 주요 전하 나르개는 **자유 전자**이다.
- p형 반도체는 원자가 띠가 두꺼워지는 효과
  n형 반도체는 전도띠가 두꺼워지는 효과가 있다.

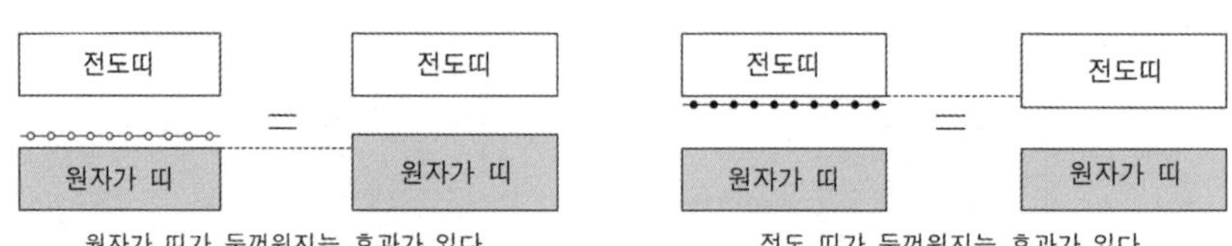

이에 따라 띠 간격이 **줄어들어** 전기 전도도가 **증가**한다.
따라서 전기 전도도는 다음과 같이 비교할 수 있다.

진성 반도체 < p형 반도체
진성 반도체 < n형 반도체

p-n 접합 다이오드

p형 반도체와 n형 반도체는 붙여서(접합시켜) 전기 소자로 활용할 수 있다.

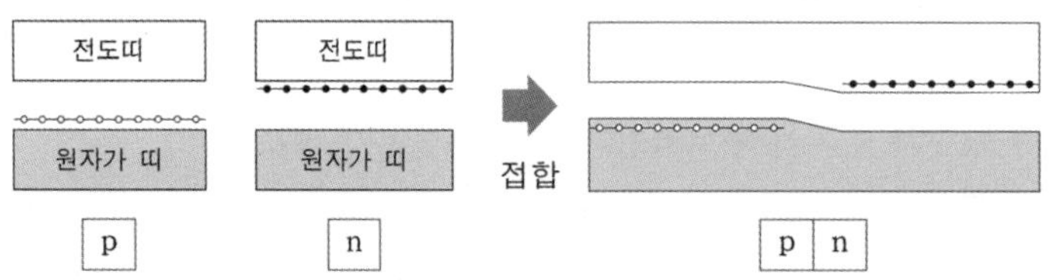

p형 반도체와 n형 반도체를 접합하여 만든 반도체를 p-n 접합 다이오드라 부른다.

이때 p형 반도체와 n형 반도체는 p , n 와 같이 사각형으로 표시하고
p-n 접합 다이오드는 p n 와 같이 p , n 가 붙어있는 형태로 표기한다.

회로의 기본 정리

p－n 접합 다이오드는 '저항'과 마찬가지인 전기 소자이다.
다이오드는 회로에 연결하여 활용가능하다.
p－n 접합 다이오드를 회로에 연결할 예정인데,
그 전에 중학교 때 배운 '회로'의 특징을 살펴보자.

① 전선(전류의 방향)
전선은 '전류가 흐르는 길'이다.
전선은 전기 전도도가 매우 큰 도체로 이루어져 있다. (대부분 구리 전선을 활용한다.)
물리학1에서 도선의 저항의 값은 0이다.

전선에 전류가 흐를 때 어떤 현상이 일어나는지 확인해 보자.
전선을 구성하는 원자들이 있고, 이 원자들은 '자유 전자'를 가지고 있다.
전자의 이동 방향과 전류의 방향은 다음과 같은 정의를 따르고 이는 외우길 바란다.

암기 전자의 이동 방향과 전류의 방향

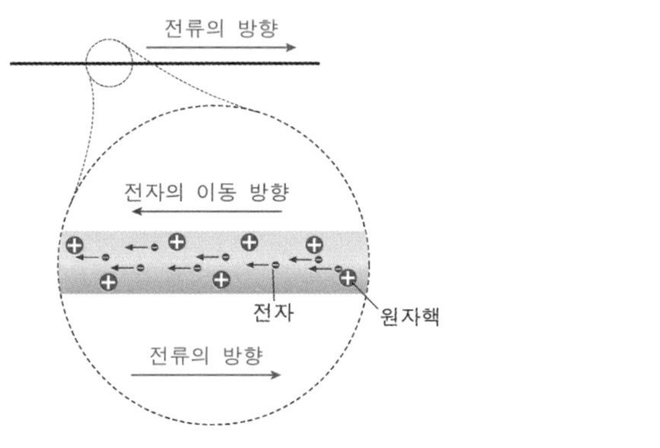

전선의 원자핵은 고정되어 있다.
그리고 전자들만 이동하게 되는데, 다음과 같은 규칙이 성립한다.
전류의 방향 = 전자의 이동 방향의 반대 방향

② 저항
저항은 전류를 약하게 만들어주는 소자이고, 이는 아래와 같이 번개 모양으로 표기한다.
가끔 전구 모양으로도 나오는데, 전구도 저항이다.
전구와 저항의 차이는,
저항의 경우 전류가 흐르는 게 시각적으로 보이지 않지만
전구는 전류가 흐르면 빛을 방출하여 시각적으로 전류가 흐름을 확인할 수 있다.

[왼쪽 그림이 저항, 오른쪽 그림은 전구를 의미한다.]

③ 다이오드
다이오드는 다음과 같이 표현한다.

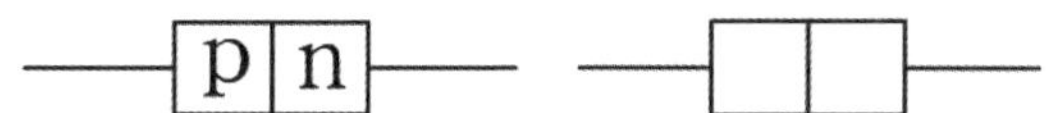

오른쪽 그림처럼 p, n을 빈칸으로 표시하기도 하는데,
이는 왼쪽이 p형인지, 오른쪽이 p형인지 문제의 상황에 맞게 맞춰 보라는 의미이다.

p－n 접합 발광 다이오드에 전류가 흐를때는 빛을 방출한다.

④ 전원 장치/전지

'전원 장치/전지'는 전기를 공급하는 장치이다.
왼쪽 그림은 전지의 모습을, 오른쪽 그림은 회로상에서 전지의 모습을 나타낸 것이다.

전지의
짧고 뚱뚱한 부분은 음(−)극
길고 얇은 부분은 양(+)극이다.

전지에 전선을 연결하면 전류가 흐른다.
아래 그림과 같이 전지는 양(+)극에서 전류가 나와 음(−)극으로 전류가 들어간다.

⑤ 스위치

스위치는 도선을 연결하거나 끊어주는 장치이다.

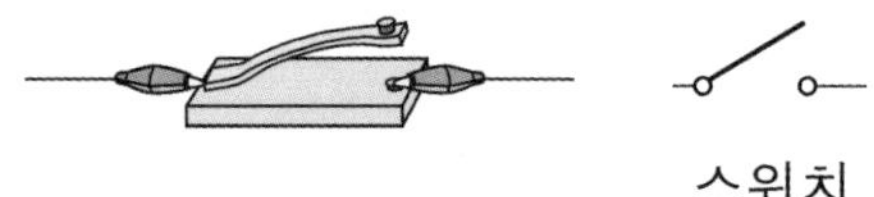

스위치를 열면, 전선이 끊어진 것을 의미한다.
즉, 해당 전선은 없는 것과 다름없다.

반면 스위치를 닫으면, 전선이 연결된 것을 의미한다.

아래 그림과 같은 갈래 스위치도 존재하는데,
a에 연결하면, b에는 전류가 흐르지 않고,
b에 연결하면, a에는 전류가 흐르지 않는다.

p-n 접합 다이오드의 회로 연결

p−n접합 다이오드를 전지의 양(+)극과 음(−)극에 연결해 보자.
그림과 같이 p−n접합 다이오드를 아래와 같이 두 가지 방식으로 연결해 보자.

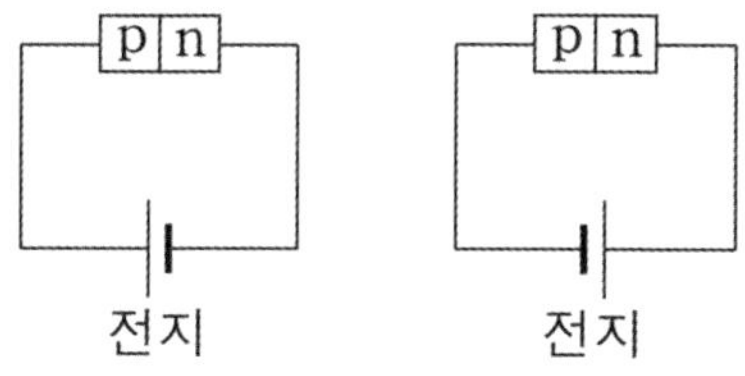

① p형 반도체에 양(+)극, n형 반도체에 음(−)극 연결

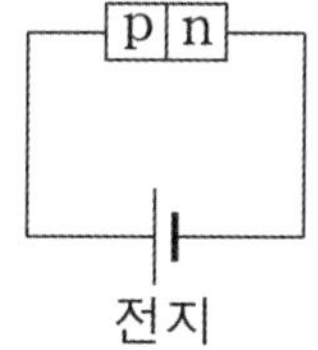

위와 같이 연결하게 되면 p−n접합 다이오드에서는 아래 그림과 같이 p형 반도체와 n형 반도체의 양공과 전자가 결합하게 된다.

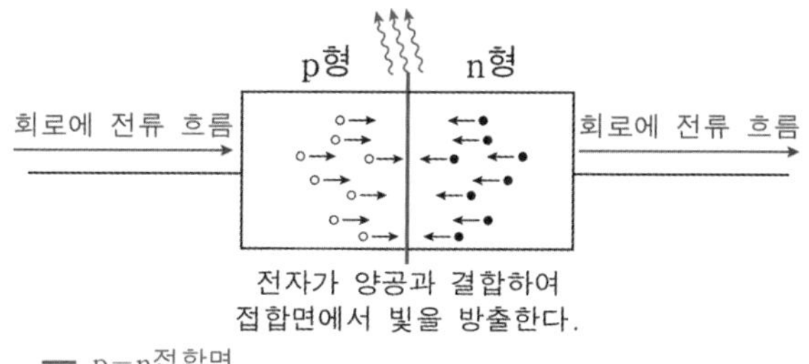

이를 에너지 띠의 형태로 나타내 보면 다음과 같다.

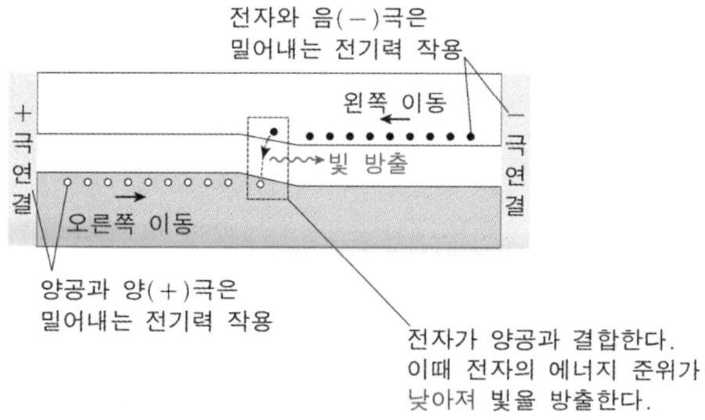

양공은 양(+)극과, 전자는 음(−)극과 밀어내는 전기력이 작용한다.
그렇게 되면 양공과 전자는 p−n접합면에서 만나게 되는데, 이때 빛을 방출하게 된다.

② p형 반도체에 음(−)극, n형 반도체에 양(+)극 연결

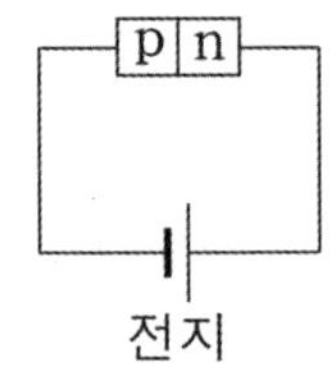

위와 같이 연결하게 되면 p−n접합 다이오드에서는 아래 그림과 같이 p형 반도체와 n형 반도체의 양공과 전자가 결합하지 못한다.

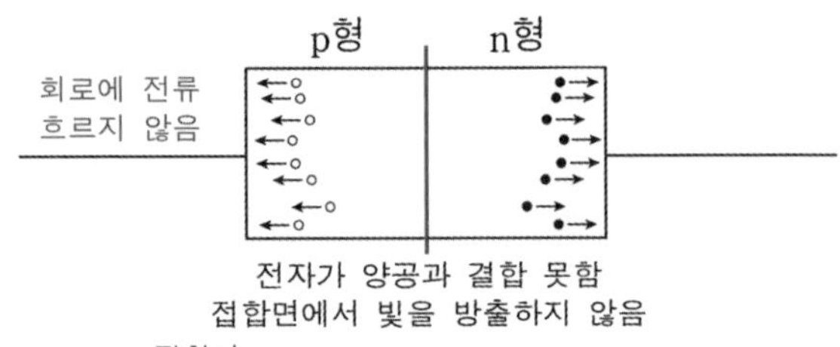

이를 에너지 띠의 형태로 나타내 보면 다음과 같다.

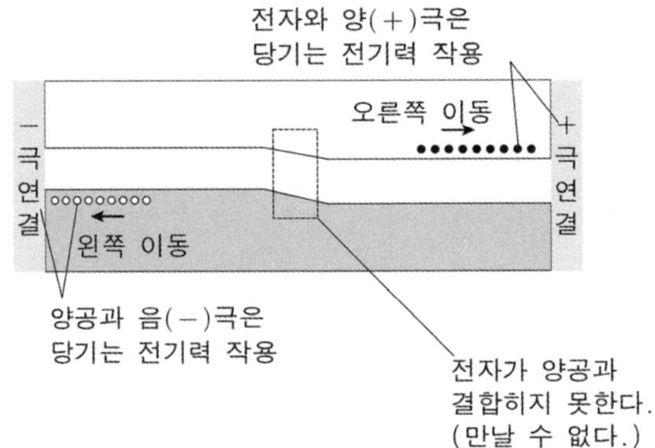

양공은 음(−)극과, 전자는 양(+)극과 당기는 전기력이 작용한다.
그렇게 되면 양공과 전자는 p−n접합면에서 만나지 못한다.

결론
p형 반도체에 양(+)극, n형 반도체에 음(−)극이 연결되어 있을 경우 (아래 그림과 같은 상황)
이때는 다이오드에 전류가 흐른다.

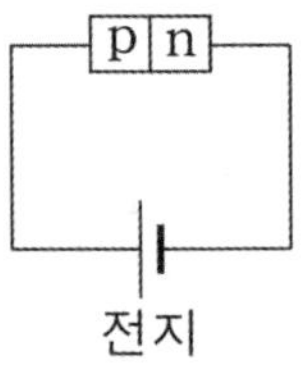

n형 반도체에 양(+)극, p형 반도체에 음(−)극이 연결되어 있을 경우 (아래 그림과 같은 상황)
이때는 다이오드에 전류가 흐르지 않는다.

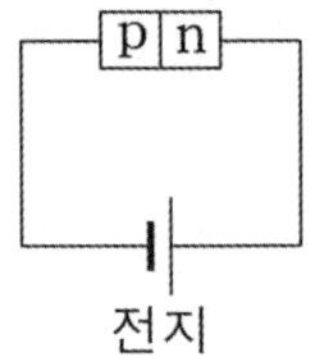

이렇듯, p−n접합 다이오드는 특정 방향으로만 전류를 흐르게 하는데,
이를 '정류 작용'이라 부른다.

p-n 접합 다이오드의 정류 작용

p−n접합 다이오드가 회로에 연결되어 있을 때
전류가 흐르는 방향이 결정된다.
스위치와 비슷하게 다음을 기억하면 된다.

① p형 반도체로 전류가 들어온다.
→ 다이오드에는 전류가 흐른다!

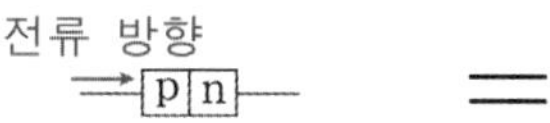

전류가 p형으로 들어간다 = 전류가 흐른다!

이렇게 p−n접합 다이오드에 전류가 흐르는 경우를
'**다이오드에 순방향 전압이 걸려 있다.**'라 한다.

② n형 반도체로 전류가 들어온다.
→ 다이오드에는 전류가 절대로 흐르지 않는다!
끊어져 있다고 생각해도 좋다.

전류 방향

전류가 n형으로 들어간다 = 전류가 흐르지 않는다. (끊어진 도선과 같다.)

이렇게 p−n접합 다이오드의 n형 반도체에 전류가 들어오는 경우를
'**다이오드에 역방향 전압이 걸려 있다.**'라 한다.

암기 p-n 접합 다이오드에서의 전류

p형 반도체에 양(+)극, n형 반도체에 음(−)극이 연결되어 있는 경우
다이오드에 전류가 **흐른다.**

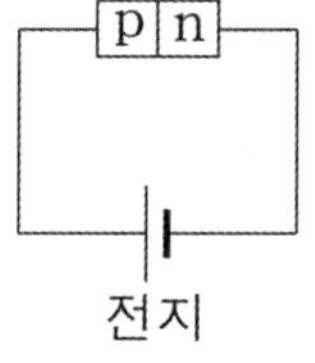

p형 반도체로 전류가 들어온다.
→ 다이오드에는 전류가 흐른다!

전류 방향

전류가 p형으로 들어간다 = 전류가 흐른다!

이렇게 p−n접합 다이오드에 전류가 흐르는 경우를
'**다이오드에 순방향 전압이 걸려 있다.**'라 한다.

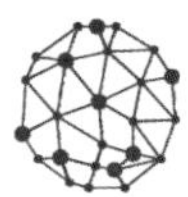

기출 예시 34

21학년도 6월 모의고사 10번 문항

그림은 동일한 전지, 동일한 전구 P와 Q, 전기 소자 X와 Y를 이용하여 구성한 회로를 나타낸 것이고, 표는 스위치를 연결하는 위치에 따라 P, Q가 켜지는지를 나타낸 것이다. X, Y는 저항, 다이오드를 순서 없이 나타낸 것이다.

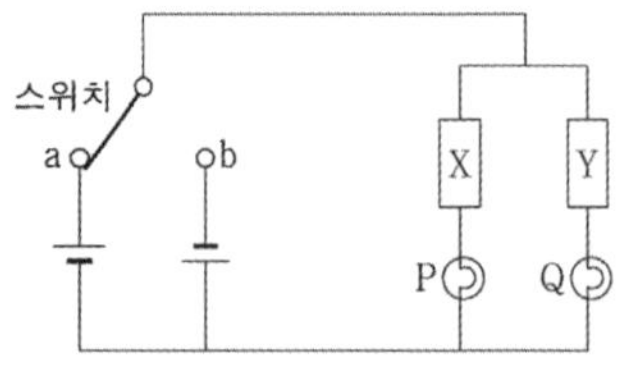

(가)

스위치 연결 위치	전구 P	전구 Q
a	○	○
b	○	×

○: 켜짐, ×: 켜지지 않음

(나)

이에 대한 설명으로 옳은 것만을 〈보기〉에서 있는 대로 고른 것은?

〈보 기〉

ㄱ. X는 저항이다.

ㄴ. 스위치를 a에 연결하면 다이오드에 순방향으로 전압이 걸린다.

ㄷ. Y는 정류 작용을 하는 전기 소자이다.

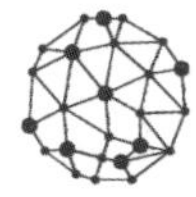

기출 예시 35

15학년도 6월 모의고사 12번 문항

그림과 같이 발광 다이오드(LED)를 이용하여 회로를 구성하였다. X, Y는 p형 반도체와 n형 반도체를 순서 없이 나타낸 것이다. 스위치 S를 a에 연결했을 때 LED에서 빛이 방출되었다.

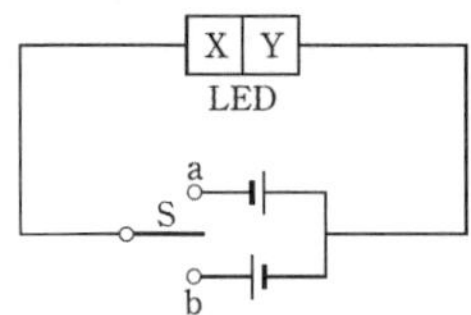

이에 대한 설명으로 옳은 것만을 〈보기〉에서 있는 대로 고른 것은?

〈보 기〉

ㄱ. X는 p형 반도체이다.

ㄴ. Y에서는 주로 양공이 전류를 흐르게 한다.

ㄷ. S를 b에 연결할 때, n형 반도체에 있는 전자의 이동 방향은 p−n 접합면에서 멀어지는 방향이다.

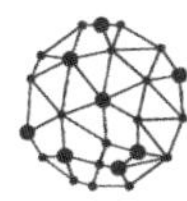

해설

Q는 스위치의 연결 상태에 따라 켜지거나 켜지지 않는다.
즉, Q와 직렬 연결된 Y는 정류 작용하는 소자이므로
Y는 다이오드이다.
반면 P는 연결 상태와 관계없이 켜지므로
P와 직렬 연결된 X는 저항이다.
ㄱ. X는 저항이다.

(ㄱ. 참)

ㄴ. 스위치를 a에 연결했을 때 Q가 켜지므로, Y(다이오드)는 순방향 전압이 걸린다.

(ㄴ. 참)

ㄷ. Y는 다이오드로 정류 작용하는 소자이다.

(ㄷ. 참)

정답

기출 예시 34
ㄱ, ㄴ, ㄷ

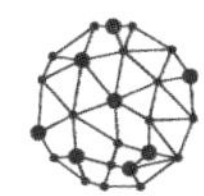

해설

S를 a에 연결했을 때 LED에서 빛을 방출한다.
즉, S를 a에 연결했을 때 LED에는 순방향 전압이 걸려 있다는 의미이고,
Y는 p형 반도체, X는 n형 반도체임을 알 수 있다.

ㄱ. X는 n형 반도체이다.

(ㄱ. 거짓)

ㄴ. Y는 p형 반도체로 양공이 주로 전류를 흐르게 한다.

(ㄴ. 참)

ㄷ. S를 b에 연결할 때, LED에는 역방향 전압이 걸려 있어
n형 반도체의 전자는 p-n접합면에서 멀어지는 방향으로 이동한다.

(ㄷ. 참)

정답

기출 예시 35
ㄴ, ㄷ

기출 예시 36

17학년도 수능 8번 문항

그림 (가)는 저마늄(Ge)에 비소(As)를 첨가한 반도체 A와 저마늄(Ge)에 인듐(In)을 첨가한 반도체 B를, (나)는 A와 B를 접합하여 만든 다이오드가 연결된 회로를 나타낸 것이다.

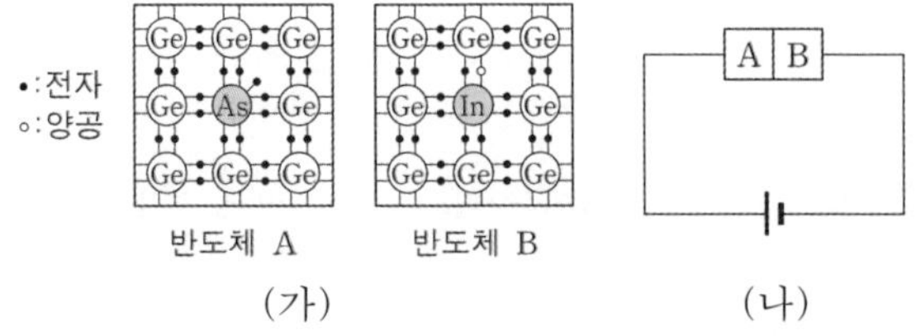

(가) (나)

이에 대한 설명으로 옳은 것만을 〈보기〉에서 있는 대로 고른 것은?

〈보 기〉

ㄱ. A는 p형 반도체이다.

ㄴ. B에서는 주로 양공이 전류를 흐르게 한다.

ㄷ. (나)의 다이오드에 역방향 전압이 걸린다.

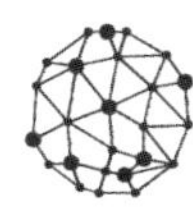

해설

(가)에서 A에 잉여 전자, B에는 양공이 있는 것을 확인할 수 있다.
즉, A는 15족 원소를 도핑한 n형 반도체,
B는 13족 원소를 도핑한 p형 반도체이다.
ㄱ. A는 n형 반도체이다.

(ㄱ. 거짓)

ㄴ. B는 p형 반도체로 양공이 주로 전류를 흐르게 한다.

(ㄴ. 참)

ㄷ. A에 양(+)극이 연결되어 있으므로, 다이오드에는 역방향 전압이 걸려 있다.

(ㄷ. 참)

정답

기출 예시 36
ㄴ, ㄷ

회로의 구성과 전류

회로를 구성하고 전류가 흐르는 규칙에 대해서 이야기해보자.
※ 지금부터 하는 규칙은 이해할 때까지 지속적으로 보도록 하자.

① 회로에 전류가 흐르기 위해서는 반드시 전지의 양(+)극과 음(-)극이 연결되어 있어야한다.
만약 양(+)극에만 도선이 연결되어 있다면 도선에는 전류가 절대로 흐를 수 없다.
예를 들면
그림과 같이 회로의 양(+)극에서 음(−)극으로 도선이 연결되어 있다면
전류가 흐를 수 있다.

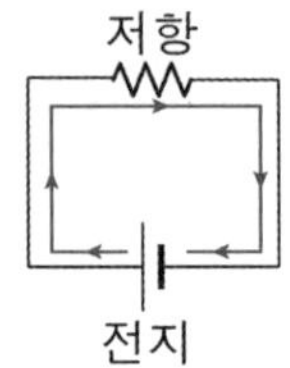

하지만
오른쪽 그림과 같이 양극 중 한쪽에만 도선이 연결되어 있다면
전류가 흐를 수 없다.

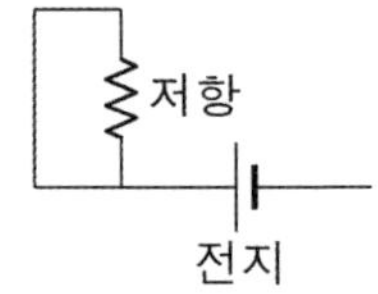

② 전지의 양(+)극에서 전류가 나와서 전기 소자(스위치, 저항, 다이오드, 검류계)를 지나기 전까지 전류가 흐르고 검문을 거친다.
무슨 뜻인지 아래 그림을 살펴보자.
아래와 같은 회로를 구성했다.

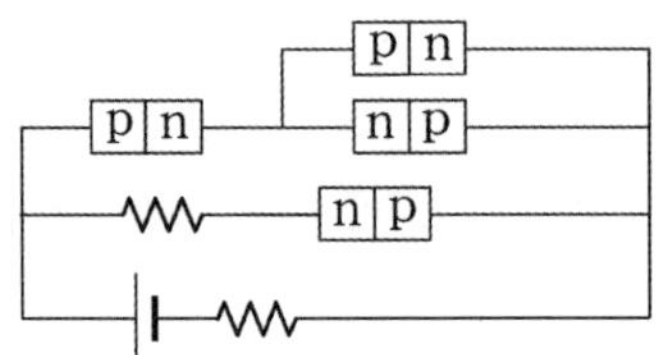

전지의 양(+)극에서 나와 전기 소자를 지나기 전까지 전류가 흐른다.
아래 그림에서 빨간색으로 표기된 부분까지 전류가 흐른다.

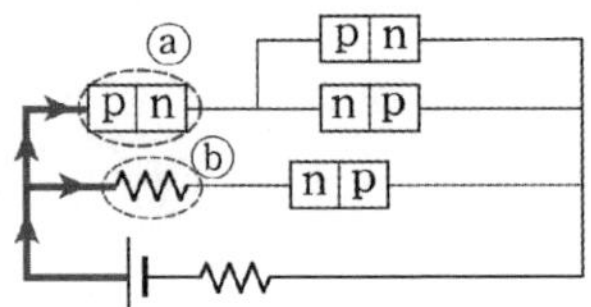

해당 전기 소자 ⓐ, ⓑ에 전류가 흐를 수 있는지 점검한다.
(검문한다고 생각하면 된다.)

ⓐ: 다이오드의 p형 반도체로 전류가 들어온다. → **전류가 흐를 수 있다.**
(다이오드 통과 가능)

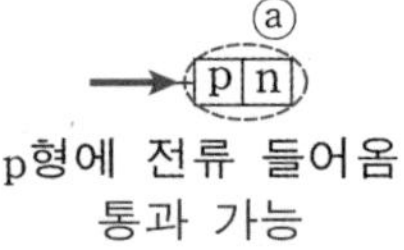

ⓑ: 저항은 전류의 방향과 관계없이 전류가 흐를 수 있다.
(저항 통과 가능)

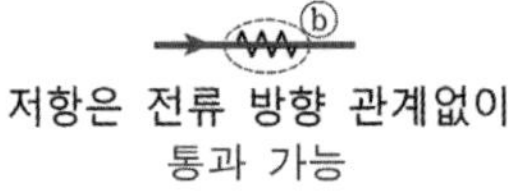

ⓐ, ⓑ의 검문을 통과한 후 ㉠, ㉡, ㉢의 검문을 받는다.

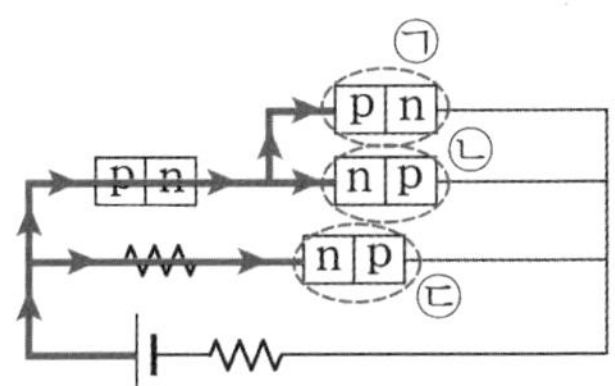

㉠: 다이오드의 p형 반도체로 전류가 들어온다. → 전류가 흐를 수 있다.
(다이오드 통과 가능)

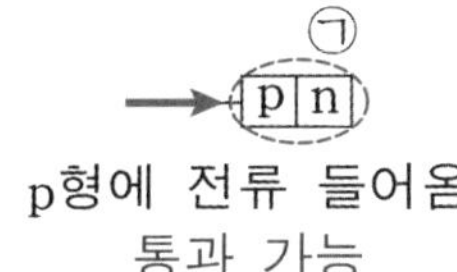

㉡, ㉢: 다이오드의 n형 반도체로 전류가 들어온다. → 전류가 흐를 수 없다.
(다이오드 통과 불가능) = 끊어진 도선 취급하자

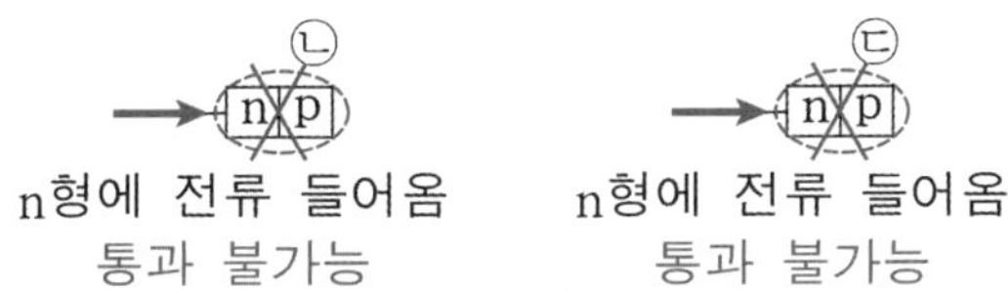

★ 중요한 규칙 두 가지가 있다.

① ㉡, ㉢에는 전류가 흐르지 않으므로 ㉡과 ㉢의 왼쪽으로 들어온 전류는
애초에 흐르지 않았다고 봐야한다.
즉, ⓑ에는 애초에 전류가 흐르지 않았다!
(왜냐하면 ㉡과 ㉢은 애초에 끊어진 도선이기 때문이다.)

② 끊어진 도선에는 전류가 흐를 수 없다. 너무 당연한 말이다.

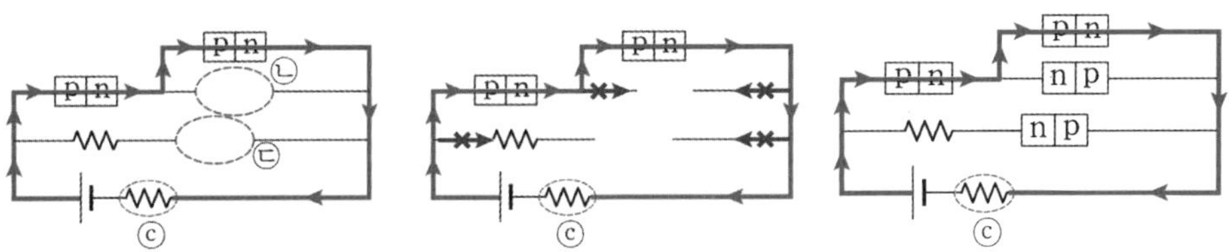

첫 번째 그림과 같이 ㉡과 ㉢은 애초에 끊어진 도선이기 때문에
두 번째 그림과 같이 파란색 화살표 방향으로는 전류가 흐를 수 없다.

ⓒ: 저항은 전류의 방향과 관계없이 전류가 흐를 수 있다.

(저항 통과 가능)

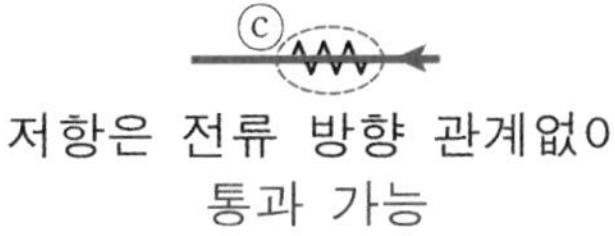

결론적으로는 아래 그림과 같이 전류가 흐른다.

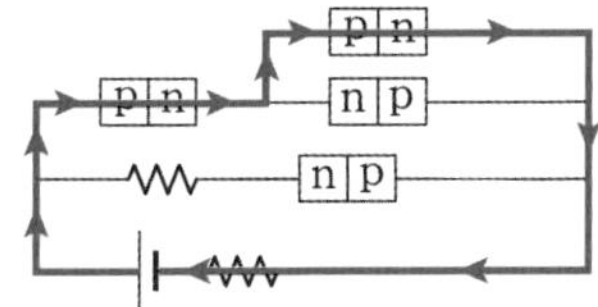

기출 예시 37

18학년도 6월 모의고사 15번 문항

그림은 동일한 p−n접합 발광 다이오드 (LED) A, B, C, D에 전지 2개, 저항, 스위치를 연결한 회로를 나타낸 것이다. 스위치를 a에 연결했을 때 A와 D가 켜지고, 스위치를 b에 연결했을 때 B와 C가 켜진다. X와 Y는 각각 p형 반도체와 n형 반도체 중 하나이다.

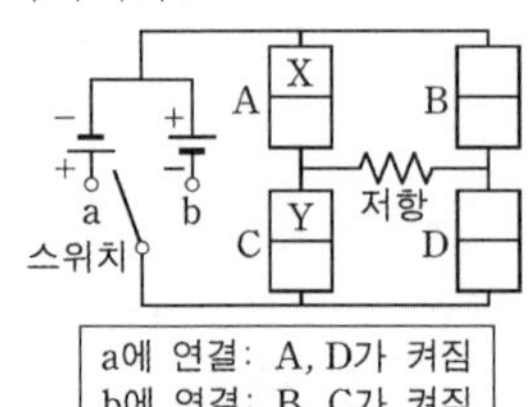

이에 대한 설명으로 옳은 것만을 〈보기〉에서 있는 대로 고른 것은?

〈보 기〉

ㄱ. X는 n형 반도체이다.

ㄴ. 스위치를 b에 연결했을 때, Y에서는 주로 양공이 전류를 흐르게 한다.

ㄷ. 스위치를 a에 연결했을 때와 b에 연결했을 때에 저항에 흐르는 전류의 방향은 서로 반대이다.

해설

스위치를 a에 연결했을 때 A와 D가 켜진다.
즉, A와 D에는 순방향 전압이 걸리므로 X는 n형 반도체이다.
D에도 순방향 전압이 걸리므로 그림에 p, n을 표시해 보면 다음과 같다.

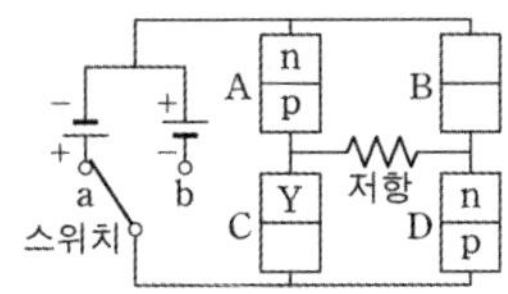

X=n형 반도체

스위치를 b에 연결했을 때 B와 C가 켜지므로
Y는 p형 반도체이다.
B에도 순방향 전압이 걸리므로 그림에 p, n을 표시해 보면 다음과 같다.

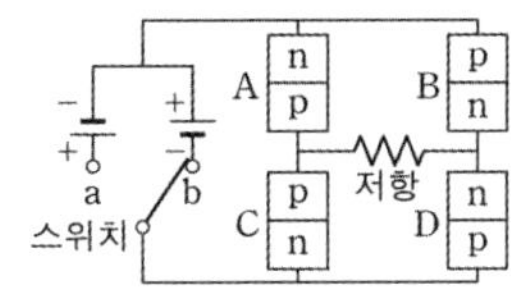

X=n형 반도체
Y=p형 반도체

ㄱ. X는 n형 반도체이다.

(ㄱ. 참)

ㄴ. Y는 p형 반도체로, 주로 양공이 전류를 흐르게 한다.

(ㄴ. 참)

ㄷ. 스위치를 a에 연결했을 때와 b에 연결했을 때 전류의 방향은 아래 그림과 같다.

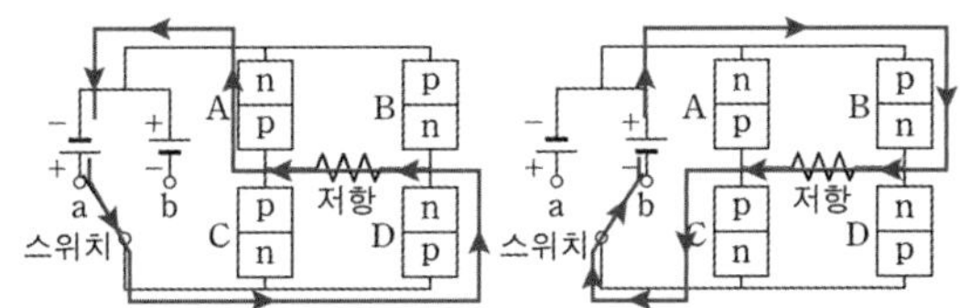

따라서 서로 방향은 같다.

(ㄷ. 거짓)

정답

기출 예시 37
ㄱ, ㄴ

기출 예시 38

22학년도 수능 10번 문항

다음은 p−n 접합 다이오드의 특성을 알아보는 실험이다.

〔실험 과정〕

(가) 그림과 같이 동일한 p−n 접합 다이오드 4개, 스위치 S_1, S_2, 집게 전선 a, b가 포함된 회로를 구성한다. Y는 p형 반도체와 n형 반도체 중 하나이다.

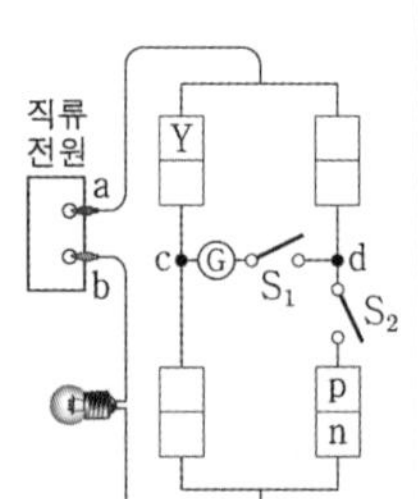

(나) S_1, S_2를 열고 전구와 검류계를 관찰한다.

(다) (나)에서 S_1만 닫고 전구와 검류계를 관찰한다.

(라) a, b를 직류 전원의 (+), (−) 단자에 서로 바꾸어 연결한 후, S_1, S_2를 닫고 전구와 검류계를 관찰한다.

〔실험 결과〕

과정	전구	전류의 방향
(나)	×	해당 없음
(다)	○	$c \to S_1 \to d$
(라)	○	㉠

(○: 켜짐, ×: 켜지지 않음)

이에 대한 설명으로 옳은 것만을 〈보기〉에서 있는 대로 고른 것은?

〈보 기〉

ㄱ. Y는 p형 반도체이다.

ㄴ. (나)에서 a는 (+) 단자에 연결되어 있다.

ㄷ. ㉠은 '$d \to S_1 \to c$'이다.

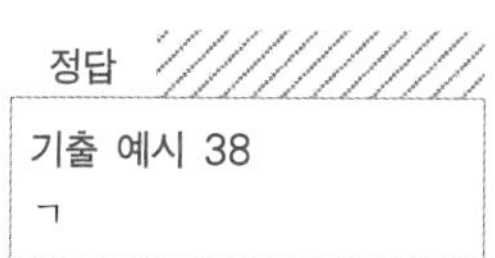
정답

기출 예시 38

ㄱ

해설

다이오드를 다음과 같이 명명하겠다.

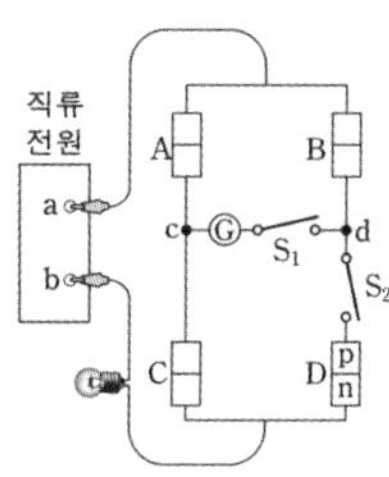

(나)와 (다)에서 전구가 켜지고 켜지지 않는 것은 S_1의 연결 여부로 달라진다.
그림에서 C에 역방향 전압이 걸려 있다면,
S_1의 연결 여부와 관계없이
C가 역방향 전압이 걸려 있기 때문에 검류계에는 전류가 흐를 수 없다.
따라서 그림의 상황에서 C는 순방향 전압이 걸려야 한다.
그런데 검류계의 전류의 방향은 c→S_1→d이므로
(나), (다)에서 b는 (+) 단자, a는 (−) 단자에 연결되어있고,
A와 C의 p, n 상태는 다음과 같다.
(나), (다)에서 다음과 같이 전류가 흘러야 한다.
(나)는 A에 역방향 전압이 걸려 있어서 회로에 전류가 흐르지 않는다.

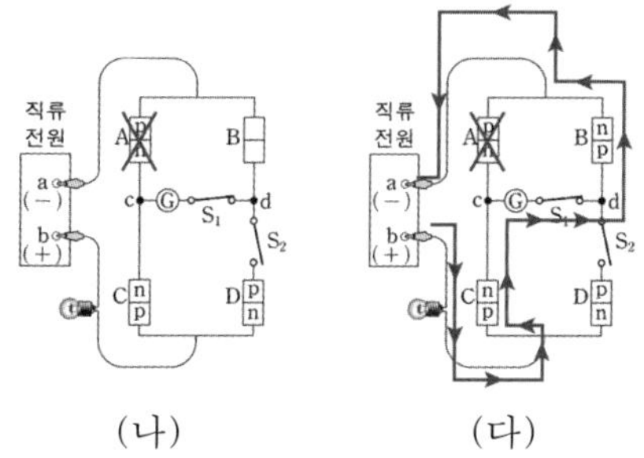

ㄱ. Y는 p형 반도체이다.

(ㄱ. 참)

ㄴ. (나)의 a는 (−)단자에 연결되어 있다.

(ㄴ. 거짓)

ㄷ. (라)의 상황에서 전류의 방향은 다음과 같다.

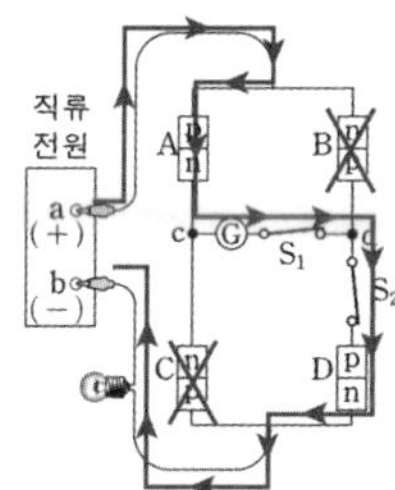

따라서 ㉠은 c→S_1→d이다.

(ㄷ. 거짓)

기출 예시 39

23학년도 수능 15번 문항

다음은 p−n 접합 다이오드를 이용한 회로에 대한 실험이다.

〔실험 과정〕

(가) 그림과 같이 직류 전원 2개, 스위치 S_1, S_2, p-n 접합 다이오드 A, A와 동일한 다이오드 3개, 저항, 검류계로 회로를 구성한다. X는 p형 반도체와 n형 반도체 중 하나이다.

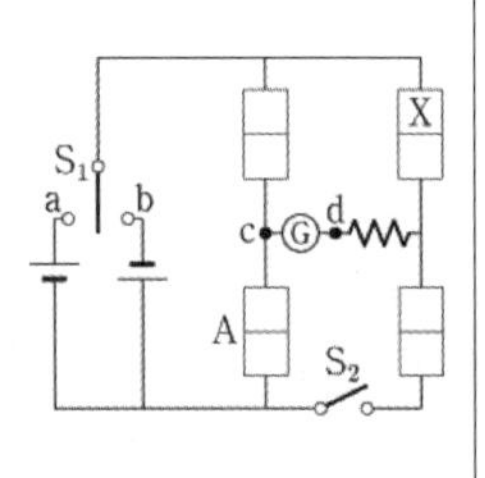

(나) S_1을 a 또는 b에 연결하고, S_2를 열고 닫으며 검류계를 관찰한다.

〔실험 결과〕

S_1	S_2	전류 흐름
㉠	열기	흐르지 않는다.
	닫기	c→Ⓖ→d로 흐른다.
㉡	열기	c→Ⓖ→d로 흐른다.
	닫기	c→Ⓖ→d로 흐른다.

이에 대한 설명으로 옳은 것만을 〈보기〉에서 있는 대로 고른 것은?

〈보 기〉

ㄱ. X는 n형 반도체이다.

ㄴ. 'b에 연결'은 ㉠에 해당한다.

ㄷ. S_1을 a에 연결하고 S_2를 닫으면 A에는 순방향 전압이 걸린다.

정답

기출 예시 39

ㄱ

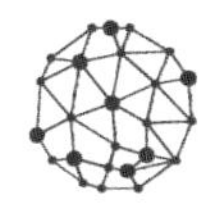

해설

S_2를 닫았을 때, S_1의 연결 상태와 관계없이
검류계에 c→Ⓖ→d로 전류가 흐른다.
S_1을 각각 a와 b에 연결했을 때, c→Ⓖ→d로 전류가 흐르기 위해서는 다음과 같이 회로에 전류가 흘러야한다.

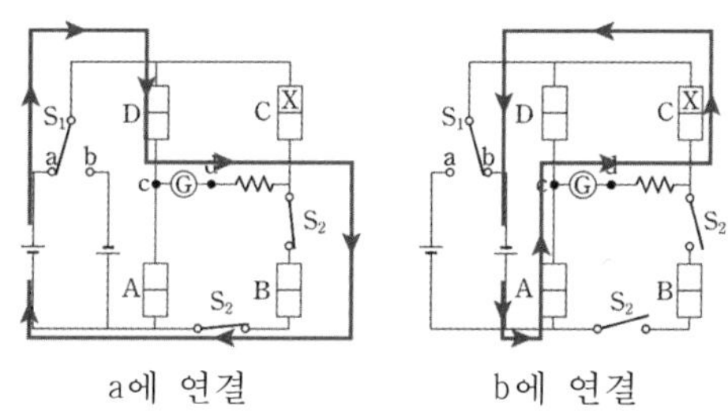

즉, S_1을 b에 연결했을 때 A와 C에는 순방향 전압이 걸려야한다.
따라서 X는 n형 반도체이며, A와 C의 p, n형은 다음과 같다.

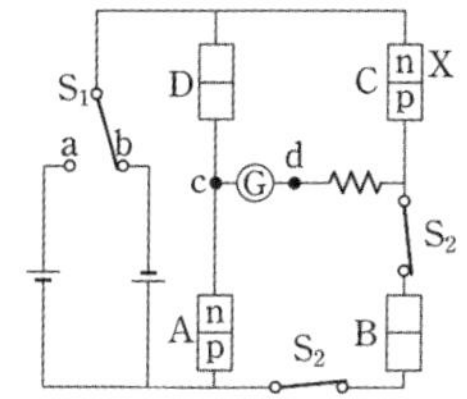

S_2를 닫았을 때 a에 연결하면 검류계에 전류가 흘러야 하는데
A와 C에는 역방향 전압이 걸리므로
B와 D에는 순방향 전압이 걸려야한다.
따라서 B와 D의 p, n형은 다음과 같다.

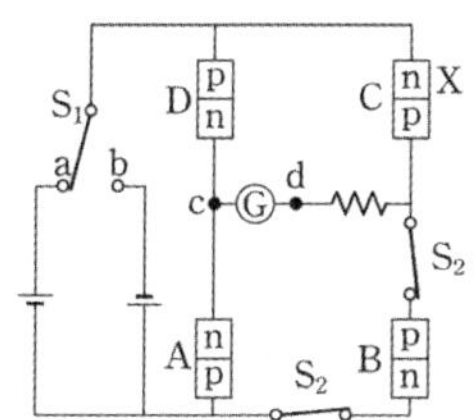

㉠에서 S_2를 열었을 때 검류계에 전류가 흐르지 않는다.
만약 ㉠이 b에 연결이었다면, A와 C에 순방향 전압이 걸리므로
검류계에는 전류가 흐를 수밖에 없다.

따라서 'a에 연결'은 ㉠에 해당한다.

ㄱ. X는 n형 반도체이다.

(ㄱ. 참)

ㄴ. 'a에 연결'은 ㉠에 해당한다. 'b에 연결'은 불가능하다.

(ㄴ. 거짓)

ㄷ. S_1을 a에 연결하고 S_2를 닫으면, A에는 역방향 전압이 걸린다.

(ㄷ. 거짓)

※ 풀이가 길기 때문에 2페이지에 걸쳐서 해설을 적도록 하겠다. 문제도 한번 더 쓰도록 하겠다.

기출 예시 40

23학년도 9월 모의고사 17번 문항

다음은 p−n 접합 다이오드를 이용한 회로에 대한 실험이다.

〔실험 과정〕

(가) 그림 Ⅰ과 같이 p−n 접합 다이오드 X, X와 동일한 다이오드 3개, 전원 장치, 스위치, 검류계, 저항, 오실로스코프가 연결된 회로를 구성한다.

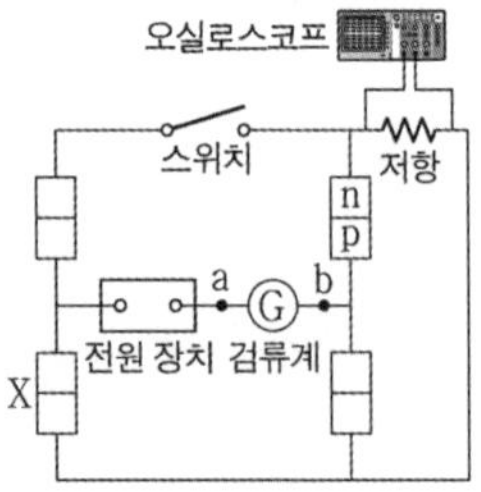

(나) 스위치를 닫는다.

(다) 전원 장치에서 그림 Ⅱ와 같은 전압을 발생시키고, 저항에 걸리는 전압을 오실로스코프로 관찰한다.

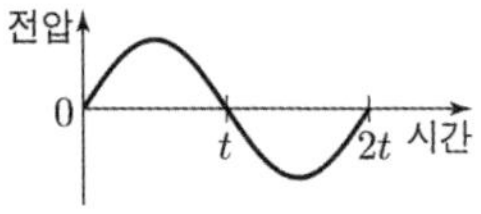

(라) 스위치를 열고 (다)를 반복한다.

오실로스코프, 스위치, 저항, n, p, a, b, Ⓖ, X, 전원 장치, 검류계

그림 Ⅰ

전압, 0, t, $2t$, 시간

그림 Ⅱ

〔실험 결과〕

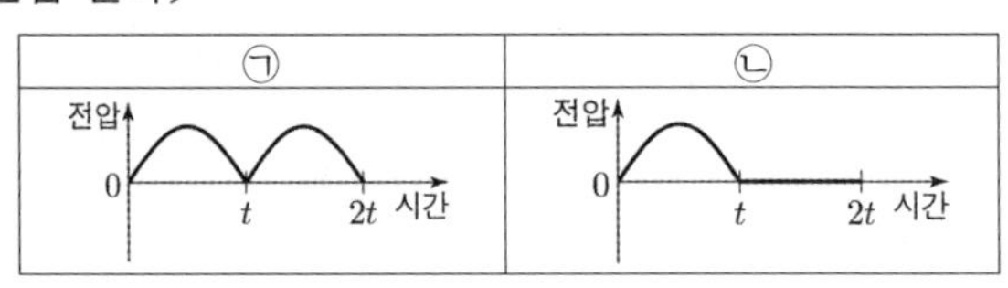

이에 대한 설명으로 옳은 것만을 〈보기〉에서 있는 대로 고른 것은?

〈보 기〉

ㄱ. ㉠은 (다)의 결과이다.

ㄴ. (다)에서 $0 \sim t$일 때, 전류의 방향은 b→Ⓖ→a이다.

ㄷ. (라)에서 $t \sim 2t$일 때, X에는 순방향 전압이 걸린다.

정답

기출 예시 40

ㄱ

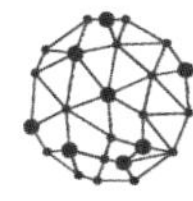

해설

다이오드를 다음과 같이 명명하겠다.

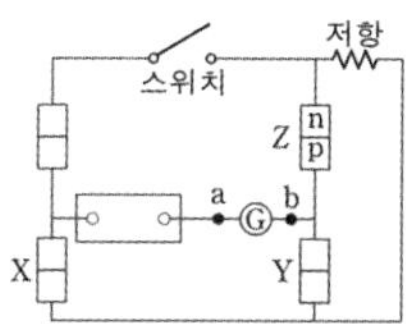

스위치를 열었을 때 만약 X의 연결상태가 다음과 같다고 가정해보자.

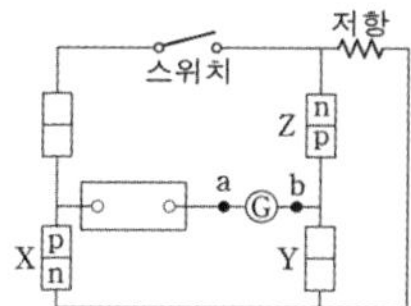

전원 장치의 a와 가까운 위치가 (+)일 때, 저항에는 전압이 걸릴 수 없다. (X가 역방향 전압이 걸리기 때문이다. 아래 그림 참고)

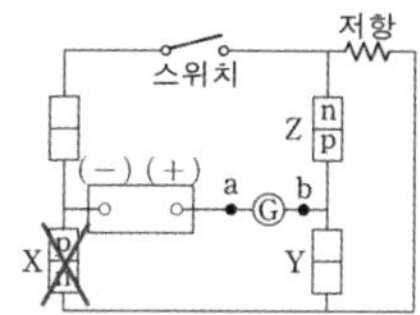

전원 장치의 a와 가까운 위치가 (−)일 때, 저항에는 전압이 걸릴 수 없다. (Z가 역방향 전압이 걸리기 때문이다. 아래 그림 참고)

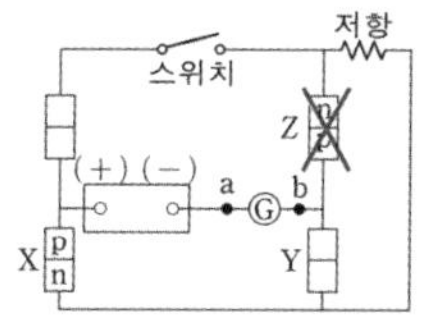

즉, X가 그림과 같은 상태이고, 그림 Ⅱ 처럼 전압이 걸리면,
저항에 전압이 걸릴 수 없다.
그런데 실험 결과에서 $0 \sim 2t$ 사이에 저항에 걸리는 전압이 0이 아닌 구간이 존재한다.
따라서 기존에 가정한 X의 연결상태는 잘못되었다.
스위치를 열었을 때 X의 연결상태는 다음과 같다.

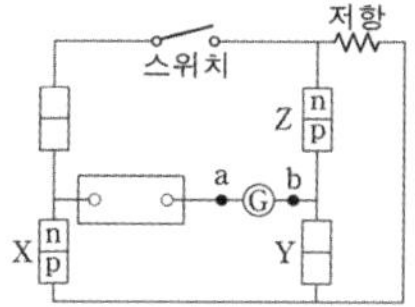

전원 장치의 a와 가까운 위치가 (+)일 때, 저항에는 전압이 걸린다.
(아래 그림 참고)

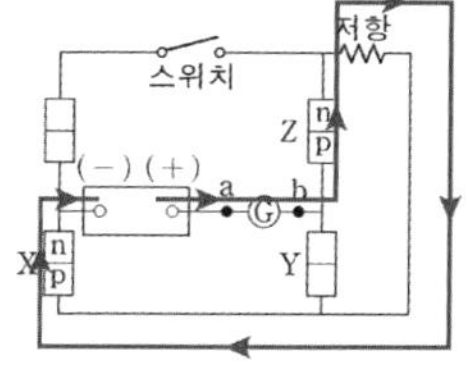

※ 풀이가 길기 때문에 2페이지에 걸쳐서 해설을 적도록 하겠다. 문제도 한번 더 쓰도록 하겠다.

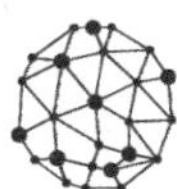

기출 예시 40

23학년도 9월 모의고사 17번 문항

다음은 p−n 접합 다이오드를 이용한 회로에 대한 실험이다.

[실험 과정]

(가) 그림 Ⅰ과 같이 p−n 접합 다이오드 X, X와 동일한 다이오드 3개, 전원 장치, 스위치, 검류계, 저항, 오실로스코프가 연결된 회로를 구성한다.

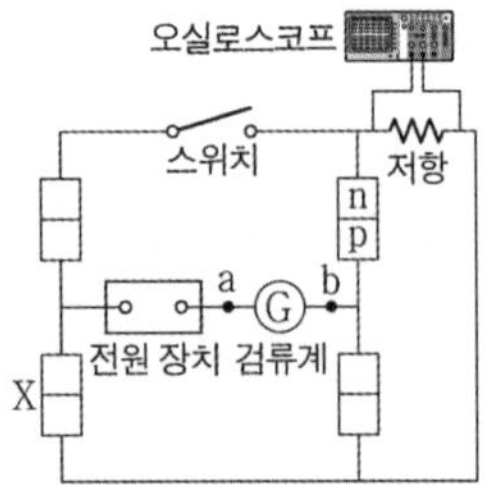

오실로스코프
스위치
저항
n
p
a
b
Ⓖ
전원 장치 검류계
X

그림 Ⅰ

(나) 스위치를 닫는다.

(다) 전원 장치에서 그림 Ⅱ와 같은 전압을 발생시키고, 저항에 걸리는 전압을 오실로스코프로 관찰한다.

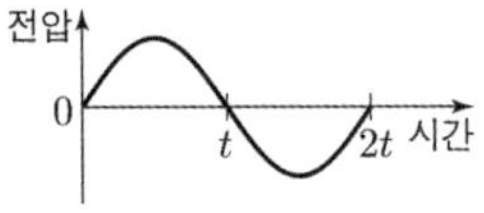

전압
0
t
$2t$ 시간

그림 Ⅱ

(라) 스위치를 열고 (다)를 반복한다.

[실험 결과]

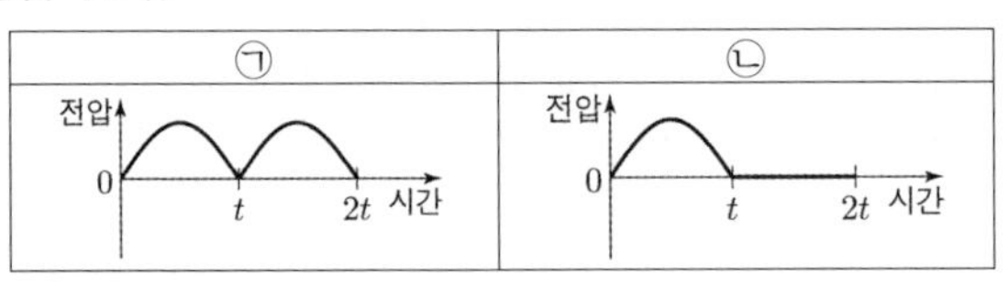

이에 대한 설명으로 옳은 것만을 〈보기〉에서 있는 대로 고른 것은?

〈보 기〉

ㄱ. ㉠은 (다)의 결과이다.

ㄴ. (다)에서 $0 \sim t$일 때, 전류의 방향은 b→Ⓖ→a이다.

ㄷ. (라)에서 $t \sim 2t$일 때, X에는 순방향 전압이 걸린다.

정답

기출 예시 40

ㄱ

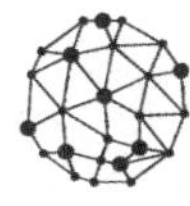

해설

전원 장치의 a와 가까운 위치가 (−)일 때, X가 역방향 전압이 걸리므로 전류가 흐를 수 없다. (아래 그림 참고)

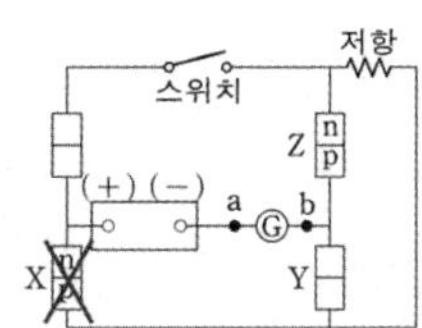

즉, 스위치를 연 상태에서는 t의 시간 동안 저항에 걸리는 전압이 0이 되는 구간이 존재해야하므로 ㉡은 (라)의 결과이다.
㉠은 스위치를 닫은 (다)의 결과로, 전원 장치의 a와 가까운 위치가 (−)일 때, 그림과 같이 전류가 흘러야 하므로 Y의 연결 상태를 결정할 수 있다.

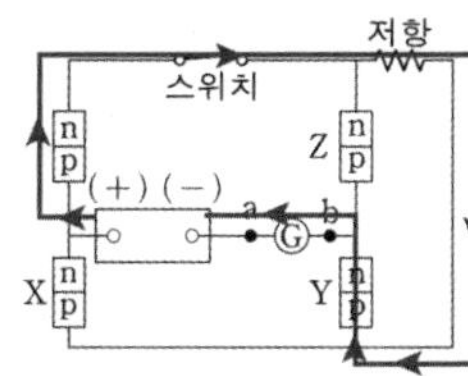

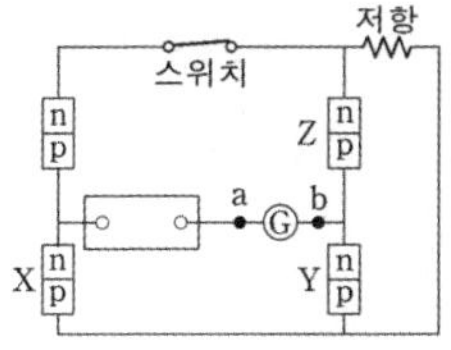

ㄱ. ㉠은 (다)의 결과이다.

(ㄱ. 참)

ㄴ. (라)에서 0~t일 때, 저항에 전압이 걸리므로
이때는 a와 가까운 위치가 (+)일 때 이다.
(다)에서 0~t일 때, 검류계의 전류의 방향은 a→Ⓖ→b이다.

(ㄴ. 거짓)

ㄷ. (라)에서 t~$2t$일 때 저항에 전압이 걸리지 않는 이유는 X에 역방향 전압이 걸려 있기 때문이다.

(ㄷ. 거짓)

PART
6

개념편

PART

01 열역학
02 특수 상대론과 질량 에너지 동등성
03 전기력
04 보어의 수소 원자 모형
05 에너지 띠/다이오드 회로
06 자기장
07 전자기 유도와 자성
08 파동
09 빛과 물질의 이중성

Mechanica 물리학1

1. 전류에 의한 자기장

규칙

ㅇ 직선 도선은 저항이 없는 도선이고, 직선 도선의 길이 방향으로 전류가 흐른다. 예를 들면 아래 그림에서 xy 평면에 수직으로 고정된 직선 도선에 흐르는 전류의 방향은 $+z$방향 또는 $-z$방향뿐이다.

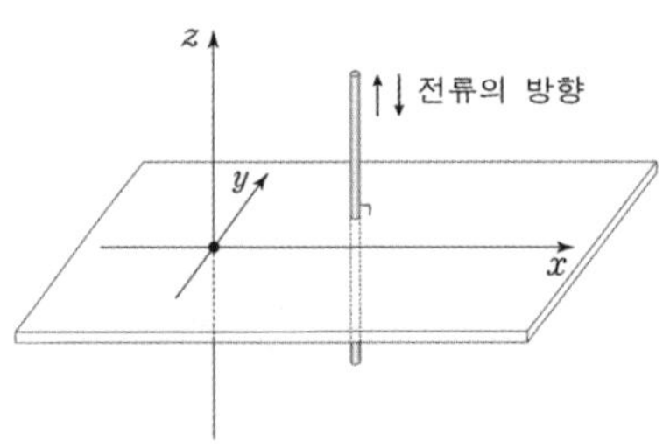

ㅇ xy평면에 수직으로 고정된 직선 도선에 대한 표현
① $-z$방향으로 보면 그림 (가)와 같이 표현하고
② $+y$방향으로 보면 그림 (나)와 같이 표현한다.

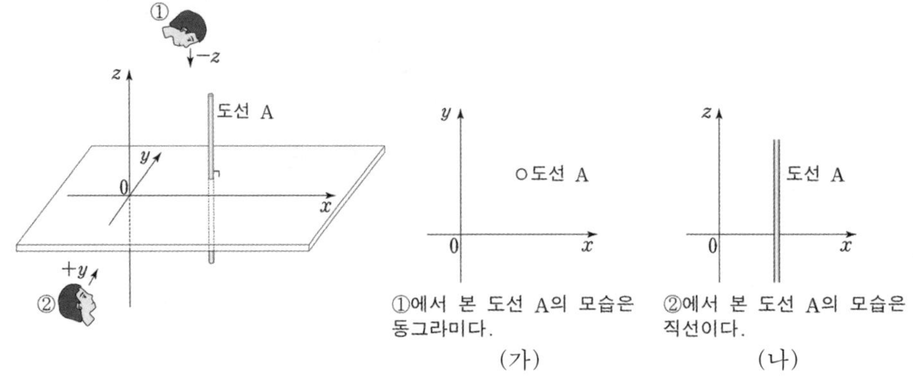

①에서 본 도선 A의 모습은 동그라미다.
(가)

②에서 본 도선 A의 모습은 직선이다.
(나)

명명법
각 표기를 다음과 같이 말한다.
⊙
종이면에서 수직으로 나오는 방향
$+z$방향 =
xy평면에서 수직으로 나오는 방향

⊗
종이면에 수직으로 들어가는 방향
$-z$방향 =
xy평면에 수직으로 들어가는 방향

ㅇ 화살표 방향을 뒤쪽에 엑스(×)자로 홈이 파여져 있는 연필(화살)로 표현한다. 서로 다른 방향(①, ②)에서 바라본다면 ⊙, ⊗ 처럼 보인다.

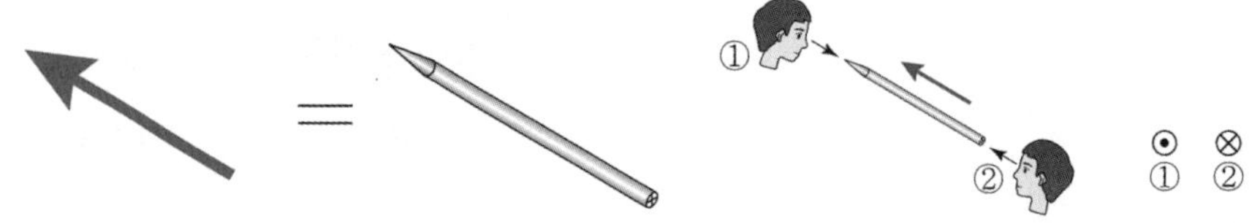

전류, 자기장의 방향을 위의 ①과 ②의 표현처럼 활용할 수 있다.

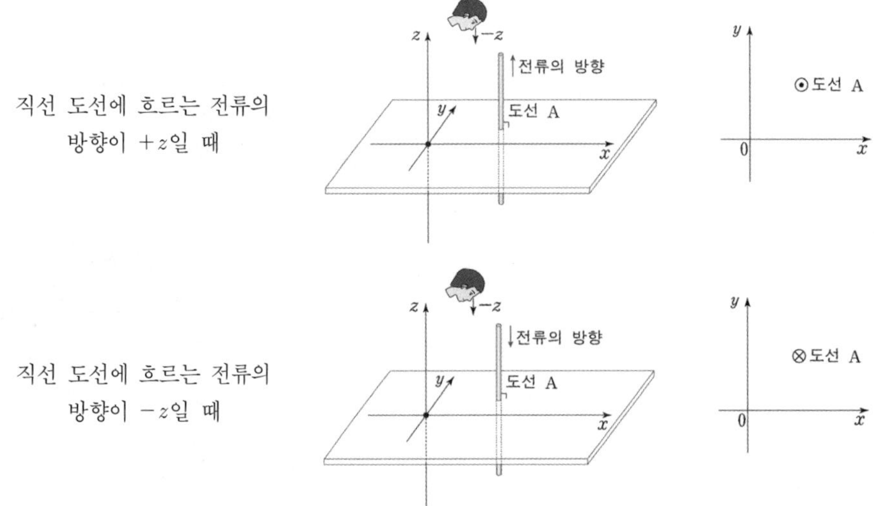

자기장의 정의

자기력: 자석 사이에 작용하는 힘.

자석에는 N극과 S극이 있으며 다음과 같은 특징이 있다. (그림 참고)

○ N극과 N극은 서로 밀어낸다.

F_M ← A [S | N]　　　B [N | S] → F_M

○ S극과 S극은 서로 밀어낸다.

F_M ← A [N | S]　　　B [S | N] → F_M

○ N극과 S극은 서로 끌어당긴다.

A [S | N] → F_M　F_M ← B [S | N]

자기장: 자석이나 전류가 흐르는 도선 주위에서 자기력이 작용하는 공간

자기력선: 자기장을 시각적으로 나타낸 선

○ 자기력선의 방향을 측정하기 위해 '나침반'을 활용한다.

나침반의 N극이 가리키는 방향이 바로 자기장의 방향이다!

N　S

나침반의 N극이 가리키는 방향인 왼쪽 방향이 해당 위치에서 자기장의 방향이다!

자기력선의 특징

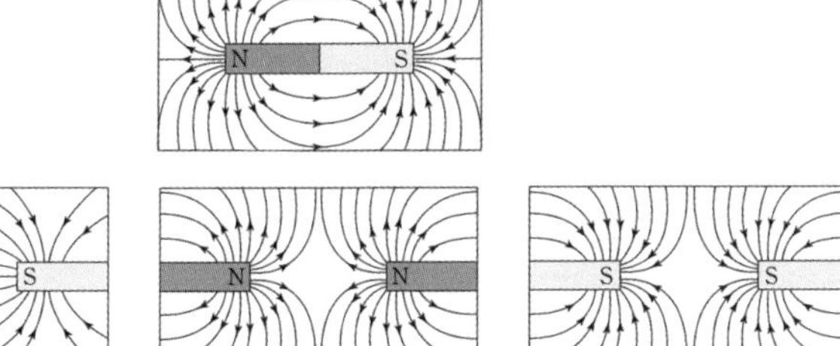

○ 자기력선은 서로 교차하거나 중간에 끊어지지 않는다.

○ 자기력선의 접선 방향은 그 위치에서의 자기장의 방향과 같다.

○ 자기력선이 빽빽할수록 자기력의 세기가 크다!

자석의 특징

자석의 N극과 S극을 쪼개면 어떤 현상이 일어날까?

결론적으로는

N극과 S극으로만 이루어진 자석은 존재하지 않는다.

아래 그림과 같이 N극과 S극을 쪼갠다 하더라도

서로 다른 두 개의 자석이 만들어진다.

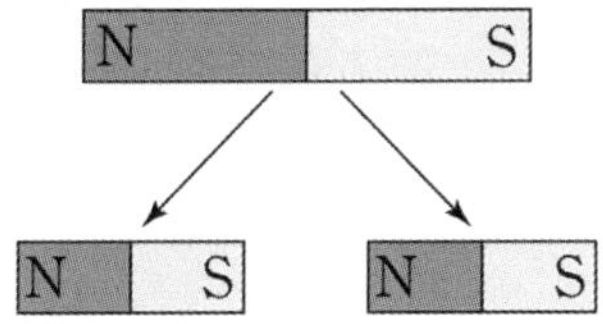

도선에 흐르는 전류에 의한 자기장의 방향

○ 직선 도선에 흐르는 전류에 의한 자기장의 방향

직선 도선에 흐르는 전류에 의한 자기장의 방향은 '오른나사 법칙'을 만족한다.
엄지 손가락을 전류의 방향으로 하여 도선을 손으로 감싸면
네 손가락의 방향이 자기장의 방향이다.
자세한 설명은 아래의 그림을 보고 이해하자.

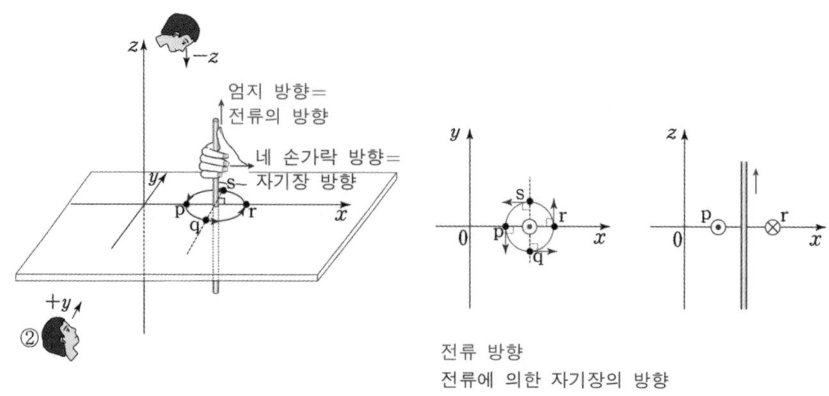

전류 방향
전류에 의한 자기장의 방향

○ 원형 도선에 흐르는 전류에 의한 자기장의 방향

원형 도선에 흐르는 전류에 의한 자기장의 방향을 추론해 보자.
원형 도선은 짧은 직선 도선의 집합으로 생각할 수 있고,
원형 도선의 중심에서의 전류에 의한 자기장은
각 직선 도선에 흐르는 전류에 의한 자기장의 합으로 생각할 수 있다.

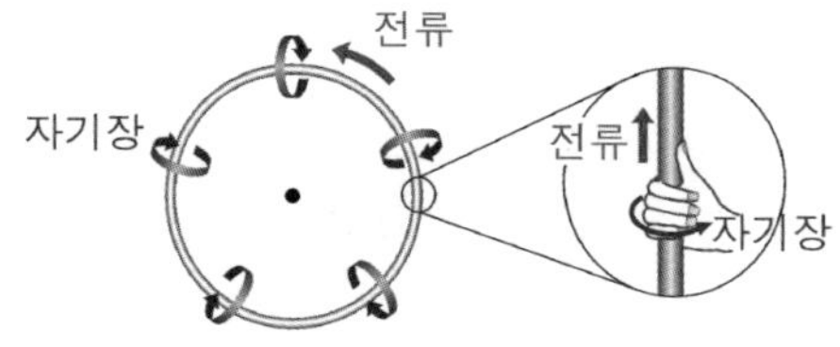

시계 방향과 반시계 방향
시계 방향은 시계의 시침이 회전하는 방향을 의미하고,

반시계 방향은 시계의 시침의 회전 방향의 반대 방향을 의미한다.

따라서
원형 도선에 흐르는 전류의 방향이 반시계 방향일 때
원형 도선의 중심에서의 전류에 의한 자기장의 방향은
xy평면에 수직으로 나오는 방향(⊙)이고,

원형 도선에 흐르는 전류의 방향이 시계 방향일 때
원형 도선의 중심에서의 전류에 의한 자기장의 방향은
xy평면에 수직으로 들어가는 방향(⊗)이다.

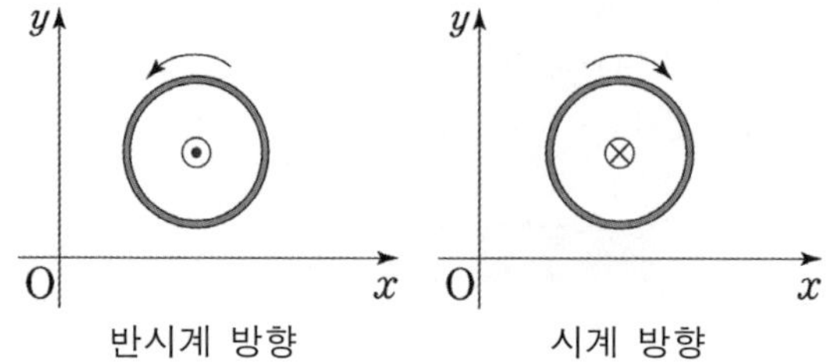

전류에 의한 자기장의 세기

○ 직선 도선에 흐르는 전류에 의한 자기장의 세기
직선 도선에 흐르는 전류에 의한 자기장의 세기는
직선 도선으로부터의 최소 거리(r)가 멀어질수록 작아진다.
(전류에 의한 자기장의 세기는 거리에 반비례한다.)

직선 도선에 흐르는 전류의 세기(I)가 클수록 커진다.
(전류에 의한 자기장의 세기는 전류의 세기에 비례한다.)

식은 다음과 같이 쓸 수 있다.

$$B = k\frac{I}{r}$$

(B: 자기장의 세기, r: 직선 도선으로부터의 거리, I: 전류의 세기, k: 상수)

아래 그림을 통해 이해해 보자.

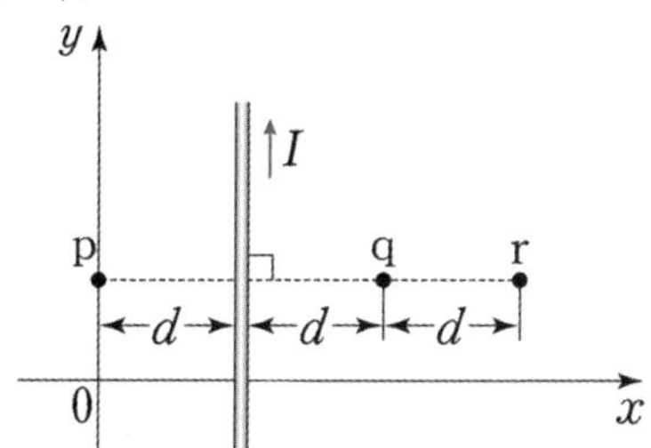

p, q, r에서 자기장을 구해보면 다음과 같다.

p: 방향: ⊙ 크기: $k\frac{I}{d}$

q: 방향: ⊗ 크기: $k\frac{I}{d}$

r: 방향: ⊗ 크기: $k\frac{I}{2d}$

p에서 자기장의 세기를 B_0로 두면
q에서 자기장의 세기는 B_0
r에서 자기장의 세기는 $\frac{1}{2}B_0$이다.

정리 전류에 의한 자기장

① 전류에 의한 자기장의 방향
오른나사 법칙을 따른다.

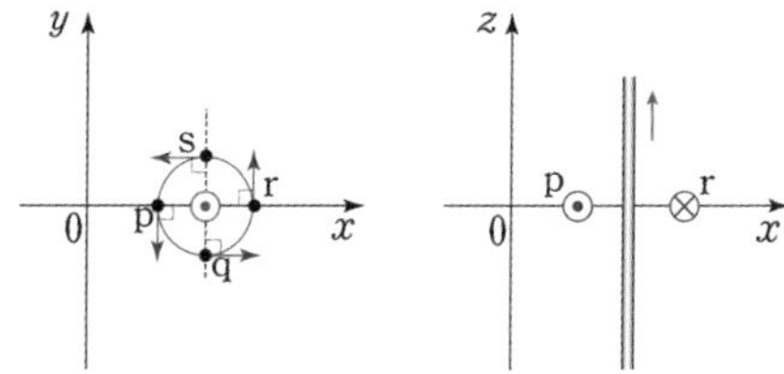

전류 방향
전류에 의한 자기장의 방향

② 전류에 의한 자기장의 세기
(B: 자기장의 세기, r: 직선 도선으로부터의 거리, I: 전류의 세기, k: 상수)

$$B = k\frac{I}{r}$$

○ 원형 도선의 중심에서 원형 도선에 흐르는 전류에 의한 자기장의 세기
원형 도선에 흐르는 전류에 의한 자기장의 세기는
원형 도선의 반지름(r)이 클수록 작아지고
(전류에 의한 자기장의 세기는 원형 도선의 반지름에 반비례한다.)
원형 도선에 흐르는 전류의 세기(I)가 클수록 커진다.
(전류에 의한 자기장의 세기는 전류의 세기에 비례한다.)

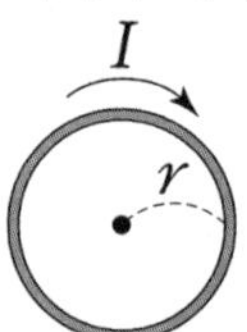

식은 다음과 같이 쓸 수 있다.

$$B = k_1 \frac{I}{r}$$

(B: 자기장의 세기, r: 원형 도선의 반지름, I: 전류의 세기, k_1: 상수)

★ 중요
원형 도선에 흐르는 전류에 의한 자기장의 세기를 물을 때는
오직 **원형 도선의 중심에서의 자기장**만을 물을 수 있다.

○ 솔레노이드(코일)에서의 전류에 의한 자기장
솔레노이드는 용수철처럼 꼬아 놓은 도선을 의미한다. (아래 그림 참고)

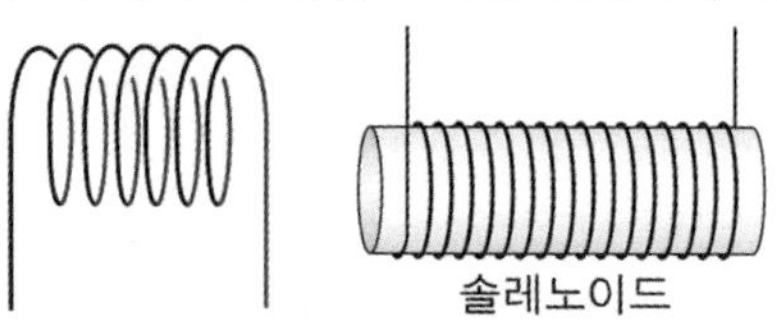

솔레노이드에 전류가 흐르면, 자기장이 생긴다.
이때도 오른나사 법칙을 활용한다. 하지만, 이때는 직선 도선과 반대이다.

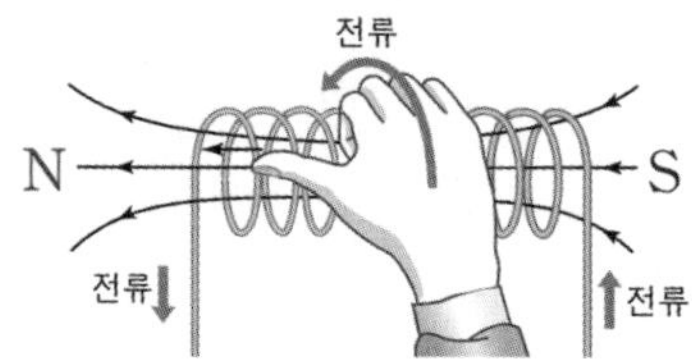

네 손가락이 가르키는 방향이 **전류**의 방향이고
엄지 손가락이 가르키는 방향이 **자기장**의 방향이다.

솔레노이드는 이처럼 **<u>자석과 같은 역할</u>**을 한다.

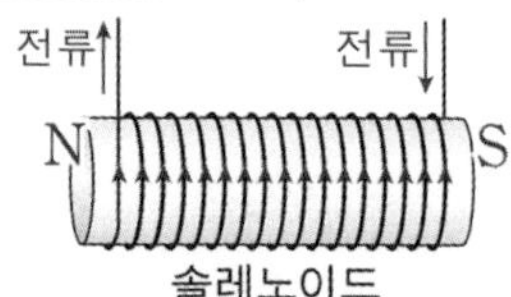

★ 중요
솔레노이드 밖에서의 자기장은 N극에서 S극 방향이고
솔레노이드 안쪽에서의 자기장의 방향은 S극에서 N극 방향이다!

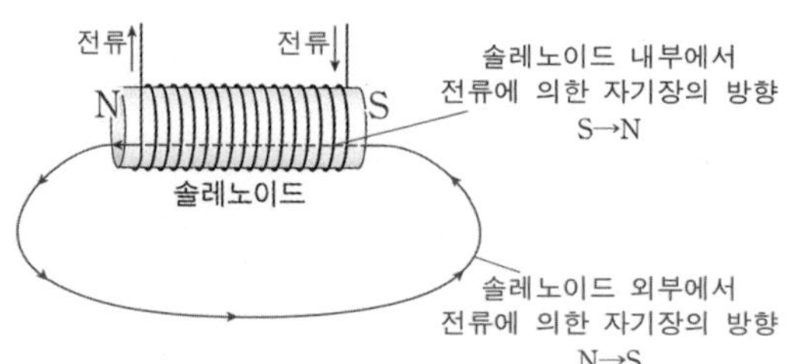

2. 자기장의 중첩 원리와 기본적 계산

자기장의 중첩

○ 자기장이 중첩되는 원리
직선 도선이 2개 이상 존재할 경우
자기장의 세기가 중첩되어 합쳐진다.

아래 그림과 같이 무한히 긴 직선 도선 A, B가 xy평면상의 $x=d$, $x=4d$에 고정되어 있고
A와 B에서는 각각 $+y$방향으로 세기가 I, $2I$ 로 일정한 전류가 흐른다.
이때 점 O, p, q에서의 자기장의 세기를 구해보자. (k는 상수이다.)

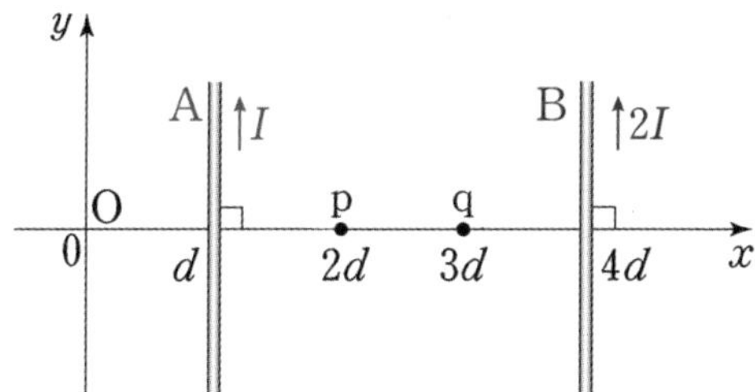

우선 O, p, q에서 A와 B에 흐르는 전류에 의한 자기장을 표기하면 다음과 같다.

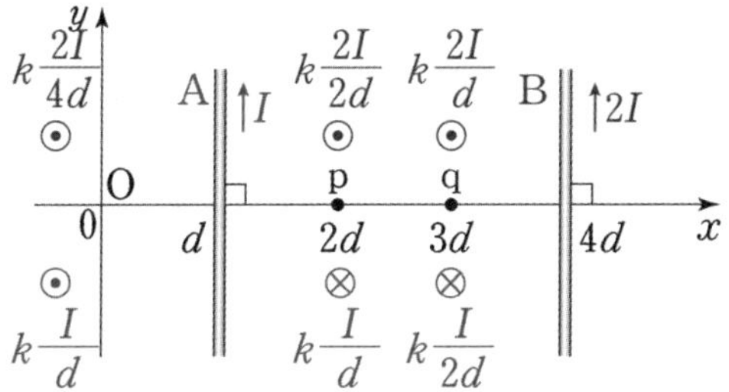

해당 자기장을 합해주면 O, P, Q에서의 자기장의 세기이다.
각각의 자기장의 세기를 나타내 보면 아래와 같다.

도선	점		
	O	p	q
A	$\odot k\frac{I}{d}$	$\times k\frac{I}{d}$	$\times k\frac{I}{2d}$
B	$\odot k\frac{2I}{4d}=k\frac{I}{2d}$	$\odot k\frac{2I}{2d}=k\frac{I}{d}$	$\odot k\frac{2I}{d}$
합	$\odot k\frac{I}{d}+\odot k\frac{I}{2d}=\odot k\frac{3I}{2d}$	$\times k\frac{I}{d}+\odot k\frac{I}{d}=0$	$\times k\frac{I}{2d}+\odot k\frac{2I}{d}=\odot k\frac{3I}{2d}$

O에서 A와 B의 전류에 의한 자기장은 $\odot k\frac{3I}{2d}$이고

p에서 A와 B의 전류에 의한 자기장은 0이고

q에서 A와 B의 전류에 의한 자기장은 $\odot k\frac{3I}{2d}$이다.

이렇듯, 자기장의 세기는
방향이 반대면 빼주고, 방향이 같으면 더해줘서 계산할 수 있다.

○ 자기장 문제 분석 방법

전기력, 에너지 문제와 마찬가지로 $k\frac{I}{r}$를 매번 쓰기가 불편하다. 따라서 '단위길이'당, 단위 전류당 자기장의 세기를 미지수로 잡고 계산하는 것이 좋다.
방향의 미지수를 잡는 방법도 이야기해보자.

정의 자기장 정량 계산 방법

① 전류의 방향을 모를 때,
문제를 푸는 사람이 직접 특정 지점에서의 전류에 의한 자기장의 방향을 정하는게 좋다.
이때 '원 문자'를 직접 활용하는 것이 좋다.
○ A의 전류에 의한 자기장의 방향 ⓐ → 반대 방향은 −ⓐ
○ B의 전류에 의한 자기장의 방향 ⓑ → 반대 방향은 −ⓑ
○ C의 전류에 의한 자기장의 방향 ⓒ → 반대 방향은 −ⓒ
★ 중요 직선 도선이 xy평면에 고정되어 있는 경우
ⓐ, ⓑ, ⓒ는 두 종류(×, ⦿)밖에 없다.

② 도선과 **가장 기본적인 한 칸**(d)만큼 떨어져 있을 때, A, B, C에 흐르는 전류에 의한 자기장의 세기를 다음과 같이 정의한다.
(A, B, C에 흐르는 전류의 세기를 각각 I_A, I_B, I_C로 두자.)

$$k\frac{I_A}{d} = B_A, \quad k\frac{I_B}{d} = B_B, \quad k\frac{I_C}{d} = B_C$$

①과 ②를 설명해 보자.
도선 A에 세기가 일정한 전류가 흐른다.
p, q, r, O에서 A의 전류에 의한 자기장을 표현해 보자.

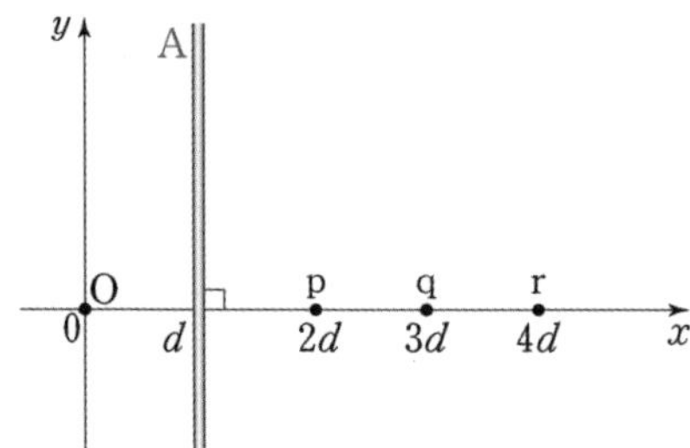

① 자기장의 방향
A에 흐르는 전류의 방향을 모른다.
따라서 문제를 푸는 사람이 특정 지점에서 A에 흐르는 자기장의 방향을 미지수로 잡는 것이 좋다.

A를 경계로 오른쪽 영역과 왼쪽 영역에서
A에 흐르는 전류에 의한 자기장의 방향은 반대이다.

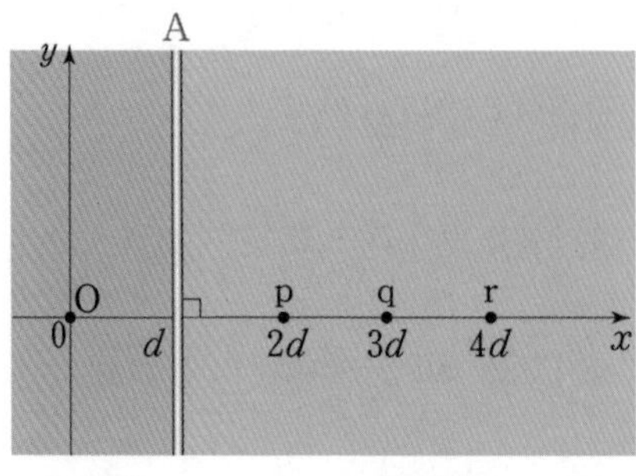

A의 **오른쪽 영역**에서 A의 전류에 의한 자기장의 방향을 (ⓐ)로 표기하면
A의 **왼쪽 영역**에서 A의 전류에 의한 자기장의 방향은 (−ⓐ)로 표기할 수 있다.

② 자기장의 세기
가장 기본적인 한 칸(d)만큼 떨어진 경우
A의 전류에 의한 자기장의 세기를 B_A로 둘 수 있다.
따라서 O, p, q, r에서 자기장의 세기와 방향을 표현해 보면 다음과 같다.

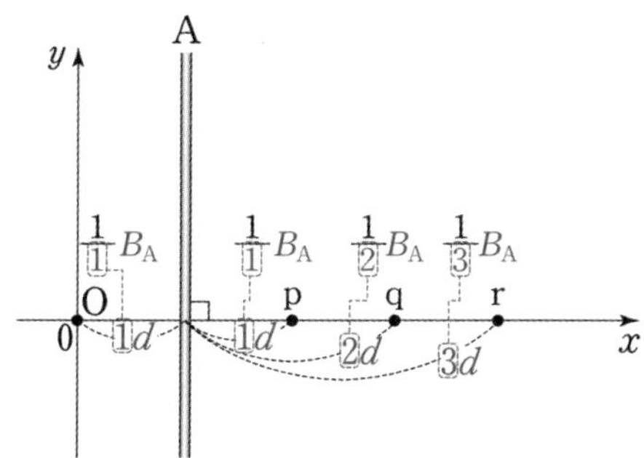

직선 도선과 거리	$1d$	$2d$	$3d$	$4d$	$5d$
자기장의 세기	$\frac{1}{1}B_A$	$\frac{1}{2}B_A$	$\frac{1}{3}B_A$	$\frac{1}{4}B_A$	$\frac{1}{5}B_A$

d앞에 붙는 숫자의 역수를 취한 후 B_A에 곱해주면 된다.
O, p, q, r에서의 자기장을 나타내 보면 다음과 같다.

점	도선의 전류에 의한 자기장			
	A			
O	$-ⓐB_A$			
P	$ⓐB_A$			
Q	$ⓐ\frac{1}{2}B_A$			
R	$ⓐ\frac{1}{3}B_A$			

이렇듯, 자기장의 세기를 표로 표현할 수 있다.

표를 잘 보면 오른쪽의 회색 칸이 보일 것이다.
아래 그림처럼 도선이 여러 개라면
회색 칸에 다른 도선들의 전류에 의한 자기장을 추가로 적어서 표현할 수 있다.

예를 들어 아래와 같은 상황을 보자.
A와 B에는 일정한 전류가 흐르고 있다.
p에서 A와 B의 전류에 의한 자기장의 방향을 각각 ⓐ, ⓑ로 두고 오른쪽 표를 채워보자.

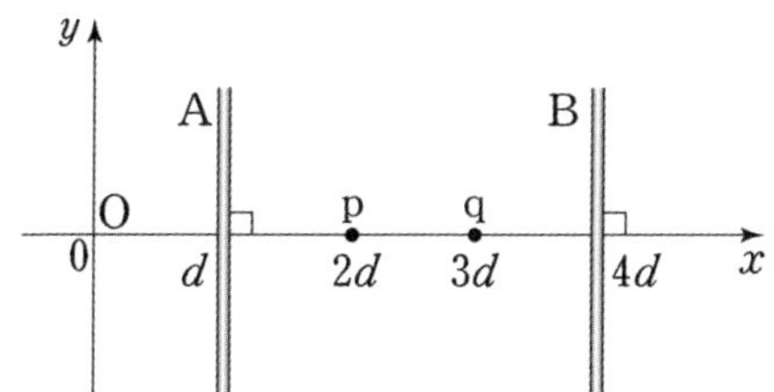

점	도선의 전류에 의한 자기장	
	A	B
O		
p		
q		

(정답은 다음 페이지에)

도선과 각 지점 사이의 거리는 다음과 같다.

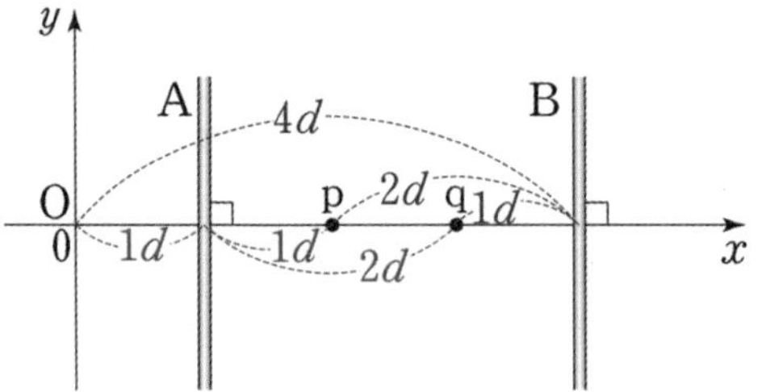

○ O, p, q는 모두 B의 왼쪽 영역에 존재하므로
B의 전류에 의한 자기장의 방향은 ⓑ로 같다.

○ O는 A의 왼쪽 영역에
p, q는 모두 A의 오른쪽 영역에 존재하므로
O에서 A의 전류에 의한 자기장의 방향은 −ⓐ이다.

따라서 O, p, q에서 전류에 의한 자기장은 다음과 같이 쓸 수 있다.

점	도선의 전류에 의한 자기장	
	A	B
O	−ⓐ $\frac{1}{1}B_A$	ⓑ $\frac{1}{4}B_B$
p	ⓐ $\frac{1}{1}B_A$	ⓑ $\frac{1}{2}B_B$
q	ⓐ $\frac{1}{2}B_A$	ⓑ $\frac{1}{1}B_B$

2개 이상의 도선의 전류에 의한 자기장은 합하여 해당 지점에서의 자기장으로 나타낼 수 있다.
이를 적어보면 다음과 같다.

점	도선의 전류에 의한 자기장		A, B의 전류에 의한 자기장
	A	B	
O	−ⓐ $\frac{1}{1}B_A$	ⓑ $\frac{1}{4}B_B$	−ⓐ$\frac{1}{1}B_A$ + ⓑ$\frac{1}{4}B_B$
p	ⓐ $\frac{1}{1}B_A$	ⓑ $\frac{1}{2}B_B$	ⓐ$\frac{1}{1}B_A$ + ⓑ$\frac{1}{2}B_B$
q	ⓐ $\frac{1}{2}B_A$	ⓑ $\frac{1}{1}B_B$	ⓐ$\frac{1}{2}B_A$ + ⓑ$\frac{1}{1}B_B$

문제에서는 회색으로 표기된 결괏값의 크기를 직접 제시하여
A와 B의 전류의 세기와 방향을 추론하게끔 한다.
이럴 때 표 작성을 하여 정량적으로 계산하는 것이 좋은 도구가 될 수 있다.

미지수가 많은 점은 걱정하지 말자.
ⓐ와 ⓑ는 각각 ⊙, × 중 하나이기 때문이다.
계산 결과 ⊙가 아니라면 ×가 맞고, 반대로 ×가 아니라면 ⊙인 것이다.

체화되었는지 확인해 보자.

A, B, C에는 세기가 일정한 전류가 흐르고 있다.
p에서 A, B, C의 전류에 의한 자기장의 방향을 각각 ⓐ, ⓑ, ⓒ로 두고
페이지 아래의 답을 종이로 가리고 그림 아래 표를 채워보자.

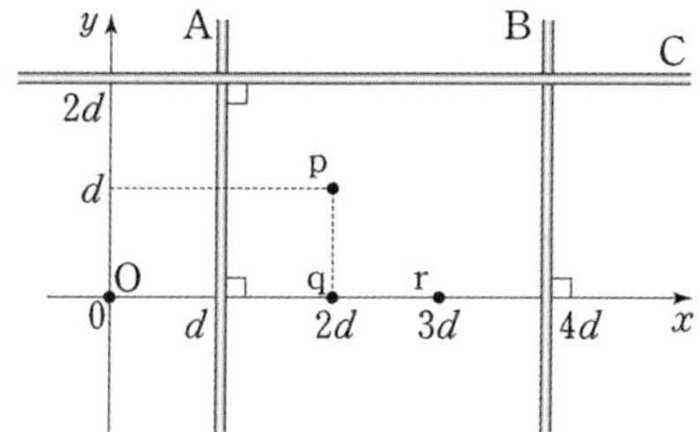

점	도선의 전류에 의한 자기장			A, B, C의 전류에 의한 자기장
	A	B	C	
O				
p				
q				
r				

점	도선의 전류에 의한 자기장			A, B, C의 전류에 의한 자기장
	A	B	C	
O	$-ⓐ\ \frac{1}{1}B_A$	$ⓑ\ \frac{1}{4}B_B$	$ⓒ\ \frac{1}{2}B_C$	$-ⓐ\frac{1}{1}B_A + ⓑ\frac{1}{4}B_B + ⓒ\frac{1}{2}B_C$
p	$ⓐ\ \frac{1}{1}B_A$	$ⓑ\ \frac{1}{2}B_B$	$ⓒ\ \frac{1}{1}B_C$	$ⓐ\frac{1}{1}B_A + ⓑ\frac{1}{2}B_B + ⓒ\frac{1}{1}B_C$
q	$ⓐ\ \frac{1}{1}B_A$	$ⓑ\ \frac{1}{2}B_B$	$ⓒ\ \frac{1}{2}B_C$	$ⓐ\frac{1}{1}B_A + ⓑ\frac{1}{2}B_B + ⓒ\frac{1}{2}B_C$
r	$ⓐ\ \frac{1}{2}B_A$	$ⓑ\ \frac{1}{1}B_B$	$ⓒ\ \frac{1}{2}B_C$	$ⓐ\frac{1}{2}B_A + ⓑ\frac{1}{1}B_B + ⓒ\frac{1}{2}B_C$

일단 이 방법이 체화가 된 상태에서 문제 풀이 방법(스킬)에 대해 논할 수 있다.
해당 방법으로는 아직은 문제를 풀 수 없다.
물론 조건을 직관적으로 제시하면 쉬운 문제들은 풀 수 있지만, 분석이 조금 더 필요한 시점이다.
다음 페이지에서 문제 풀이 방법을 제대로 배워보도록 하자.

3. 문제 풀이 스킬

개요

전류에 의한 자기장 문제는 4p의 준킬러 문제로 출제된다.
해당 문제들을 풀이할 때 모든 문제는 자기장 계산법을 이용하여 계산할 수 있다.
하지만,
문제의 유형과 종류를 파악하면, 빠르게 문제를 풀 수 있다.
따라서 문제 풀이에 대한 순서도를 다음과 같이 만들어 두는 게 좋다.

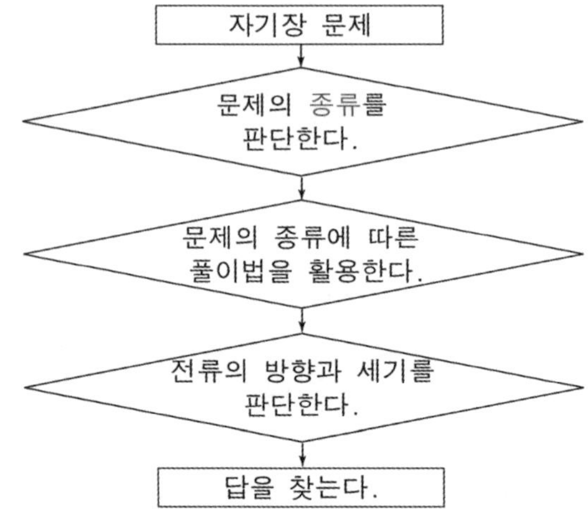

○ 문제의 종류
문제의 종류는 4가지 종류로 나눌 수 있고,
이 4가지 종류가 모두 아닌 경우에는
어쩔 수 없이 정공법(정량 계산 방법)을 활용해야 한다.

① 자기장이 0이 되는 지점
자기장의 세기가 0인 지점이 주어지면 해당 부분을 분석하여 문제를 푼다.
그런데 자기장이 0이 되는 지점이 주어진다면 대체적으로 문제가 쉬운 경향이 있다.

② 그래프 추론법
평행한 두 도선에 대한 자기장-위치 그래프를 분석한다.
x축에 나란한 두 직선이 고정된 경우는 y축과 나란한 직선상의 두 점,
y축에 나란한 두 직선이 고정된 경우는 x축과 나란한 직선상의 두 점
의 자기장이 주어졌을 때 활용한다.

③ 변화량
전류의 세기가 변하거나
직선 도선의 위치가 변할 때 활용하는 풀이 방법이다.

④ 대칭성
제시된 서로 다른 두 지점이 도선에 대해 대칭성이 보이는 경우 활용한다.
기출문제에서는 자주 다루지 않지만, 사설에서는 많이 다루는 유형이다.

〔정공법〕 정량 계산법
①~④로도 해결되지 않으면 어쩔 수 없이 '정량 계산'해야 한다. 사실상 정공법이다.
사실 ①과 ②를 건너뛰고 ③으로 전부 계산이 가능하다.

① 자기장이 0이 되는 지점을 제시한 경우

풀이법 활용 포인트: 자기장의 세기가 0인 지점을 직접 제시한 경우 활용한다.

15학년도 수능 10번 문항 중 일부

그림과 같이 전류가 흐르는 무한히 가늘고 긴 평행한 직선 도선 P, Q가 점 a, b, c와 같은 간격 d만큼 떨어져 종이면에 고정되어 있다. c에서 전류에 의한 자기장은 0이다.

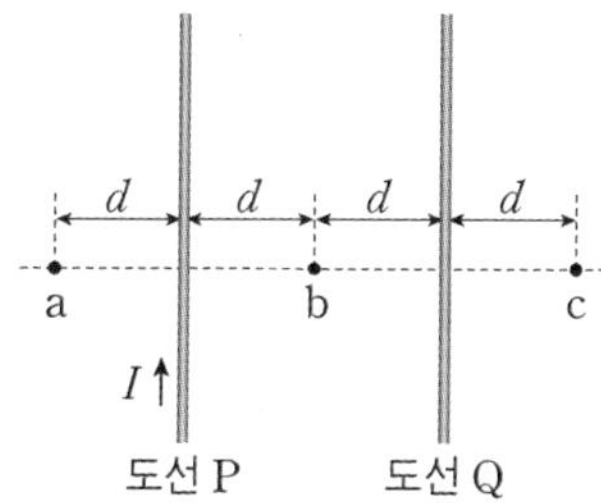

이에 대한 설명으로 옳은 것만을 〈보기〉에서 있는 대로 고른 것은?

〈보 기〉

ㄱ. 전류의 방향은 P에서와 Q에서가 서로 반대 방향이다.
ㄴ. 전류의 세기는 P에서가 Q에서보다 크다.

해당 문제처럼 전류에 의한 자기장의 세기가 0인 경우가 직접적으로 제시된 경우에는 문제를 어떻게 접근해야 할까?

① 두 도선의 전류에 의한 자기장의 세기가 0인 경우
자기장의 세기가 0이 되는 지점은 다음과 같은 성질이 있다.

성질 자기장의 세기가 0이 되는 지점 (두 개의 도선)

어느 점(c)에서 두 도선(P, Q)의 전류에 의한 자기장의 세기가 0인 경우

① 자기장의 세기

c에서 P의 전류에 의한 자기장의 세기
=
c에서 Q의 전류에 의한 자기장의 세기

② 자기장의 방향

c에서 P의 전류에 의한 자기장의 방향
↕ (서로 반대 방향)
c에서 Q의 전류에 의한 자기장의 방향

위의 상황에서
c에서 P의 전류에 의한 자기장의 방향이 ×이므로
c에서 Q의 전류에 의한 자기장의 방향은 ⊙이다.
따라서 전류의 방향은 P에서와 Q에서가 서로 반대 방향이다.

c에서 P의 전류에 의한 자기장의 세기($\frac{1}{3}B_P$)와
c에서 Q의 전류에 의한 자기장의 세기(B_Q)가 같다.
따라서 다음 식이 성립한다. (Q에 흐르는 전류의 세기 I_Q)

$$\frac{1}{3}B_P = B_Q \rightarrow \frac{1}{3}\frac{kI}{d} = \frac{kI_Q}{d},\ I_Q = \frac{1}{3}I$$

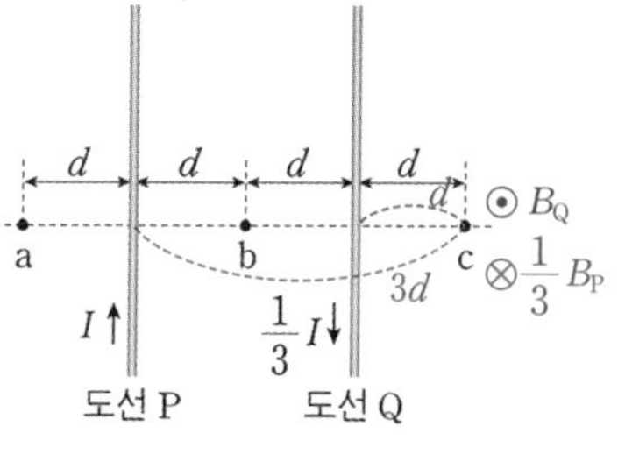

(ㄱ, ㄴ, 참)

② 세 개 이상의 도선의 전류에 의한 자기장의 세기가 0인 경우

세 개 이상의 도선의 전류에 의한 자기장의 세기가 0인 경우는 다음과 같이 생각할 수 있다.

성질 자기장의 세기가 0이 되는 지점 (세 개 이상의 도선)

어느 점 (P)에서 도선 3개(A, B, C)에 흐르는 전류에 의한 자기장의 세기의 합이 0이 되는 경우

P에서 두 개의 도선의 전류에 의한 자기장과
P에서 나머지 한 개의 도선의 전류에 의한 자기장은
세기가 같고 방향이 서로 반대라고 해석해도 좋다.

예를 들면
P에서 A, B의 전류에 의한 자기장과
P에서 C의 전류에 의한 자기장
은 서로 세기가 같고 방향이 반대이다.

아래와 같은 문제가 이에 해당한다.

17학년도 6월 모의고사 9번 문항

그림과 같이 반지름이 a인 원형 도선 A와 무한히 긴 직선 도선 B, C에 전류가 흐르고 있다. 종이면에 고정되어 있는 A, B, C에 흐르는 전류의 세기는 각각 I_0, I_0, I이고, A의 중심 P에서 자기장은 0이다.

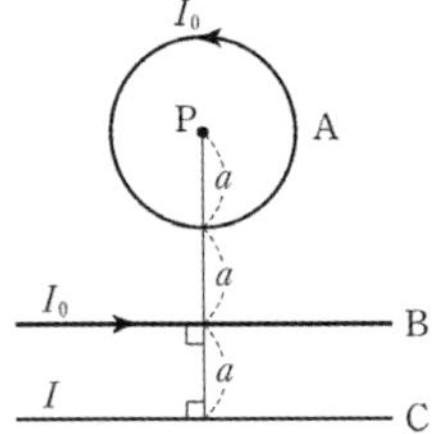

이에 대한 설명으로 옳은 것만을 〈보기〉에서 있는 대로 고른 것은?

〈보 기〉

ㄱ. P에서 C에 흐르는 전류에 의한 자기장의 방향은 종이면에 수직으로 들어가는 방향이다.

ㄴ. C에 흐르는 전류의 방향은 B에 흐르는 전류의 방향과 반대이다.

ㄷ. $I < \frac{3}{2}I_0$이다.

P에서 A, B, C의 전류에 의한 자기장이 0이다.
해당 경우는 P에서 A와 B의 전류에 의한 자기장의 방향을 추론할 수 있기 때문에 다음과 같이 묶는 것이 좋다.

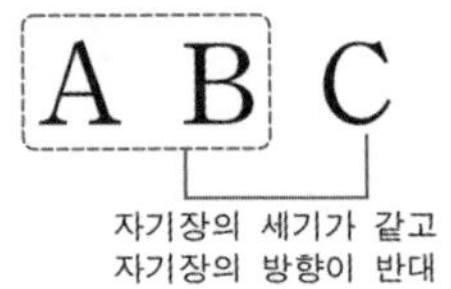

B_A = P에서 A의 전류에 의한 자기장의 세기

$B_B = \frac{kI_0}{a}$, $B_C = \frac{kI}{a}$로 두자.

① 자기장의 방향

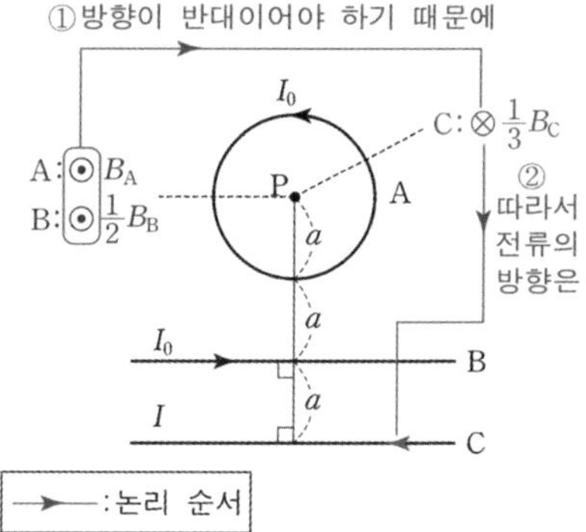

P에서 A의 전류에 의한 자기장의 방향과
P에서 B의 전류에 의한 자기장의 방향은 ⊙로 같다.
따라서
P에서 A와 B의 전류에 의한 자기장의 방향은 ⊙이다.
이는
P에서 C의 전류에 의한 자기장의 방향과 반대이어야 하므로
P에서 C의 전류에 의한 자기장의 방향은 ×이다.
따라서
C의 전류의 방향은 B와 반대 방향이다.

② 자기장의 세기

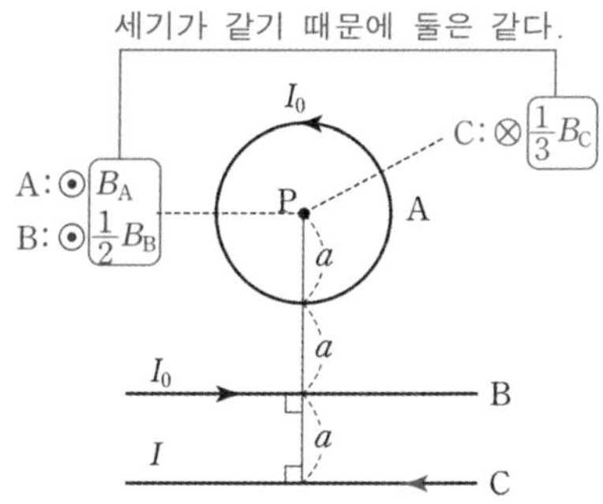

P에서 A의 전류에 의한 자기장의 세기(B_A)와

P에서 B의 전류에 의한 자기장의 세기($\frac{1}{2}B_B$)의 합은

$B_A + \frac{1}{2}B_B$이다.

이는

P에서 C의 전류에 의한 자기장의 세기 ($\frac{1}{3}B_C$)와 같다.

따라서 다음이 성립한다.

$$B_A + \frac{1}{2}B_B = \frac{1}{3}B_C \rightarrow \frac{1}{2}B_B < \frac{1}{3}B_C$$

$B_B = \frac{kI_0}{a}$, $B_C = \frac{kI}{a}$이므로 $\frac{1}{2}B_B = \frac{1}{2}\frac{kI_0}{a}$ $\frac{1}{3}B_C = \frac{1}{3}\frac{kI}{a}$이다. 따라서 다음이 성립한다.

$$\frac{1}{2}\frac{kI_0}{a} < \frac{1}{3}\frac{kI}{a} \rightarrow \frac{3}{2}I_0 < I$$

(ㄱ, ㄴ. 참, ㄷ. 거짓)

기출 예시 41

17학년도 9월 모의고사 9번 문항

그림과 같이 무한히 긴 직선 도선 A, B, C가 종이면에 수직으로 고정되어 있다. A에 흐르는 전류의 방향은 종이면에 수직으로 들어가는 방향이다. 점 p에서 A와 B에 흐르는 전류에 의한 자기장은 0이고, 점 q에서 A, B, C에 흐르는 전류에 의한 자기장은 0이다. p와 q는 x축 상에 있다.

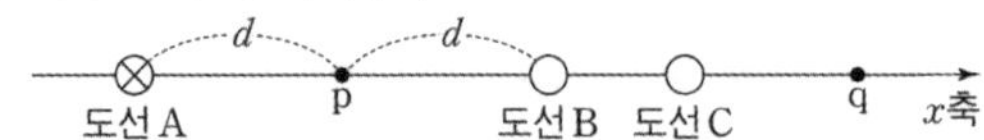

이에 대한 설명으로 옳은 것만을 〈보기〉에서 있는 대로 고른 것은?

〈보 기〉

ㄱ. 전류의 세기는 A와 B가 같다.

ㄴ. 전류의 방향은 B와 C가 같다.

ㄷ. A와 C에 흐르는 전류에 의한 자기장의 방향은 p와 q에서 서로 같다.

해설

ㄱ. p에서 A, B에 흐르는 전류에 의한 자기장이 0이다.
따라서
p에서 A의 전류에 의한 자기장과
p에서 B의 전류에 의한 자기장은 크기가 같고 방향이 서로 반대이다.
A와 B에 흐르는 전류의 세기는 같고,
B에 흐르는 전류의 방향은 A와 같다.

(ㄱ. 참)

ㄴ. q에서 A의 전류에 의한 자기장의 방향과
q에서 B의 전류에 의한 자기장의 방향은 아래 방향으로 같다.
q에서 A, B, C에 의한 자기장이 0이므로
C에 흐르는 전류의 방향은 B와 반대이다.

(ㄴ. 거짓)

ㄷ. q에서 A, B, C에 의한 자기장이 0이고,
q에서 B에 흐르는 전류에 의한 자기장은 아래 방향이므로
q에서 A, C에 흐르는 전류에 의한 자기장의 방향은 위 방향이다.

p에서 A의 전류에 의한 자기장의 방향과
p에서 C의 전류에 의한 자기장의 방향은 아래 방향이다.
따라서
A와 C에 흐르는 전류에 의한 자기장의 방향은 p와 q에서 서로 반대이다.

(ㄷ. 거짓)

정답

기출 예시 41
ㄱ

②-1 그래프 추론법 (기본적 활용법)

풀이법 활용 포인트: 자기장의 세기가 제시된 두 지점을 잇는 직선이 x축 또는 y축과 나란한 경우 활용한다.

두 도선의 위치에 따른 전류에 의한 자기장을 이용하여 문제를 푸는 방법이다.
아래 그림과 같이 두 도선이 xy평면에서 y축과 나란하게 고정되어 있다.

이때 x축상에서 A, B의 전류에 의한 자기장은 어떻게 될까?

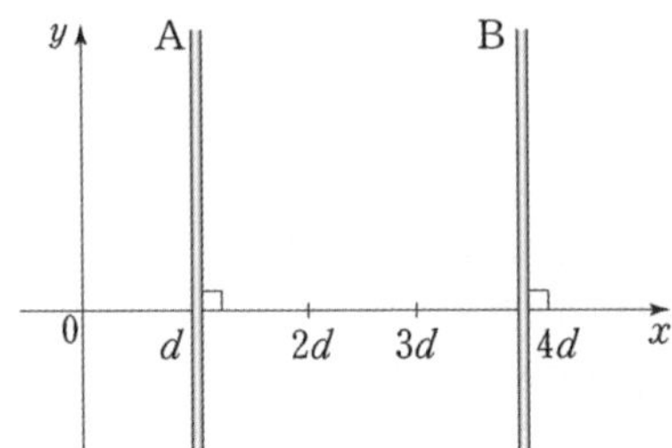

그래프의 개형만 따져 봤을 때 '전기력-위치 그래프'와 동일하게 그려진다.
(엄밀히 따지면 전기력은 $\frac{1}{r^2}$함수이고, 자기장은 $\frac{1}{r}$함수이기 때문에 다르지만, 개형은 비슷하다.)
차이점만 조심해 보면 된다.
그래프를 추론할 때 다음과 같이 변환해서 추론하면 된다.

전류의 방향 → 전하의 종류 전류의 세기 → 전하의 크기

① 전류의 방향이 서로 같을 때 (≒ 전하의 종류가 같을 때) 자기장-위치 그래프

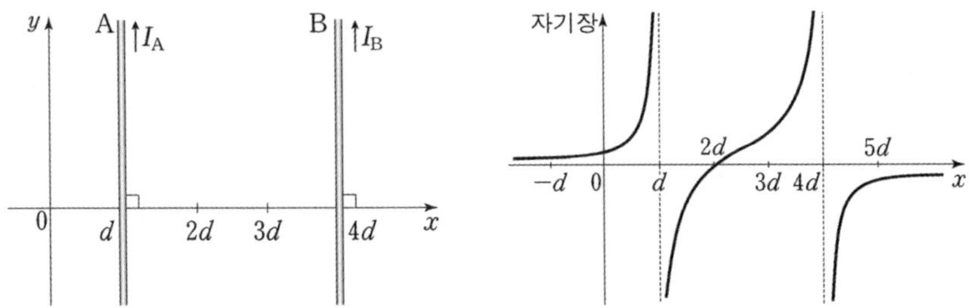

○ A와 B 안쪽 영역에서 자기장의 세기가 0인 지점이 존재한다.

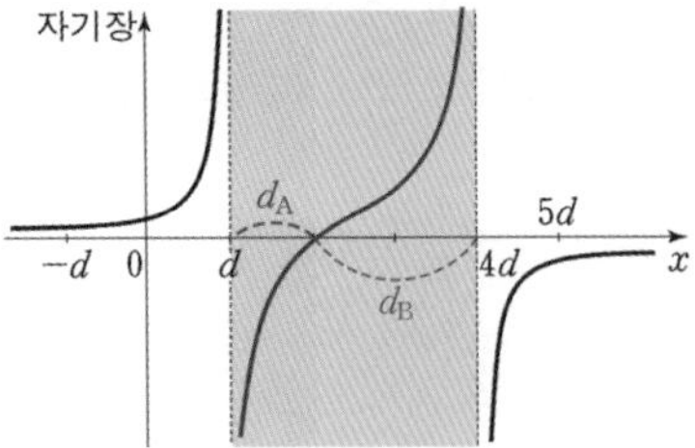

1) 자기장의 세기가 0인 지점과 A 사이의 거리(d_A),
자기장의 세기가 0인 지점과 B 사이의 거리(d_B)와
A와 B의 전류의 세기를 I_A, I_B로 두면 다음이 성립한다.

$$k\frac{I_A}{d_A}=k\frac{I_B}{d_B},\ \ I_A : I_B = d_A : d_B$$

2) 자기장의 세기가 0이 되는 지점을 기준으로 자기장의 방향이 변한다.
파란색 영역에서 A와 B의 전류에 의한 자기장의 방향 = A의 전류에 의한 자기장의 방향
빨간색 영역에서 A와 B의 전류에 의한 자기장의 방향 = B의 전류에 의한 자기장의 방향

② 전류의 방향이 서로 반대일 때 (≒ 전하의 종류가 반대일 때) 자기장-위치 그래프

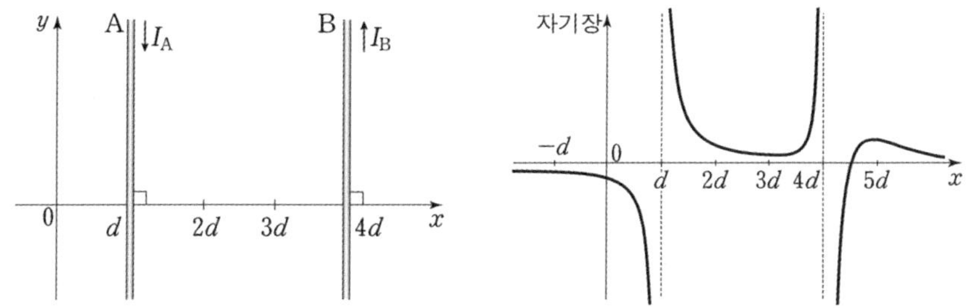

ㅇ A와 B 바깥 영역에서 자기장의 세기가 0인 지점이 존재한다.

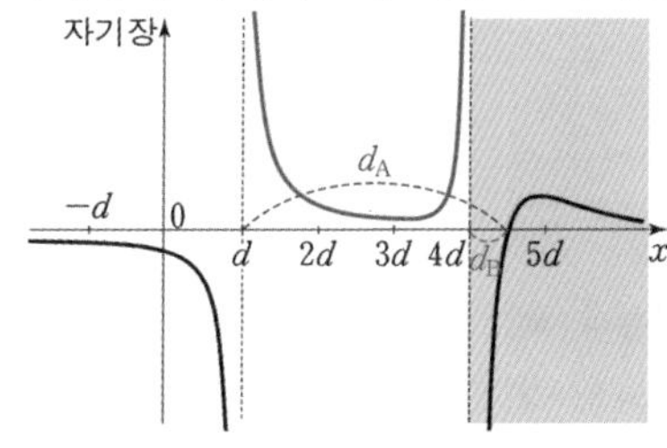

1) 자기장의 세기가 0인 지점과 A 사이의 거리(d_A),
자기장의 세기가 0인 지점과 B 사이의 거리(d_B)와
A와 B의 전류의 세기를 I_A, I_B로 두면 다음이 성립한다.

$$k\frac{I_A}{d_A}=k\frac{I_B}{d_B},\ \ I_A : I_B = d_A : d_B$$

2) 자기장의 세기가 0이 되는 지점을 기준으로 자기장의 방향이 변한다.
파란색 영역에서 A와 B의 전류에 의한 자기장의 방향 = A의 전류에 의한 자기장의 방향
빨간색 영역에서 A와 B의 전류에 의한 자기장의 방향 = B의 전류에 의한 자기장의 방향

자세히 보면 알겠지만, 전기력 그래프 추론의 형태와 매우 비슷하다.
다만 다른 것이 있다면
도선에 흐르는 전류의 비가
자기장이 0이 되는 지점으로부터 도선까지의 거리에 비례한다는 것이 다르다.
($I_A : I_B = d_A : d_B$)

자기장 그래프 유형 문제는 구조적으로 전기력 문제와 흡사하다.
하지만, 전기력 그래프 유형에서는 볼 수 없는 자기장 그래프 유형에 대해서는
기출 예시 이후에 다루도록 하겠다.

기출 예시 42

09학년도 6월 모의고사 8번 문항

그림 (가)는 전류가 흐르는 가늘고 무한히 긴 평행한 두 직선 도선 A, B가 종이면에 고정되어 있는 것을 나타낸 것이다. 그림 (나)는 (가)에서 x축 상의 자기장을 위치에 따라 나타낸 것이다. 자기장의 방향은 종이면에서 수직으로 나오는 방향을 양(+)으로 한다.

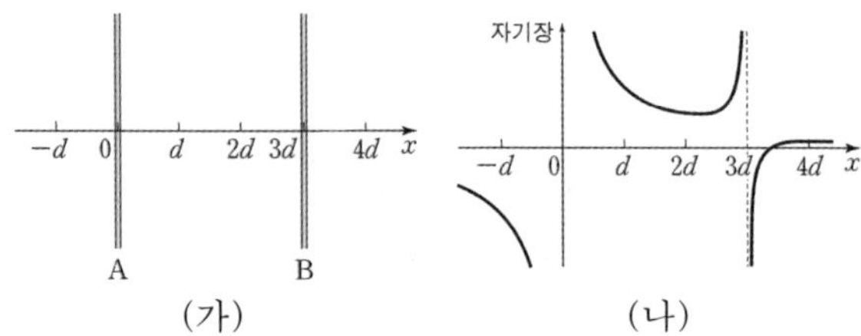

(가) (나)

A, B에 흐르는 전류의 세기를 각각 I_A, I_B라고 할 때, 두 전류 의 방향과 세기를 옳게 비교한 것은? (단, 지구 자기장의 효과는 무시한다.)

	전류의 방향	전류의 세기
①	같은 방향	$I_A > I_B$
②	같은 방향	$I_A < I_B$
③	같은 방향	$I_A = I_B$
④	반대 방향	$I_A > I_B$
⑤	반대 방향	$I_A < I_B$

기출 예시

$0 < x < 3d$에서
A와 B의 자기장의 세기가 0이 되는 지점이 없다.
따라서
A와 B에 흐르는 전류의 방향은 서로 반대이다.
$0 < x < 3d$에서
A와 B의 자기장의 세기가 최소가 되는 지점이 B에 가까우므로
전류의 세기는 A가 B보다 크다. ($I_A > I_B$)

정답

기출 예시 42
④

②-2 그래프 추론법 심화

자기장-위치 그래프 문제는
전기력-위치 그래프와의 차이점이 있다.

전기력 문제의 경우는 x축상에 동일한 전기력을 추가할 수 없다.
왜냐하면 점전하가 x축상에 일직선으로만 고정되어 출제되기 때문이다.
그러니까 아래 그림처럼 점전하 A, B, C가 x축상에 고정되어 있는 상황에서
A가 B, C에 작용하는 전기력의 크기는 서로 다르고
B가 A, C에 작용하는 전기력의 크기도 서로 다르며,
C가 A, B에 작용하는 전기력의 크기 또한 서로 다르다.

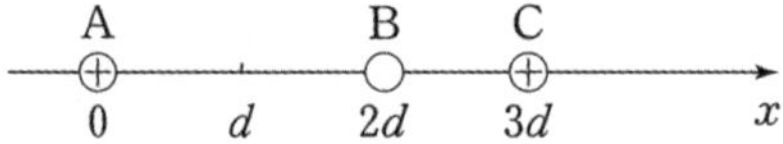

그렇다고 점전하를 x축이 아닌 다른 위치에 고정시키면 (아래 그림)
벡터 합성이 들어가기 때문에 물리학1 교육과정에서 벗어난다.

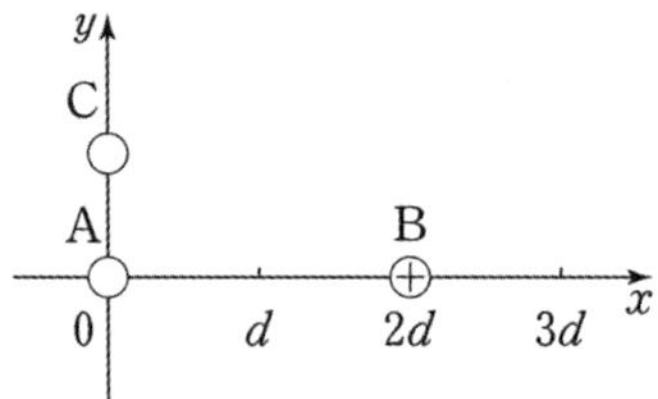

(이건 교과외이다.)

하지만
자기장 문제의 경우는 직선 도선의 전류에 의한 자기장이 xy평면에 수직하기 때문에
아래 그림처럼 직선 도선을 배치하면
x축상에서 C의 전류에 의한 자기장을 모두 같게 만들 수 있다.
(x축과 C 사이의 거리가 L로 일정하기 때문)

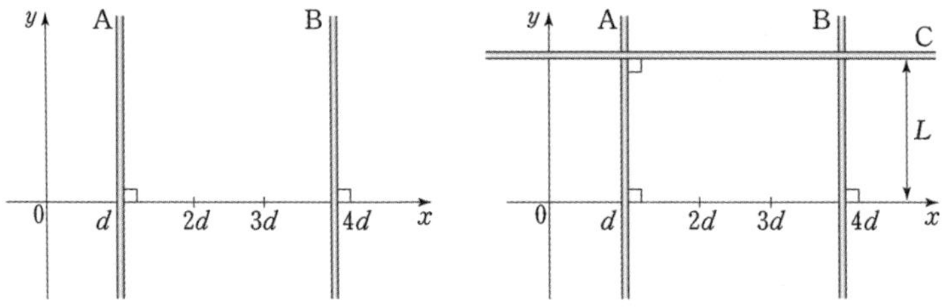

〔x축에서 C의 전류에 의한 자기장의 세기는 모두 같다.〕

또한 아래 그림처럼 C를 x축상에 옮기면서 고정시켜,
C의 중심에서 A, B, C의 전류에 의한 자기장을 구해보는 상황도 마찬가지이다.
(C의 중심에서 C의 전류에 의한 자기장은 같다.)

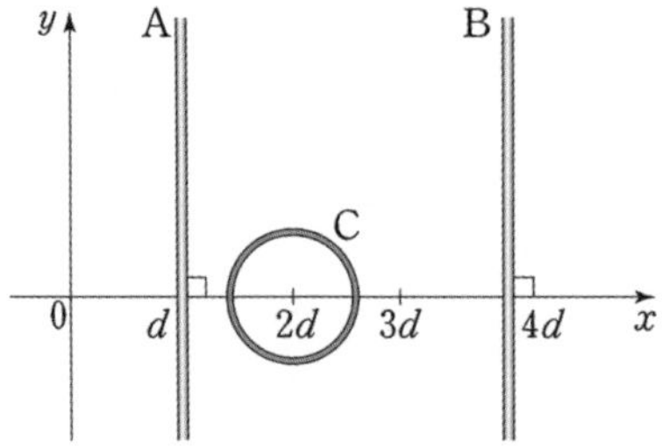

〔x축에서 C의 전류에 의한 자기장의 세기는 모두 같다.〕

이 경우, x축상에서 A와 B의 전류에 의한 자기장-위치 그래프를
자기장 축으로 평행 이동시킨 그래프가 나올 것이다. (위아래로 이동시킨 그래프)
이렇게 되면 A, B의 전류에 의한 자기장의 그래프의 또 다른 특징을 살펴볼 필요가 있다.

① 전류의 방향이 서로 같을 때 자기장-위치 그래프

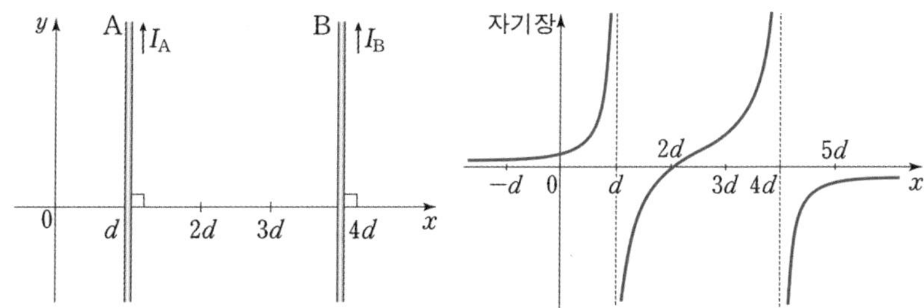

1) 두 도선의 안쪽 영역에서의 자기장-위치 그래프
(위 그림에서 **초록색 부분**에 해당하는 그래프)
가 **일대일 대응 함수**이다.
(**해당 영역**에서 한 개의 x값에 대응되는 자기장은 한 개이며, 한 개의 자기장에 대응되는 x값은 하나이다.)

2) 두 도선의 바깥 영역에서의 자기장-위치 그래프
(위 그림에서 **빨간색 부분**에 해당하는 그래프)
또한 **일대일 대응 함수**이다.
(**해당 영역**에서 한 개의 x값에 대응되는 자기장은 한 개이며,
한 개의 자기장에 대응되는 x값은 하나이다.)

② 전류의 방향이 서로 반대일 때 자기장-위치 그래프

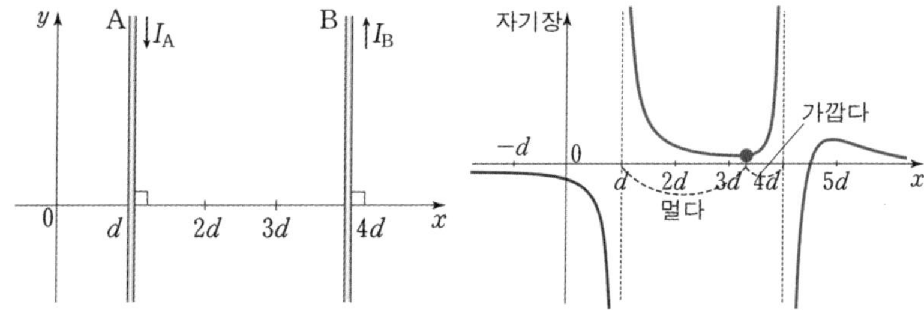

1) 두 도선의 안쪽 영역에서의 자기장-위치 그래프
(위 그림에서 **초록색 부분**에 해당하는 그래프)
가 **일대일 대응 함수가 아니다**.
(**해당 영역**에서 한 개의 x값에 대응되는 자기장은 한 개이지만,
한 개의 자기장에 대응되는 x값은 두 개가 존재할 수 있다.)

2) 두 도선의 바깥 영역에서의 자기장-위치 그래프 중 B에 가까운 영역
(위 그림에서 **빨간색 부분**에 해당하는 그래프)
가 **일대일 대응 함수가 아니다**.
(**해당 영역**에서 한 개의 x값에 대응되는 자기장은 한 개이지만,
한 개의 자기장에 대응되는 x값은 두 개가 존재할 수 있다.)

3) 두 도선의 바깥 영역에서의 자기장-위치 그래프 중 A에 가까운 영역
(위 그림에서 **파란색 부분**에 해당하는 그래프)
가 **일대일 대응 함수**이다.
(**해당 영역**에서 한 개의 x값에 대응되는 자기장은 한 개이며, 한 개의 자기장에 대응되는 x값은 하나이다.)

4) 자기장의 세기가 최소가 되는 지점 (위의 **초록색 영역**에 해당하는 부분 위의 점)은
전류의 세기가 작은 도선에 치우쳐 있다. ($I_A > I_B$이므로)

★ 전류의 세기가 같다면 해당 그래프는 자기장 축 대칭 함수가 될 것이다.

○ 평행 이동 활용

그림과 같이 A와 B에 일정한 세기의 전류가 흐르고 있다.

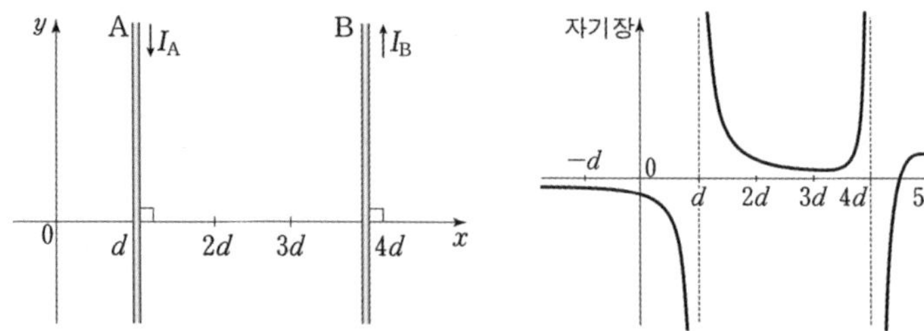

이 상태에서 아래 그림과 같이 C의 전류를 추가하는 상황을 살펴보자.

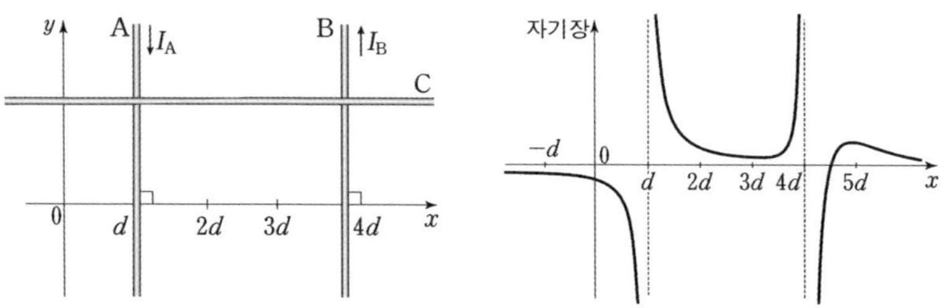

그렇다면 그래프가 어떻게 변할까?
C에 흐르는 전류의 방향이 $+x$방향이라면
해당 그래프는 아래 그림처럼 아래쪽으로 평행 이동한다.

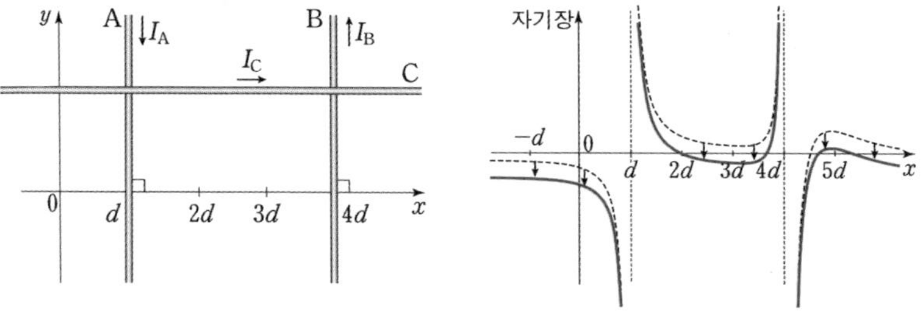

이런 식으로,
평행한 두 직선 도선(A, B)의 전류에 의한 자기장의 그래프 개형을 알고 있다면,

이 두 직선과 수직인 직선(C)의 전류에 의한 자기장이 추가되었을 때
해당 그래프를 단순히 평행 이동함으로써 x축과 나란한 지점에서의 자기장을 추론할 수 있으며,
이는 문제를 푸는 데 있어서 강력한 도구가 될 수 있다.

예를 들면 아래의 상황처럼 문제가 출제되었다고 생각해 보자.

그림과 같이 xy평면에 고정된 무한히 긴 직선 도선 A, B, C에 일정한 전류가 흐르고 있다. A에 흐르는 전류의 방향은 $-y$방향이고, $d < x < 4d$에서 자기장의 세기가 0인 지점이 2개이다.

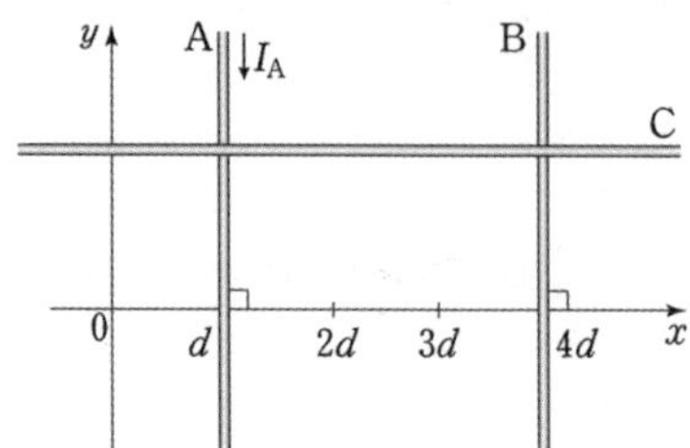

B와 C에 흐르는 전류의 방향은 어떻게 될까?

우선 B에 흐르는 전류의 방향이 $-y$방향으로 A와 같다고 가정해 보자.
그렇다면 A, B의 전류에 의한 자기장-위치 그래프는 다음과 같다. (C제외!)

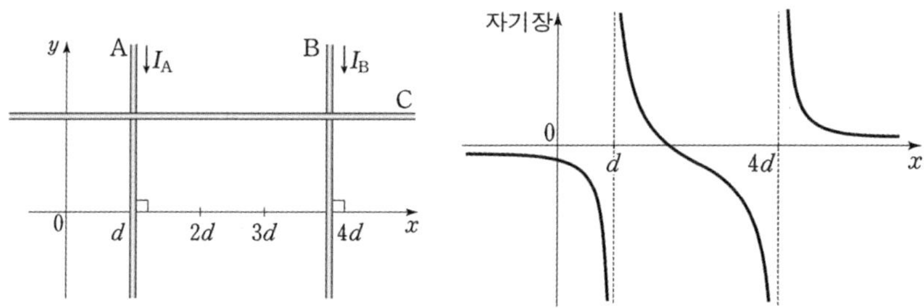

이런 상황에서 C의 전류에 의한 자기장이 추가되면
위의 그래프를 자기장 축 방향으로 평행이동시켜야 한다.

그런데!
$d < x < 4d$의 영역에서 A, B의 전류에 의한 자기장-위치 그래프는 **일대일 대응 함수**이다.
즉, 아무리 위의 그래프를 평행 이동시켜도 x축과의 교점이 하나만 나올 수밖에 없다.

따라서 $d < x < 4d$의 영역에서
A, B, C의 전류에 의한 자기장의 세기가 0인 지점이 2개가 될 수 없다.

따라서 B에 흐르는 전류의 방향은 $+y$방향이다.

A, B의 전류에 의한 자기장-위치 그래프는 아래 그림과 같다.

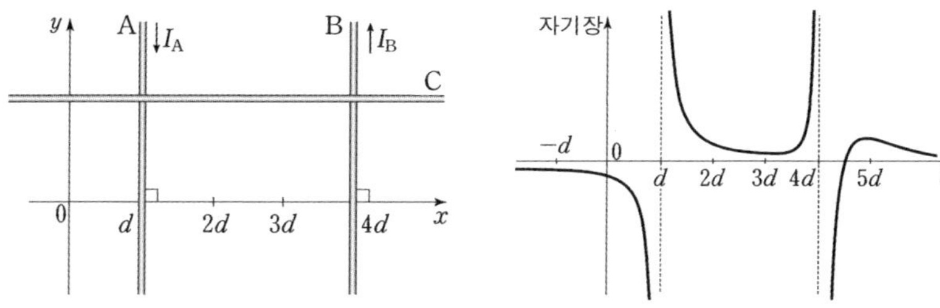

$d < x < 4d$인 영역에서 x축과의 교점이 2개가 나오기 위해서는
위의 그래프를 아래쪽으로 평행 이동시켜야 한다.
즉,
$d < x < 4d$에서 A와 B의 전류에 의한 자기장의 방향과,
$d < x < 4d$에서 C의 전류에 의한 자기장의 방향이 서로 반대이어야 하므로
C에 흐르는 전류의 방향은 $+x$방향이다.
결국 위의 A, B, C의 전류에 의한 자기장은 다음과 같다.

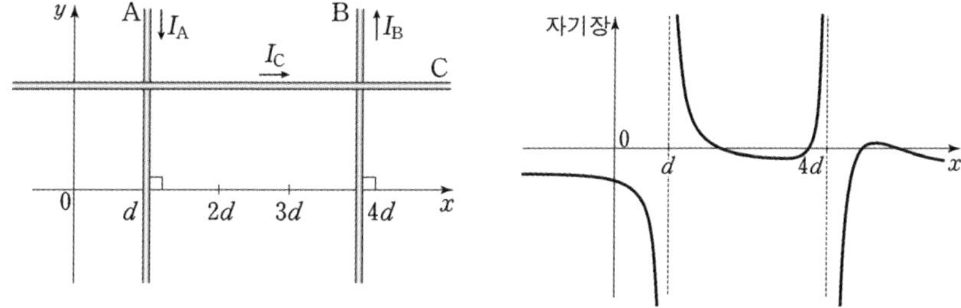

$I_A > I_B$인지, $I_A < I_B$인지, 조건에서 제시되지 않았기 때문에 $x < d$, $4d < x$인 영역에서의 자기장은 엄밀하게 논할 수 없다. 위의 그래프는 $I_A > I_B$인 경우를 나타낸 것이고, $I_A < I_B$를 나타낸 그래프도 어차피 $d < x < 4d$에서 A, B의 전류에 의한 자기장-위치 그래프가 일대일 대응함수가 아니므로 A, B, C의 전류의 방향은 추론할 수 있다.

기출 예시 43

22학년도 9월 모의고사 16번 문항

그림과 같이 xy평면에 무한히 긴 직선 도선 A, B, C가 고정되어 있다. A, B에는 서로 반대 방향으로 세기 I_0인 전류가, C에는 세기 I_C인 전류가 각각 일정하게 흐르고 있다. xy평면에서 수직으로 나오는 자기장의 방향을 양(+)으로 할 때, x축상의 점 P, Q에서 세 도선에 흐르는 전류에 의한 자기장의 방향은 각각 양(+), 음(−)이다.

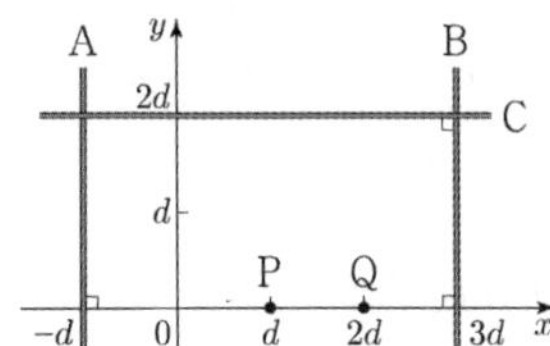

이에 대한 설명으로 옳은 것만을 〈보기〉에서 있는 대로 고른 것은?

〈보 기〉

ㄱ. A에 흐르는 전류의 방향은 $+y$방향이다.

ㄴ. C에 흐르는 전류의 방향은 $-x$방향이다.

ㄷ. $I_C < 2I_0$이다.

해설

정답
기출 예시 43
ㄱ, ㄴ

A와 B의 전류의 방향이 서로 반대이므로
A, B의 전류의 방향에 따른 x축상의 자기장은 다음과 같다.

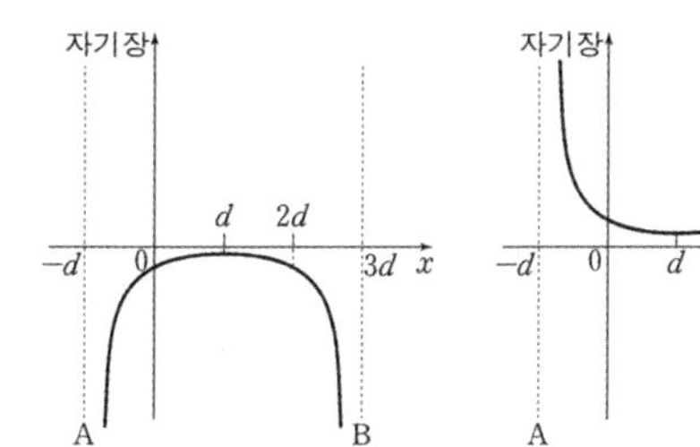

A에 흐르는 전류 방향: $+y$ A에 흐르는 전류 방향: $-y$
B에 흐르는 전류 방향: $-y$ B에 흐르는 전류 방향: $+y$

이 상태에서 C의 전류에 의한 자기장을 더해서
A~C의 전류에 의한 자기장을 구할 수 있다.
x축에서 C의 전류에 의한 자기장은 일정하므로
위의 그래프를 자기장 축 방향으로 평행 이동하여
A~C의 전류에 의한 자기장을 구할 수 있다.

그런데, A에 흐르는 전류의 방향이 $-y$방향일 때 그래프를
자기장 축 방향으로 평행 이동하여
$x=d$에서 양(+), $x=2d$에서 음(−)이 되게 할 수 없다.
($x=d$에서 양(+)이면 $x=2d$에서 항상 양(+)이다.)
따라서 A에 흐르는 전류의 방향은 $+y$방향이고,
C의 자기장을 더하여 그래프를 그려보면 다음과 같아야한다.

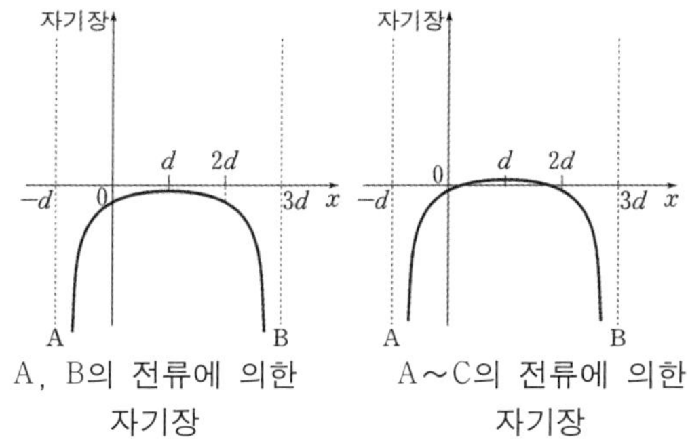

A, B의 전류에 의한 자기장   A~C의 전류에 의한 자기장

A, B의 전류에 의한 자기장을 자기장의 양(+)의 방향으로 평행 이동해야 문제의 상황에 맞다.
따라서 x축에서 C의 전류에 의한 자기장의 방향은 양(+)이다.
ㄱ. A에 흐르는 전류의 방향은 $+y$방향이다.

(ㄱ. 참)

ㄴ. C에 흐르는 전류의 방향은 $-x$방향이다.

(ㄴ. 참)

ㄷ. $x=d$에서 자기장을 계산해 보면 다음과 같다. (k는 상수이다.)

$$-k\frac{I_0}{2d}-k\frac{I_0}{2d}+k\frac{I_C}{2d}$$

해당 값이 양(+)이므로 다음이 성립한다.

$$-k\frac{I_0}{2d}-k\frac{I_0}{2d}+k\frac{I_C}{2d}>0,\ I_C>2I_0$$

(ㄷ. 거짓)

※ 풀이가 길기 때문에 2페이지에 걸쳐서 해설을 적도록 하겠다. 문제도 한번 더 쓰도록 하겠다.

기출 예시 44

23학년도 6월 모의고사 18번 문항

그림과 같이 무한히 긴 직선 도선 A, B와 원형 도선 C가 xy평면에 고정되어 있다. A, B에는 같은 세기의 전류가 흐르고, C에는 세기가 I_0인 전류가 시계 반대 방향으로 흐른다. 표는 C의 중심 위치를 각각 점 p, q에 고정할 때, C의 중심에서 A, B, C의 전류에 의한 자기장의 세기와 방향을 나타낸 것이다.

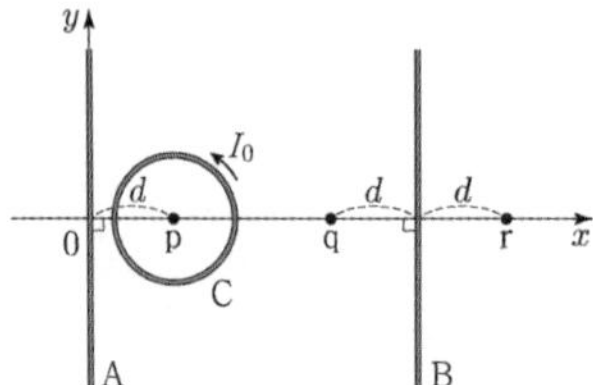

C의 중심 위치	C의 중심에서 자기장	
	세기	방향
p	0	해당 없음
q	B_0	⊙

⊙: xy평면에서 수직으로 나오는 방향
×: xy평면에 수직으로 들어가는 방향

이에 대한 설명으로 옳은 것만을 〈보기〉에서 있는 대로 고른 것은?

〈보 기〉

ㄱ. A에 흐르는 전류의 방향은 $+y$방향이다.
ㄴ. C의 중심에서 C의 전류에 의한 자기장의 세기는 B_0보다 작다.
ㄷ. C의 중심 위치를 점 r로 옮겨 고정할 때, r에서 A, B, C의 전류에 의한 자기장의 방향은 '×'이다.

정답

기출 예시 44

ㄱ, ㄴ, ㄷ

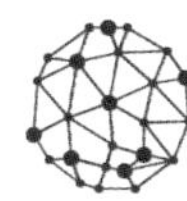

해설

ㄱ. p에서 A~C의 전류에 의한 자기장이 0이다.
p에서 C의 전류에 의한 자기장이 xy평면에서 수직으로 나오는 방향이므로
p에서 A, B의 전류에 의한 자기장의 방향은
xy평면에 수직으로 들어가는 방향이다.
그런데 A와 B에 흐르는 전류의 세기가 같으므로
p에서 A, B의 전류에 의한 자기장의 방향은
p에서 p와 더 가까운 A의 전류에 의한 자기장의 방향과 같게 되므로
A에 흐르는 전류의 방향은 $+y$방향이다.

(ㄱ. 참)

ㄴ. $0 < x$에서 A, B의 전류에 의한 자기장은 다음과 같이 2가지 경우로 나뉜다.
(p에서 A, B의 전류에 의한 자기장의 세기를 B_1, xy평면에서 수직으로 나오는 방향을 양(+)으로 두자.)
A와 B의 전류에 의한 자기장은 B에 흐르는 전류의 방향에 따라 다음과 같이 나뉜다.

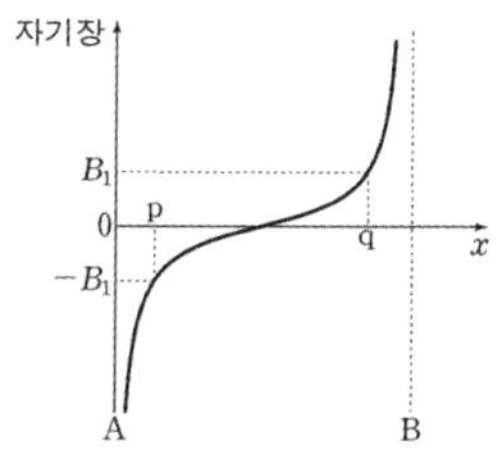

B에 흐르는 전류 방향: $+y$

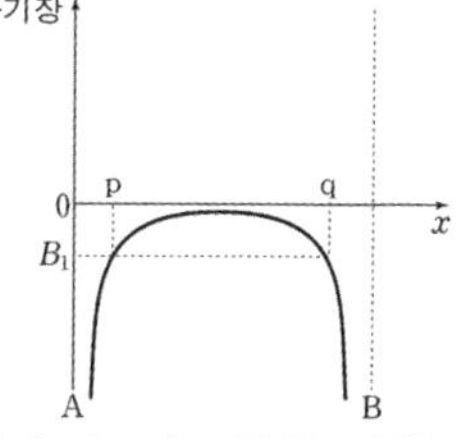

B에 흐르는 전류 방향: $-y$

p와 q에서 A, B의 전류에 의한 자기장의 세기는 같고
방향은
B에 흐르는 전류의 방향이 $+y$일 때 p와 q에서 서로 반대
B에 흐르는 전류의 방향이 $-y$일 때 p와 q에서 서로 같다.
이 상태에서 C의 전류에 의한 자기장을 더하여 p, q에서 A~C의 전류에 의한 자기장을 구할 수 있다.
C의 위치를 x축상으로 움직이면서 A~C의 전류에 의한 자기장을 구해보면 다음과 같다.
(이때 p에서 자기장의 세기가 0이므로, C의 중심에서 C의 전류에 의한 자기장의 세기가 B_1이다.)

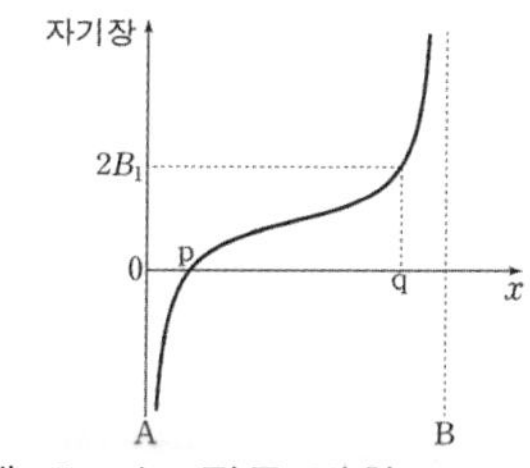

B에 흐르는 전류 방향: $+y$

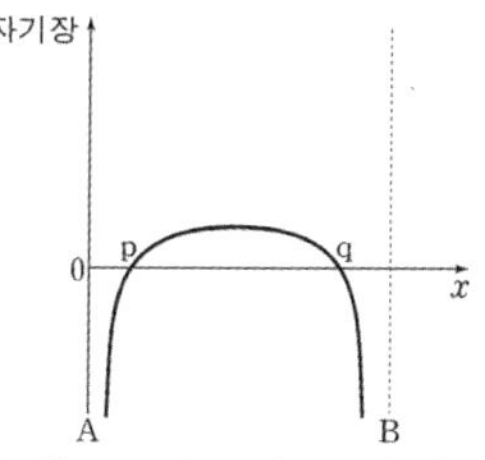

B에 흐르는 전류 방향: $-y$

B에 흐르는 전류의 방향이 $-y$일 때 p, q에서 모두 자기장이 0으로
표의 상황과 맞지 않다.
따라서
B에 흐르는 전류의 방향이 $+y$이다.
그래프의 q에서 자기장의 세기가 $2B_1$이다. 따라서 다음이 성립한다.

$$B_0 = 2B_1, \ B_1 = \frac{1}{2}B_0$$

따라서 C의 중심에서 C의 전류에 의한 자기장의 세기는 B_0보다 작다.

(ㄴ. 참)

기출 예시 44

※ 풀이가 길기 때문에 2페이지에 걸쳐서 해설을 적도록 하겠다. 문제도 한번 더 쓰도록 하겠다.

23학년도 6월 모의고사 18번 문항

그림과 같이 무한히 긴 직선 도선 A, B와 원형 도선 C가 xy평면에 고정되어 있다. A, B에는 같은 세기의 전류가 흐르고, C에는 세기가 I_0인 전류가 시계 반대 방향으로 흐른다. 표는 C의 중심 위치를 각각 점 p, q에 고정할 때, C의 중심에서 A, B, C의 전류에 의한 자기장의 세기와 방향을 나타낸 것이다.

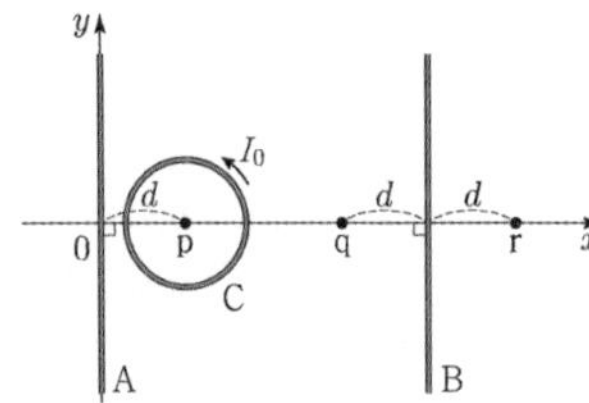

C의 중심 위치	C의 중심에서 자기장	
	세기	방향
p	0	해당 없음
q	B_0	⊙

⊙: xy평면에서 수직으로 나오는 방향
×: xy평면에 수직으로 들어가는 방향

이에 대한 설명으로 옳은 것만을 〈보기〉에서 있는 대로 고른 것은?

〈보 기〉

ㄱ. A에 흐르는 전류의 방향은 $+y$방향이다.

ㄴ. C의 중심에서 C의 전류에 의한 자기장의 세기는 B_0보다 작다.

ㄷ. C의 중심 위치를 점 r로 옮겨 고정할 때, r에서 A, B, C의 전류에 의한 자기장의 방향은 '×'이다.

해설

ㄷ. q에서 A, B에 의한 자기장의 세기가 B_1이다.

q에서는

A의 전류에 의한 자기장의 세기를 B_A

B의 전류에 의한 자기장의 세기를 B_B로 두면 다음 식이 성립한다.

$$B_1 = B_B - B_A$$

r에서

A의 전류에 의한 자기장의 세기를 b_A로 두고,

B의 전류에 의한 자기장의 세기는 B_B이므로

r에서 자기장의 세기는 다음과 같다.

$$B_B + b_A > B_1$$

방향은 xy평면에 수직으로 들어가는 방향이다.

(r에서 A의 전류에 의한 자기장의 방향은 xy평면에 수직으로 들어가는 방향이고, B의 전류에 의한 자기장의 방향은 xy평면에 수직으로 들어가는 방향이기 때문이다.)

따라서 r에서 A, B의 전류에 의한 자기장의 세기는

B_1보다 크다.

그런데 r에서 C의 전류에 의한 자기장의 세기는

B_1이므로

r에서 A~C의 전류에 의한 자기장의 방향은 xy평면에 수직으로 들어가는 방향(×)이다.

(ㄷ. 참)

정답

기출 예시 44

ㄱ, ㄴ, ㄷ

③ 변화량

풀이법 활용 포인트: 전류의 세기가 변하거나, 도선의 위치가 변하는 경우에 활용한다.

1. 전류의 세기가 변하는 경우

도선을 고정하고 하나의 도선에만 전류의 세기를 변화시키는 문제가 출제될 수 있다.
아래와 같은 기출문제 상황이 그 예이다.

22학년도 6월 모의고사 18번 문항 (상황)

그림 (가)와 같이 중심이 원점 O인 원형 도선 P와 무한히 긴 직선 도선 Q, R가 xy평면에 고정되어 있다. P에는 세기가 일정한 전류가 흐르고, Q에는 세기가 I_0인 전류가 $-x$방향으로 흐르고 있다. 그림 (나)는 (가)의 O에서 P, Q, R의 전류에 의한 자기장의 세기 B를 R에 흐르는 전류의 세기 I_R에 따라 나타낸 것으로, $I_R = I_0$일 때 O에서 자기장의 방향은 xy평면에서 수직으로 나오는 방향이고, 세기는 B_1이다.

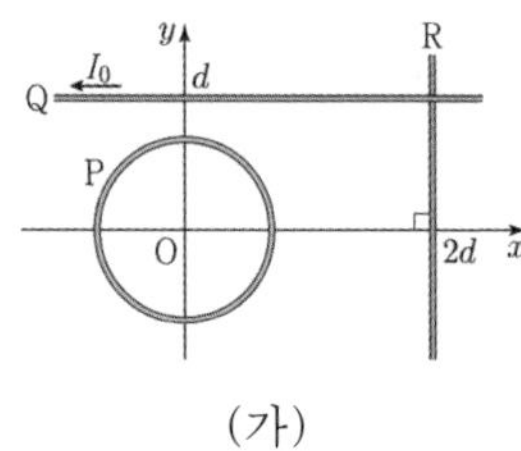

(가)

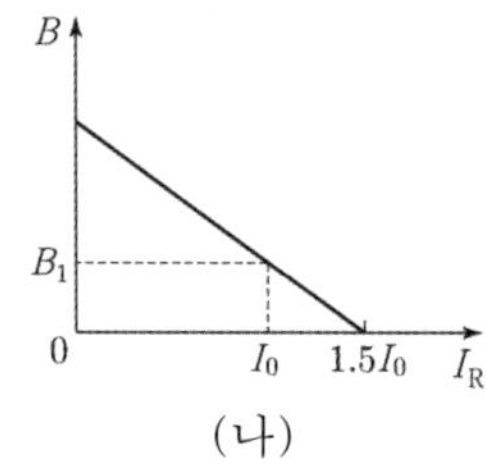

(나)

중요한 것은, 위의 문제는 R의 전류만 변하는 상황이고
P와 Q의 전류의 세기가 변하지 않는 상황이다.
O에서 P와 Q의 전류에 의한 자기장의 세기는
'I_R가 변하더라도 변하지 않는 일정한 값'이다.
즉,
O에서의 자기장의 변화는 오직 I_R 때문이다.
해당 그래프는 둘로 나누어 분석할 수 있다.

① I_R에 의한 자기장 변화
② P와 Q의 전류에 의한 자기장

직관적으로 상황을 그래프로 이해해 보자.
O에서 P, Q의 전류에 의한 자기장을 I_R에 따라 나타낸 그래프(ⓐ)와
O에서 R의 전류에 의한 자기장을 I_R에 따라 나타낸 그래프(ⓑ)는 다음과 같을 것이다.

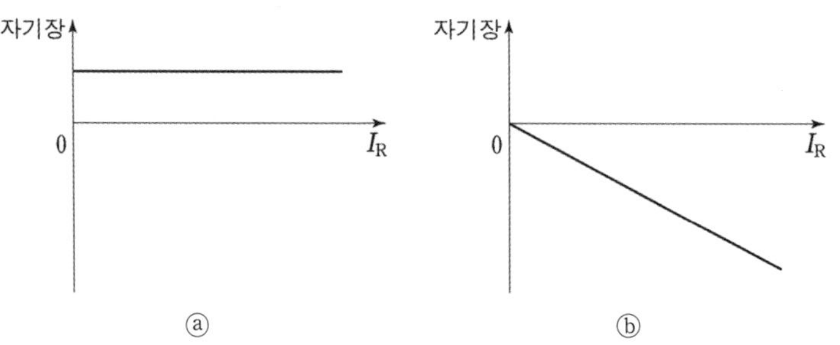

ⓐ ⓑ

(나)의 그래프는 ⓐ와 ⓑ를 더한 결과로 나타낸 것이다.
즉, (나)의 그래프는 ⓑ그래프를 자기장 축 방향으로 평행 이동한 결과이다.
핵심은 다음과 같다.

① $I_R=0$일 때 자기장의 세기는 P, Q의 전류에 의한 자기장이다.
② I_R가 증가할수록 O에서 P, Q, R의 전류에 의한 자기장이 감소한다.

$I_R=0$일 때 자기장의 세기

$I_R=0$일 때
O에서 P, Q, R의 전류에 의한 자기장은
O에서 P, Q의 전류에 의한 자기장과 같다.
두 도선의 전류에 의한 자기장을 추론할 수 있는 방법이다.

$I_R>0$일 때 자기장의 세기 변화

I_R이 증가함에 따라 자기장의 세기가 감소하는 이유는
P, Q의 전류에 의한 자기장의 방향과
R의 전류에 의한 자기장의 방향이 서로 다르기 때문이다.

즉, 증감 여부를 보고
O에서 P, Q의 전류에 의한 자기장의 방향과
O에서 R의 전류에 의한 자기장의 방향 사이의 관계를 알 수 있다.

둘의 방향이 반대인 경우는 **감소하고,**
둘의 방향이 **같은** 경우는 증가한다.

왼쪽의 문제는 감소하고 있으므로
둘의 방향이 반대인 경우이다.

2. 도선의 위치가 변하는 경우
도선에 흐르는 전류의 세기가 변하지 않고, 도선 한 개의 위치를 바꾸어 가며 자기장의 세기를 측정하는 문제가 출제될 수 있다.
아래와 같은 기출문제 상황이 그 예이다.

21학년도 9월 모의고사 18번 문항 (상황)

그림 (가)와 같이 무한히 긴 직선 도선 A, B, C가 같은 종이면에 있다. A, B, C에는 세기가 각각 $4I_0$, $2I_0$, $5I_0$인 전류가 일정하게 흐른다. A와 B는 고정되어 있고, A와 B에 흐르는 전류의 방향은 서로 반대이다. 그림 (나)는 C를 $x=-d$와 $x=d$사이의 위치에 놓을 때, C의 위치에 따른 점 p에서의 A, B, C에 흐르는 전류에 의한 자기장을 나타낸 것이다. 자기장의 방향은 종이면에서 수직으로 나오는 방향이 양(+)이다.

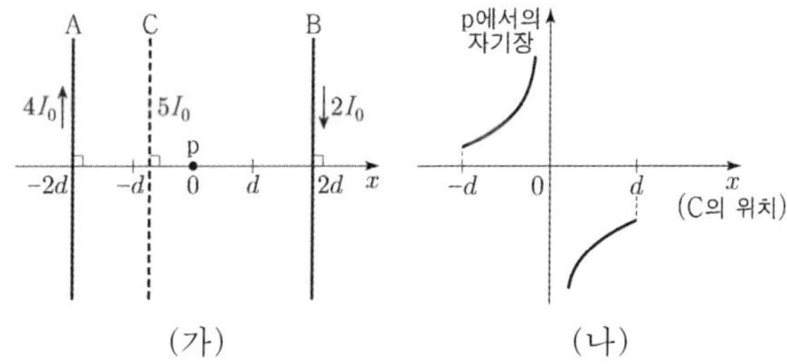

(가) (나)

이 상황의 원칙도 **1. 전류의 세기가 변하는 경우**와 크게 다르지 않다.
p에서 자기장이 변하는 이유는 C 때문이고,
p에서 A와 B의 전류에 의한 자기장의 세기는
C의 위치가 변하더라도 바뀌지 않는다.
즉,
자기장의 변화는 C의 전류에 의한 자기장의 변화와 같은 것이고,
(나)의 그래프는 C의 전류에 의한 자기장-위치 그래프를
p에서의 자기장 축으로 평행 이동시킨 그래프와 같다.

★ 심화 분석 〔전류의 세기가 변할 때 두 위치에서의 자기장의 변화〕

여태 해당 문제들은
'한 지점'에서의 자기장의 세기 변화를 나타낸 그래프로 출제되었다.
그런데
'두 지점'이상에서 자기장의 세기 변화 문제가 출제되면 어떨까?
일전 페이지의 ⓐ, ⓑ 그래프를 다시 생각해보자. (왼쪽에 다시 그려 두었다.)
ⓐ의 그래프의 경우는 위치에 따라 자기장의 세기가 다르겠지만,
전류가 변해도 일정한 값으로 나오는 건 똑같다.
즉, 합성한 그래프가 직선의 형태로 나올 것이다.

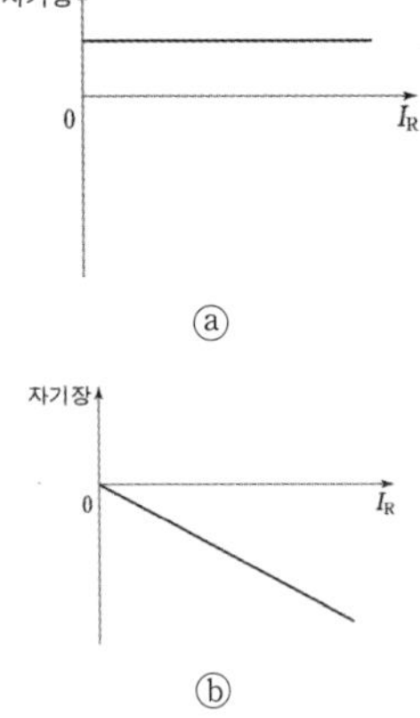

ⓐ

ⓑ

그럼 ⓑ의 그래프는 어떨까?
아래와 같은 상황을 살펴보자.
p, q, r에서 A에 흐르는 전류(I_A)에 의한 자기장의 세기는 오른쪽 그림과 같을 것이다.

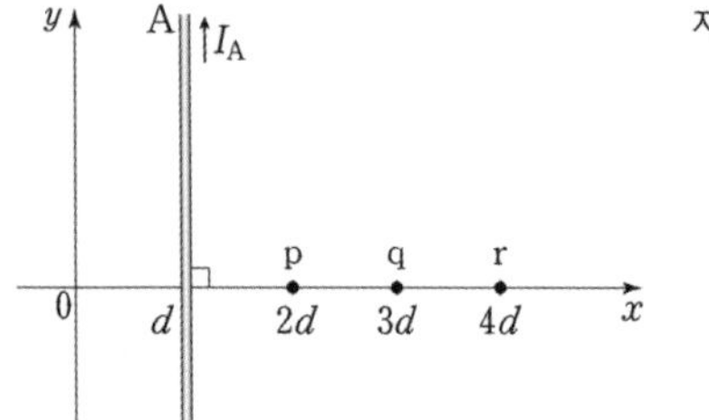

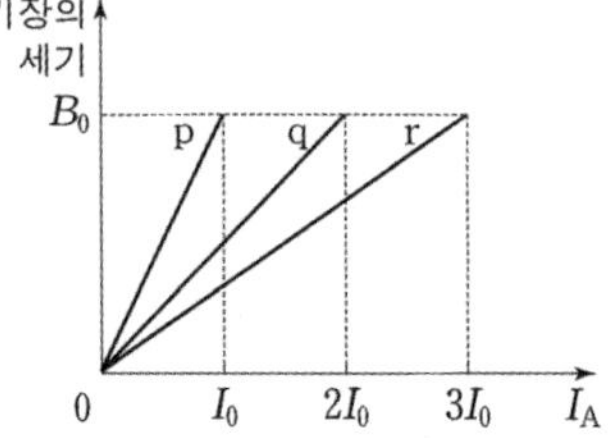

그래프의 기울기가 서로 다를 것이다.
그래프의 기울기가 의미하는 값을 생각해 보자.
A로부터 r만큼 떨어진 지점에서의 자기장의 세기는 다음과 같다.

$$B = k\frac{I_A}{r} \rightarrow \frac{B}{I_A} = \frac{k}{r} \rightarrow \frac{B}{I_A} \propto \frac{1}{r}$$

기울기에 해당하는 값은 **전류의 세기가 변하는 도선으로부터의 거리의 역수에 비례한다.**
아직 미출제 된 요소이니, 기울기가 어떤 의미인지도 주의 깊게 보는 것이 좋다.

아래 간단 예시를 살펴보자.

간단 예시 두 지점 이상의 자기장 변화량

그림 (가)와 같이 무한히 긴 직선 도선 A, B가 xy평면에 고정되어 있다. B에는 세기가 일정한 전류가 흐르고, A에 흐르는 전류의 방향은 $+y$방향이다. 그림 (나)는 (가)의 ㉠, ㉡에서 A, B의 전류에 의한 자기장의 세기를 A에 흐르는 전류의 세기 I_A에 따라 나타낸 것이다. ㉠, ㉡은 P, Q를 순서 없이 나타낸 것이다.

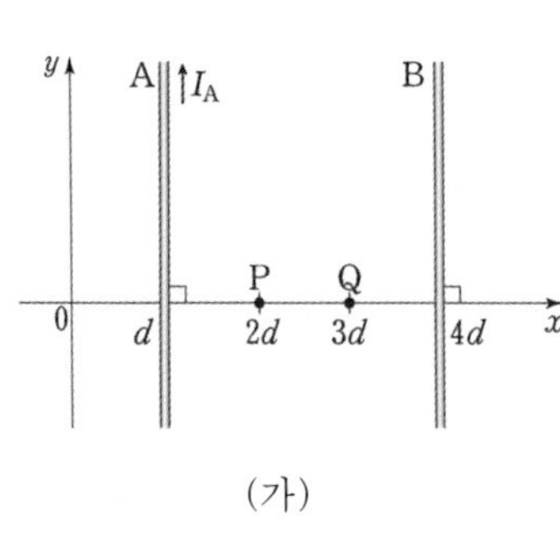

(가)

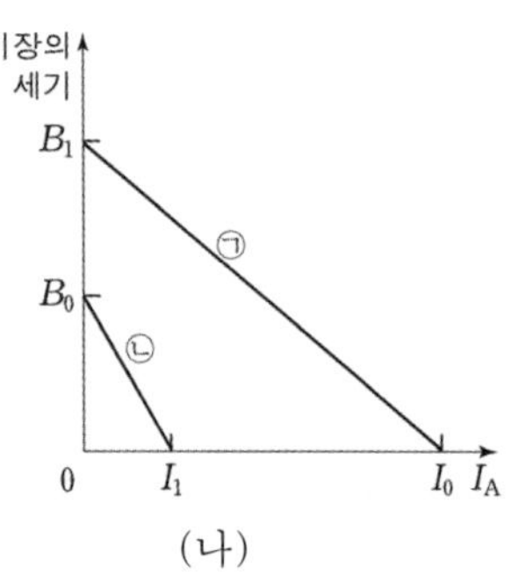

(나)

다음을 답해보자.

① ㉠과 ㉡, B_1은?

② B에 흐르는 전류의 세기와 방향은?

③ I_1은?

① ㉠과 ㉡

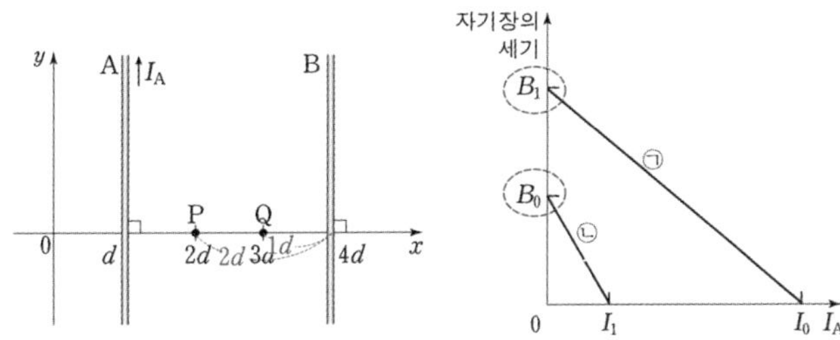

$I_A=0$일 때, P, Q에서의 자기장의 세기는
B의 전류에 의한 자기장의 세기이다.

B와 Q 사이의 거리가 d이고,
B와 P 사이의 거리가 $2d$이므로
P, Q에서 B의 전류에 의한 자기장의 세기는 다음과 같다.
(Q에서 B의 전류에 의한 자기장의 세기 B_B로 두자.)

$$\text{P: } \frac{1}{2}B_B,\ \text{Q: } B_B$$

$I_A=0$일 때, 자기장의 세기는 Q에서가 P에서보다 크다.
따라서
㉠은 Q, ㉡은 P에 의한 그래프이고,
다음이 성립한다.

$$B_1 : B_0 = B_B : \frac{1}{2}B_B,\ B_1 = 2B_0$$

② B에 흐르는 전류의 세기와 방향은?

자기장의 세기가 감소하므로
P, Q에서 A의 전류에 의한 자기장의 방향(×)과
P, Q에서 B의 전류에 의한 자기장의 방향은 반대이어야 한다.
따라서
B의 전류에 의한 자기장의 방향은 ⊙이며, B에 흐르는 전류의 방향은 $+y$방향이다.
$I_A=I_0$일 때 Q에서 자기장의 세기가 0이므로 다음이 성립한다.
(B에 흐르는 전류의 세기를 I_B로 두자.)

$$k\frac{I_0}{2d}=k\frac{I_B}{d},\ I_B=\frac{1}{2}I_0$$

③ I_1

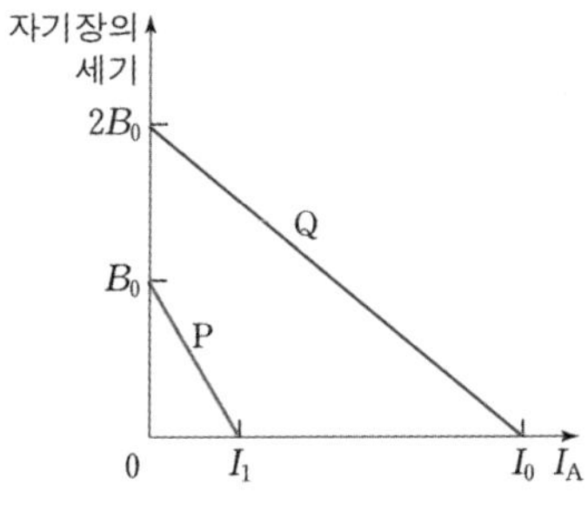

위의 그래프의 기울기의 비는
A로 부터의 거리의 역수의 비와 같다.
A와 P 사이의 거리는 d이고, A와 Q 사이의 거리가 $2d$이므로 다음이 성립한다.

$$\frac{B_0}{I_1} : \frac{2B_0}{I_0} = \frac{1}{d} : \frac{1}{2d},\ I_1 = \frac{1}{4}I_0$$

기출 예시 45

22학년도 6월 모의고사 18번 문항

그림 (가)와 같이 중심이 원점 O인 원형 도선 P와 무한히 긴 직선 도선 Q, R가 xy평면에 고정되어 있다. P에는 세기가 일정한 전류가 흐르고, Q에는 세기가 I_0인 전류가 $-x$방향으로 흐르고 있다. 그림 (나)는 (가)의 O에서 P, Q, R의 전류에 의한 자기장의 세기 B를 R에 흐르는 전류의 세기 I_R에 따라 나타낸 것으로, $I_R = I_0$일 때 O에서 자기장의 방향은 xy평면에서 수직으로 나오는 방향이고, 세기는 B_1이다.

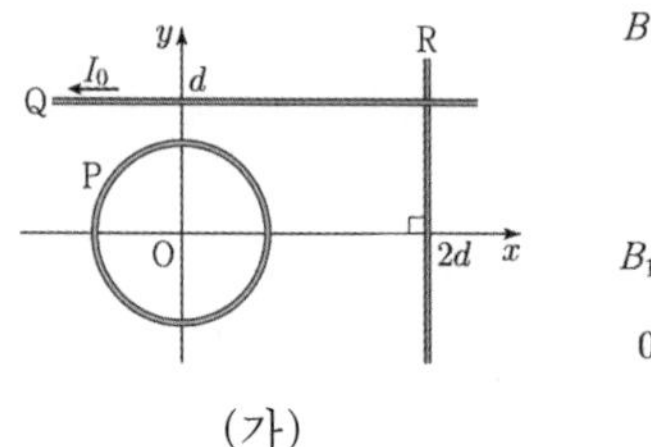

(가)

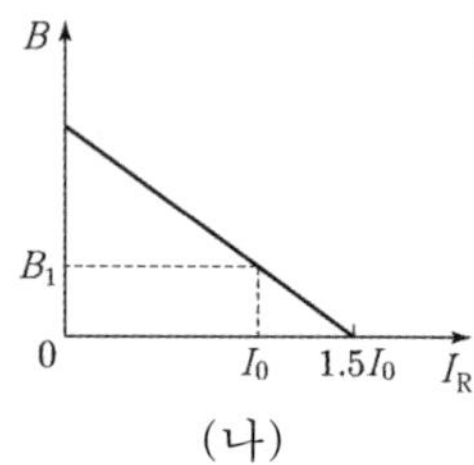

(나)

이에 대한 설명으로 옳은 것만을 〈보기〉에서 있는 대로 고른 것은?

〈보 기〉

ㄱ. R에 흐르는 전류의 방향은 $-y$방향이다.

ㄴ. O에서 P의 전류에 의한 자기장의 방향은 xy평면에서 수직으로 나오는 방향이다.

ㄷ. O에서 P의 전류에 의한 자기장의 세기는 B_1이다.

해설

ㄱ. $I_R=0$일 때 O에서 자기장의 방향은 xy평면에서 수직으로 나오는 방향이다.
즉, P, Q에 의한 자기장은 xy평면에서 수직으로 나오는 방향이고,
이 상태에서 자기장의 세기는 I_R의 세기가 증가할수록 작아지므로
O에서 R에 의한 자기장의 방향은 xy평면에 수직으로 들어가는 방향이다.
따라서 R에 흐르는 전류의 방향은 $-y$방향이다.

(ㄱ. 참)

ㄴ. O에서 Q의 전류에 의한 자기장의 방향과 R의 전류에 의한 자기장의 방향이 서로 반대이다.
그런데 O와 Q 사이의 거리와 O와 R 사이의 거리의 비가 1:2이므로
O에서 Q의 전류에 의한 자기장의 세기와
O에서 R의 전류에 의한 자기장의 세기가 같아지는 I_R은 $2I_0$이다.
즉, $I_R=2I_0$일 때 O에서 Q, R에 의한 자기장은 0이므로
$I_R=2I_0$일 때 O에서 자기장은
O에서 P의 전류에 의한 자기장과 같다.
그런데 $B-I_R$ 그래프는 직선의 형태이므로
전류의 세기가 $2I_0$일 때, 자기장의 방향은 음(−)이다.
(수직으로 들어가는 방향)

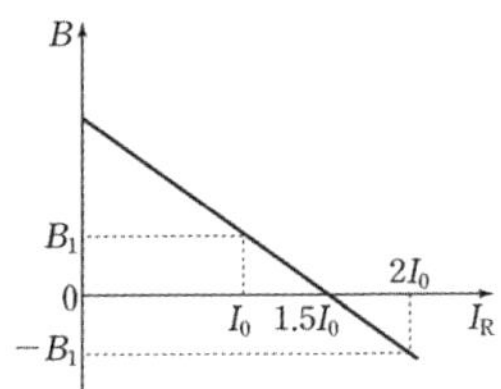

따라서 O에서 P의 전류에 의한 자기장은 xy평면에 수직으로 들어가는 방향이다.

(ㄴ. 거짓)

ㄷ. ㄴ 해설의 그래프에서 $I_R=2I_0$일 때, O에서 P의 전류에 의한 자기장의 세기가 B_1임을 알 수 있다.

(ㄷ. 참)

정답

기출 예시 45
ㄱ, ㄷ

기출 예시 46

21학년도 9월 모의고사 18번 문항

그림 (가)와 같이 무한히 긴 직선 도선 A, B, C가 같은 종이면에 있다. A, B, C에는 세기가 각각 $4I_0$, $2I_0$, $5I_0$인 전류가 일정하게 흐른다. A와 B는 고정되어 있고, A와 B에 흐르는 전류의 방향은 서로 반대이다. 그림 (나)는 C를 $x=-d$와 $x=d$사이의 위치에 놓을 때, C의 위치에 따른 점 p에서의 A, B, C에 흐르는 전류에 의한 자기장을 나타낸 것이다. 자기장의 방향은 종이면에서 수직으로 나오는 방향이 양(+)이다.

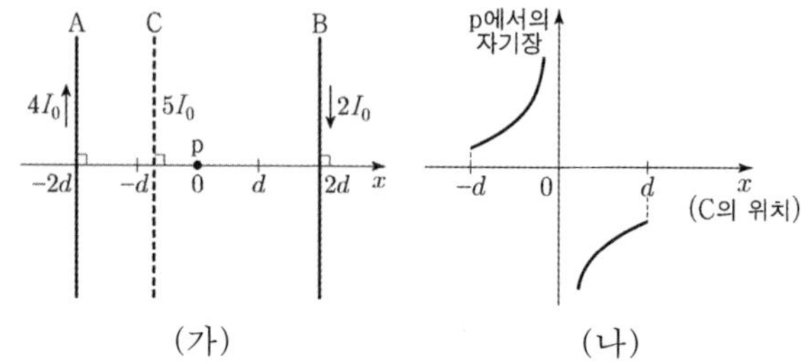

(가) (나)

이에 대한 설명으로 옳은 것만을 〈보기〉에서 있는 대로 고른 것은?

〈보 기〉

ㄱ. 전류의 방향은 B에서와 C에서가 서로 같다.

ㄴ. p에서의 자기장의 세기는 C의 위치가 $x=\frac{d}{5}$에서가 $x=-\frac{d}{5}$ 에서보다 크다.

ㄷ. p에서의 자기장이 0이 되는 C의 위치는 $x=-2d$와 $x=-d$ 사이에 있다.

해설

ㄱ. $-2d < x < 2d$에서

A와 B의 전류에 의한 자기장의 방향은 음(−)이다.

그런데

C의 위치가 $-d < x < 0$에서 p에서의 자기장이 양(+)이다.

만약 C에 흐르는 전류의 방향이 A와 같다면,

C의 위치가 $-d < x < 0$에서 p에서의 자기장이 음(−)이다.

(A, B, C의 전류에 의한 자기장의 방향이 모두 음(−)이기 때문이다.)

따라서 C의 전류의 방향은 B와 같다.

(ㄱ. 참)

ㄴ. p에서 A와 B의 전류에 의한 자기장을 $-B$로 두자.

C의 위치가 $x=\frac{d}{5}$일 때 p에서 C의 전류에 의한 자기장을 B_0으로 두면

C의 위치에 따른 자기장은 다음과 같다.

C의 위치가 $x=-\frac{d}{5}$에서: $+B_0-B$

C의 위치가 $x=\frac{d}{5}$에서: $-B_0-B$

p에서 자기장의 세기는

C의 위치가 $x=\frac{d}{5}$에서(B_0+B)가

C의 위치가 $x=-\frac{d}{5}$에서(B_0-B)보다 크다.

(ㄴ. 참)

ㄷ. p에서 자기장이 0이 될 때, p와 C 사이의 거리를 d_0로 두면 다음이 성립한다.

$$\frac{5I_0}{d_0}=\frac{4I_0}{2d}+\frac{2I_0}{2d},\ d_0=\frac{5}{3}d$$

즉, $x=-\frac{5}{3}d$인 위치 $(-2d < x < -d)$에 C를 두었을 때 p에서 자기장의 세기가 0이 된다.

(ㄷ. 참)

정답

기출 예시 46

ㄱ, ㄴ, ㄷ

④ 대칭성

풀이법 활용 포인트: 하나 또는 두 개의 도선에 대해 대칭인 두 지점에서의 자기장이 주어진 경우 활용한다.

두 가지 경우로 나누어 설명하겠다.

① 도선 한 개에 대한 대칭성 ② 도선 두 개에 대한 대칭성

① 도선 한 개에 대한 대칭성

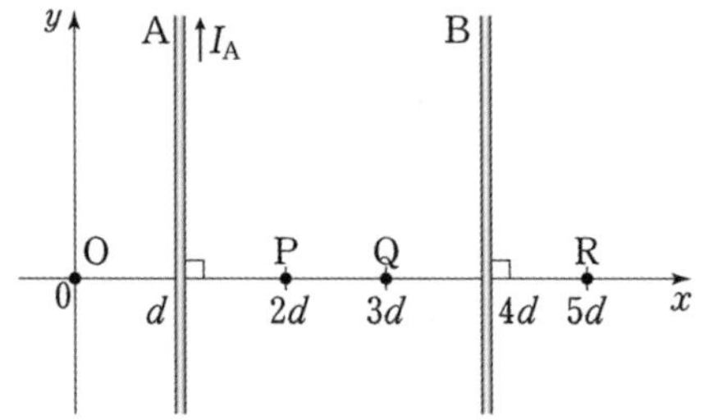

그림과 같이 도선 A, B가 xy평면에 고정되어 있다.
A와 B에는 일정한 전류가 흐르고 있다.

O, P에서 자기장이 주어진 경우를 생각해 보자.
단순 계산으로 문제를 풀 수 있겠지만, 관찰과 발상을 이용하면 좋다.

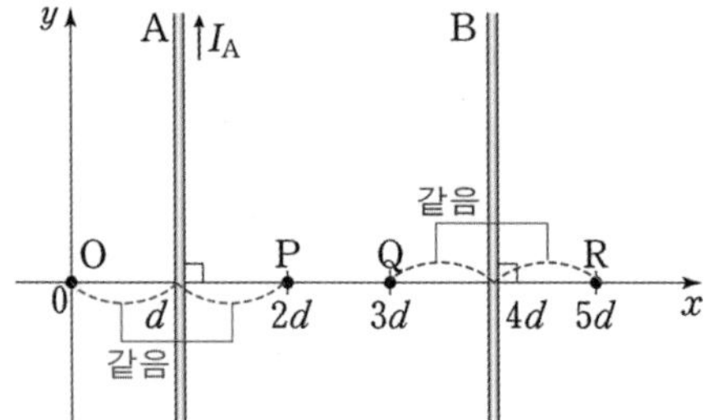

O와 A 사이의 거리와
A와 P 사이의 거리가 같다.
그런데 O는 A의 왼쪽 영역에, P는 A의 오른쪽 영역에 존재한다.
즉,
A의 전류에 의한 자기장의 세기는 O와 P에서 서로 같고
A의 전류에 의한 자기장의 방향은 O와 P에서 서로 반대이다.

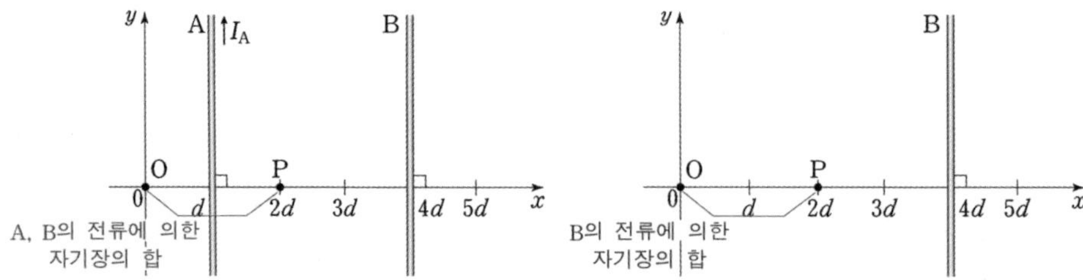

따라서
O와 P에서 A와 B의 전류에 의한 자기장을 더한 값은
O와 P에서 B의 전류에 의한 자기장을 더한 값과 같다.

이를 응용하는 방법은 다음과 같다.

정리 대칭성

문제에서 자기장이 제시된 두 지점이 한 직선 도선(A)에 대해서 거리가 같고 서로 반대 영역에 존재하면

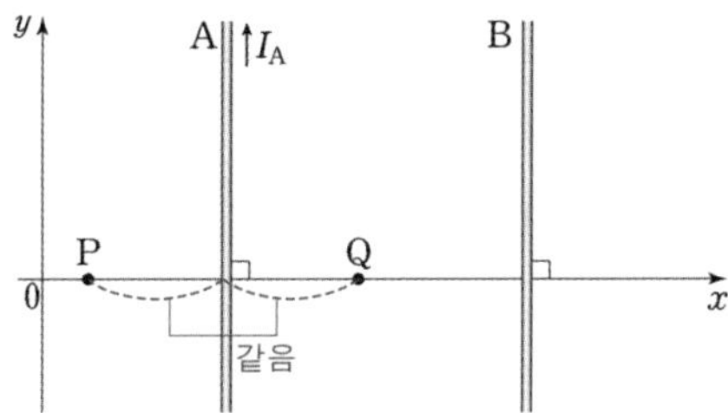

P, Q는 A에 대해 대칭인 위치에 있다.
따라서 두 위치에서의 자기장을 더하면
A의 전류에 의한 자기장을 없앨 수 있다.

두 지점에서의 자기장을 합하면 A의 전류에 의한 자기장을 없앨 수 있다.

② 도선 두 개에 대한 대칭성

그림과 같이 도선 A, B가 xy평면에 고정되어 있다.
A와 B에는 일정한 전류가 흐르고 있다.
P, Q에서 자기장이 주어진 경우를 생각해 보자. (각각 ⓅB_P, ⓆB_Q로 주어졌다.)
우선 P, Q는 A, B의 중간인 선(대칭선)을 기준으로
대칭인 위치에 있다. (아래 그림 참고)

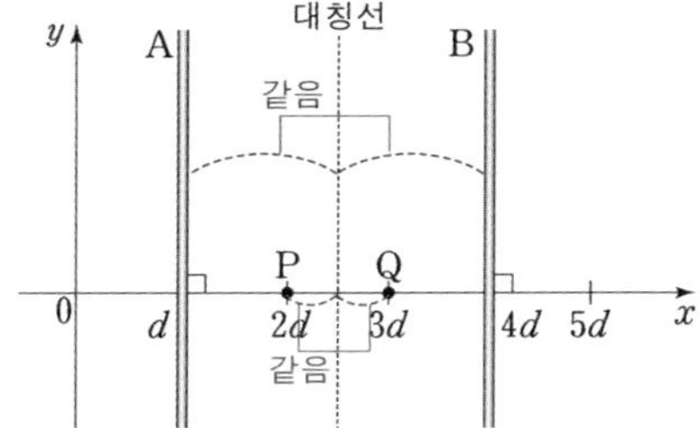

P, Q에서의 자기장을 구해 보면 다음과 같다.

$$P: ⓐ1B_A + ⓑ\frac{1}{2}B_B = ⓅB_P$$

$$Q: ⓐ\frac{1}{2}B_A + ⓑ1B_B = ⓆB_Q$$

P, Q에서의 자기장을 계산해 보면 B_A, B_B앞에 붙는 숫자가 교환되어 표현된다.
이 상태에서 P와 Q에서의 자기장을 더해 보면 어떨까?

$$P+Q: ⓐ\frac{3}{2}B_A + ⓑ\frac{3}{2}B_B = (ⓅB_P + ⓆB_Q)$$

$$\rightarrow$$

$$ⓐB_A + ⓑB_B = \frac{2}{3}(ⓅB_P + ⓆB_Q)$$

두 위치에서의 자기장을 더해보면 B_A, B_B 앞에 붙는 숫자가 같아진다.
한편 A와 대칭선 사이의 거리는 B와 대칭선 사이의 거리와 같다.
따라서 대칭선에서의 자기장의 세기는 (ⓅB_P+ⓆB_Q)에 비례하고,
P와 Q의 자기장을 합하면 대칭선에서의 자기장을 구할 수 있다.
비슷하게, 도선이 교차해 있을 때도 대칭점을 생각할 수 있다.

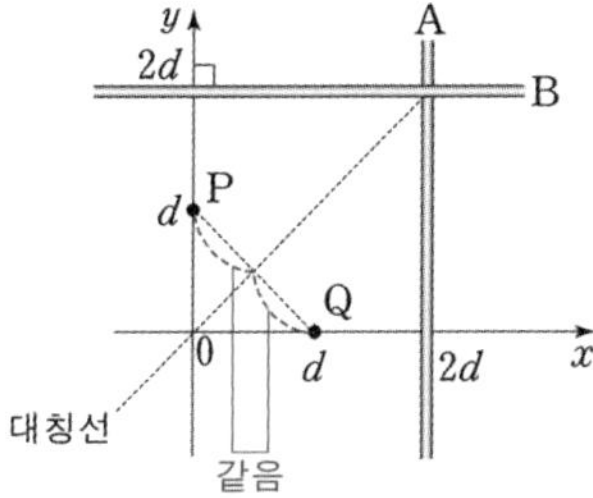

위의 그림에서 P, Q에서의 자기장을 **합하면** 대칭선에서의 자기장을 구할 수 있다.

기출 예시 47

20학년도 9월 모의고사 14번 문항

그림과 같이 전류가 흐르는 무한히 긴 직선 도선 A, B, C가 xy평면에 고정되어 있고, C에는 세기가 I인 전류가 $+x$방향으로 흐른다. 점 p, q, r는 xy평면에 있고, p, q에서 A, B, C에 흐르는 전류에 의한 자기장은 0이다.

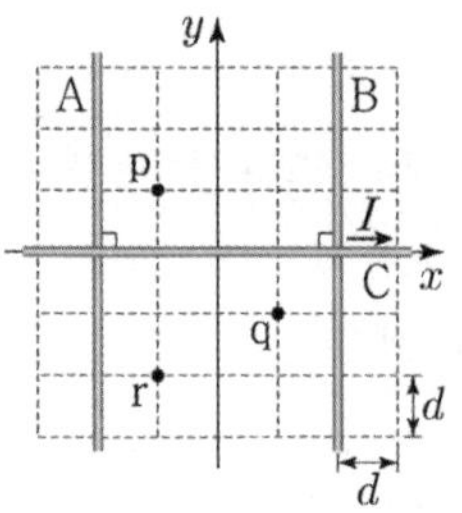

이에 대한 설명으로 옳은 것만을 〈보기〉에서 있는 대로 고른 것은?

〈보 기〉

ㄱ. 전류의 방향은 A에서와 B에서가 같다.

ㄴ. A에 흐르는 전류의 세기는 I보다 작다.

ㄷ. r에서 A, B, C에 흐르는 전류에 의한 자기장의 방향은 xy평면에서 수직으로 나오는 방향이다.

해설

ㄱ, ㄴ.
p와 q는 원점을 기준으로 대칭인 지점이다.
p와 C 사이 거리와
q와 C 사이의 거리는 같으므로
C의 전류에 의한 자기장의 세기는 p와 q에서 같고, 방향은 반대이다.

따라서 p와 q에서의 자기장을 더하면
C의 전류에 의한 자기장의 합이 0이고,
A와 B에 의한 자기장의 합만 남게 된다.
즉
p, q에서 자기장의 합은
p, q에서 A, B의 전류에 의한 자기장의 합과 같다.
그 값은 0이다.
A와 B의 전류에 의한 자기장은 p와 q에서 같고,
방향은 반대임을 알 수 있다.
x축 상에서 A와 B의 전류에 의한 자기장은
원점 O를 기준으로 원점 대칭이므로
A와 B의 전류의 세기는 같고, 전류의 방향도 같다.
한편 p에서 C의 전류에 의한 자기장이 xy평면에 나오는 방향이므로
p에서 A와 B에 흐르는 전류에 의한 자기장이 xy평면에 들어가는 방향이다.
그런데 A와 B에 흐르는 전류의 세기가 같으므로
p에서 A와 B의 전류에 의한 자기장의 방향은
p에서 A의 전류에 의한 자기장의 방향과 같다.
따라서 A와 B의 전류의 방향은 $+y$방향으로 같다.
A와 B에 흐르는 전류의 세기를 I_0라 할 때,
p에서 자기장의 세기가 0이므로 다음이 성립된다.

$$\frac{I_0}{d}=\frac{I_0}{3d}+\frac{I}{d},\ I_0=\frac{3}{2}I$$

따라서 A에 흐르는 전류의 세기는 I보다 크다.

(ㄱ. 참), (ㄴ. 거짓)

ㄷ. r에서 A, B의 전류에 의한 자기장의 방향은 xy평면에 수직으로 들어가는 방향이다.
r에서 C의 전류에 의한 자기장의 방향은 xy평면에 수직으로 들어가는 방향이다.
따라서 r에서 A, B, C에 흐르는 전류에 의한 자기장의 방향은 xy평면에 수직으로 들어가는 방향이다.

(ㄷ. 거짓)

정답

기출 예시 47
ㄱ

[정공법] 정량 계산법

해당 방법은 ①~④의 방식이 모두 보이지 않는 경우 어쩔 수 없이 활용하는 방법이다.

일전의 페이지에서 '표 작성 방법'에 대해서 배운 적이 있다.
A, B, C에는 일정한 전류가 흐르고 있다.

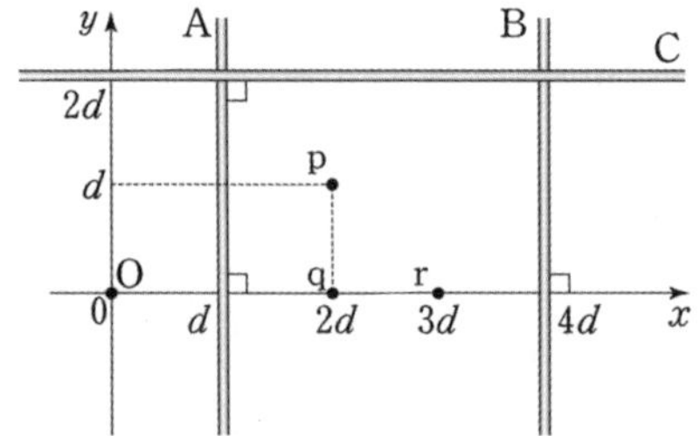

점	도선의 전류에 의한 자기장			A, B, C의 전류에 의한 자기장
	A	B	C	
O	$-ⓐ\ \frac{1}{1}B_A$	$ⓑ\ \frac{1}{4}B_B$	$ⓒ\ \frac{1}{2}B_C$	$-ⓐ\frac{1}{1}B_A + ⓑ\frac{1}{4}B_B + ⓒ\frac{1}{2}B_C$
p	$ⓐ\ \frac{1}{1}B_A$	$ⓑ\ \frac{1}{2}B_B$	$ⓒ\ \frac{1}{1}B_C$	$ⓐ\frac{1}{1}B_A + ⓑ\frac{1}{2}B_B + ⓒ\frac{1}{1}B_C$
q	$ⓐ\ \frac{1}{1}B_A$	$ⓑ\ \frac{1}{2}B_B$	$ⓒ\ \frac{1}{2}B_C$	$ⓐ\frac{1}{1}B_A + ⓑ\frac{1}{2}B_B + ⓒ\frac{1}{2}B_C$
r	$ⓐ\ \frac{1}{2}B_A$	$ⓑ\ \frac{1}{1}B_B$	$ⓒ\ \frac{1}{2}B_C$	$ⓐ\frac{1}{2}B_A + ⓑ\frac{1}{1}B_B + ⓒ\frac{1}{2}B_C$

이 상태에서
발문이나, 표에 주어진 조건을 하나씩 넣어서 연립 방정식을 세우는 방법이다.

계산은 아래와 같은 단계로 한다.

단계 [정공법] 정량 계산

1단계: 표를 채운다.
2단계: 제시된 조건을 이용하여 표에 적용한다.
3단계: 전류의 세기를 모르는 자기장을 지울 수 있게 연립 방정식을 세운다.
4단계: 알맞은 방향을 찾는다.

해당 문제는 아래와 같다.

22학년도 수능 18번 문항 분석

그림과 같이 무한히 긴 직선 도선 A, B, C가 xy평면에 고정되어 있다. A, B, C에는 방향이 일정하고 세기가 각각 I_0, I_B, $3I_0$ 인 전류가 흐르고 있다. A의 전류의 방향은 $-x$방향이다. 표는 점 P, Q에서 A, B, C의 전류에 의한 자기장의 세기를 나타낸 것이다. P에서 A의 전류에 의한 자기장의 세기는 B_0이다.

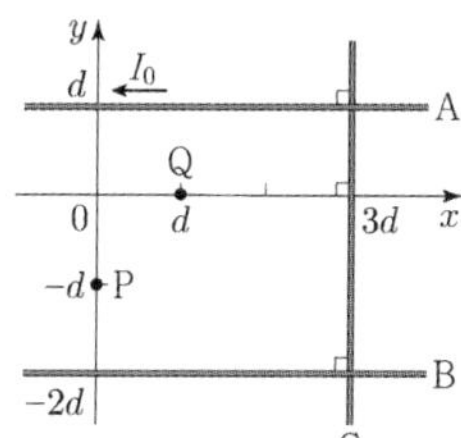

위치	A, B, C의 전류에 의한 자기장의 세기
P	B_0
Q	$3B_0$

이에 대한 설명으로 옳은 것만을 〈보기〉에서 있는 대로 고른 것은?

〈보 기〉

ㄱ. $I_B = I_0$이다.

ㄴ. C의 전류의 방향은 $-y$방향이다.

ㄷ. Q에서 A, B, C의 전류에 의한 자기장의 방향은 xy평면에서 수직으로 나오는 방향이다.

여태 배운 논리가 통하지 않는 이유를 살펴보자.

① 0이 되는 지점이 존재하지 않는다.
→ 0이 되는 지점 풀이법 활용 불가.

② P, Q를 잇는 직선이 x축, y축에 평행하지 않다.
→ 그래프 풀이법 활용 불가.

③ 전류의 세기, 방향이 변하지 않고, 도선이 움직이지 않는다.
→ 변화량 풀이법 활용 불가.

④ P, Q가 B와 C, A와 B에 대칭하지 않는다.
→ 대칭성 풀이법 활용 불가.

이렇듯, 우리가 앞서 배웠던 4가지 풀이법을 활용하지 못하므로 어쩔 수 없이 〔정공법〕을 써야한다.

정공법 적용 방법은 문제의 상황에 따라 다르다.
따라서 풀이 방법을 정할 수 없다.
즉, 문제를 풀면서 익힐 수밖에 없다.
다음 페이지에서 해당 문제를 풀어보고 체화해 보자.

※ 풀이가 길기 때문에 2페이지에 걸쳐서 해설을 적도록 하겠다. 문제도 한번 더 쓰도록하겠다.

기출 예시 48

22학년도 수능 18번 문항 분석

그림과 같이 무한히 긴 직선 도선 A, B, C가 xy평면에 고정되어 있다. A, B, C에는 방향이 일정하고 세기가 각각 I_0, I_B, $3I_0$ 인 전류가 흐르고 있다. A의 전류의 방향은 $-x$방향이다. 표는 점 P, Q에서 A, B, C의 전류에 의한 자기장의 세기를 나타낸 것이다. P에서 A의 전류에 의한 자기장의 세기는 B_0이다.

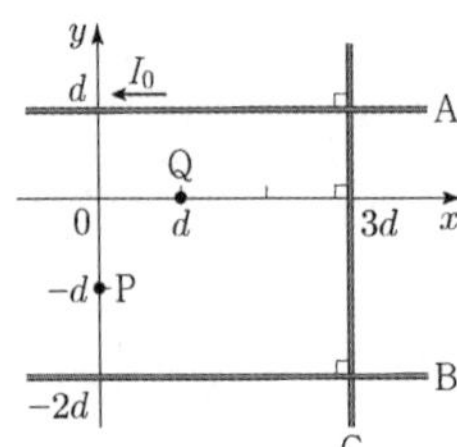

위치	A, B, C의 전류에 의한 자기장의 세기
P	B_0
Q	$3B_0$

이에 대한 설명으로 옳은 것만을 〈보기〉에서 있는 대로 고른 것은?

〈보 기〉

ㄱ. $I_B = I_0$이다.

ㄴ. C의 전류의 방향은 $-y$방향이다.

ㄷ. Q에서 A, B, C의 전류에 의한 자기장의 방향은 xy평면에서 수직으로 나오는 방향이다.

P와 Q에서 A, B, C의 전류에 의한 자기장의 세기를 각각 B_A, B_B, B_C로 표현해 보고, 조건에 적용해 보자. (P에서 A, B, C 각각의 전류에 의한 자기장의 방향을 ⓐ, ⓑ, ⓒ로 두고, P, Q에서의 A, B, C의 전류에 의한 자기장의 방향을 Ⓟ, Ⓠ로 두자.)

점	도선의 전류에 의한 자기장			A, B, C의 전류에 의한 자기장
	A	B	C	
P				
Q				

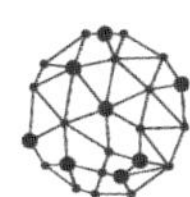

해설

도선과 점 사이의 거리와 이를 통한 자기장의 세기를 표현해 보면 다음과 같다.

A와 P 사이의 거리는 $2d$ $\rightarrow \frac{1}{2}B_A$

A와 Q 사이의 거리는 d $\rightarrow \frac{1}{1}B_A$

B와 P 사이의 거리는 d $\rightarrow \frac{1}{1}B_B$

B와 Q 사이의 거리는 $2d$ $\rightarrow \frac{1}{2}B_B$

C와 P 사이의 거리는 $3d$ $\rightarrow \frac{1}{3}B_C$

C와 Q 사이의 거리는 $2d$ $\rightarrow \frac{1}{2}B_C$

점	도선의 전류에 의한 자기장			A, B, C의 전류에 의한 자기장
	A	B	C	
P	ⓐ$\frac{1}{2}B_A$	ⓑ$\frac{1}{1}B_B$	ⓒ$\frac{1}{3}B_C$	ⓐ$\frac{1}{2}B_A$+ⓑ$\frac{1}{1}B_B$+ⓒ$\frac{1}{3}B_C$ = ⓅB_0
Q	ⓐ$\frac{1}{1}B_A$	ⓑ$\frac{1}{2}B_B$	ⓒ$\frac{1}{2}B_C$	ⓐ$\frac{1}{1}B_A$+ⓑ$\frac{1}{2}B_B$+ⓒ$\frac{1}{2}B_C$ = Ⓠ$3B_0$

이제 조건을 하나씩 정리해 보자.

① A와 C에 흐르는 전류의 세기

A와 C에 흐르는 전류의 세기 비가 $I_0 : 3I_0 = 1:3$이다. 따라서 다음이 성립한다.

$$B_A : B_C = k\frac{I_0}{d} : k\frac{3I_0}{d} = I_0 : 3I_0 = 1:3$$

즉, $B_A = B$, $B_C = 3B$로 둘 수 있다.

② P에서 A의 전류에 의한 자기장의 세기

P에서 A의 전류에 의한 자기장의 세기는 B_0이다. 따라서 $\frac{1}{2}B = B_0$, $B = 2B_0$이다.

③ A에 흐르는 전류의 방향

A에 흐르는 전류의 방향이 $-x$방향이다.

ⓐ=⊙ 임을 알 수 있다.

이를 표로 정리해 보면 다음과 같다.

점	도선의 전류에 의한 자기장			A, B, C의 전류에 의한 자기장
	A	B	C	
P	⊙B_0	ⓑB_B	ⓒ$2B_0$	⊙B_0+ⓑB_B+ⓒ$2B_0$ = ⓅB_0
Q	⊙$2B_0$	ⓑ$\frac{1}{2}B_B$	ⓒ$3B_0$	⊙$2B_0$+ⓑ$\frac{1}{2}B_B$+ⓒ$3B_0$ = Ⓠ$3B_0$

정답

기출 예시 48

ㄷ

※ 풀이가 길기 때문에 2페이지에 걸쳐서 해설을 적도록 하겠다. 문제도 한번 더 쓰도록하겠다.

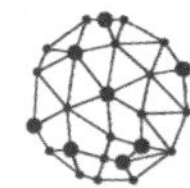

기출 예시 48

22학년도 수능 18번 문항 분석

그림과 같이 무한히 긴 직선 도선 A, B, C가 xy평면에 고정되어 있다. A, B, C에는 방향이 일정하고 세기가 각각 I_0, I_B, $3I_0$ 인 전류가 흐르고 있다. A의 전류의 방향은 $-x$방향이다. 표는 점 P, Q에서 A, B, C의 전류에 의한 자기장의 세기를 나타낸 것이다. P에서 A의 전류에 의한 자기장의 세기는 B_0이다.

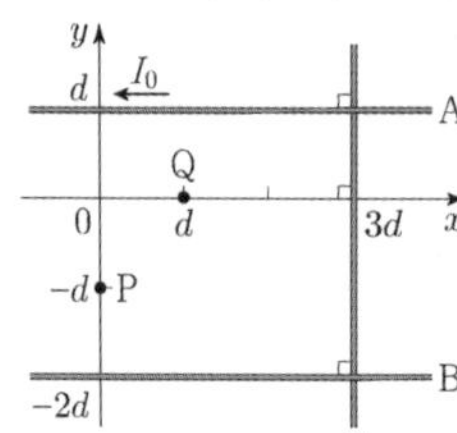

위치	A, B, C의 전류에 의한 자기장의 세기
P	B_0
Q	$3B_0$

이에 대한 설명으로 옳은 것만을 〈보기〉에서 있는 대로 고른 것은?

〈보 기〉

ㄱ. $I_B = I_0$이다.

ㄴ. C의 전류의 방향은 $-y$방향이다.

ㄷ. Q에서 A, B, C의 전류에 의한 자기장의 방향은 xy평면에서 수직으로 나오는 방향이다.

P와 Q에서 A, B, C의 전류에 의한 자기장의 세기를 각각 B_A, B_B, B_C로 표현해 보고, 조건에 적용해 보자. (P에서 A, B, C 각각의 전류에 의한 자기장의 방향을 ⓐ, ⓑ, ⓒ로 두고, P, Q에서의 A, B, C의 전류에 의한 자기장의 방향을 Ⓟ, Ⓠ로 두자.)

점	도선의 전류에 의한 자기장			A, B, C의 전류에 의한 자기장
	A	B	C	
P				
Q				

정답

기출 예시 48

ㄷ

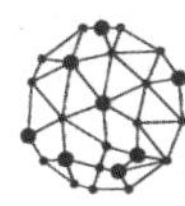

해설

점	도선의 전류에 의한 자기장			A, B, C의 전류에 의한 자기장
	A	B	C	
P	⊙B_0	ⓑB_B	ⓒ$2B_0$	⊙B_0+ⓑB_B+ⓒ$2B_0$ = ⓅB_0
Q	⊙$2B_0$	ⓑ$\frac{1}{2}B_B$	ⓒ$3B_0$	⊙$2B_0$+ⓑ$\frac{1}{2}B_B$+ⓒ$3B_0$ = Ⓠ$3B_0$

두 점에서의 자기장의 세기를 연립하기

Q에서의 자기장의 세기를 2배로 하면 다음과 같다.

$$2(⊙2B_0+ⓑ\frac{1}{2}B_B+ⓒ3B_0) = 2(Ⓠ3B_0)$$

$$⊙4B_0+ⓑB_B+ⓒ6B_0 = Ⓠ6B_0$$

P에서의 자기장의 세기에서 Q에서의 자기장의 세기를 2배로 한 값을 빼면 다음과 같다.

$$(⊙B_0+ⓑB_B+ⓒ2B_0)-(⊙4B_0+ⓑB_B+ⓒ6B_0)= (ⓅB_0)-(Ⓠ6B_0)$$

$$\times 3B_0-ⓒ4B_0= (ⓅB_0)-(Ⓠ6B_0)$$

여기에서 경우의 수가 나눠어진다.

ⓒ가 ⊙인 경우 $\times 3B_0$−ⓒ$4B_0$= $\times 7B_0$이고

ⓒ가 ×인 경우 $\times 3B_0$−ⓒ$4B_0$= ⊙B_0이다.

한편

Ⓟ, Ⓠ가 반대 방향이면 (Ⓟ=−Ⓠ) (ⓅB_0)−(Ⓠ$6B_0$)= −Ⓠ$7B_0$

Ⓟ, Ⓠ가 같은 방향이면 (Ⓟ=Ⓠ) (ⓅB_0)−(Ⓠ$6B_0$)= −Ⓠ$5B_0$ 이다.

좌변(×$3B_0$−ⓒ$4B_0$)과 우변 ((ⓅB_0)−(Ⓠ$6B_0$))의 자기장의 세기가 같다.

그런데 공통적으로 가능한 것이 $7B_0$이므로, $7B_0$가 정답이다.

따라서 ⓒ=⊙, Ⓟ=−Ⓠ=× → Ⓠ=⊙이다.

위 표를 다시 정리하면 다음과 같다.

점	도선의 전류에 의한 자기장			A, B, C의 전류에 의한 자기장
	A	B	C	
P	⊙B_0	ⓑB_B	⊙$2B_0$	⊙$3B_0$+ⓑB_B = ×B_0
Q	⊙$2B_0$	ⓑ$\frac{1}{2}B_B$	⊙$3B_0$	⊙$5B_0$+ⓑ$\frac{1}{2}B_B$ = ⊙$3B_0$

$$⊙3B_0+ⓑB_B = \times B_0 \rightarrow ⓑB_B = \times\ 4B_0$$

$$ⓑ=\times,\ B_B=4B_0$$

따라서 B에 흐르는 전류의 방향은 $-x$방향, C에 흐르는 전류의 방향은 $+y$방향이고,

$B_A : B_B = k\frac{I_0}{d} : k\frac{I_B}{d} = I_0 : I_B = 2B_0 : 4B_0 \rightarrow I_B = 2I_0$이다.

정답은 ㄷ이다.

해당 그림처럼 나왔다면 성공한 것이다.

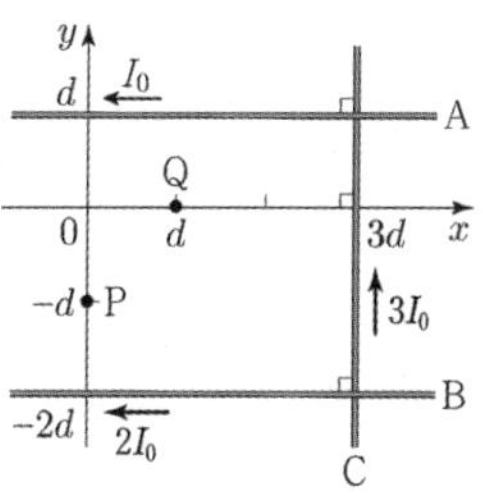

PART
7

개념편

/

PART

Mechanica 물리학1

1. 전자기 유도 ① (기본 법칙과 기본 문제)

자기 선속 (자속)

자기 선속[자속](Φ): 자기장에 수직인 단면적을 지나는 자기력선의 수로
단위는 Wb(웨버)이다.

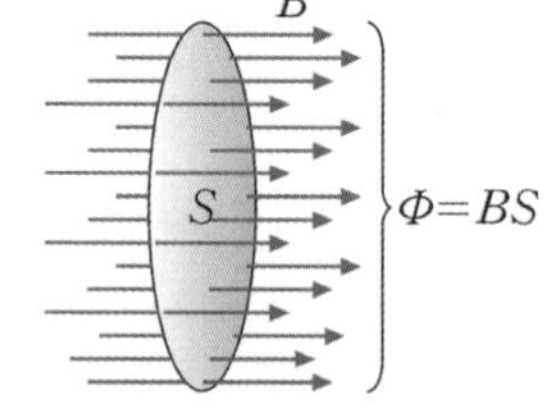

자기 선속(Φ)과 자기장의 세기(B)의 관계는 다음과 같다.
(S는 자기 선속이 지나는 면적)

$$\Phi = BS$$

원형 도선과 솔레노이드에서의 전자기 유도

원형 도선과 솔레노이드의 단면에 자석을 가져가면
원형 도선과 솔레노이드에 전류가 흐른다. 이를 **유도 전류**라고 부른다.

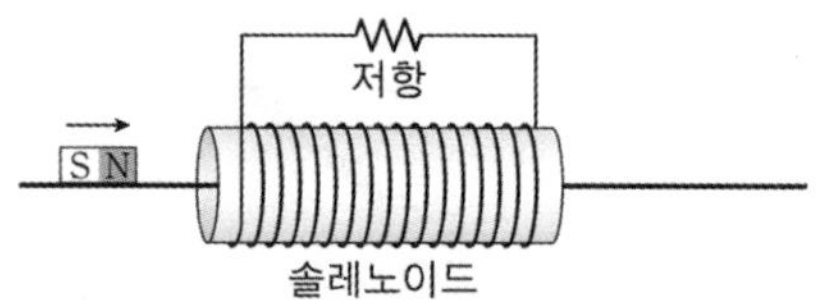

유도 전류의 방향(저항에서 전류의 방향)은 어떻게 결정될까?

이는 자석의 역학적 에너지와 관련지어 생각할 수 있다.

저항에 전류가 흐르면 에너지를 소모한다.
저항의 에너지는 어디에서 온 것일까?

바로 '자석'이다.

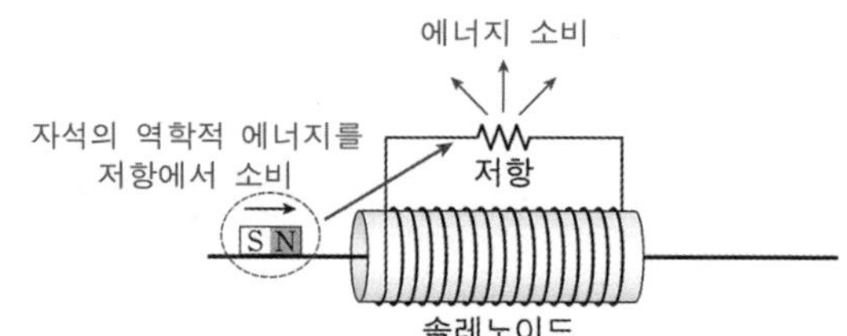

솔레노이드가 자석의 역학적 에너지를 빼어와 저항으로 소비하고 있는 것이다.

즉,
솔레노이드 근처를 움직이는 자석의 역학적 에너지는 감소해야 한다.

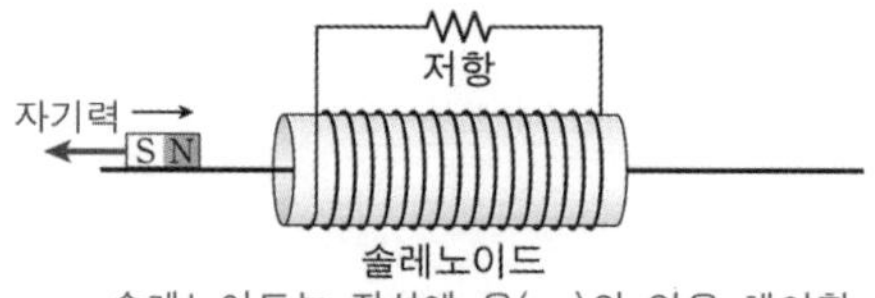

즉, 자석은 마치 마찰을 받는 것처럼
운동 방향과 반대 방향으로 힘을 받아야 하고 **(음(−)의 일을 해야 함.)**
이는 솔레노이드가 자석에 작용하는 힘이다.

그렇게 되면 솔레노이드의 왼쪽 부분은 N극이 되어야 하고 오른쪽은 S극이 되어야 솔레노이드가 자석에 작용하는 힘이 자석의 운동 방향과 반대가 될 수 있다.

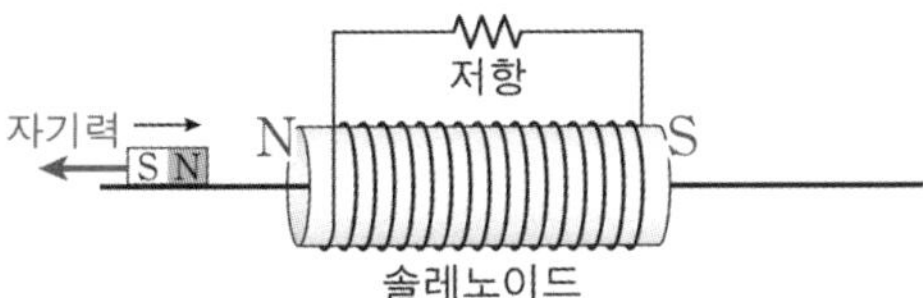

솔레노이드의 왼쪽이 N극이 되도록 오른나사 법칙을 활용하면
솔레노이드에 흐르는 유도 전류의 방향을 알 수 있다.

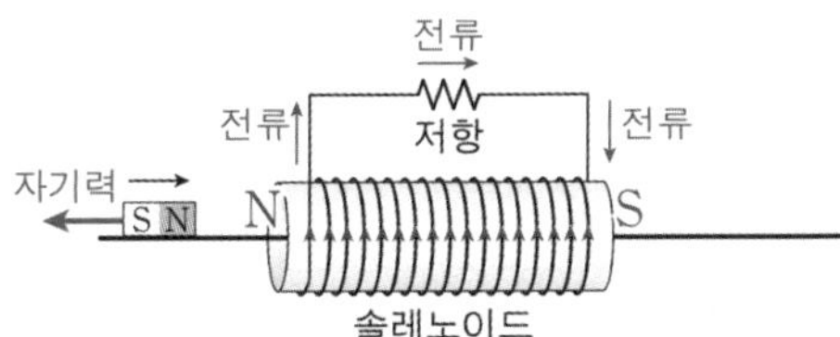

원형 도선과 솔레노이드는 매우 흡사하다.
구조적으로 보면 원형 도선이 여러 겹으로 묶여 있는 게 바로 솔레노이드이기 때문이다.

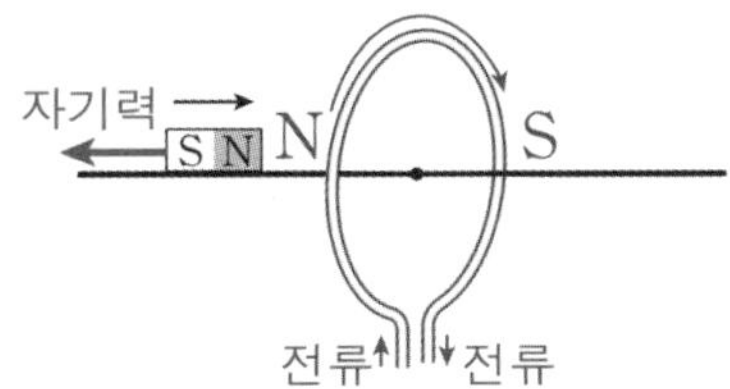

원형 도선 또한 자석에 음(−)의 일을 해주고,
원형 도선이 자석에 작용하는 자기력의 방향을 통해
유도 전류의 방향을 추론할 수 있다.
이렇게 자기 선속의 변화에 따른 유도 전류의 방향을 찾는 법칙을 **렌츠의 법칙**이라 부른다.

N극이 가까워지는 경우뿐만 아니라 S극이 가까워지는 경우,
N극 또는 S극이 멀어지는 경우도 생각할 수 있다.

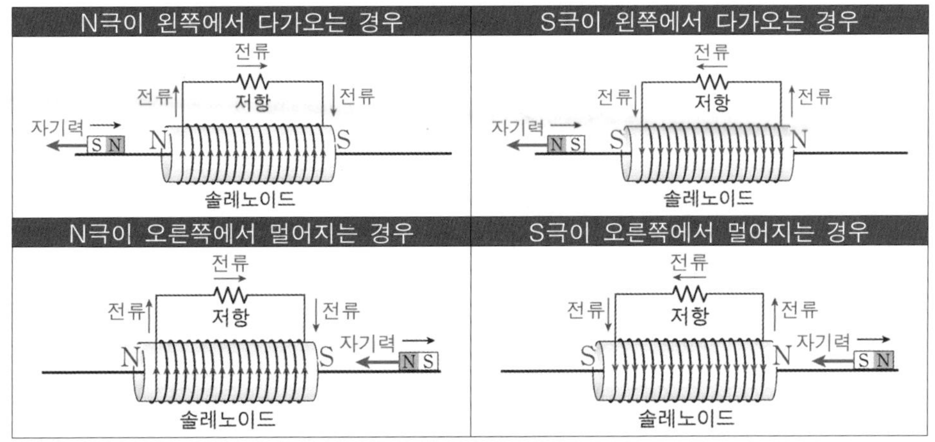

★ 중요

자석이 이동함에 따라 자석의 속력은 점점 감소하게 될 것이다!

○ 다이오드가 연결된 경우

솔레노이드나 원형 도선에 다이오드가 연결되어 있다면 어떨까?
다이오드가 연결되면 아래와 같은 방법을 활용하면 된다.

단계 다이오드가 연결된 솔레노이드

1단계: 다이오드가 저항이었다면, 유도 전류의 방향이 어떻게 될지 추론한다.
2단계: 저항을 다이오드로 바꾸어 생각하고, 다음을 생각한다.
p형 반도체로 전류가 들어온다면, → 전류 흐름.
n형 반도체로 전류가 들어온다면, → 전류 흐르지 않음.
3단계: 전류가 흐르지 않는다면, 솔레노이드는 자석의 역할을 하지 못한다.
즉, 솔레노이드가 자석에 작용하는 힘은 0이다!

그림과 같이 마찰이 없는 레일에서 솔레노이드를 향해 운동하는 자석을 생각해보자.

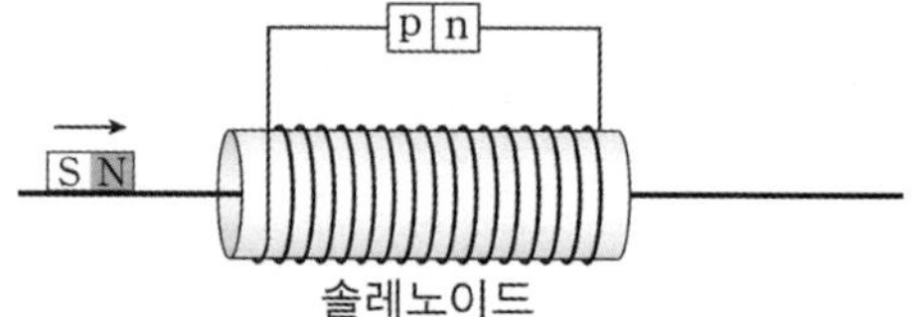

솔레노이드에는 유도 전류가 흐를까?

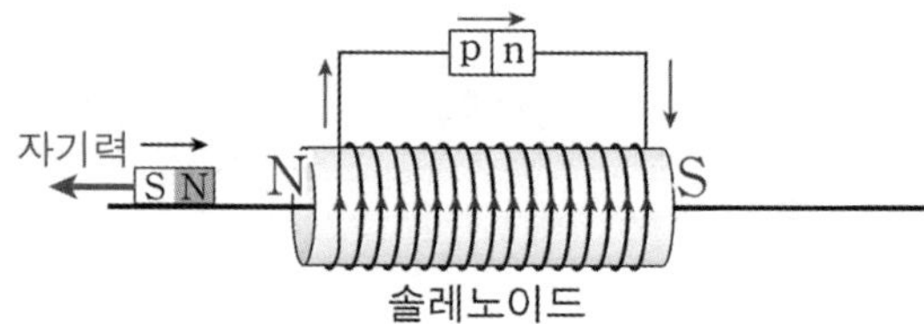

흐른다. (p형으로 전류가 들어오기 때문)

그림은 앞선 그림에서 자석이 솔레노이드를 지나고 난 후의 모습을 나타낸 것이다.

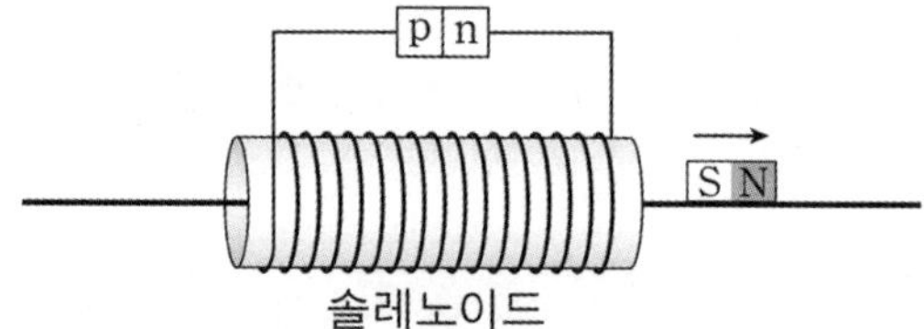

솔레노이드에는 유도 전류가 흐를까?

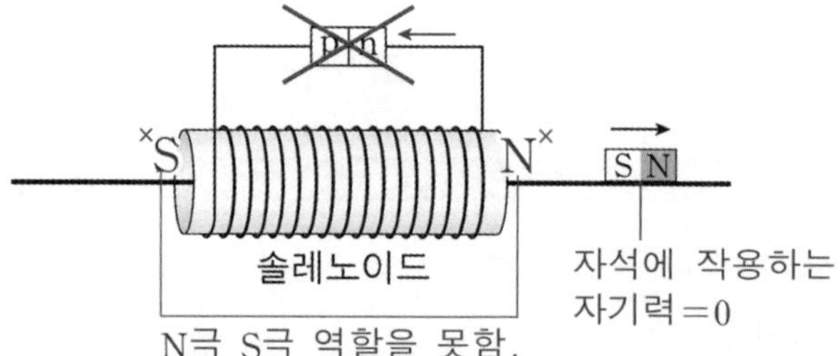

흐르지 못한다. (n형으로 전류가 들어오기 때문)
이 경우 솔레노이드에 유도 전류가 흐르지 않으므로,
자석에 작용하는 자기력의 크기는 0이다.

전자기 유도 예시와 전류에 의한 자기력/자기장의 예시 구별법

평가원에서는 실생활에서의 예시가 출제된다.
'전자기 유도'와 '전류에 의한 자기장'의 예시를 구분하는 문제이다.
지엽적인 내용이라 볼 수 있지만, 따지고 보면 원리 파악만 잘 한다면 쉽게 구분할 수 있다.
원칙은 다음과 같다.

단계 예시 구분 방법

원인과 결과를 잘 따져보면 된다.

과정에 전류가 있다. → 전류에 의한 자기장
결과에 전류가 생성된다. → 전자기 유도

전자기 유도:
자기력선의 변화로 → 전류가 흐른다.

전류에 의한 자기력/자기장:
전류에 의해 → 자기장이 만들어진다.

예를 들어보자.

○ 마이크

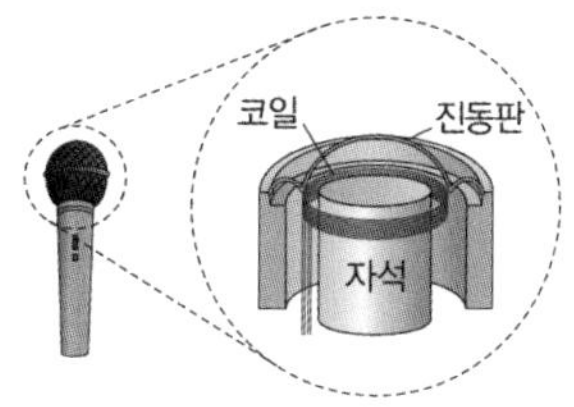

마이크의 원리는 다음과 같다.

진동판의 떨림(자기 선속 변화)에 의해 (과정) 코일에 전류가 흐른다. (결론)

결론적으로 전류가 흐르므로 전자기 유도를 활용한 예이다.

○ 스피커

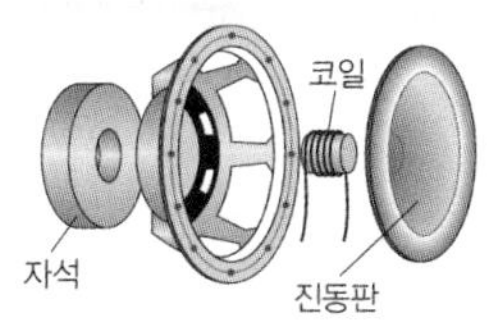

스피커의 원리는 다음과 같다.

코일에 흐르는 전류에 의해 (과정) 진동판에 자기력이 작용하여 떨린다. (결론)

과정에 전류가 있으므로 전류에 의한 자기장을 활용한 예이다.

전자기 유도 예시와 자기력의 예시

★ 전류에 의한 자기장 예시

전류에 의한 자기장 예시	원리
	① 전자석 기중기 코일에 흐르는 전류에 의해 코일이 자석의 역할을 하여 고철을 들어올린다. 〔코일의 전류 → 자기장 형성〕
	② 스피커 ※코일은 진동판에 붙어서 운동한다. 코일에 흐르는 전류에 의해 코일이 자석의 역할을 하여 자석과 자기력이 작용하여 진동한다. 〔코일의 전류 → 자기장 형성〕
	③ 자기 부상 열차 코일에 흐르는 전류에 의해 코일이 자석의 역할을 한다. 〔코일의 전류 → 자기장 형성〕
	④ 자기 공명 장치(MRI) 몸의 물 분자를 한쪽으로 정렬하는데 강한 자기장이 필요하다. 코일에 흐르는 전류에 의해 강한 자기장이 형성한다. 〔코일의 전류 → 자기장 형성〕
	④ 하드디스크(HDD) 하드디스크의 헤드에 흐르는 전류에 의해 자기장이 형성되고 플래터를 자기화 시킨다. 〔헤드의 전류 → 자기장 형성〕
	⑤ 토카막 플라즈마를 가두기 위해서는 강한 자기장이 필요하다. 강한 전류에 의해 자기장이 형성되어 자기장 그릇을 만들어 활용한다. 〔강한 전류 → 자기장 형성〕

★ 전자기 유도 예시

전자기 유도 예시	원리
N S	① 발전기 사각 도선을 회전시키면 사각 도선 내부의 자기 선속 변화에 의해 유도 전류가 발생한다. 〔자기 선속 변화 → 유도 전류〕
코일 진동판 자석	② 마이크 ※코일은 진동판에 붙어서 운동한다. 진동판을 진동시키면 코일이 움직이고, 자석 때문에 코일의 자기 선속 변화가 생긴다. 유도 전류가 발생한다. 〔자기 선속 변화 → 유도 전류〕
단말기 코일 마이크로 칩	③ 교통 카드 교통 카드에는 코일이 달려있고, 단말기 주변에는 자기장이 형성되어 있다. 코일의 자기 선속 변화에 의해 유도 전류가 발생한다. 〔자기 선속 변화 → 유도 전류〕
스마트폰 2차 코일 전원 충전 패드 1차 코일	④ 무선 충전기 충전 패드는 시간에 따라 자기장이 변하는 장치이다. 스마트폰의 코일의 자기 선속 변화에 의해 유도 전류가 발생한다. 〔자기 선속 변화 → 유도 전류〕
유도 전류 전류 수신 코일 전송 코일 금속 동전	⑤ 금속 탐지기 자기화되어 있는 금속 동전을 금속탐지기의 코일에 가까이 가져가면 코일의 자기 선속 변화에 의해 유도 전류가 발생한다. 〔자기 선속 변화 → 유도 전류〕
N 기타 줄 S N 영구 자석 코일 S	⑥ 전자 기타 영구 자석에 의해 자기화되어 있는 기타 줄을 튕기면 코일의 자기 선속 변화에 의해 유도 전류가 발생한다. 〔자기 선속 변화 → 유도 전류〕
발광 다이오드 영구 자석 투명한 바퀴 (플라스틱) 코일을 감은 철심	⑦ 발광 바퀴 코일을 감은 철심이 회전하고 영구 자석에 의해 코일의 자기 선속이 변한다. 유도 전류가 발생한다. 〔자기 선속 변화 → 유도 전류〕
송신기 수신기	⑧ 도난 방지 장치 송신기와 수신기는 하나의 코일이다. 만약 자성을 가진 물질이 송신기와 수신기 사이를 지나면 송신기와 수신기의 자기 선속이 변한다. 유도 전류가 발생한다. 〔자기 선속 변화 → 유도 전류〕
전지가 필요 없는 전자펜 압력 감지 센서 코일	⑨ 전자펜 태블릿 표면에는 자기장이 형성되어 있다. 코일이 내장된 전자펜이 태블릿 위를 움직이면 코일의 자기 선속 변화에 의해 유도 전류가 발생한다. 〔자기 선속 변화 → 유도 전류〕

기출 예시 49

18학년도 수능 10번 문항

그림은 빗면을 따라 내려온 자석이 솔레노이드의 중심축에 놓인 마찰이 없는 수평 레일을 따라 운동하는 모습을 나타낸 것이다. 점 p, q는 레일 위에 있다.

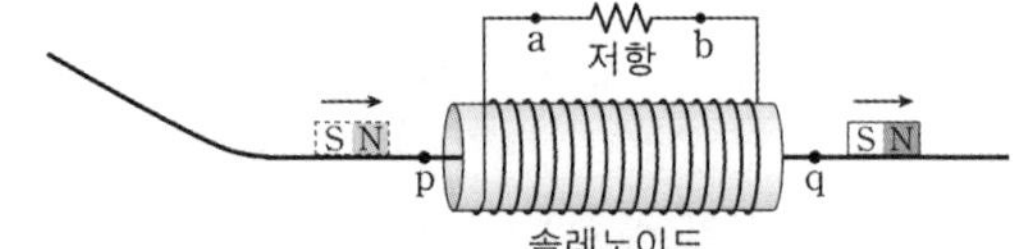

이에 대한 설명으로 옳은 것만을 〈보기〉에서 있는 대로 고른 것은?

〈보 기〉

ㄱ. 자석이 p를 지날 때, 유도 전류는 a→저항→b방향으로 흐른다.

ㄴ. 자석의 속력은 p에서가 q에서보다 작다.

ㄷ. 자석이 q를 지날 때, 솔레노이드 내부에서 유도 전류에 의한 자기장의 방향은 q→p방향이다.

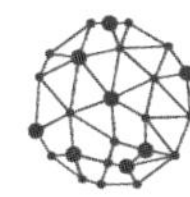

해설

전자기 유도에 의한 유도 기전력은 다음과 같이 계산된다.

(V는 유도 기전력, N은 코일의 감은 수, $\frac{\Delta\phi}{\Delta t}$는 자속의 시간에 따른 변화율, B는 자기장, S는 코일의 단면적)

$$V=-N\frac{\Delta\phi}{\Delta t}=-N\frac{\Delta BS}{\Delta t}$$

ㄱ. 자석이 p를 지날 때와 q를 지날 때 솔레노이드가 자석에 작용하는 힘의 방향은 자석의 운동 방향과 반대 방향이다.

따라서 자석의 위치에 따른 솔레노이드 내부에서 유도 전류에 의한 자기장의 방향은 그림과 같다.

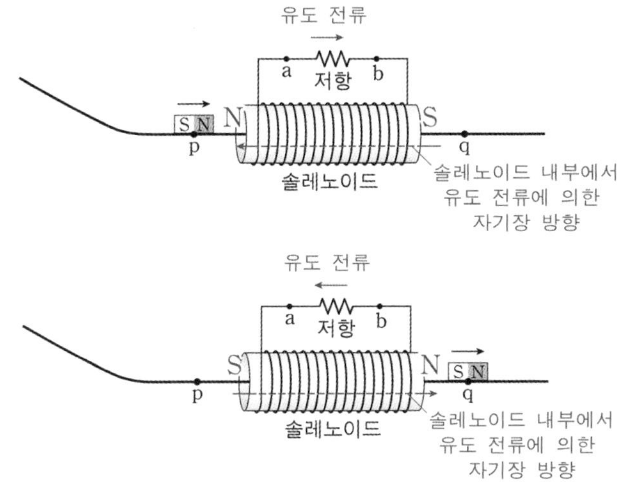

따라서 저항에 흐르는 유도 전류의 방향은 다음과 같다.

자석이 p를 지날 때: a→저항→b

자석이 q를 지날 때: b→저항→a

(ㄱ. 참)

ㄴ. 자석이 p에서 q로 운동하는 동안 솔레노이드에는 유도 전류가 흐른다.

즉, 자석의 운동 에너지의 일부가 전기 에너지로 전환되므로,

자석의 속력은 p에서가 q에서보다 크다.

(ㄴ. 거짓)

ㄷ. 자석이 q를 지날 때, 솔레노이드 내부에서 유도 전류에 의한 자기장의 방향은 p→q 방향이다.

(ㄷ. 거짓)

정답

기출 예시 49

ㄱ

기출 예시 50

22학년도 수능 12번 문항

그림과 같이 p-n 접합 발광 다이오드(LED)가 연결된 솔레노이드의 중심축에 마찰이 없는 레일이 있다. a, b, c, d는 레일 위의 지점이다. a에 가만히 놓은 자석은 솔레노이드를 통과하여 d에서 운동 방향이 바뀌고, 자석이 d로부터 내려와 c를 지날 때 LED에서 빛이 방출된다. X는 N극과 S극 중 하나이다.

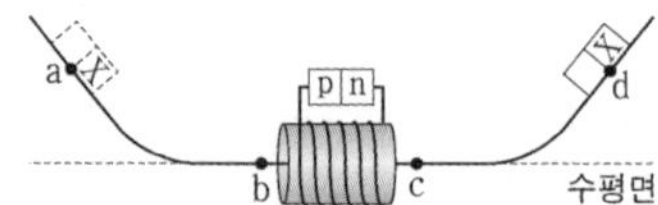

이에 대한 설명으로 옳은 것만을 〈보기〉에서 있는 대로 고른 것은?

〈보 기〉

ㄱ. X는 N극이다.

ㄴ. a로부터 내려온 자석이 b를 지날 때 LED에서 빛이 방출된다.

ㄷ. 자석의 역학적 에너지는 a에서와 d에서가 같다.

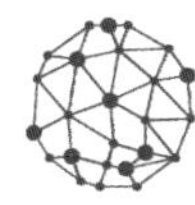

해설

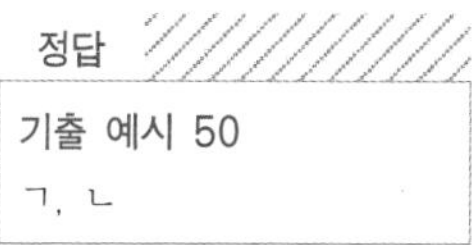

자석이 d로부터 내려와 c를 지날 때 LED에서 빛이 방출되므로
솔레노이드에 전류가 흐르고,
솔레노이드에 의한 자기장은 다음과 같다.

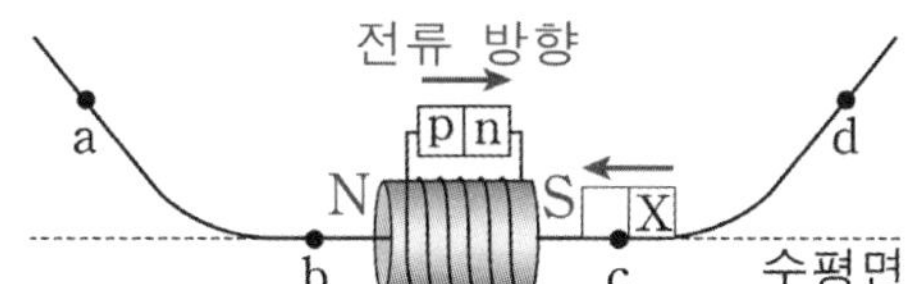

따라서 자석이 d로부터 내려와 c를 지날 때 솔레노이드에는 S극이 접근한다는 것을 알 수 있고,
따라서 X는 N극이다.

ㄱ. X는 N극이다.

(ㄱ. 참)

ㄴ. a로부터 내려온 자석이 b를 지날 때 솔레노이드에는 N극이 접근한다.
따라서 솔레노이드의 유도 전류의 방향은 다음과 같다.

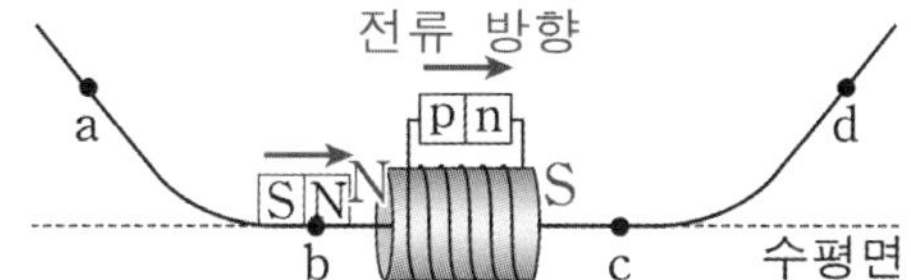

LED에 순방향 전압이 걸리므로
LED에서 빛이 방출된다.

(ㄴ. 참)

ㄷ. 자석이 a로부터 내려와 b를 지날 때 LED에서 빛이 방출된다.
즉, 자석의 역학적 에너지의 일부가 전기 에너지로 전환되므로,
자석의 역학적 에너지는 a에서가 d에서보다 크다.

(ㄷ. 거짓)

기출 예시 51

23학년도 6월 모의고사 1번 문항

그림 A, B, C는 자기장을 활용한 장치의 예를 나타낸 것이다.

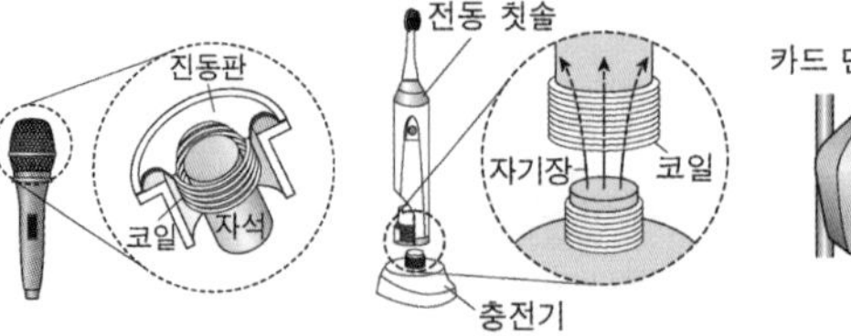

A.마이크　　B.무선 충전 칫솔　　C.교통 카드

전자기 유도 현상을 활용한 예만을 있는 대로 고른 것은?

① A　② B　③ A, C　④ B, C　⑤ A, B, C

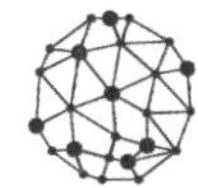

기출 예시 52

21학년도 6월 모의고사 2번 문항

전자기 유도 현상을 활용하는 것만을 〈보기〉에서 있는 대로 고른 것은?

〈보 기〉

ㄱ.마이크　　ㄴ.무선 충전　　ㄷ.전자석 기중기

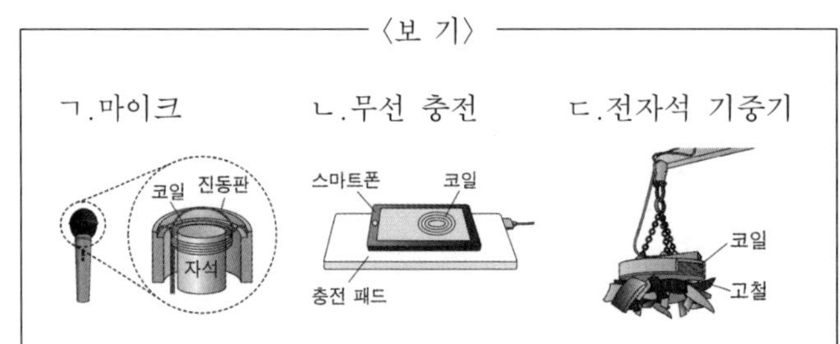

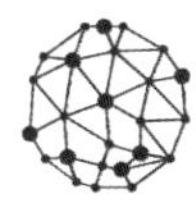

해설

A. 마이크는 진동판에 의해 자석이 진동하고(자속 변화),
이에 따라 코일에 유도 전류가 흐르기 때문에
전자기 유도 현상을 활용한 예이다.

B. 무선 충전 칫솔은 충전기의 변화하는 자기장에 의해(자속 변화) 전동 칫솔 속 코일에 유도 전류가 흘러 칫솔이 충전되기 때문에 전자기 유도 현상을 활용한 예이다.

C. 교통 카드는 교통 카드가 카드 단말기에 접근하면서
교통 카드 속 코일을 통과하는 자기장이 변화하고,
이에 따라 코일에 유도 전류가 흐르기 때문에 전자기 유도 현상을 활용한 예이다.

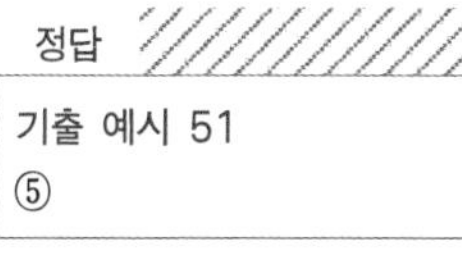

정답

기출 예시 51
⑤

해설

ㄱ. 마이크는 진동판에 의해 자석이 진동하고(자속 변화),
코일에 유도 전류가 흐르기 때문에 전자기 유도 현상을 활용한다.

(ㄱ. 참)

ㄴ. 무선 충전은 충전 패드의 변화하는 자기장에 의해(자속 변화)
스마트폰 속 코일에 유도 전류가 흐르며
스마트폰이 충전되므로 전자기 유도 현상을 활용한다.

(ㄴ. 참)

ㄷ. 전자석 기중기는 코일에 흐르는 전류에 의한 자기장을 활용한다.

(ㄷ. 거짓)

정답

기출 예시 52
ㄱ, ㄴ

2. 전자기 유도 ② (패러데이 법칙과 문제 구조)

패러데이 법칙

유도 기전력: 전자기 유도에 의하여 발생된 전압.
원형 도선, 사각 도선 등 폐곡선에 해당하는 도선 안의 자기 선속이 변하면
유도 기전력이 생기고, 이에 유도 전류가 흐른다.

유도 기전력(V)과 자기 선속(Φ) 사이의 관계는 다음과 같다.

○ 미분?
교육과정상 미분이라는 개념이 들어가 있는 파트이다.
하지만, 해당 식을 분석하여 학생들이 이해할 수 있도록 설명하겠다.

$$V = -N\frac{d\Phi}{dt}$$

(V: 유도 기전력, N: 단위 길이당 코일의 감긴 횟수, $\frac{d\Phi}{dt}$: 시간에 따른 자기 선속의 변화량)

자기 선속이 시간에 따라 빠르게 변하면 ($\frac{d\Phi}{dt}$가 크면)
유도 전류의 세기가 크다.
예를 들면 아래 그림에서 자석이 동일한 지점 p를 지나는 속력이 클수록
솔레노이드에서 유도 기전력이 크다.
(저항에서의 유도 전류의 세기는 (가)에서가 (나)에서보다 작다.)

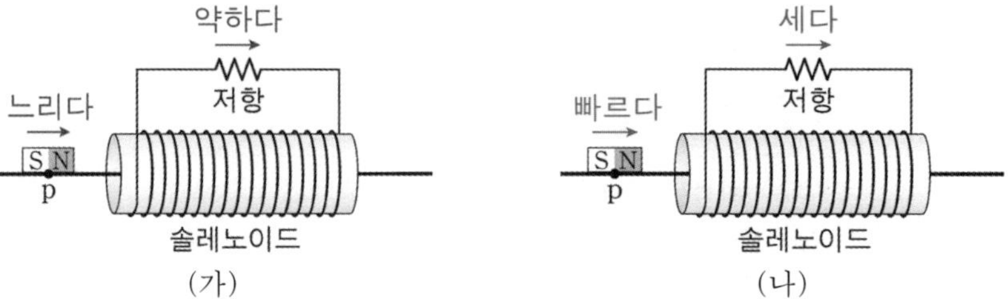

○ 사각 도선과 원형 도선에서 전자기 유도
솔레노이드가 아닌 단순 원형 도선, 사각 도선은 $N=1$이다.
따라서 위의 식은 다음과 같이 쓸 수 있다.

$$V = -\frac{d\Phi}{dt}$$

그런데 앞서 $\Phi = BS$ 의 식을 알고 있기 때문에
위의 식은 다음과 같이 변환할 수 있다.

$$V = -\frac{d\Phi}{dt} = -\frac{d(BS)}{dt}$$

수능에서는 두 가지 방향으로 출제된다.

유형 패러데이 법칙의 두 가지 유형

① 원형 도선, 사각 도선이 고정된 경우
S (면적)이 일정한 상황에 해당한다.
위의 식은 다음과 같이 바꿀 수 있다.

$$V = -\frac{d(BS)}{dt} = -S\frac{dB}{dt}$$

시간에 따른 자기장 변화와 면적의 곱을 이용!

② 사각 도선이 운동하는 경우
B (자기장)이 일정한 상황에 해당한다.

$$V = -\frac{d(BS)}{dt} = -B\frac{dS}{dt}$$

시간에 따른 면적 변화와 자기장의 곱을 이용!

원형 도선, 사각 도선에서 유도 전류 방향

원형 도선의 전류에 의한 자기장의 방향을 생각해 보겠다.

원칙은 다음과 같다.

원칙 유도 전류의 방향

> 유도 전류의 방향은 처음 상태를 유지하는 방향으로 전류가 흐른다.

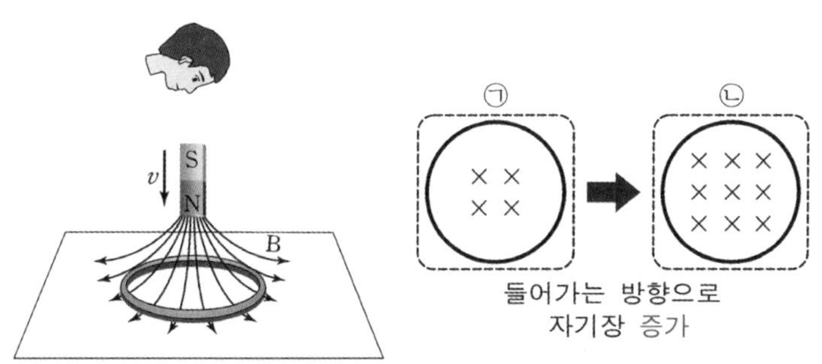

자석이 위쪽에서 아래쪽으로 이동한다.
이때 위쪽에서 원형 도선을 보면 오른쪽 그림과 같이 표현할 수 있다.

원래 원형 도선에는 ㉠처럼 들어가는 방향으로 자기장이 형성되어 있다.
그런데
자석이 가까워짐에 따라 ㉡처럼 변한다.

원형 도선은 ㉡에서 ㉠의 상태를 유지하기 위해 유도 전류가 흐른다.
즉 아래 그림과 같이
유도 전류에 의한 자기장(㉢)과 바뀐 자기장(㉡)을 합하여 ㉠이 되게끔
㉢에서 유도 전류가 흐른다.

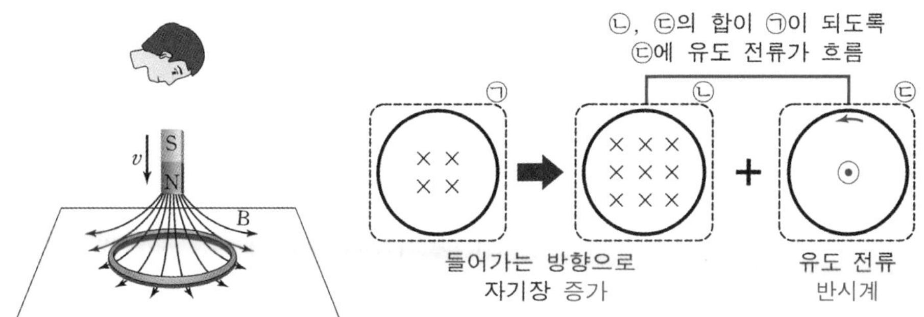

따라서 유도 전류의 방향은 반시계 방향이다.

바뀌기 전 자기장(㉠)은
바뀐 후 자기장(㉡)과
유도 전류에 의한 자기장(㉢)의 합이라 생각하면 편하다.

$$㉠=㉡+㉢$$

이와 같은 방법으로 아래 상황에서 유도 전류의 방향을 추론해 보면 다음과 같다.

① 들어가는 방향이 증가하는 경우

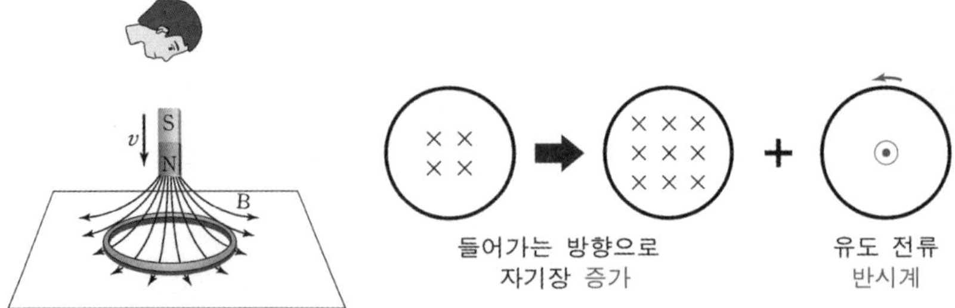

② 들어가는 방향이 감소하는 경우

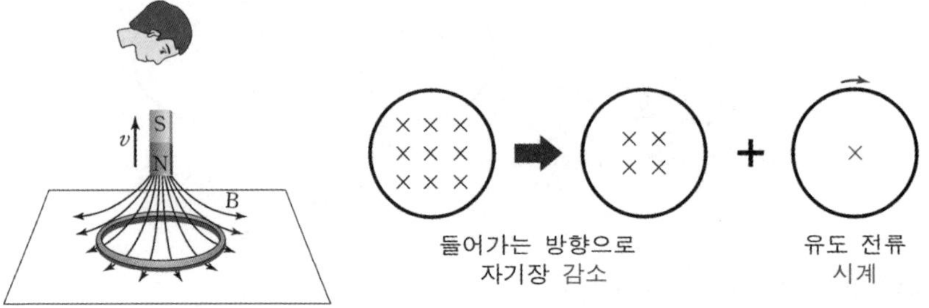

③ 나오는 방향이 감소하는 경우

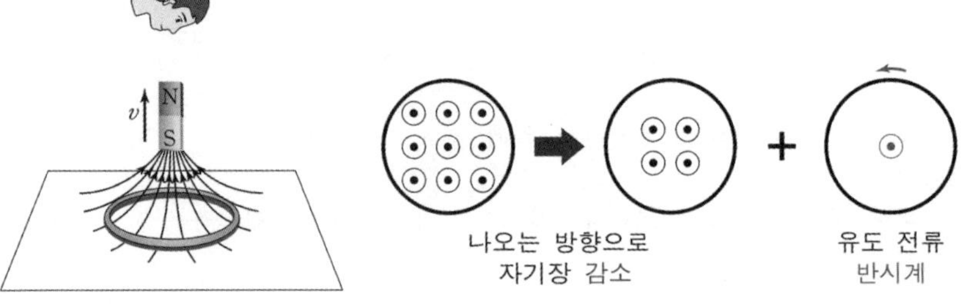

④ 나오는 방향이 증가하는 경우

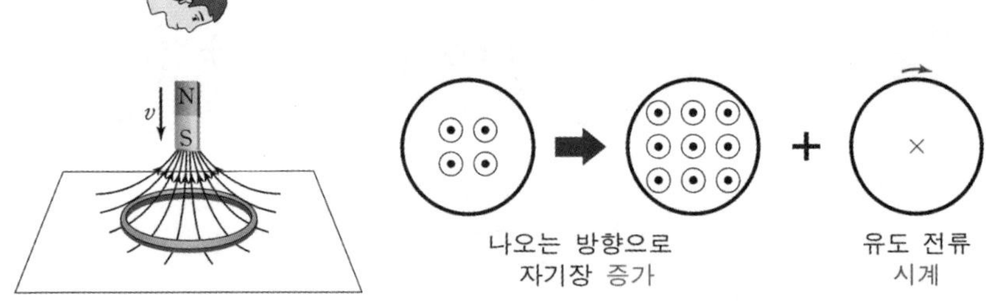

① 원형 도선, 사각 도선이 고정된 경우 (기본)

아래와 같은 유형이 이에 해당한다.

그림 (가)와 같이 원형 도선이 균일한 자기장 영역에 고정되어 있다. 그림 (나)는 (가)의 균일한 자기장 영역에서의 자기장을 시간에 따라 나타낸 것이다. 1초일 때 자기장 영역에서 자기장의 방향은 종이면을 나오는 방향이다.

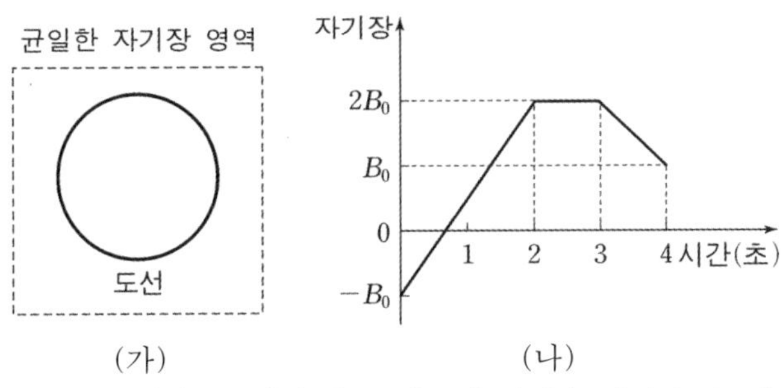

방금 배운 내용으로, 0초에서 2초까지 유도 전류의 방향을 살펴볼 수 있다.

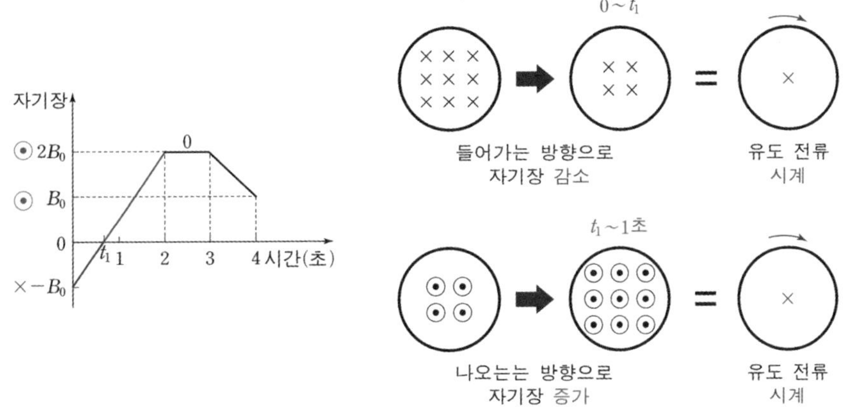

자기장이 0이 되는 때를 t_1초라고 하면

$0 \sim t_1$초까지 **들어가는 방향**의 자기장이 **감소**하므로 유도 전류의 방향은 **시계** 방향

$t_1 \sim 1$초까지 **나오는 방향**의 자기장이 **증가**하므로 유도 전류의 방향은 **시계** 방향이다.

0초부터 2초까지 **그래프의 기울기는 일정하다.**

따라서

<u>자기장-시간 그래프에서 기울기의 부호가 같다면 유도 전류의 방향은 같다.</u>

전류의 세기와 방향이 결정되는 주된 요인은 패러데이 법칙이다.

위의 경우는 해당 식을 활용한다.

$$V = -S\frac{dB}{dt}$$

S는 상수이므로, 일정한 값을 갖는다.

유도 전류에 영향이 있는 것은 바로 $\frac{dB}{dt}$이다.

그런데 $\frac{dB}{dt}$의 의미는 **(나)의 그래프에서의 기울기**를 의미한다.

다음과 같은 규칙이 성립한다.

유형 패러데이 법칙의 두 가지 유형

① 자기장- 시간 그래프에서의 기울기의 부호는 **유도 전류의 방향**에 해당한다!
② 자기장- 시간 그래프에서의 기울기가 **가파를수록**, 유도 전류가 세다!

이를 이용하여 그래프를 분석해보자.

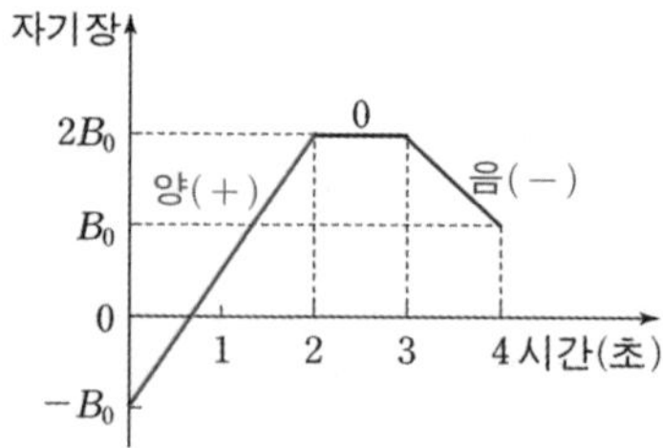

① 그래프 기울기 부호

○ 0초에서 2초까지 그래프의 기울기는 **양(+) → 시계 방향**
3초에서 4초까지 그래프의 기울기는 **음(-)**이다.
→ 전류의 방향은
(0초에서 2초까지)와 (3초에서 4초까지)가 서로 **반대이다!**
따라서 (3초에서 4초까지) 유도 전류의 방향은 **반시계 방향**이다.

② 그래프 기울기 값

그래프의 기울기는 다음과 같다.

0초에서 2초까지: $\dfrac{3B_0}{2\text{s}}$

2초에서 3초까지: 0

3초에서 4초까지: $\dfrac{B_0}{1\text{s}}$

따라서 유도 전류의 세기는
(0초에서 2초까지: I_1, 2초에서 3초까지: I_2, 3초에서 4초까지: I_3라 할 때 다음이 성립한다.)

$$I_1 : I_3 = \frac{3B_0}{2\text{s}} : \frac{B_0}{1\text{s}} = 3:2 \rightarrow I_1 > I_3, \quad I_2 = 0$$

① 원형 도선, 사각 도선이 고정된 경우 (다이오드 연결)

방금과 같은 상황에서 다이오드가 연결되어 있다면 어떨까?

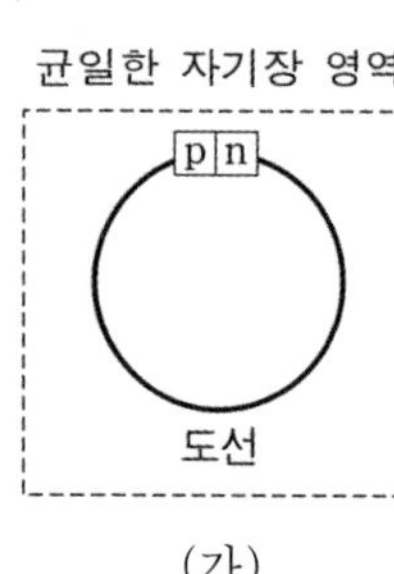

(가)

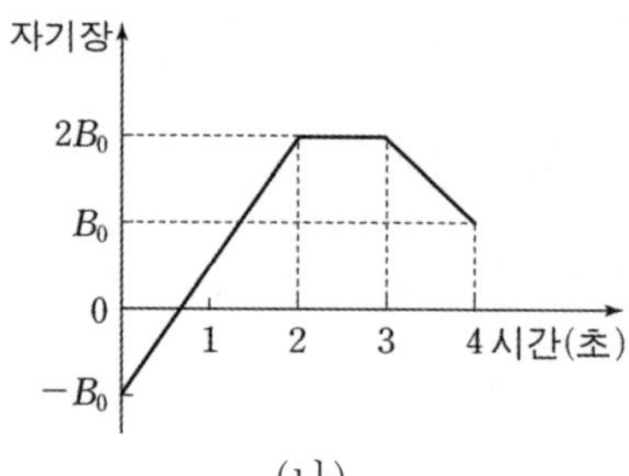

(나)

p형 반도체로 전류가 들어갈 때만 전류가 흐른다.
즉 원형 도선에는 '시계 방향의 전류'만 흐르게 된다.

다이오드가 없었다면
3초에서 4초 사이에는 반시계 방향으로 유도 전류가 흐를 것이다.

그런데 그 방향은 n형 반도체로 전류가 들어가는 방향이므로
유도 전류가 흐를 수 없다.

따라서 3초에서 4초까지 원형 도선의 유도 전류의 세기는 0이다!

① 원형 도선, 사각 도선이 고정된 경우 (두 개의 걸쳐진 영역)

아래처럼 서로 다른 두 개의 영역에 걸쳐 있다면 어떨까?

그림 (가)와 같이 직사각형 도선이 균일한 자기장 영역 Ⅰ, Ⅱ에 각각 $2S$, S만큼 걸쳐 고정되어 있다. 그림 (나)는 (가)에서 Ⅰ, Ⅱ에서의 자기장의 세기를 시간에 따라 나타낸 것이다. Ⅰ, Ⅱ에서 자기장의 방향은 종이면에 수직으로 들어가는 방향이다.

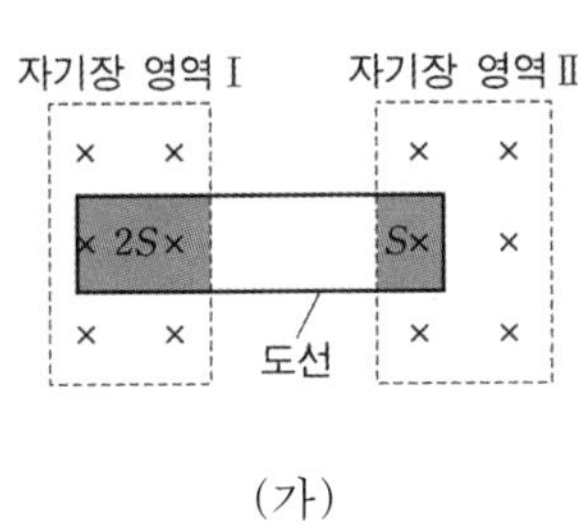

(가)

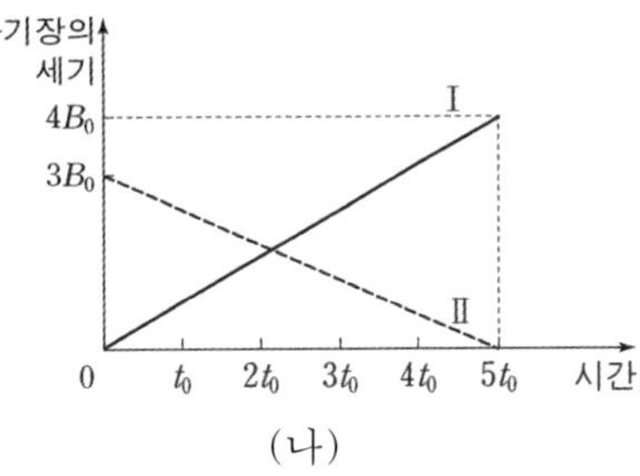

(나)

패러데이 법칙 식을 다시 살펴 보자.

$$V=-S\frac{dB}{dt}$$

이 식을 잘 보면

$\frac{dB}{dt}$는 (나)의 **그래프의 기울기**이고

S는 **걸쳐진 면적**을 의미한다.

즉,

아래 그림처럼 걸쳐진 면적(S)에 (나)의 그래프의 기울기($\frac{dB}{dt}$)를 곱한 후 합하면 유도 기전력을 계산할 수 있다. (부호를 고려하여 생각!)

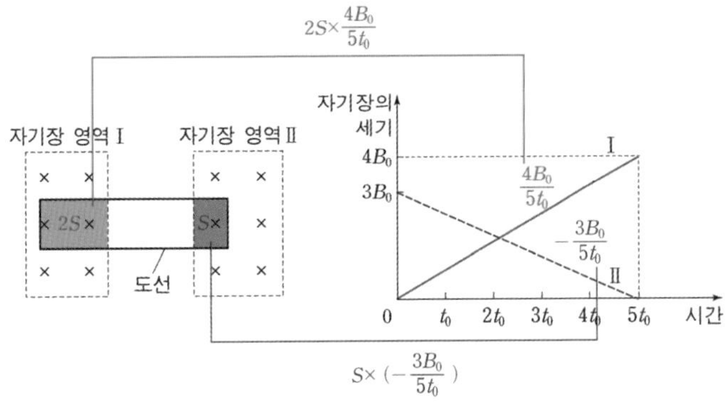

$$2S\times\frac{4B_0}{5t_0}+S\times(-\frac{3B_0}{5t_0})=\frac{SB_0}{t_0}$$

이렇게 유도 기전력을 계산한 결과 유도 기전력은 $\frac{SB_0}{t_0}$이고,

이는 유도 전류의 세기에 비례한다.

그리고 $\frac{SB_0}{t_0}$는 양(+)이다.

즉, 사각 도선은 들어가는 방향의 자기장이 증가한다는 뜻이다.

따라서 t_0부터 $5t_0$까지 직사각형 도선의 유도 전류의 방향은 반시계 방향이다.

기출 예시 53

21학년도 수능 11번 문항

그림 (가)는 자기장 B가 균일한 영역에 금속 고리가 고정되어 있는 것을 나타낸 것이고, (나)는 B의 세기를 시간에 따라 나타낸 것이다. B의 방향은 종이면에 수직으로 들어가는 방향이다.

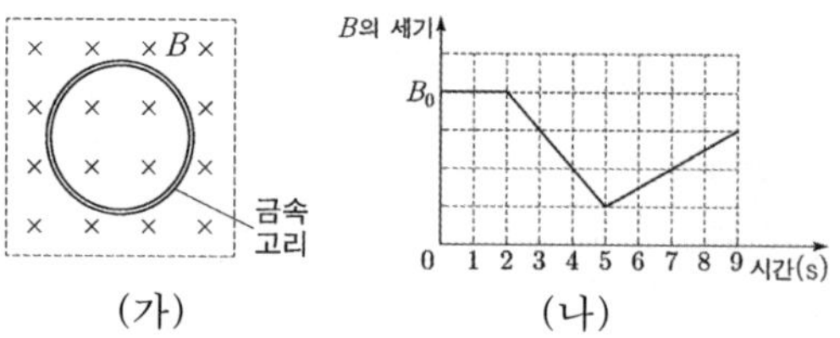

이에 대한 설명으로 옳은 것만을 〈보기〉에서 있는 대로 고른 것은?

〈보 기〉

ㄱ. 1초일 때 유도 전류는 흐르지 않는다.

ㄴ. 유도 전류의 방향은 3초일 때와 6초일 때가 서로 반대이다.

ㄷ. 유도 전류의 세기는 7초일 때가 4초일 때보다 크다.

해설

전자기 유도에 의한 유도 기전력은 다음과 같이 계산된다.
(V는 유도 기전력, N은 단위 길이당 코일의 감은 수, $\frac{\Delta\phi}{\Delta t}$는 자속의 시간에 따른 변화율, B는 자기장, S는 코일의 단면적)

$$V=-N\frac{\Delta\phi}{\Delta t}=-N\frac{\Delta BS}{\Delta t}$$

자기장-시간 그래프의 기울기는
자기장의 시간에 따른 변화율($\frac{\Delta B}{\Delta t}$)이고,
원형 도선의 면적(S)이 일정하므로 다음이 성립한다.
(감은 횟수 1번)

$$V=-\frac{\Delta\phi}{\Delta t}=-S\frac{\Delta B}{\Delta t}$$

따라서 그래프의 기울기는 (가)에서 원형 도선의 유도 전류에 비례한다.

ㄱ. (나)에서 1초일 때 그래프의 기울기는 0이므로
1초일 때 유도 전류는 흐르지 않는다.

(ㄱ. 참)

ㄴ. (나)에서 3초일 때 그래프의 기울기는 음(−)
(나)에서 6초일 때 그래프의 기울기는 양(+)이므로
(나)에서 3초일 때와 6초일 때 그래프의 기울기는 반대이다.
따라서 유도 전류의 방향은 3초일 때와 6초일 때 서로 반대이다.

(ㄴ. 참)

ㄷ. (나)에서 그래프의 기울기는
7초일 때가 4초일 때보다 작다.
따라서 유도 전류의 세기는 7초일 때가 4초일 때보다 작다.

(ㄷ. 거짓)

정답

기출 예시 53
ㄱ, ㄴ

기출 예시 54

18학년도 9월 모의고사 11번 문항

그림 (가)는 고정된 도선의 일부가 균일한 자기장 영역 Ⅰ, Ⅱ 에 놓여 있는 모습을 나타낸 것이다. 자기장의 방향은 도선이 이루는 면에 수직으로 들어가는 방향이고, 도선이 Ⅰ, Ⅱ에 걸친 면적은 각각 S, $2S$이다. 그림 (나)는 Ⅰ, Ⅱ에서의 자기장 세기를 시간에 따라 나타낸 것이다.

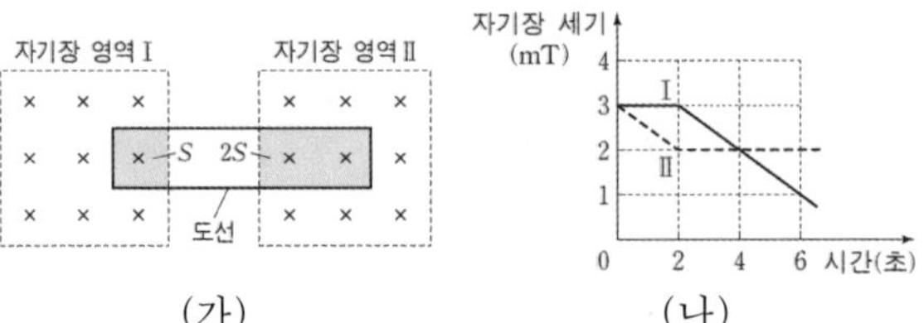

(가) (나)

도선에 흐르는 유도 전류에 대한 설명으로 옳은 것만을 〈보기〉 에서 있는 대로 고른 것은?

〈보 기〉

ㄱ. 1초일 때, 전류는 시계 방향으로 흐른다.
ㄴ. 전류의 방향은 3초일 때와 5초일 때가 서로 반대이다.
ㄷ. 전류의 세기는 1초일 때가 5초일 때보다 작다.

해설

ㄱ. 1초일 때, 도선에는 들어가는 방향의 자기 선속이 감소한다.
따라서 1초일 때, 전류는 시계 방향으로 흐른다.

(ㄱ. 참)

ㄴ. 3초일 때, 도선에는 들어가는 방향의 자기 선속이 감소한다.
5초일 때, 도선에는 들어가는 방향의 자기 선속이 감소한다.
따라서 유도 전류의 방향은 서로 같다.

(ㄴ. 거짓)

ㄷ. 전자기 유도에 의한 유도 기전력은 다음과 같이 계산된다.
(V는 유도 기전력, N은 코일의 감은 수, $\frac{\Delta\phi}{\Delta t}$는 자속의 시간에 따른 변화율, B는 자기장, S는 걸쳐진 단면적)

$$V=-N\frac{\Delta\phi}{\Delta t}=-N\frac{\Delta BS}{\Delta t}$$

자기장-시간 그래프의 기울기는
자기장의 시간에 따른 변화율($\frac{\Delta B}{\Delta t}$)이고,
사각 도선의 면적(S)이 일정하므로 다음이 성립한다.
(감은 횟수 1번)

$$V=-\frac{\Delta\phi}{\Delta t}=-S\frac{\Delta B}{\Delta t}$$

영역 Ⅰ과 Ⅱ에서 걸쳐진 면적은 S, $2S$로
0초~2초와 2초~6초일 때 유도 기전력은 다음과 같이 계산된다.

0초~2초
사각 도선의 유도 기전력은 다음과 같이 계산된다.

$$2S\times\frac{1\text{mT}}{2\text{s}}=S\times\frac{1\text{mT}}{1\text{s}}$$

2초~6초
사각 도선의 유도 기전력은 다음과 같이 계산된다.

$$S\times\frac{2\text{mT}}{4\text{s}}=S\times\frac{1\text{mT}}{2\text{s}}$$

따라서 유도 전류의 세기는
0초~2초일 때가 2초~6초일 때의 2배이므로
유도 전류의 세기는 1초일 때가 5초일 때의 2배이다.

(ㄷ. 거짓)

정답

기출 예시 54
ㄱ

② 사각 도선이 운동하는 경우 (두 개의 걸쳐진 영역)

아래와 같은 유형이 이에 해당한다.

그림과 같이 한 변의 길이가 $2d$인 정사각형 도선이 x축과 나란한 방향으로 v의 속력으로 등속도 운동하고 있다. P는 사각 도선 위의 점이다. P는 x축상에서 운동하고, 균일한 자기장 영역 Ⅰ, Ⅱ를 지난다. ×는 xy평면에 수직으로 들어가는 방향이고, ●는 xy평면에서 수직으로 나오는 방향이다. P의 위치에 따른 유도 전류는 어떻게 될까?

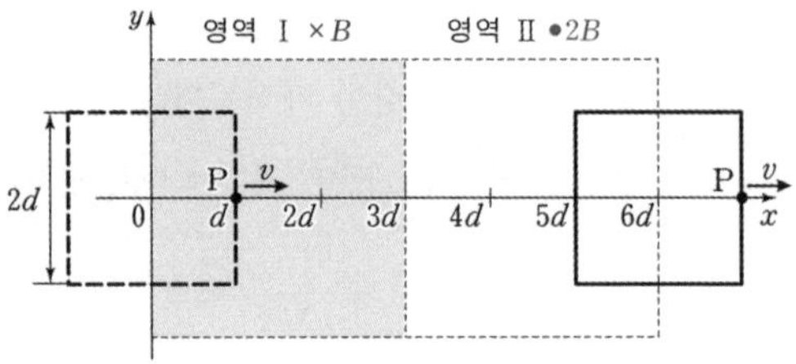

해석하기 전 사전 작업이 필요하다.

○ $V=-Blv$ 유도

일반화 시켜보자.

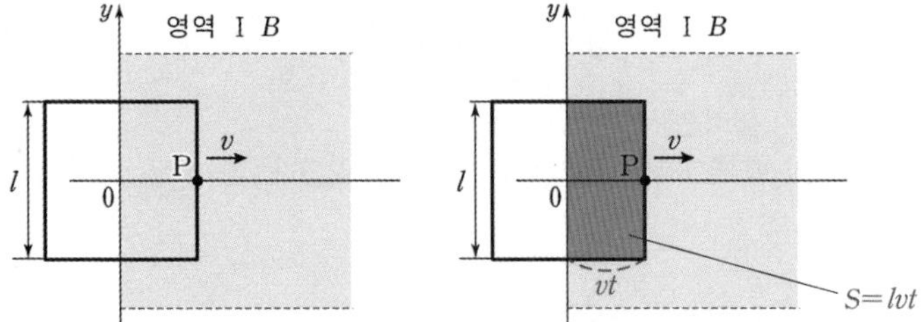

한 변의 길이가 l인 정사각형 도선이 v의 일정한 속력으로 운동한다.
이때 t의 시간 동안 P의 이동 거리는 다음과 같다.

$$vt$$

따라서 자기장 영역에 걸쳐진 부분(S)의 넓이는 다음과 같이 계산된다.

$$S=vt\times l=lvt$$

이 상황은 자기장 영역에서 B(자기장)이 일정한 상황이고,
걸쳐진 면적(S)이 시간에 따라 변하는 상황에 해당한다.
즉, 다음 식이 성립한다.

$$V=-\frac{d(BS)}{dt}=-B\frac{dS}{dt}$$

$S=lvt$을 위 식에 대입해 보면 다음과 같다.

$$V=-B\frac{d(lvt)}{dt}=-Blv$$

정리하면 유도 기전력은 '자기장 영역에서의 자기장의 세기(B)'와
운동 방향과 수직인 변의 길이(l),
도선의 속력(v)의 곱과 같다.

○ $V=-Blv$ 활용 방법
일전 페이지의 상황을 해석하면서 응용 방법을 익혀보자.

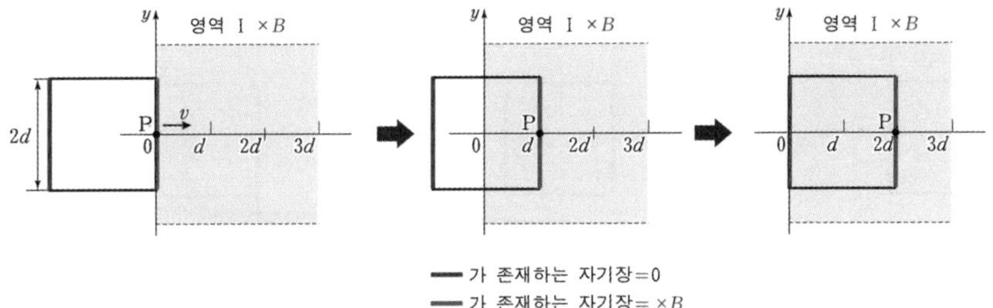

유도 전류를 계산하는 방법은
운동 방향과 수직인 두 도선인 빨간색 도선과 **파란색 도선**을 관찰하면 된다.
이 중
앞의 도선을 빨간색 도선
뒤따라오는 도선을 **파란색 도선**으로 명명하겠다.

○ 전류의 세기가 바뀌는 지점
빨간색 도선이 자기장의 경계면을 지난 후
파란색 도선이 자기장의 경계면을 지날 때까지 유도 전류의 세기가 일정하고
이후 유도 전류가 바뀐다.

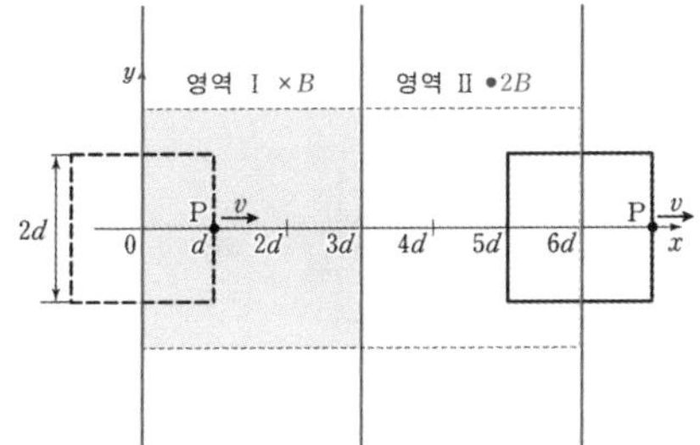

○ 유도 전류의 세기와 방향
P가 $3d<x<5d$를 지날 때를 생각해 보자.

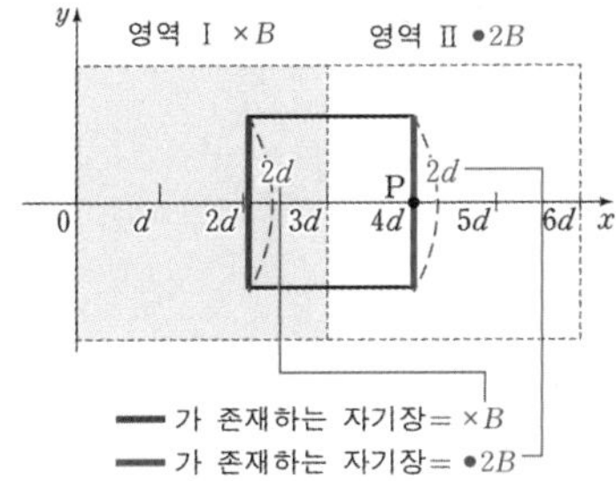

도선이 두 경계면을 지나는 중간에 사각 도선을 둔다.
빨간색 도선이 지나는 영역의 자기장에 (+)를 붙이고 빨간색 도선의 길이와 속력을 곱한다.

$$+(\bullet 2B(2d)v) \rightarrow \bullet 4Bdv$$

파란색 도선이 지나는 영역의 자기장에 (−)를 붙이고 **파란색** 도선의 길이와 속력을 곱한다.

$$-(\times B(2d)v) \rightarrow \bullet 2Bdv$$

그 후 둘을 더한 후 (−)를 붙인다.

$$-(\bullet 4Bdv + \bullet 2Bdv) = \times 6Bdv$$

즉,
사각 도선에서 유도 기전력의 크기는 $6Bdv$이고,
사각 도선의 유도 전류에 의한 자기장의 방향은 ×으로, 시계 **방향**으로 전류가 흐른다.

이러한 방법으로 각 위치에서의 유도 기전력을 생각해 보자.

① $0 < x < 2d$일 때

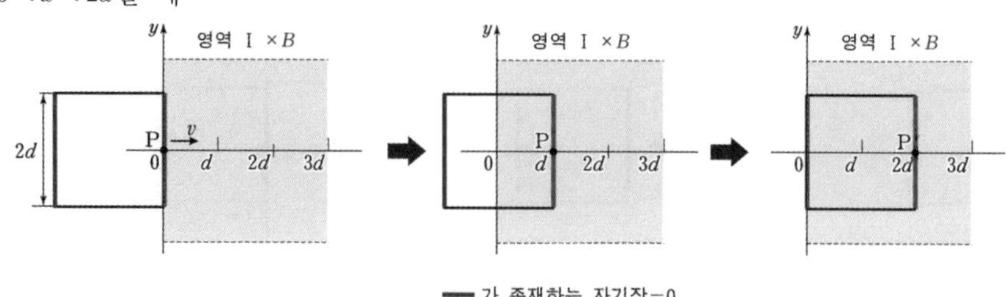

가운데 그림에서 유도 기전력

빨간색 도선 : $+(\times B(2d)v) \rightarrow \times 2Bdv$

파란색 도선 : $-(\times 0(2d)v) \rightarrow 0$

합한 후 (−)붙었을 때 : $-(\times 2Bdv) \rightarrow$ ● $2Bdv$

유도 기전력의 크기는 $2Bdv$이고
유도 전류에 의한 자기장의 방향이 ●이므로
유도 전류의 방향은 반시계 방향이다.

② $2d < x < 3d$일 때

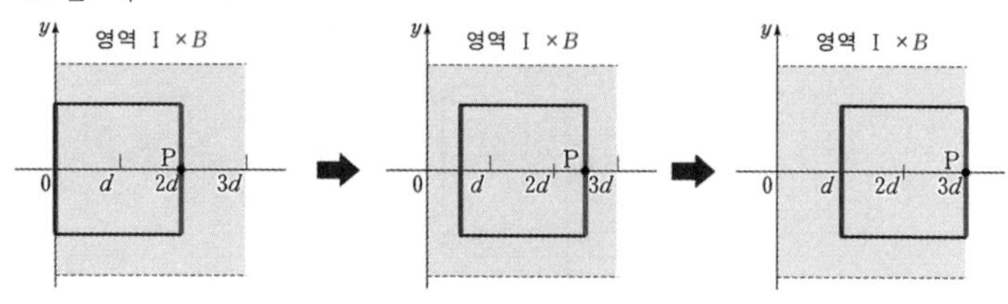

가운데 그림에서 유도 기전력

빨간색 도선 : $+(\times B(2d)v) \rightarrow \times 2Bdv$

파란색 도선 : $-(\times B(2d)v) \rightarrow$ ● $2Bdv$

합한 후 (−)붙었을 때 : 0

유도 기전력은 0으로
이 동안 <u>유도 전류는 흐르지 않는다.</u>

③ $3d < x < 5d$일 때

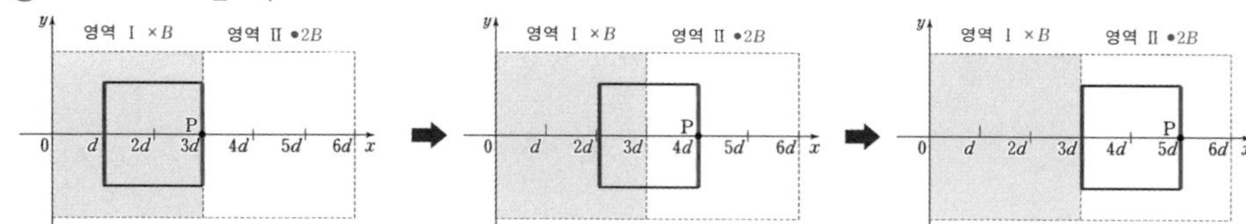

가운데 그림에서 유도 기전력

빨간색 도선 : $+($● $2B(2d)v) \rightarrow$ ● $4Bdv$

파란색 도선 : $-(\times B(2d)v) \rightarrow$ ● $2Bdv$

합한 후 (−)붙었을 때 : $\times 6Bdv$

유도 기전력의 크기는 $6Bdv$이고
유도 전류에 의한 자기장의 방향이 ×이므로
유도 전류의 방향은 시계 방향이다.

④ $5d < x < 6d$일 때

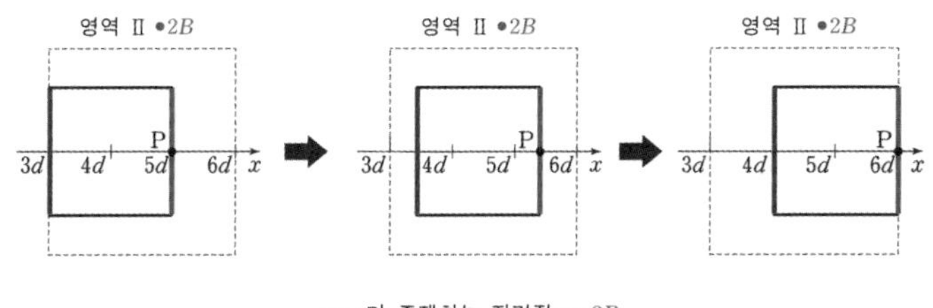

— 가 존재하는 자기장= •2B
— 가 존재하는 자기장= •2B

가운데 그림에서 유도 기전력
빨간색 도선 : $+(\bullet 2B(2d)v) \rightarrow \bullet 4Bdv$
파란색 도선 : $-(\bullet 2B(2d)v) \rightarrow \times 4Bdv$
합한 후 (−)붙였을 때 : 0

유도 기전력은 0으로
이 동안 **<u>유도 전류는 흐르지 않는다.</u>**

⑤ $6d < x < 8d$일 때

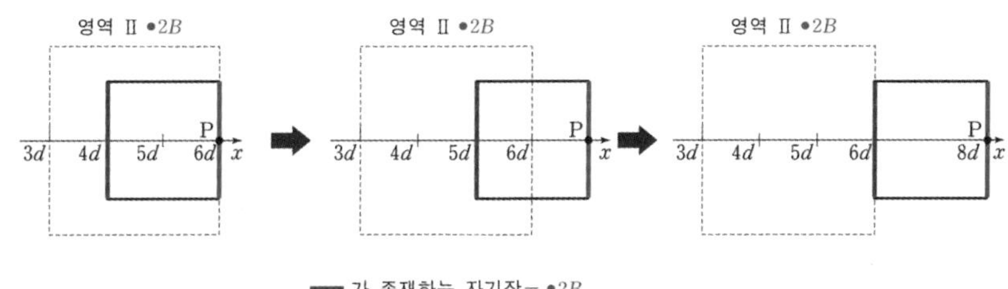

— 가 존재하는 자기장= •2B
— 가 존재하는 자기장= 0

가운데 그림에서 유도 기전력
빨간색 도선 : $+(0(2d)v) \rightarrow 0$
파란색 도선 : $-(\bullet 2B(2d)v) \rightarrow \times 4Bdv$
합한 후 (−)붙였을 때 : $\bullet 4Bdv$

유도 기전력의 크기는 $4Bdv$이고
유도 전류에 의한 자기장의 방향이 ●이므로
유도 전류의 방향은 **반시계 방향**이다.

이를 정리해 보면 아래와 같다.

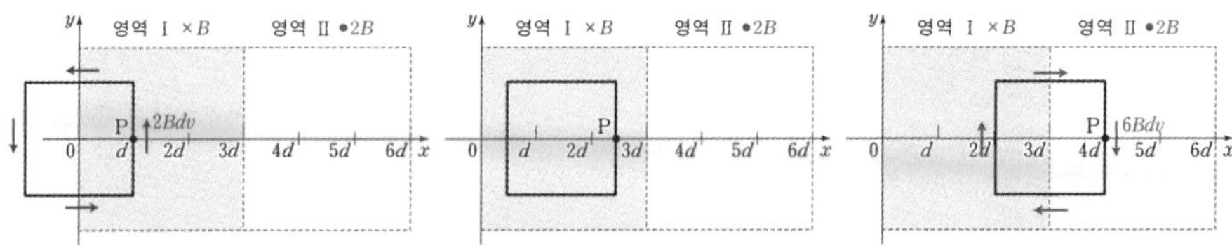

P의 위치: $0 < x < 2d$
유도 기전력 크기: $2Bdv$

P의 위치: $2d < x < 3d$
유도 기전력 크기: 0

P의 위치: $3d < x < 5d$
유도 기전력 크기: $6Bdv$

P의 위치: $5d < x < 6d$
유도 기전력 크기: 0

P의 위치: $6d < x < 8d$
유도 기전력 크기: $4Bdv$

기출 예시 55

17학년도 6월 모의고사 17번 문항

그림과 같이 정사각형 금속 고리 P가 1cm/s의 속력으로 x축에 나란하게 등속도 운동하여 자기장 영역 Ⅰ, Ⅱ, Ⅲ을 통과한다. $t=0$일 때, P의 중심의 위치는 $x=0$이다. Ⅰ, Ⅱ, Ⅲ에서 자기장의 세기는 각각 B_0, $2B_0$, B_0으로 균일하다.

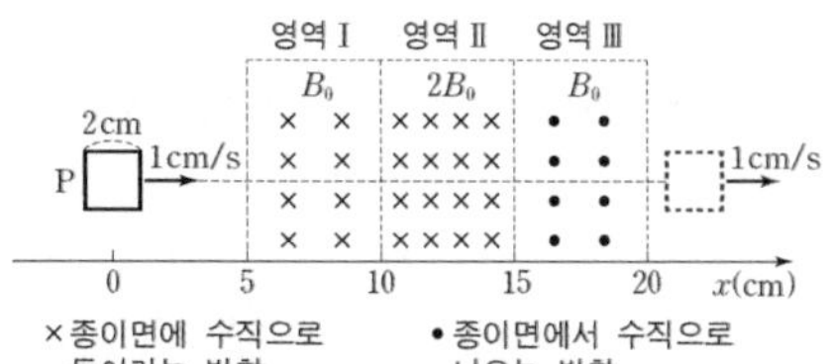

이에 대한 설명으로 옳은 것만을 〈보기〉에서 있는 대로 고른 것은?

〈보 기〉

ㄱ. $t=5$초일 때, P에 흐르는 유도 전류의 방향은 시계 방향이다.

ㄴ. $t=13$초일 때, P에 흐르는 유도 전류는 0이다.

ㄷ. P에 흐르는 유도 전류의 세기는 $t=10$초일 때가 $t=15$초일 때보다 작다.

해설

전자기 유도에 의한 유도 기전력은 다음과 같이 계산된다.

(V는 유도 기전력, N은 코일의 감은 수, $\frac{\Delta\phi}{\Delta t}$는 자속의 시간에 따른 변화율, B는 자기장, S는 코일의 단면적)

$$V = -N\frac{\Delta\phi}{\Delta t} = -N\frac{\Delta BS}{\Delta t}$$

ㄱ. $t=5$초일 때,

금속 고리에는 들어가는 방향의 자기 선속이 증가한다.

따라서 금속 고리에 흐르는 유도 전류의 방향은 반시계 방향이다.

(ㄱ. 거짓)

ㄴ. $t=13$초일 때,

금속 고리는 자기장 영역 II에 완전히 들어가 있어 자속의 시간에 따른 변화율($\frac{\Delta\phi}{\Delta t}$)이 0이다.

따라서 P에는 유도 전류가 흐르지 않는다.

(ㄴ. 참)

ㄷ. 자기장의 세기를 B, 사각 도선의 운동 방향과 수직 방향의 길이를 l로 두면, 사각 도선의 유도 기전력은 다음과 같이 계산된다.(v는 사각 도선의 속력)

$$V = -Blv$$

$t=10$초일 때 유도 기전력은 다음과 같다.

$$2B_0(2\text{cm} \times 1\text{cm/s}) - B_0(2\text{cm} \times 1\text{cm/s}) = 2B_0$$

$t=15$초일 때 유도 기전력은 다음과 같다.

$$B_0(2\text{cm} \times 1\text{cm/s}) - (-2B_0(2\text{cm} \times 1\text{cm/s})) = 6B_0$$

따라서

금속 고리에 흐르는 유도 전류의 세기는

$t=10$초일 때가 $t=15$초일 때보다 작다.

(ㄷ. 참)

정답

기출 예시 55

ㄴ, ㄷ

기출 예시 56

13학년도 6월 모의고사 18번 문항

그림은 자기장 영역 Ⅰ, Ⅱ가 있는 xy평면에서 동일한 정사각형 금속 고리 P, Q, R가 $+x$방향의 같은 속력으로 운동하고 있는 어느 순간의 모습을 나타낸 것이다. 이 순간 Q의 중심은 원점에 있다. 영역 Ⅰ, Ⅱ에서 자기장은 세기가 각각 B, $2B$로 균일하며, xy평면에 수직으로 들어가는 방향이다.

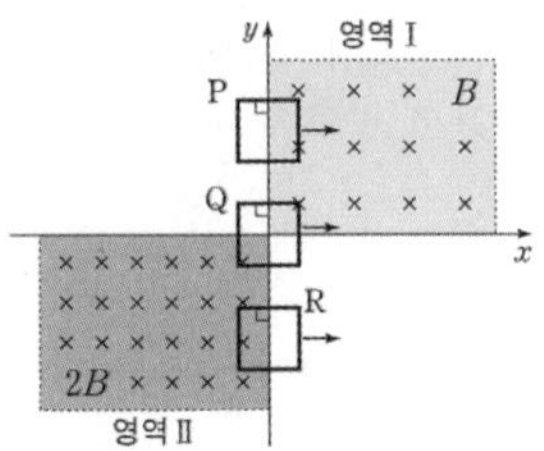

이 순간에 대한 설명으로 옳은 것만을 〈보기〉에서 있는 대로 고른 것은?

〈보 기〉

ㄱ. P와 R에 흐르는 유도 전류의 방향은 같다.

ㄴ. Q에는 시계 방향으로 유도 전류가 흐른다.

ㄷ. 유도 전류의 세기가 가장 작은 것은 Q이다.

해설

자기장의 세기를 B, 사각 도선의 운동 방향과 수직 방향의 길이를 l로 두면, 사각 도선의 유도 기전력은 다음과 같이 계산된다.(v는 사각 도선의 속력)

$$V=-Blv$$

P, Q, R에서 유도 기전력의 크기를 계산해 보면 다음과 같다.
(P, Q, R의 한 변의 길이를 l로 두자.)
P: $B\times l\times v=Blv$
Q: $2B\times\frac{1}{2}l\times v-B\times\frac{1}{2}l\times v=\frac{1}{2}Blv$
R: $2B\times l\times v=2Blv$

P에는 들어가는 방향의 자기 선속이 증가하므로
유도 전류의 방향은 반시계 방향이고,

Q에는 들어가는 방향의 자기 선속이 감소하므로
유도 전류의 방향은 시계 방향이며,

R에는 들어가는 방향의 자기 선속이 감소하므로
유도 전류의 방향은 시계 방향이다.

ㄱ. P와 R에 흐르는 유도 전류의 방향은 서로 반대이다.

(ㄱ. 거짓)

ㄴ. Q에는 시계 방향으로 유도 전류가 흐른다.

(ㄴ. 참)

ㄷ. 유도 기전력이 가장 작은 것은 Q이므로
유도 전류의 세기가 가장 작은 것은 Q이다.

(ㄷ. 참)

정답

기출 예시 56
ㄴ, ㄷ

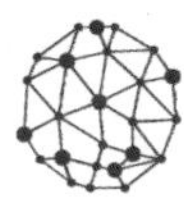

기출 예시 57

23학년도 9월 모의고사 12번 문항

그림과 같이 p−n 접합 발광 다이오드(LED)가 연결된 한 변의 길이가 d인 정사각형 금속 고리가 종이면에 수직인 균일한 자기장 영역 Ⅰ, Ⅱ를 $+x$방향으로 등속도 운동하여 지난다. 고리의 중심이 $x=4d$를 지날 때 LED에서 빛이 방출된다. A는 p형 반도체와 n형 반도체 중 하나이다.

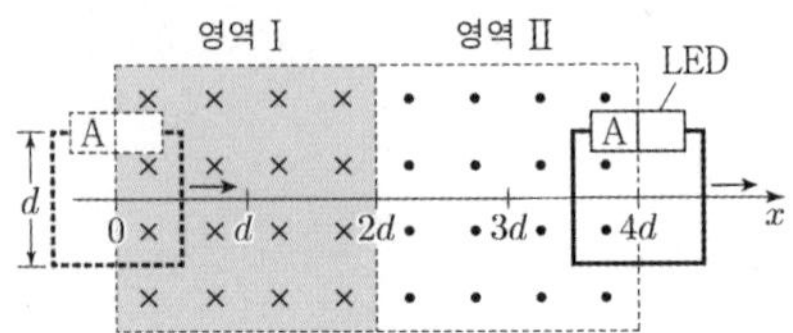

이에 대한 설명으로 옳은 것만을 〈보기〉에서 있는 대로 고른 것은?

〈보 기〉

ㄱ. A는 n형 반도체이다.

ㄴ. 고리의 중심이 $x=d$를 지날 때, 유도 전류가 흐른다.

ㄷ. 고리의 중심이 $x=2d$를 지날 때, LED에서 빛이 방출된다.

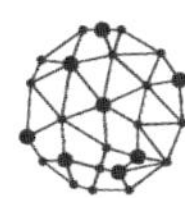

해설

전자기 유도에 의한 유도 기전력은 다음과 같이 계산된다.

(V는 유도 기전력, N은 코일의 감은 수, $\frac{\Delta\phi}{\Delta t}$는 자속의 시간에 따른 변화율, B는 자기장, S는 코일의 단면적)

$$V=-N\frac{\Delta\phi}{\Delta t}=-N\frac{\Delta BS}{\Delta t}$$

ㄱ. 고리의 중심이 $x=4d$를 지날 때 고리에는 나오는 방향의 자속이 감소한다.
따라서 고리에는 반시계 방향으로 전류가 흘러야 한다.
고리의 중심이 $x=4d$를 지날 때 LED에서 빛이 방출되므로,
LED에는 순방향 전압이 걸려 있다.
따라서 A는 n형 반도체이다.

(ㄱ. 참)

ㄴ. 고리의 중심이 $x=d$를 지날 때,
고리는 자기장 영역 I에 완전히 들어가 있어
자속의 시간에 따른 변화율($\frac{\Delta\phi}{\Delta t}$)은 0이다.
따라서 유도 전류가 흐르지 않는다.

(ㄴ. 거짓)

ㄷ. 고리의 중심이 $x=2d$를 지날 때
고리에는 나오는 방향의 자기 선속이 증가하고
들어가는 방향의 자기 선속이 감소하므로
고리의 유도 전류의 방향이 시계 방향이다.
그런데 A는 n형 반도체이므로
다이오드에는 역방향 전압이 걸린다.
따라서 LED에서 빛이 방출되지 않는다.

(ㄷ. 거짓)

정답

기출 예시 57
ㄱ

기출 예시 58

23학년도 수능 10번 문항

그림과 같이 한 변의 길이가 $4d$인 정사각형 금속 고리가 xy평면에서 $+x$방향으로 등속도 운동하며 자기장의 세기가 B_0으로 같은 균일한 자기장 영역 Ⅰ, Ⅱ, Ⅲ을 지난다. 금속 고리의 점 p가 $x=7d$를 지날 때, p에는 유도 전류가 흐르지 않는다. Ⅲ에서 자기장의 방향은 xy평면에 수직이다.

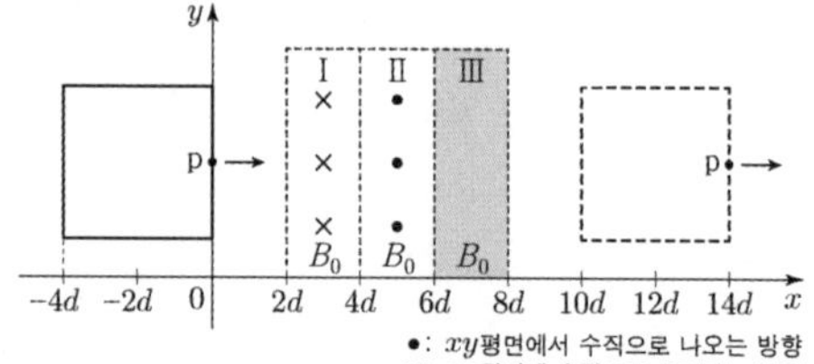

이에 대한 설명으로 옳은 것만을 〈보기〉에서 있는 대로 고른 것은?

〈보 기〉

ㄱ. 자기장의 방향은 Ⅰ에서와 Ⅲ에서가 같다.

ㄴ. p가 $x=3d$를 지날 때, p에 흐르는 유도 전류의 방향은 $+y$방향이다.

ㄷ. p에 흐르는 유도 전류의 세기는 p가 $x=5d$를 지날 때가 $x=3d$를 지날 때보다 크다.

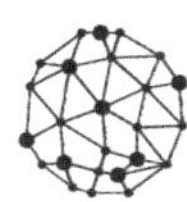

해설

ㄱ. 금속 고리의 점 p가 $x=7d$를 지날 때,
금속 고리를 지나는 자기장 영역 Ⅰ의 단면적은 감소하며,
자기장 영역 Ⅱ의 단면적은 일정하고,
자기장 영역 Ⅲ의 단면적은 증가한다.
이때, p에 유도 전류가 흐르지 않으려면
Ⅰ와 Ⅲ의 자기장의 세기와 방향이 같아야 한다.

(ㄱ. 참)

ㄴ. p가 $x=3d$를 지날 때,
금속 고리에는 들어가는 방향의 자기 선속이 증가한다.
따라서 p에 흐르는 유도 전류의 방향은 $+y$방향이다.

(ㄴ. 참)

ㄷ. 자기장의 세기를 B, 사각 도선의 운동 방향과 수직 방향의 길이를 l로 두면, 사각 도선의 유도 기전력은 다음과 같이 계산된다.(v는 사각 도선의 속력)

$$V=-Blv$$

p가 $x=5d$를 지날 때 유도 기전력은 다음과 같이 계산된다.
(사각 도선의 속력을 v로 두자.)

$$B_0\times 4d\times v$$

p가 $x=3d$를 지날 때 유도 기전력은 다음과 같이 계산된다.

$$B_0\times 4d\times v$$

따라서 p에 흐르는 유도 전류의 세기는 p가 $x=5d$를 지날 때와 $x=3d$를 지날 때가 서로 같다.

(ㄷ. 거짓)

정답

기출 예시 58
ㄱ, ㄴ

3. 자성체

자성체의 정의와 원리

① 정의
자성체: 자기적 성질을 띠는 물체
자기화(자화): 물질이 자석의 성질을 갖게 되는 것.

② 원리
원형 도선에서 전류가 흐를 때 전류에 의한 자기장의 방향은 아래 그림과 같다.

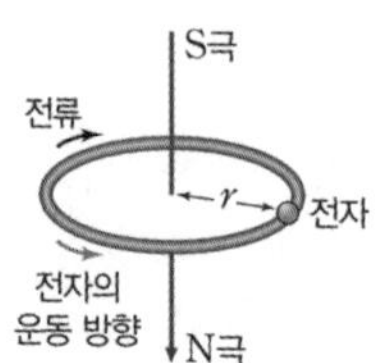

원자 내의 전자는 스핀(회전)을 한다.
이 때문에 원자는 작은 '자석'과 같은 역할을 한다.

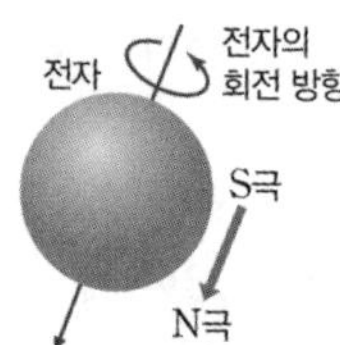

자성체 안에는 이러한 '자석과 같은 역할'을 하는 원자들이 무수히 많이 있고, 이들이 합쳐져서 큰 자석이 된다.

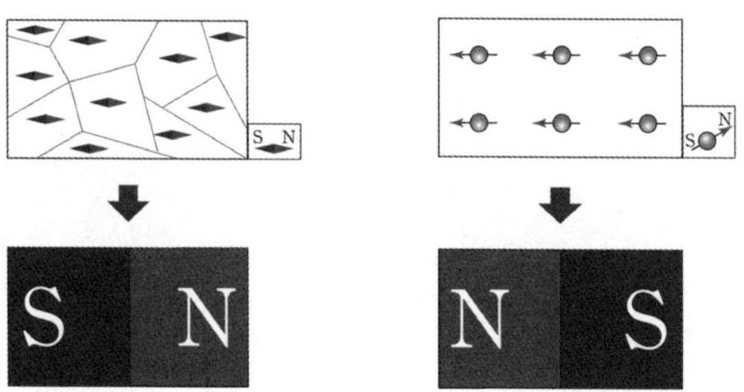

★ 중요: **'외부 자기장과 같은/반대 방향으로 자기화된다.'**의 의미
자기화 방향은 **원자 자석의 배열 방향**을 의미한다.
아래 그림과 같이 N극과 S극으로 만들어진 균일한 자기장 영역에 자성체를 두자.

① 외부 자기장과 **같은** 방향으로 자기화된다.
자성체의 원자 자석의 배열 방향과
외부 자기장의 방향이 **같음**을 의미하며,
그림과 같이
N극과 가까운 부분은 S극이
S극과 가까운 부분은 N극이 되는 자기화 상태를 의미한다.

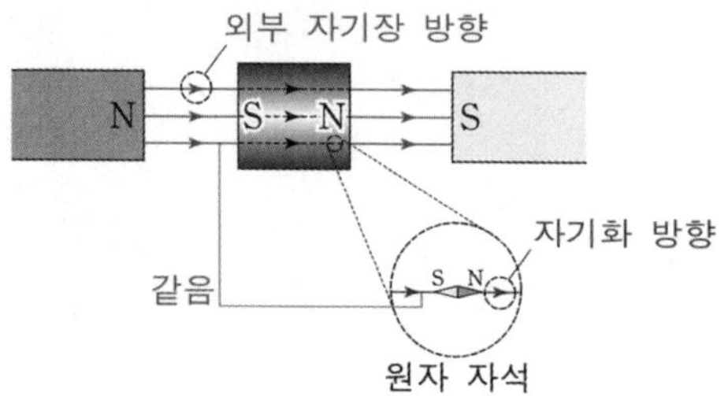

② 외부 자기장과 반대 방향으로 자기화된다.
자성체의 원자 자석의 배열 방향과
외부 자기장의 방향이 반대임을 의미하며,
그림과 같이
N극과 가까운 부분은 N극이
S극과 가까운 부분은 S극이 되는 자기화 상태를 의미한다.

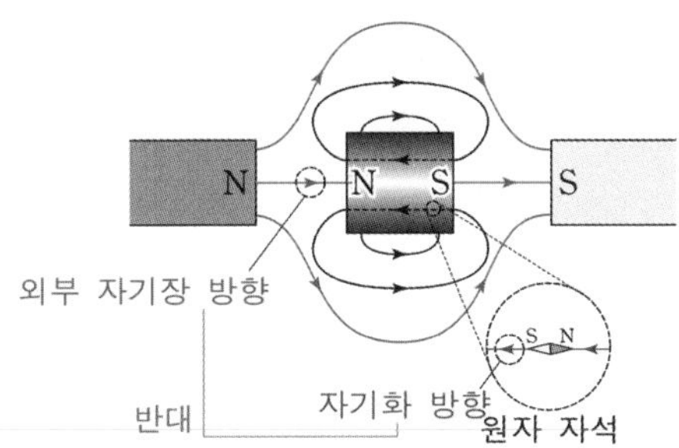

자성체의 특징

강자성체

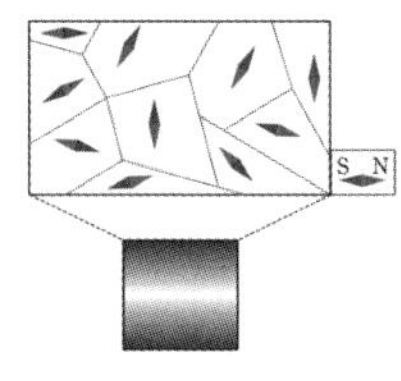

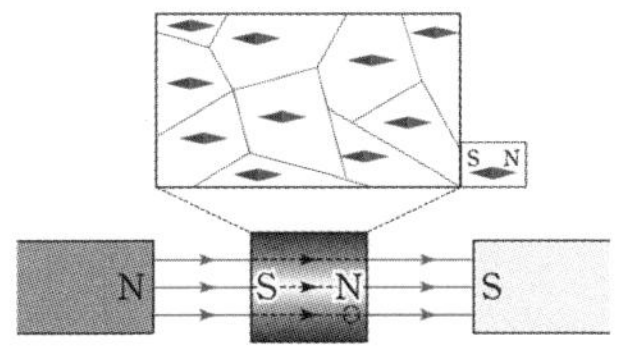

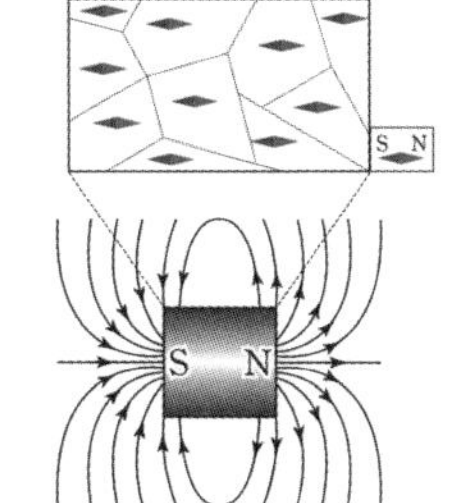

외부 자기장이 없을 때 | 외부 자기장이 있을 때 (같은 방향 자기화) | 외부 자기장을 제거한 후 (자기화 상태 유지)

① 외부 자기장과 **같은 방향으로 자기화된다.**
<u>강하게</u> 자기화된다. (자기화되는 정도가 강하다.)

② 외부 자기장에 의해 자기화된 상태에서 외부 자기장을 제거하면
자기화 상태가 **유지된다.**

③ 자석에 의해 자기화되었다면, 자석과 당기는 **자기력(인력)이 작용**한다.

상자성체

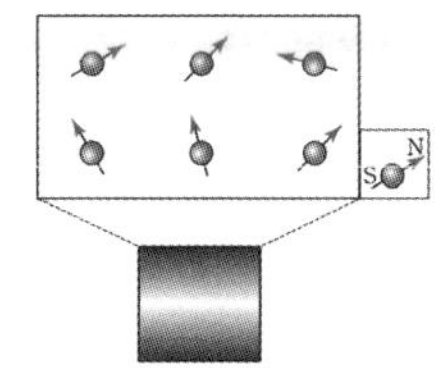

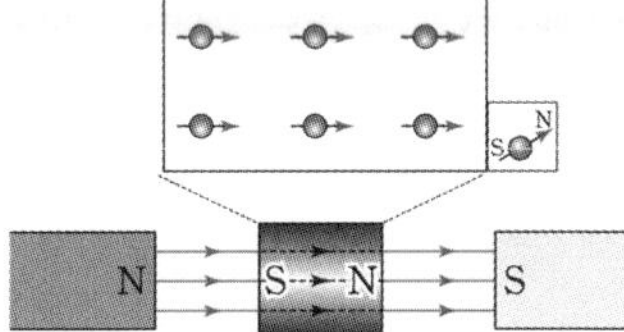

외부 자기장이 없을 때 | 외부 자기장이 있을 때 (같은 방향 자기화) | 외부 자기장을 제거한 후 (자기화 상태 사라짐)

① 외부 자기장과 **같은 방향으로 자기화된다.**
<u>약하게</u> 자기화된다. (자기화되는 정도가 약하다.)

② 외부 자기장에 의해 자기화된 상태에서 외부 자기장을 제거하면
자기화 상태가 **사라진다.**

③ 자석에 의해 자기화되었다면, 자석과 당기는 **자기력(인력)이 작용**한다.

반자성체

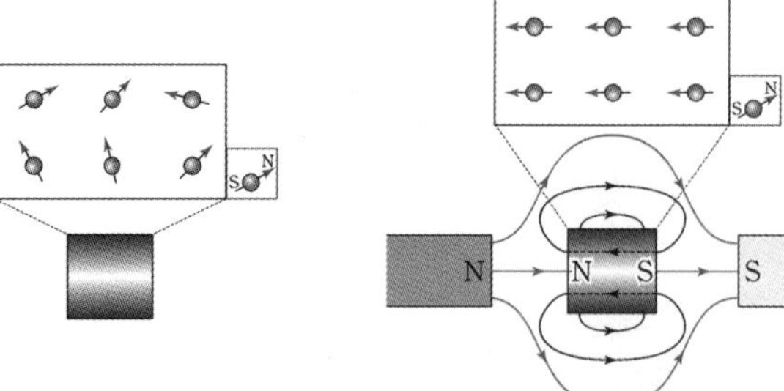

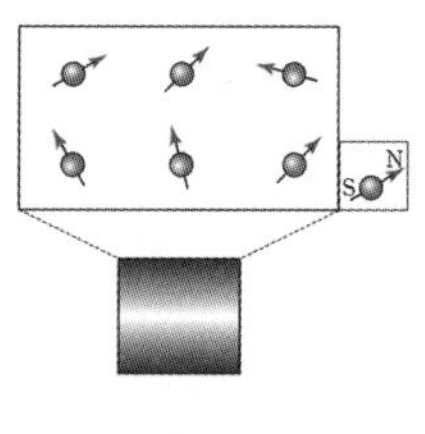

외부 자기장이 없을 때 | 외부 자기장이 있을 때 〔반대 방향 자기화〕 | 외부 자기장을 제거한 후 〔자기화 상태 사라짐〕

① 외부 자기장과 **반대 방향으로 자기화된다.**
약하게 자기화된다. (자기화되는 정도가 약하다.)

② 외부 자기장에 의해 자기화된 상태에서 외부 자기장을 제거하면
자기화 상태가 **사라진다.**

③ 자석에 의해 자기화되었다면, 자석과 **미는 자기력(척력)**이 작용한다.

정리
아래의 성질은 외워야 한다.

정리 자성체

특징	외부 자기장과의 자기화 방향 관계	외부 자기장을 제거했을 때 자기화 상태 유지 여부
강자성체	같은 방향으로 자기화	유지
상자성체	같은 방향으로 자기화	즉시 사라짐
반자성체	반대 방향으로 자기화	즉시 사라짐

한 특징만 가지고 있는 자성체들이 있다.
알고 있으면 문제를 풀 때 사고 시간을 줄일 수 있다.

① 자기화 방향이 **반대로** 자기화되는 자성체 → **반자성체**
② 자기화 상태가 **유지되는** 자성체 → **강자성체**

자성체의 활용

교과서나 EBS에 나온 자성체가 실생활에 활용되는 예시는 대부분 '강자성체'의 예시이다.

자성체 활용 예시	원리
	① 전자석 ○ 강자성체의 예시 솔레노이드에 강자성체를 넣어 자석의 역할을 한다.
	② 액체 자석 ○ 강자성체의 예시 액체에 강자성체 분말을 넣어 만든다. 위조 지폐 방지, MRI 조영제에 활용된다.
	③ 하드디스크 ○ 강자성체의 예시 하드디스크의 플래터는 산화 철(강자성체)로 되어 있다. 헤드의 전류에 의한 자기장의 방향으로 자기화된다.
	④ 고무 자석 ○ 강자성체의 예시 강자성체 분말을 고무에 넣어서 만들어 자석과 같은 역할을 한다. 냉장고 문, 메모지 고정판, 광고 전단지에 활용된다.
	⑤ 초전도체 ○ 반자성체의 예시 초전도체는 일정 온도 이하에서 외부 자기장에 대해서 반대 방향으로 강하게 자기화되는 반자성의 성질을 띠게 된다.

기출 예시 59

22학년도 9월 모의고사 9번 문항

그림 (가)는 강자성체 X가 솔레노이드에 의해 자기화된 모습을, (나)는 (가)의 X를 자기화되어 있지 않은 강자성체 Y에 가져간 모습을 나타낸 것이다.

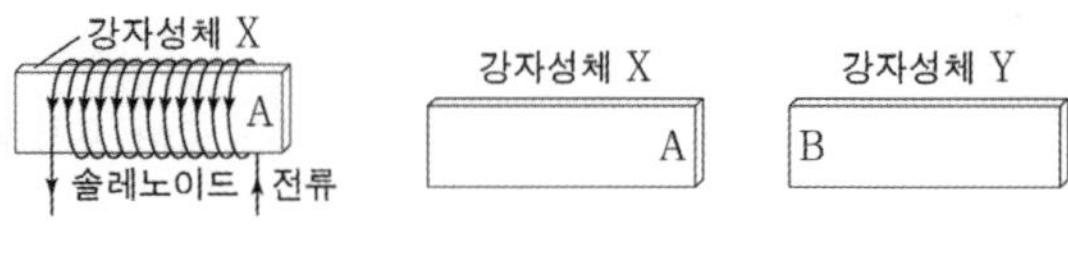

(가) (나)

(나)에서 자기장의 모습을 나타낸 것으로 가장 적절한 것은?

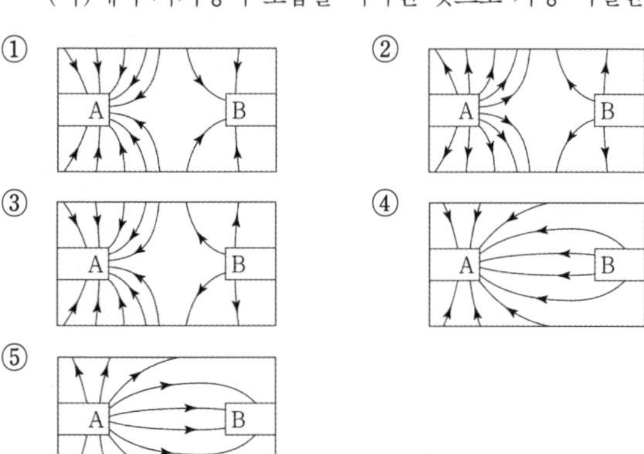

기출 예시 60

23학년도 6월 모의고사 2번 문항

그림은 자성체에 대해 학생 A, B, C가 대화하는 모습을 나타낸 것이다.

제시한 내용이 옳은 학생만을 있는 대로 고른 것은?

① A ② C ③ A, B ④ B, C ⑤ A, B, C

해설

강자성체는 외부 자기장과 같은 방향으로 자기화된다.
따라서 A는 N극이다.

강자성체 X는 외부 자기장이 사라져도 자기화된 상태를 유지하고, 이를 자기화되지 않은 강자성체 Y에 가져가면 강자성체 Y도 외부 자기장과 같은 방향으로 자기화된다.
따라서, B는 S극이다.
(나)에서 자기장의 모습을 나타낸 것으로 가장 적절한 것은 ⑤이다.

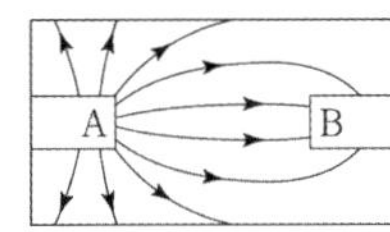

정답

기출 예시 59
⑤

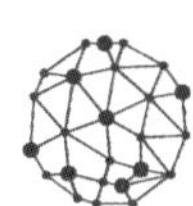

해설

A. 강자성체는 외부 자기장과 같은 방향으로 자기화된다.

(A. 참)

B. 반자성체는 자석을 가까이 하면 미는 자기력이 작용한다.

(B. 거짓)

C. 철은 외부 자기장을 제거해도 자기화된 상태를 유지하는 강자성체이다.

(C. 거짓)

정답

기출 예시 60
①

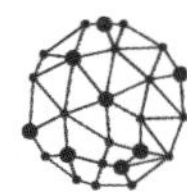

기출 예시 61

23학년도 9월 모의고사 2번 문항

그림 (가)는 막대자석의 모습을, (나)는 (가)의 자석의 가운데를 자른 모습을 나타낸 것이다.

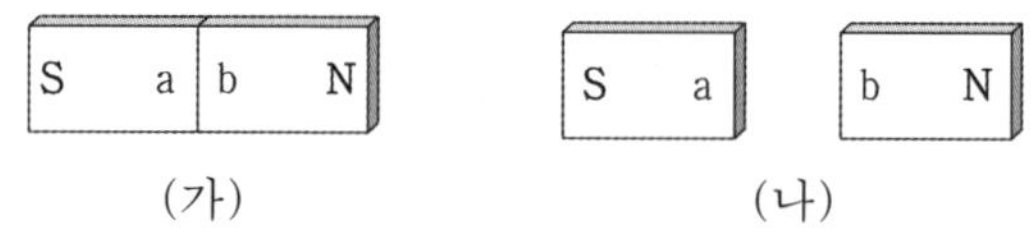

(나)에서 a, b 사이의 자기장 모습으로 가장 적절한 것은?

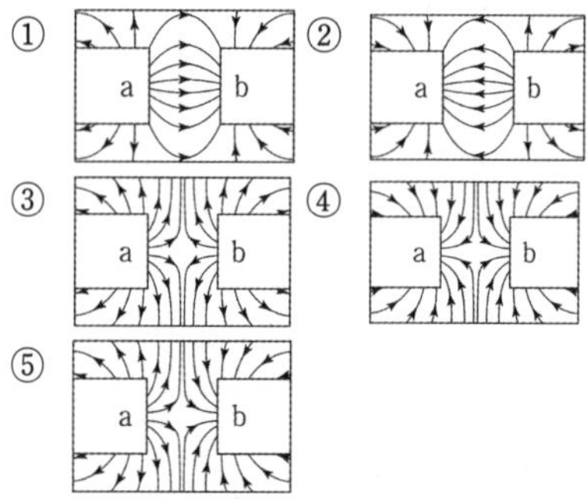

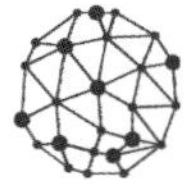

기출 예시 62

23학년도 수능 17번 문항

그림은 자성체 P와 Q, 솔레노이드가 x축상에 고정되어있는 것을 나타낸 것이다. 솔레노이드에 흐르는 전류의 방향이 a일 때, P와 Q가 솔레노이드에 작용하는 자기력의 방향은 $+x$방향이다. P와 Q는 상자성체와 반자성체를 순서 없이 나타낸 것이다.

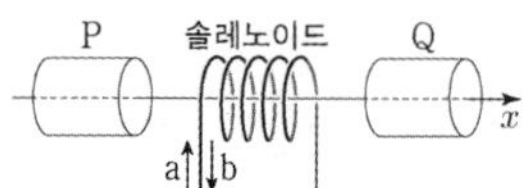

이에 대한 설명으로 옳은 것만을 〈보기〉에서 있는 대로 고른 것은?

〈보 기〉

ㄱ. P는 반자성체이다.

ㄴ. Q가 자기화되는 방향은 전류의 방향이 a일 때와 b일 때가 같다.

ㄷ. 전류의 방향이 b일 때, P와 Q가 솔레노이드에 작용하는 자기력의 방향은 $-x$방향이다.

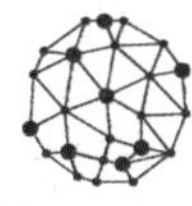

해설

자석을 자르더라도 원자 자석들의 배열은 유지되기 때문에 N극과 S극을 동시에 갖는 성질 역시 유지되므로,
a는 N극, b는 S극이다.
자기력선은 N극에서 나와서 S극으로 들어간다.
따라서 (나)에서 a, b 사이의 자기장 모습으로 가장 적절한 것은 ①이다.

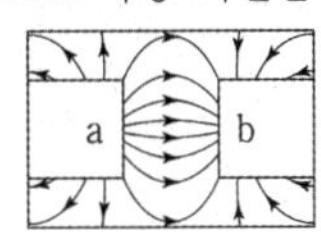

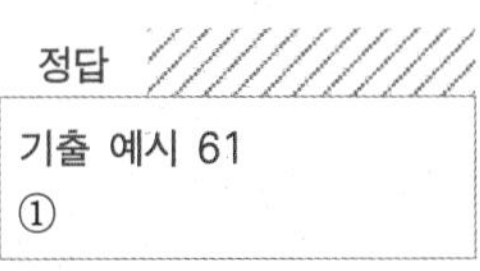

정답

기출 예시 61
①

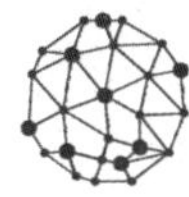

해설

솔레노이드에 흐르는 전류의 방향이 a일 때,
자성체 P와 Q가 솔레노이드에 작용하는 자기력의 방향이 $+x$방향이므로
P는 솔레노이드와 밀어내는 자기력이 작용하고,
Q는 솔레노이드와 당기는 자기력이 작용해야 한다.
솔레노이드와 밀어내는 자기력이 작용하므로
자성체가 외부 자기장의 반대 방향으로 자기화된다.
따라서 자성체 P는 반자성체이다.
마찬가지로 솔레노이드에 인력을 작용하므로
자성체가 외부 자기장과 같은 방향으로 자기화된다.
따라서 자성체 Q는 상자성체이다.

ㄱ. P는 반자성체이다.

(ㄱ. 참)

ㄴ. Q는 상자성체이고,
상자성체는 외부 자기장과 같은 방향으로 자기화된다.
전류의 방향이 a일 때와 b일 때 솔레노이드에 유도되는 자기장의 방향이 다르므로
Q가 자기화되는 방향은 전류의 방향이 a일 때와 b일 때가 다르다.

(ㄴ. 거짓)

ㄷ. 전류의 방향이 b일 때,
P는 솔레노이드에 척력을 작용하고,
Q는 솔레노이드에 인력을 작용한다.
따라서 P와 Q가 솔레노이드에 작용하는 자기력의 방향은 $+x$방향이다.

(ㄷ. 거짓)

정답

기출 예시 62
ㄱ

PART 8

개념편

PART

1. 파동의 표현

파동의 정의와 표현

파동: 물질, 공간상에서 한 부분에서 발생한 진동이 주위로 퍼져나가는 현상
※ 물결파: 물에서의 파동.
매질: 파동을 전달해 주는 물질
→ 파동이 전파될 때 매질은 제자리에서 진동만 한다.
파동이 전파되기 위해서는 '매질'이 필요하다.
하지만
매질이 필요 없는 파동이 있는데, **전자기파**는 이에 속한다.

파동을 표현하는 두 가지 방법
★ 중요 포인트:
○ 파동은 하나의 매질에서 시간에 따라 일정한 속력으로 진행한다.
그런데 수능은 파동을 동영상으로 촬영되어 표현하기 어렵기 때문에
'위치' 또는 '시각'을 고정하여 파동을 표현한다.
○ 파동의 형태는 sin함수 그래프이다.

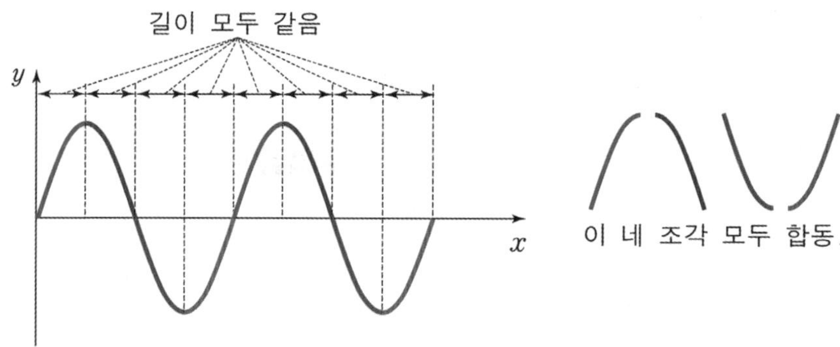

sin함수는 네 등분(네 조각)으로 나눌 수 있다. (오른쪽 그림)
이 네 조각은 합동이다.

○ 물결파를 두 방향으로(①, ②) 볼 수 있다.
각 방향으로 봤을 때 모습은 아래와 같이 표현한다.

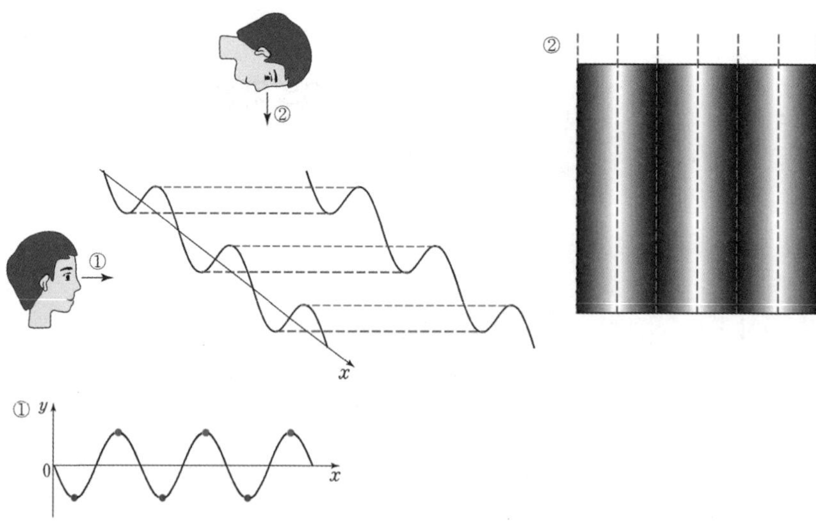

x축상에 진행되는 파동을 살펴보자.

① 시각을 고정하는 경우는
x축 상의 파동의 모습을 나타낼 수 있다.
파동의 $0 < x < 8$cm인 영역에서의 순간적인 모습을 **마치 사진을 찍듯이** 나타낼 수 있는데 이를 (변위-위치 그래프)라 부른다.
오른쪽 그림도 시각을 고정한 순간적인 모습을 나타낸 것이다.
(단지 위쪽에서 본 모습이다.)

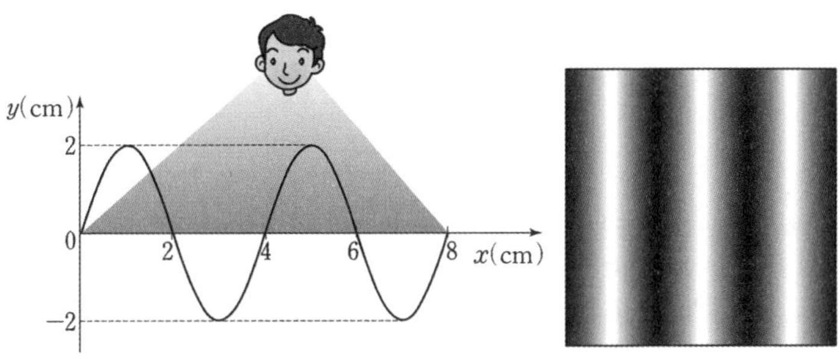

② 위치를 고정하는 경우는
x축 상의 한 점에서 파동의 움직임을 살펴보는 것이다.
이때는 위의 오른쪽 그림처럼 위쪽에서 바라본 그래프를 그릴 수 없다.

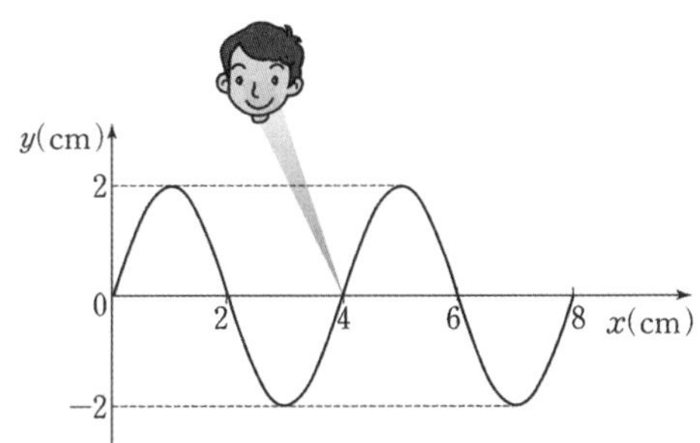

① 시각을 고정
$0 < x < 8$cm에서 파동의 모습을 나타낸 것이다.

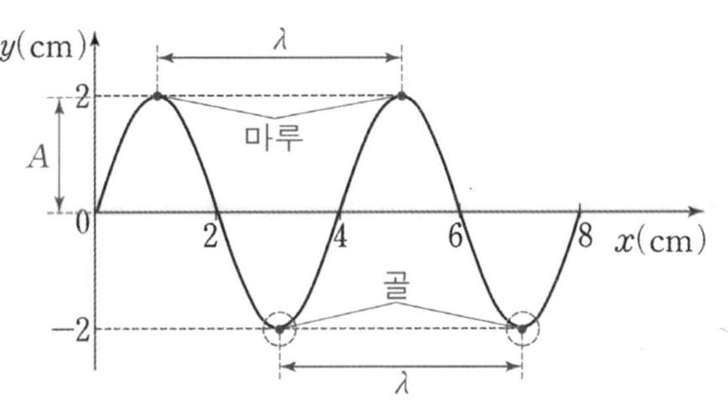

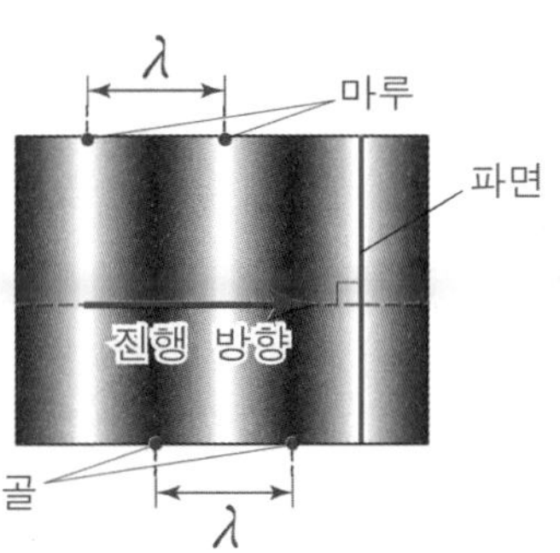

○ 변위(y): x축과 떨어진 위치
○ 마루: 파동에서 가장 높은 지점 (변위가 가장 크고 양(+)인 위치)
○ 골 : 파동에서 가장 낮은 지점 (변위가 가장 작고 음(−)인 위치)
○ 파장(λ):
① 매질의 각 점이 한 번 진동하는 동안 파동이 이동한 거리
② 마루와 마루 또는 골과 골 사이의 거리
○ 진폭(A): 매질의 최대 변위의 크기. → 마루와 골 사이의 거리의 절반!
○ 파면: 같은 변위(y)를 이은 선
★ 중요!: 물결파의 진행 방향과 파면은 항상 수직이다!

② 위치를 고정

$x=4d$에서 파동의 모습을 시간에 따라 나타내 볼 것이다.
직관적으로 이해하기 힘들 텐데
아래 그림을 보면서 이해해 보자.
아래 그림은 $t=0$일 때 파동의 변위(y)를 위치(x)에 따라 나타낸 것이다.

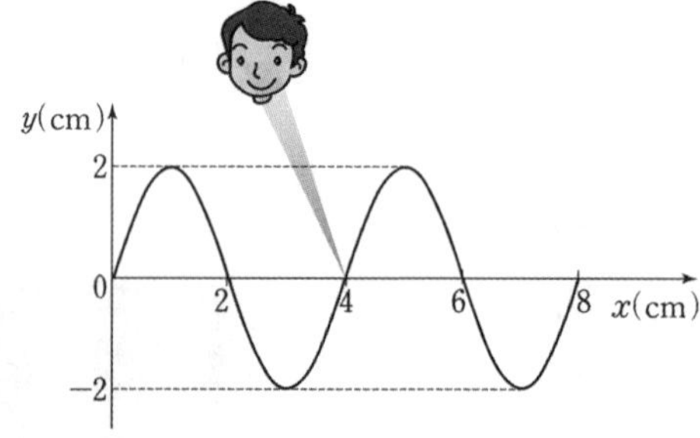

한 지점에서의 위치 시간 그래프는 아래와 같은 방법으로 구할 수 있고,
변위(y)−시간(t)그래프는 sin함수 그래프이다.

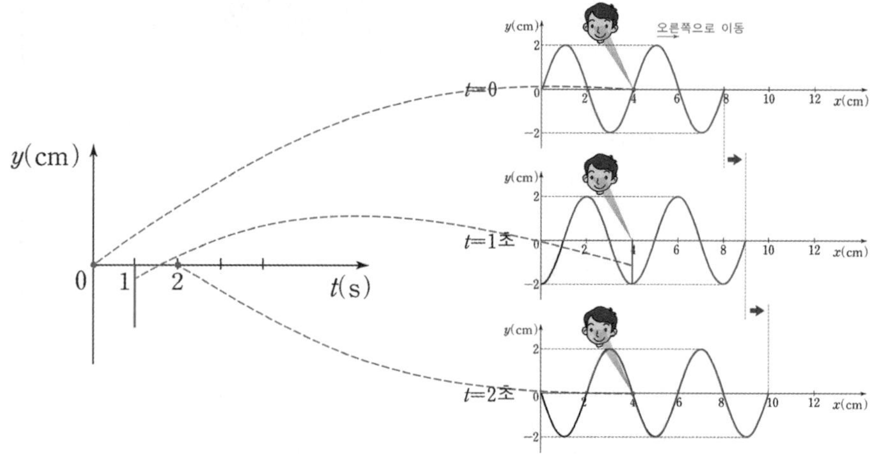

이에 따른 결과

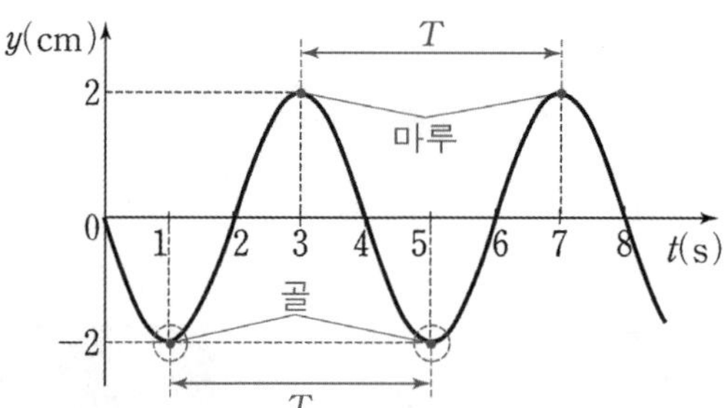

○ 주기(T):

① 매질 위의 한 지점의 변위가 다시 그 위치, 동일한 운동상태로 돌아올 때까지 걸린 시간
② 마루와 마루, 골과 골 사이의 시간
③ 파동이 한 파장(λ)만큼 이동하는데 걸린 시간.

○ 진동수(f):

① 매질 위의 한 지점이 1초 동안 진동한 수. (단위는 Hz. 1Hz=1초 동안 1번 진동)
② 주기(T)의 역수에 해당하는 값.

파동의 진행 속력
속력(v)은 다음과 같이 계산된다.
파동은 1주기(T) 동안 1파장(λ)만큼 이동하므로
파동의 전파 속력은 다음과 같이 계산된다. (진동수 f)

$$v=\frac{\text{진행 거리(m)}}{\text{시간(s)}}=\frac{\lambda}{T}=\lambda f$$

파동의 진행 방향 추론
파동이 $+x$방향으로 진행하면,
$t=0$ 직후 $x=4\text{cm}$의 변위는 음(−)이 될 것이다.

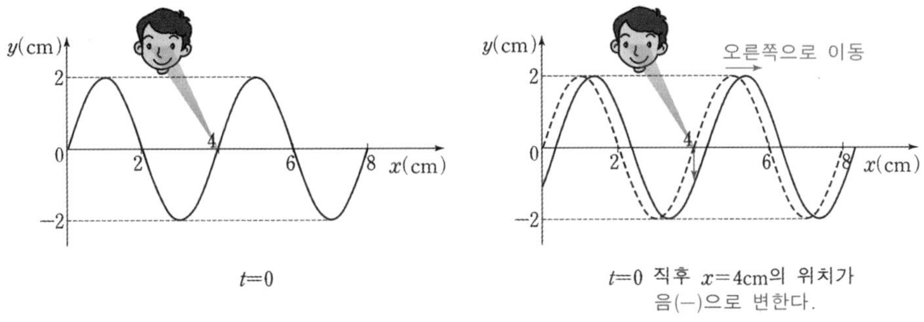

따라서 $x=4\text{cm}$에서의 변위를 시간에 따라 나타내 보면 다음과 같다.

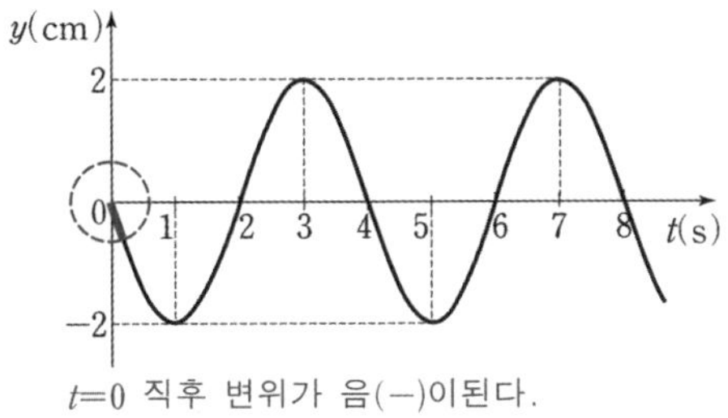

$t=0$ 직후 변위가 음(−)이된다.

파동이 $-x$방향으로 진행하면,
$t=0$ 직후 $x=4\text{cm}$의 변위는 양(+)이 될 것이다.

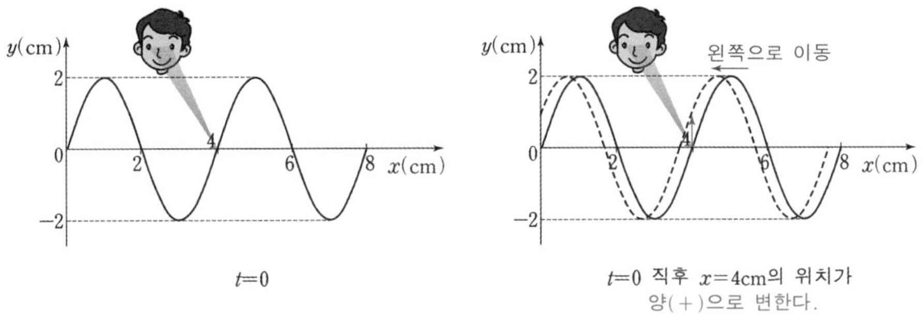

따라서 $x=4\text{cm}$에서의 변위를 시간에 따라 나타내 보면 다음과 같다.

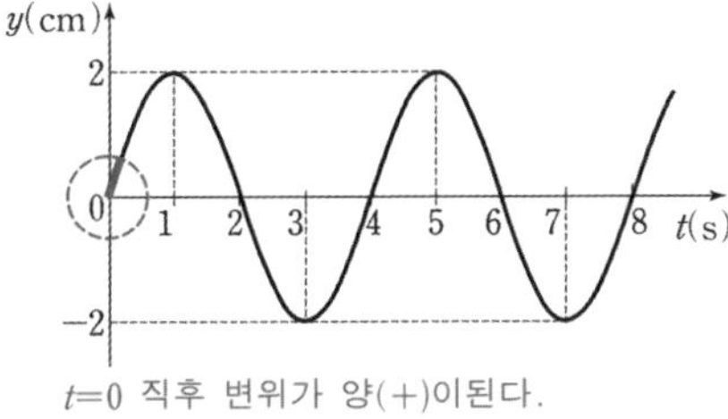

$t=0$ 직후 변위가 양(+)이된다.

이와 같이 파동의 진행 방향을 통해 $y-t$그래프를 그릴 수 있고,
특정 지점의 $y-t$그래프를 가지고 파동의 진행 방향을 추론할 수 있다.

기출 예시 63

21학년도 9월 모의고사 4번 문항

그림 (가)는 $t=0$일 때, 일정한 속력으로 x축과 나란하게 진행하는 파동의 변위 y를 위치 x에 따라 나타낸 것이다. 그림 (나)는 $x=2\text{cm}$에서 y를 시간 t에 따라 나타낸 것이다.

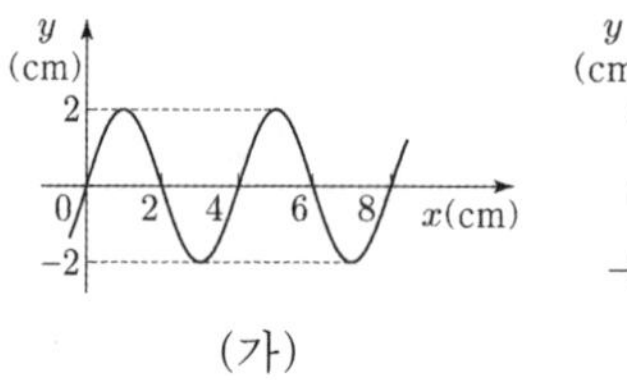

(가)

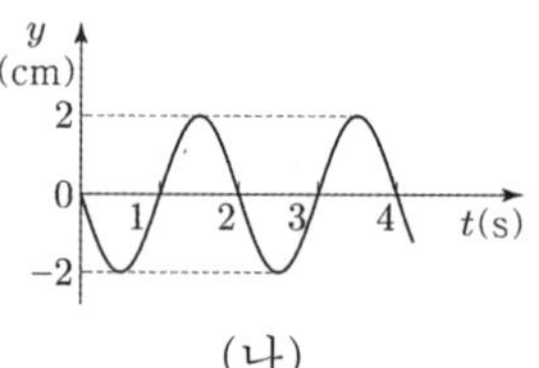

(나)

이에 대한 설명으로 옳은 것만을 <보기>에서 있는 대로 고른 것은?

〈보 기〉

ㄱ. 파동의 진행 방향은 $-x$방향이다.
ㄴ. 파동의 진행 속력은 8cm/s이다.
ㄷ. 2초일 때, $x=4\text{cm}$에서 y는 2cm이다.

기출 예시 64

23학년도 6월 모의고사 10번 문항

그림은 시간 $t=0$일 때 2m/s의 속력으로 x축과 나란하게 진행하는 파동의 변위를 위치 x에 따라 나타낸 것이다.

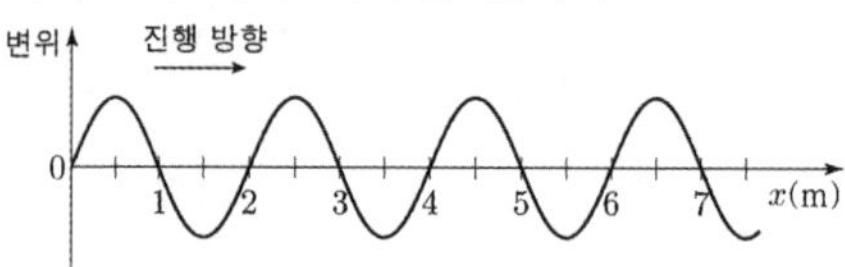

$x=7\text{m}$에서 파동의 변위를 t에 따라 나타낸 것으로 가장 적절한 것은?

①
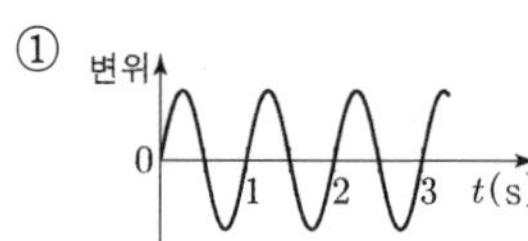

②
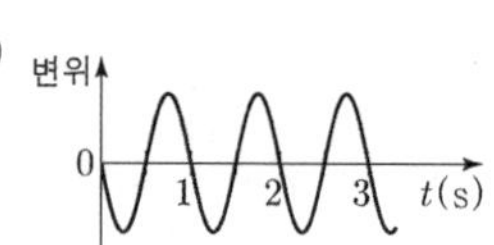

③
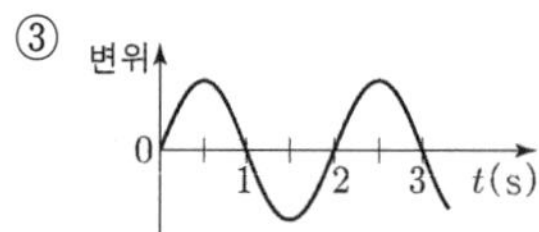

④
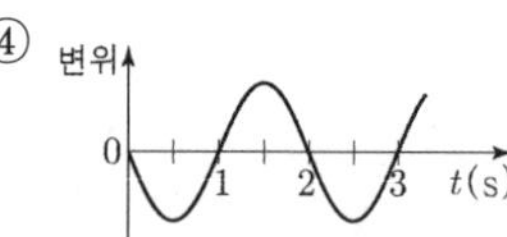

⑤
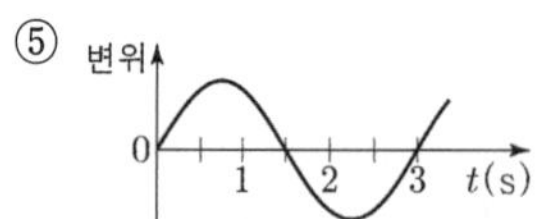

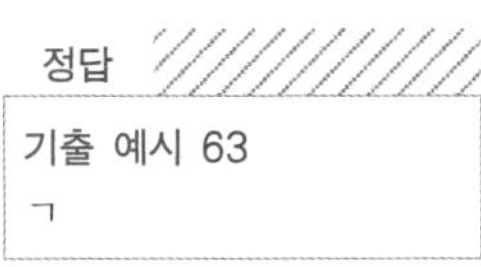

정답

기출 예시 63
ㄱ

해설

ㄱ. $x=2\text{cm}$에서 $t=0$ 직후 파동의 변위가 음(−)이므로 파동의 진행 방향이 $-x$ 방향임을 알 수 있다.

(ㄱ. 참)

ㄴ. $v=f\lambda$에서
(가)에서 파동의 파장은 4cm이고
(나)에서 파동의 주기는 2초,
파동의 진동수는 주기의 역수인 $\frac{1}{2}$Hz이다.

파동의 진행 속력(v)는 다음과 같이 계산된다.

$$v=4\text{cm}\times\frac{1}{2}\text{Hz}=2\text{cm/s}$$

(ㄴ. 거짓)

ㄷ. 2초일 때는 주기의 1배만큼 시간이 지났을 때이다.
0초일 때 $x=4\text{cm}$에서 $y=0$이므로
2초일 때 $x=4\text{cm}$에서 $y=0$이다.

(ㄷ. 거짓)

정답

기출 예시 64
①

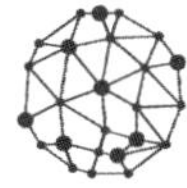

해설

파동의 파장이 2m이고 속력이 2m/s이므로
파동의 진동수 (f)는 다음과 같이 계산된다.

$$2\text{m/s}=2\text{m}\times f,\ f=1\text{Hz}$$

파동의 주기는 파동의 진동수의 역수이다.
따라서 파동의 주기는 1초이다.
파동의 진행 방향이 $+x$ 방향이므로
$t=0$ 직후, $x=7\text{m}$에서 파동의 변위는 양(+)이어야 한다.
①은 이를 만족한다.

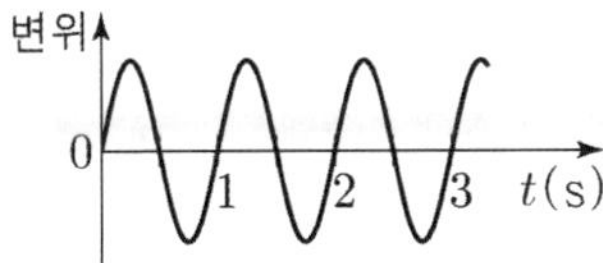

2. 파동의 굴절과 전반사

서로 다른 매질을 진행하는 파동 (연직으로 입사하는 파동)

파동이 다른 매질로 전파되면 어떻게 될까?
아래 예시를 확인해 보자.

그림과 같이 파동이 $+x$방향으로 진행하는 어느 순간의 모습을 나타낸 것이다. 이후 파동은 매질 A에서 B로 진행한다.

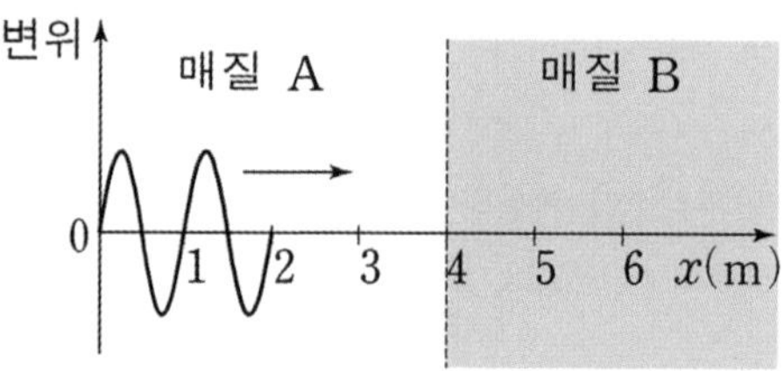

매질 B에서 파동의 모습은 어떤 모양일까?
다음과 같은 원칙이 있다.

원칙 서로 다른 매질을 진행하는 파동

> 파동이 서로 다른 매질로 전파될 때
> 진동수(f)는 바뀌지 않는다!

위의 예시에서
A와 B에서 파동의 속력을 각각 v_A, v_B,
A와 B에서 파동의 파장을 각각 λ_A, λ_B,
A와 B에서 파동의 진동수를 각각 f_A, f_B로 두자.
다음이 성립한다.

$$v_A = \lambda_A f_A$$
$$v_B = \lambda_B f_B$$

그런데, 파동은 다른 매질로 전파될 때 '진동수가 변하지 않는다.'
즉, $f_A = f_B$이다.($f_A = f_B = f$로 두자.)
따라서 다음이 성립한다.

$$v_A = \lambda_A f$$
$$v_B = \lambda_B f$$

따라서
파동의 전파 속력(v_A, v_B)은
파동의 파장(λ_A, λ_B)에 **비례한다.**
A와 B에서 파동의 전파 속력은 각각 1m/s, 2m/s라면 파장의 비($\lambda_A : \lambda_B$)는 어떻게 될까?
① A에서 파동의 파장: 1m
② B에서 파동의 파장: λ로두자.
③ A에서 파동의 전파 속력: 1m/s
④ A에서 파동의 전파 속력: 2m/s

파동의 전파 속력은 파동의 파장에 비례한다.
따라서 다음이 성립한다.

$$1\text{m} : \lambda = 1\text{m/s} : 2\text{m/s}$$
$$\lambda = 2\text{m}$$

따라서 B를 지날 때의 모습을 나타내 보면 다음과 같다.
(물결파를 위쪽에서 본 모습도 나타내 보았다.)

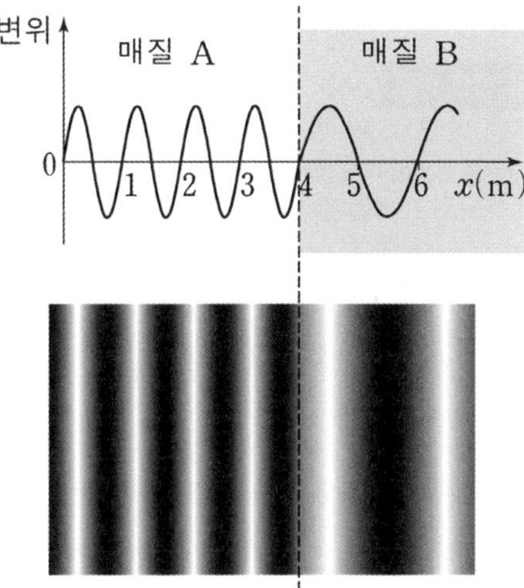

 서로 다른 매질을 진행하는 파동 예시

① 물결파
수심이 깊어질수록 물결파의 전파 속력이 빠르다.
얕은 곳으로 갈수록 속력이 느려진다!

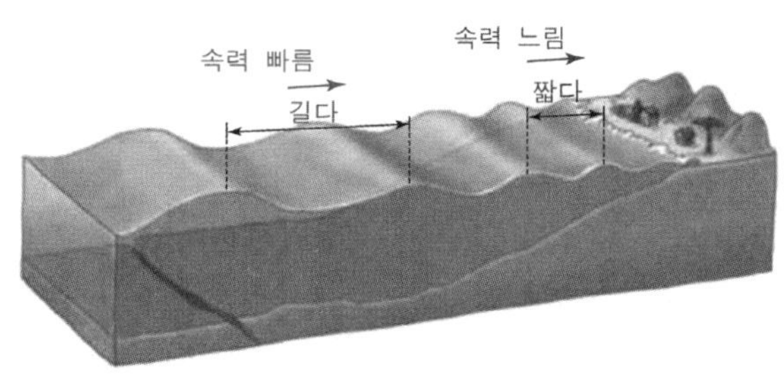

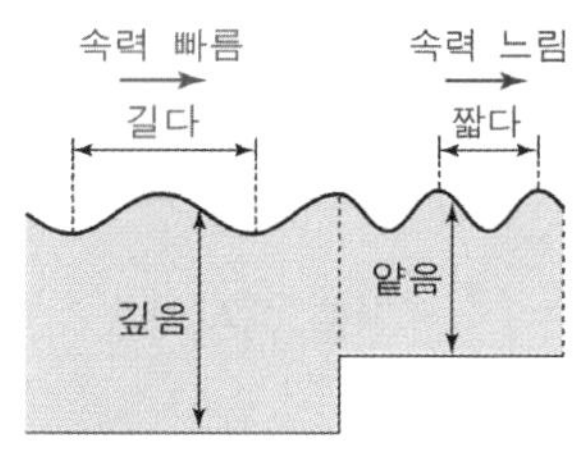

② 줄에서의 파동
줄의 굵기가 가늘수록
파동의 전파 속력이 빨라진다!

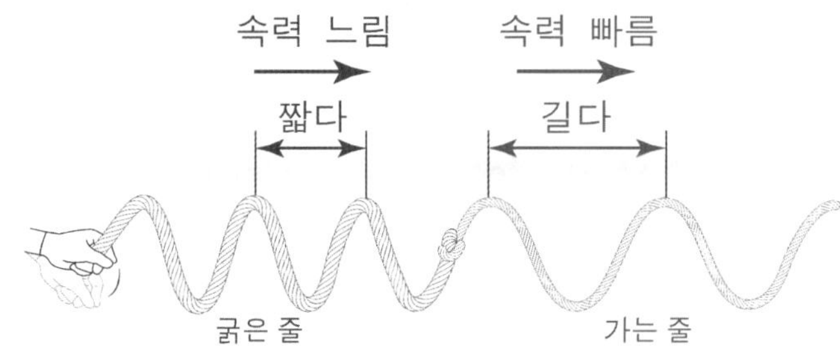

기출 예시 65

11학년도 9월 모의고사 13번 문항

그림은 연속적으로 발생하는 파동이 오른쪽으로 진행하는 어느 순간의 모습을 나타낸 것이다. 매질 Ⅰ에서 파동의 파장과 진폭은 일정하며, 파동의 진행 속력은 매질 Ⅰ, Ⅱ에서 각각 1m/s, 1.5m/s이다.

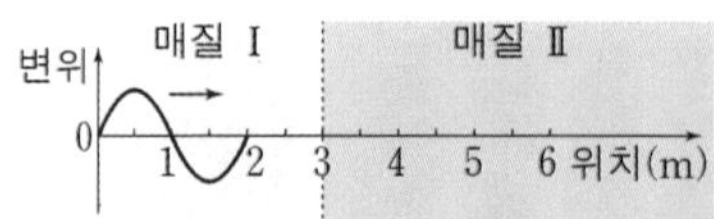

이 순간으로부터 3초가 지난 순간 이 파동의 모습으로 가장 적절한 것은? (단, 매질의 경계면에서 파동의 반사는 무시한다.)

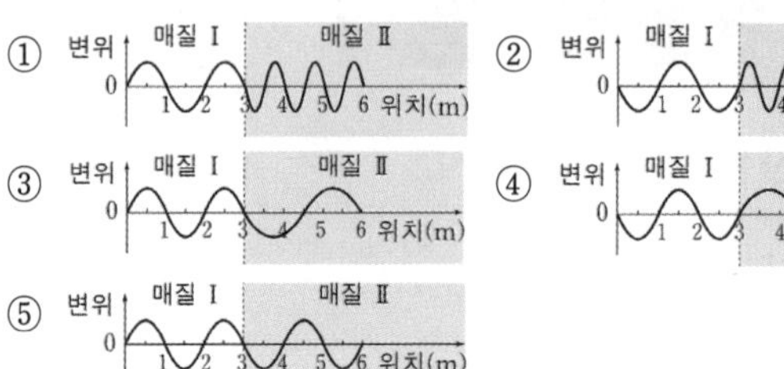

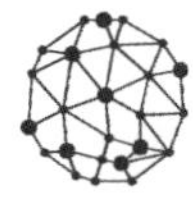

기출 예시 66

22학년도 수능 3번 문항

다음은 물결파에 대한 실험이다.

〔실험 과정〕

(가) 그림과 같이 물결파 실험 장치의 한쪽에 유리판을 넣어 물의 깊이를 다르게 한다.

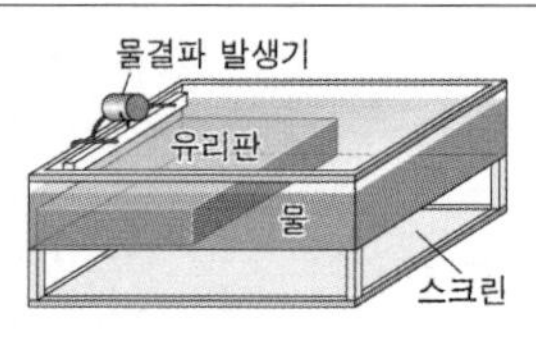

(나) 일정한 진동수의 물결파를 발생시켜 스크린에 투영된 물결파의 무늬를 관찰한다.

〔실험 결과〕

Ⅰ: 유리판을 넣은 영역
Ⅱ: 유리판을 넣지 않은 영역

〔결론〕

물결파의 속력은 물이 [㉠]

이에 대한 설명으로 옳은 것만을 〈보기〉에서 있는 대로 고른 것은?

〈보 기〉

ㄱ. 파장은 Ⅰ에서가 Ⅱ에서보다 짧다.
ㄴ. 진동수는 Ⅰ에서가 Ⅱ에서보다 크다.
ㄷ. '깊은 곳에서가 얕은 곳에서보다 크다.'는 ㉠에 해당한다.

해설

그림의 순간을 $t=0$초로 두자.
Ⅰ에서 파동의 속력이 1m/s이므로
$t=1$초일 때 파동은 $x=3$m에 도달하고
이후 Ⅱ로 진행한다.

파동이 Ⅱ로 진행하기 시작한 순간($t=1$초)부터
$t=3$초인 2초 동안
파동이 Ⅱ에서 진행한 거리를 구해보면 다음과 같다.

$$1.5\text{m/s} \times 2\text{초} = 3\text{m}$$

따라서 $t=3$초일 때 파동이 도달하는 위치는 $x=6$m이다.
파동의 속력이 Ⅱ에서 1.5m/s이므로
Ⅱ에서의 파동의 파장은 Ⅰ에서의 $\frac{3}{2}$배인 3m이고,

이에 가능한 파동의 모습은 ③, ④ 중 하나이다.
그런데 그림의 Ⅰ에서 $x=1$m와 $x=2$m 사이에서
파동의 변위가 음(−)이므로
3초가 지나 파동이 $x=6$m에 도달할 때
Ⅱ에서 $x=4.5$m와 $x=6$m 사이에서 파동의 변위도 음(−)이다.
이에 해당하는 그림은 ④이다.

정답

기출 예시 65
④

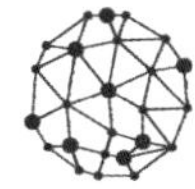

해설

ㄱ. 파장은 이웃한 밝은 무늬 사이의 간격이다.
이는 Ⅰ에서가 Ⅱ에서보다 짧다.

(ㄱ. 참)

ㄴ. 물결파의 진동수는 Ⅰ에서와 Ⅱ에서가 같다.

(ㄴ. 거짓)

ㄷ. 실험을 통해 물결파의 진행 속력은
깊은 곳에서가 얕은 곳에서보다 크다는 것을 알 수 있다.

(ㄷ. 참)

정답

기출 예시 66
ㄱ, ㄷ

기출 예시 67

22학년도 6월 모의고사 10번 문항

그림은 시간 $t=0$일 때, 매질 A에서 매질 B로 x축과 나란하게 진행하는 파동의 변위를 위치 x에 따라 나타낸 것이다. A에서 파동의 진행 속력은 2m/s이다.

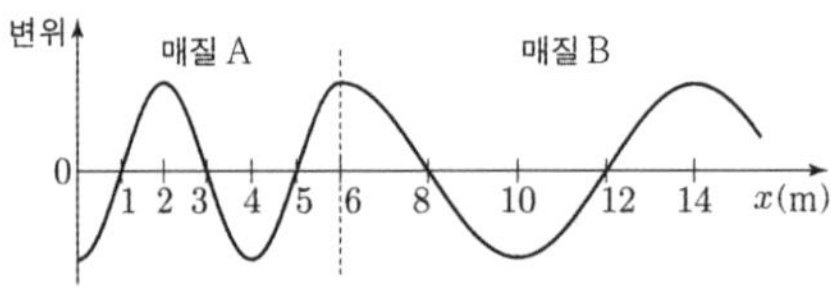

$x=12$m에서 파동의 변위를 t에 따라 나타낸 것으로 가장 적절한 것은?

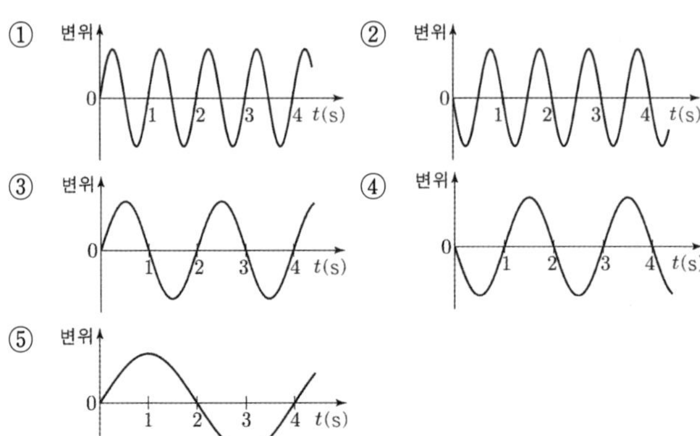

기출 예시 68

23학년도 수능 8번 문항

그림 (가)는 시간 $t=0$ 일 때, x축과 나란하게 매질 A에서 매질 B로 진행하는 파동의 변위를 위치 x에 따라 나타낸 것이다. 점 P, Q는 x축상의 지점이다. 그림 (나)는 P, Q 중 한 지점에서 파동의 변위를 t에 따라 나타낸 것이다

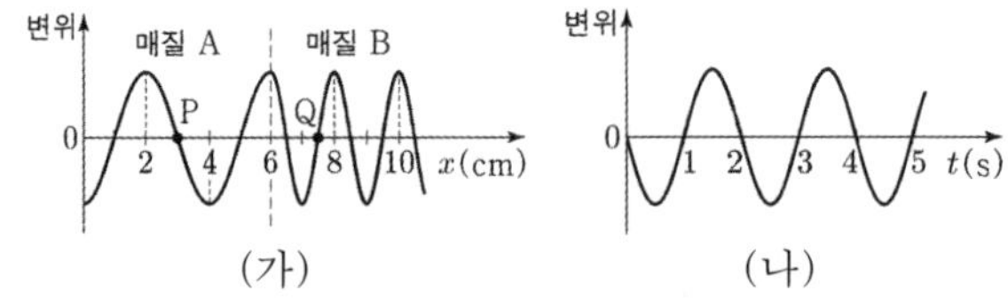

(가) (나)

이에 대한 설명으로 옳은 것만을 〈보기〉에서 있는 대로 고른 것은?

〈보 기〉

ㄱ. 파동의 진동수는 2Hz이다.

ㄴ. (나)는 Q에서 파동의 변위이다.

ㄷ. 파동의 진행 속력은 A에서가 B에서의 2배이다.

해설

A에서 파동의 파장은 4m이다.
A에서 파동의 진행 속력이 2m/s이므로
파동의 진동수 f는 다음과 같이 계산된다.

$$2\text{m/s} = 4\text{m} \times f, \ f = \frac{1}{2}\text{Hz}$$

주기는 진동수의 역수인 2초이다.
파동이 A에서 B로 진행하므로
$t=0$ 직후 $x=12$m에서 파동의 변위는 음(−)이어야 한다.
이에 해당하는 그림은 ④이다.

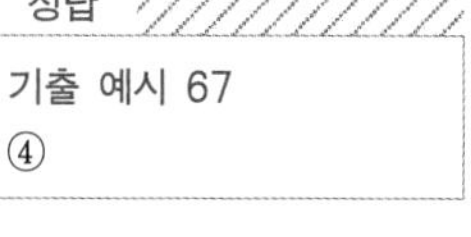

정답

기출 예시 67
④

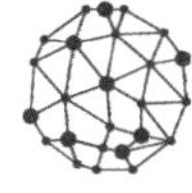

해설

ㄱ. 파동의 주기는 진동수의 역수이다.
파동의 주기가 2초이므로 진동수는 $\frac{1}{2}$Hz이다.

(ㄱ. 거짓)

ㄴ. 파동이 A에서 B로 진행하므로
$t=0$직후
P에서 파동의 변위는 양(+)이고
Q에서 파동의 변위는 음(−)이다.
따라서 (나)는 Q에서 파동의 변위이다.

(ㄴ. 참)

ㄷ. 파동의 파장은
A에서 4cm,
B에서 2cm이고,
파동의 진동수는 A에서와 B에서가 같으므로
파동의 진행 속력은 파동의 파장에 비례한다.
따라서 파동의 진행 속력은 A에서가 B에서의 2배이다.

(ㄷ. 참)

정답

기출 예시 68
ㄴ, ㄷ

서로 다른 매질을 진행하는 파동 〔비스듬히 입사하는 파동〕(개요)

일전 페이지까지는 파동이 두 매질의 경계면에 **수직 방향**으로 입사하는 상황에 대해서 배웠다. (아래 그림 참고)

만약 파동이 아래 그림처럼 두 매질의 경계면에 **비스듬한 방향**으로 입사하는 상황에서 파동은 어떻게 전파될까?

이때는 스넬 법칙(굴절 법칙)을 활용한다.

스넬 법칙(굴절 법칙)

굴절: 파동의 진행 경로가 변하는 현상
매번 파면을 그려서 설명하면 보기 어려우므로,
진행 방향이 어떻게 변하는지 먼저 살펴보겠다.

용어 정리부터 해보겠다.

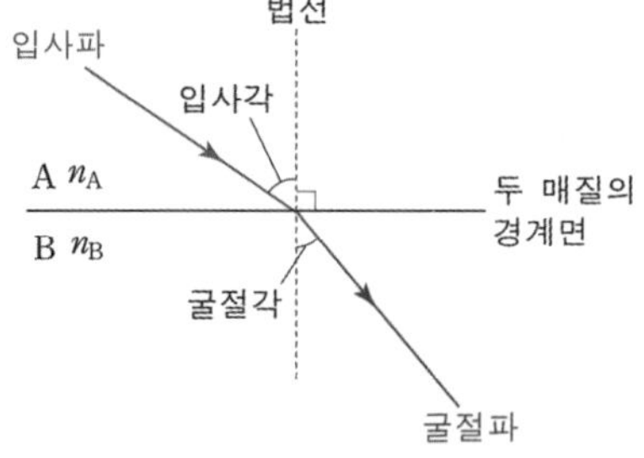

○ 법선: **두 매질의 경계면**에 수직인 직선
○ 입사각: **입사파**의 진행 방향과 법선 사이의 각도
○ 굴절각: **굴절파**의 진행 방향과 법선 사이의 각도
※ 빛에 한정해서 굴절률이라는 개념이 존재한다.
○ 굴절률(n): 매질에서의 빛의 속력 v에 대한 진공에서의 빛의 속력 c의 비

$$n = \frac{c}{v}$$

다음과 같은 성질이 있다.

① 파동의 진행 속력과 굴절률의 곱은 서로 같다.

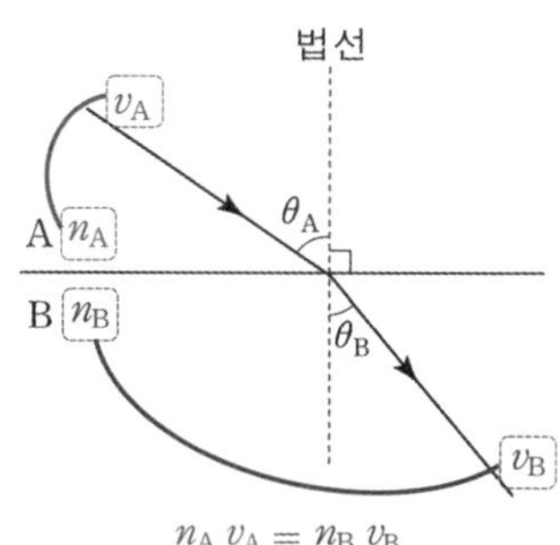

$n_A v_A = n_B v_B$

(A, B에서 진행 속력 v_A, v_B, A와 B의 굴절률: n_A, n_B)

② 스넬 법칙: 굴절률과 입사각, 굴절각의 sin값의 곱은 같다.

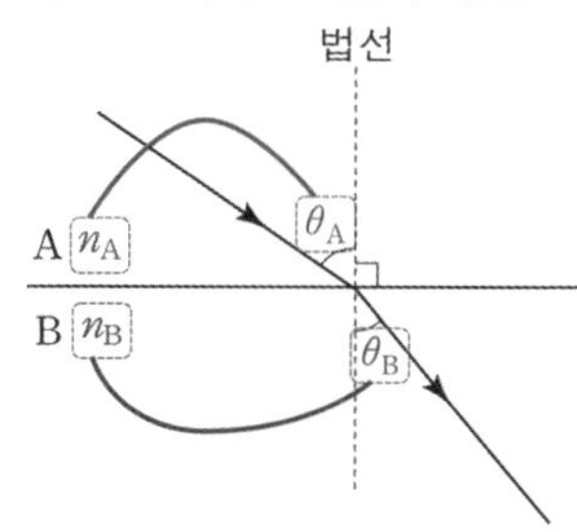

$n_A \sin\theta_A = n_B \sin\theta_B$

(입사각과 굴절각 θ_A, θ_B, A와 B의 굴절률: n_A, n_B)

두 매질의 경계면에 **비스듬한 방향**으로 입사하는 상황을 다시 살펴보자.
파동의 속력은 A에서가 B에서보다 빠르다고 하면
$\theta_A > \theta_B$이다.

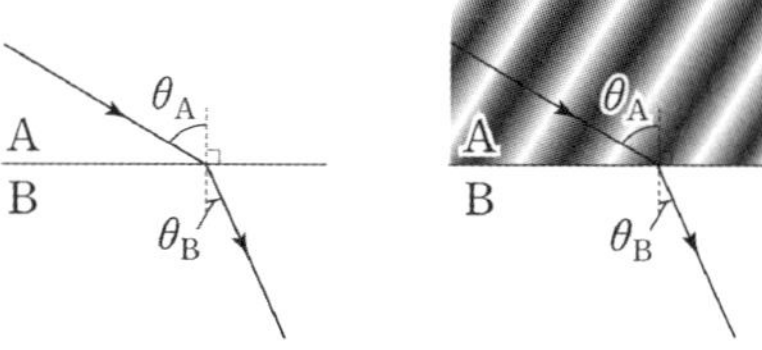

B에서 파동의 진행 방향과 파면의 방향은 수직이다.
그리고 중요한 원칙이 있다.

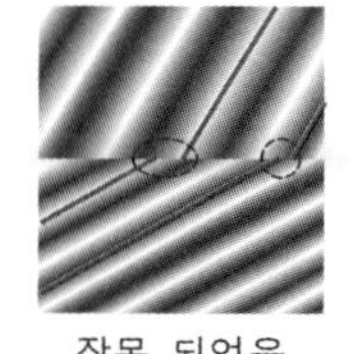

잘못 되었음
파면이 연결되지 않음

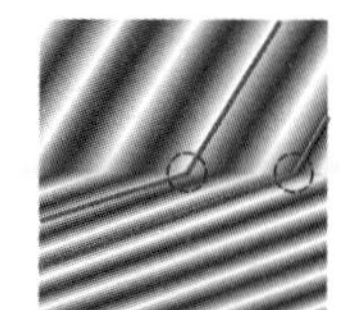

파면이 연결되어야 함

파면이 위의 그림과 같이 끊어져 있지 않고 연결되어 있어야 한다.
따라서 위의 원칙을 만족하면서 B에서의 파면을 그려보면 다음과 같다.

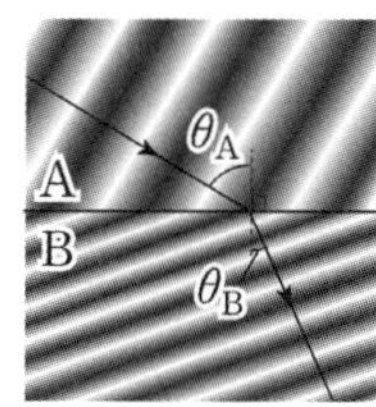

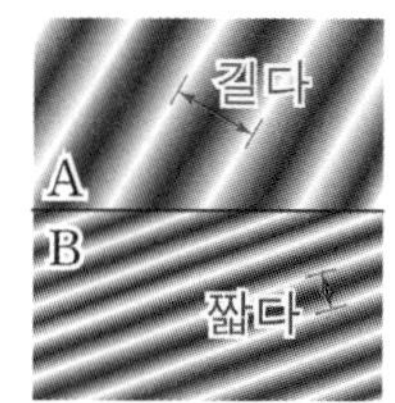

전반사

임계각: 굴절각이 90°가 되는 입사각

빛이 매질 A에서 B로 진행할 때,
입사광과 굴절광도 있지만, 반사광도 존재한다.
이때 입사각과 반사각은 항상 같다.

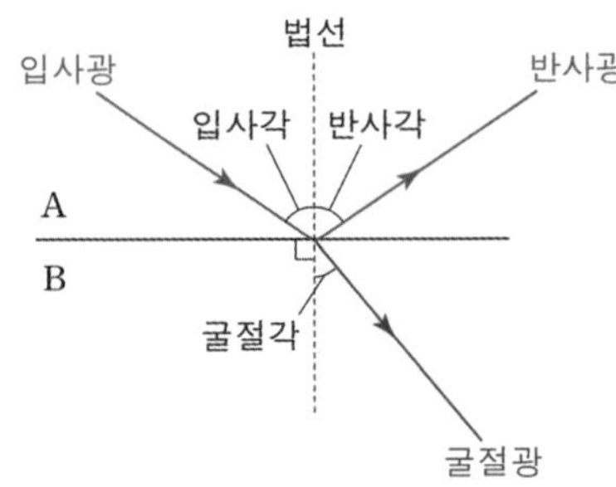

아래와 같은 상황을 살펴보자.

단색광 X를 A에서 B로 입사각 θ_1으로 입사했을 때 굴절각이 θ_2이다.
중요한 것은 $\theta_1 < \theta_2$이고, $v_A < v_B$이므로 $n_A > n_B$이다.

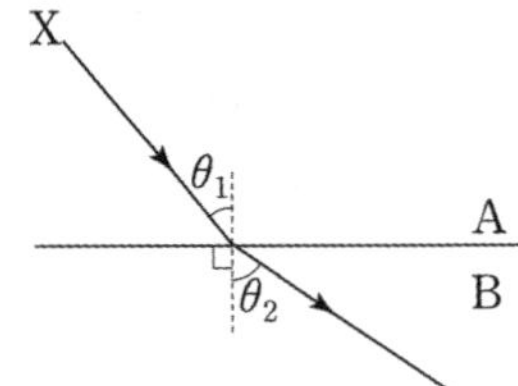

이 상태에서 θ_1을 점점 증가시켜보자.
θ_1이 커지면, θ_2가 커진다.
그러다가
$\theta_2 = 90°$가 되는 시점이 존재한다.
이때 θ_1의 값을 i로 두자.
i는 'A와 B의 경계면에서의 임계각'이다.

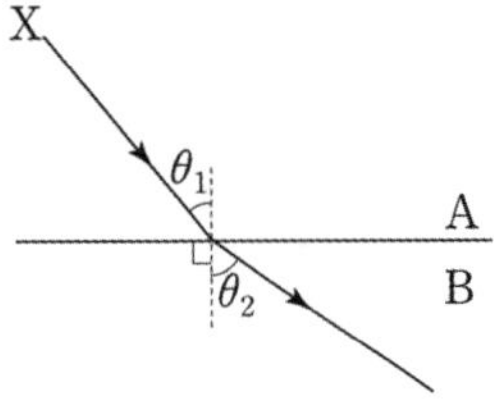

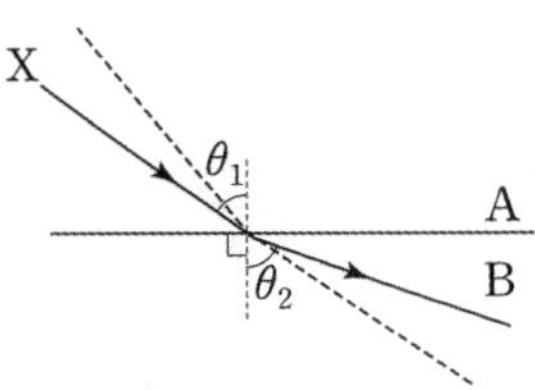

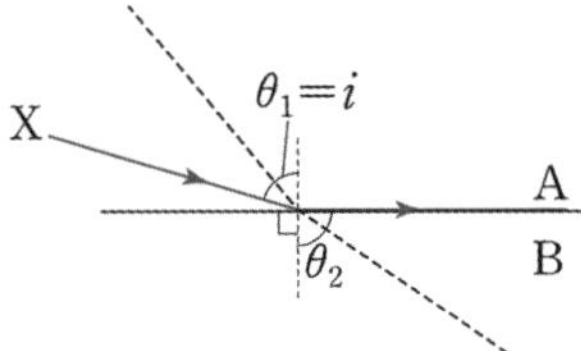

θ_1이 i보다 크면 어떻게 될까?
θ_2는 90°보다 커질 수 없다.
이때는 X는 A에서 B로 진행하지 않고 그대로 반사된다.
즉,
굴절광은 존재하지 않고,
반사광만 존재한다.

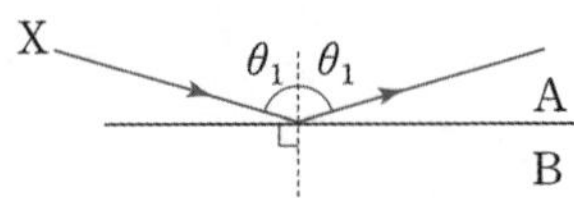

즉, X는 A와 B의 경계면에서 거울처럼 반사만 하는데
이를 'A와 B의 경계면에서 전반사한다.'라고 한다.

스넬 법칙 문제 풀이 방법

(A, B, C의 굴절률을 각각 n_A, n_B, n_C로 두자.)

※주의!

아래의 부분(①, ②)은 각도의 정확한 값을 찾으라는 문제가 아닌
각도의 단순 대소 비교와 같이 정성적으로 나오는 경우에만 활용할 수 있다.
실제로 각을 추론할 때는 스넬 법칙을 활용해야 한다.

① 굴절률과 입사각의 단순 곱을 비교해도 좋다.

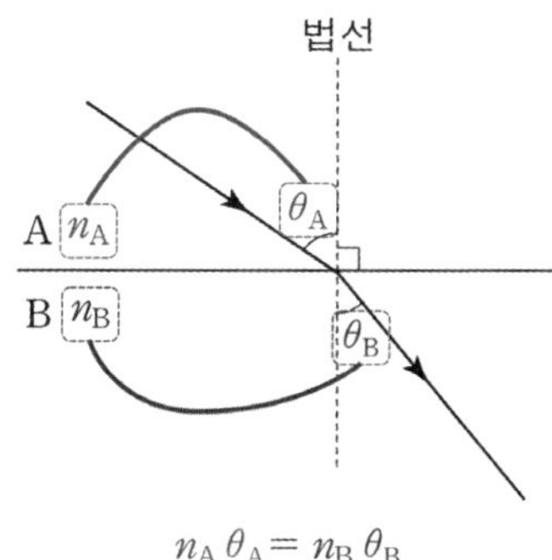

$n_A\theta_A = n_B\theta_B$

해당 식을 분석해보자.

$n_A > n_B$이라면, 곱이 같아야 하므로 $\theta_A < \theta_B$이고,
$n_A < n_B$이라면, 곱이 같아야 하므로 $\theta_A > \theta_B$이다.

② 각도끼리는 비례한다.

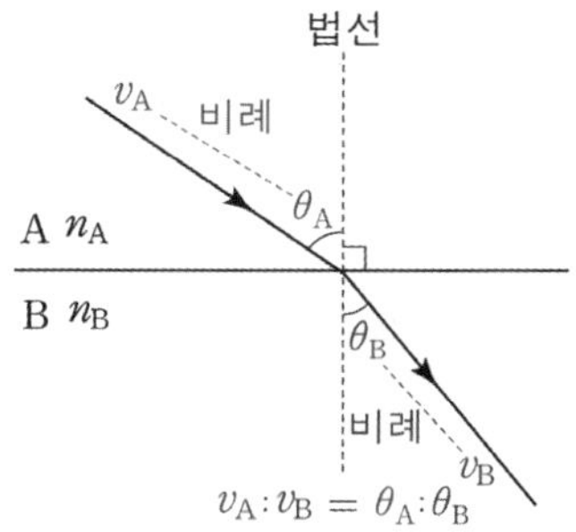

$v_A : v_B = \theta_A : \theta_B$

입사파의 속력(v_A)과 입사각(θ_A)는 비례하고
굴절파의 속력(v_B)과 굴절각(θ_B)는 비례한다.

해당 식을 분석해보자.

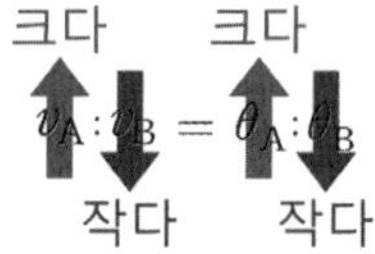

$\theta_A > \theta_B$이면, $v_A > v_B$이고,
$\theta_A < \theta_B$이면, $v_A < v_B$이다.

③ 굴절률 비교
빛이 전반사할 때,
빛이 진행하는 매질의 굴절률이 더 크다.

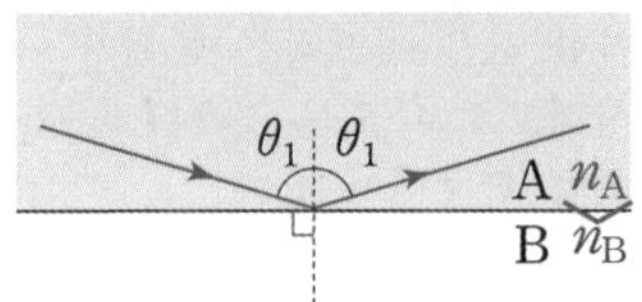

위 그림을 살펴보자.
빛은 A와 B의 경계면에서 전반사한다.
그런데 빛은 A에서만 진행하므로
굴절률은 A가 B보다 크다. ($n_A > n_B$)

④ 임계각 비교
임계각이 작을수록
두 매질의 굴절률 차이가 크다.

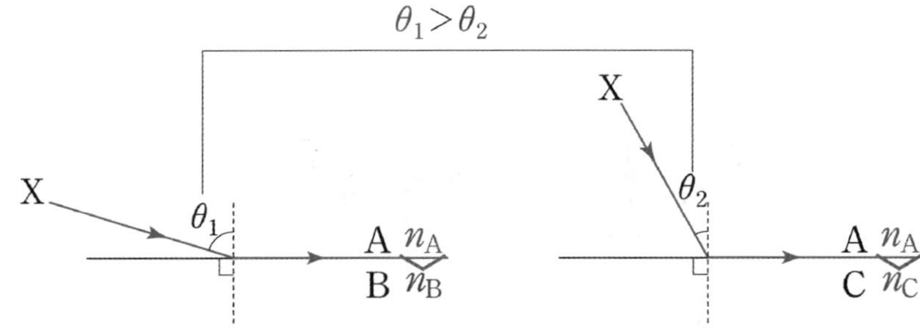

위 그림을 살펴보자.
우선 X가 진행하는 매질이 둘 다 A이므로
굴절률은 A가 B, C보다 크다.)
($n_A > n_B$, $n_A > n_C$)

그런데
A와 B 사이의 임계각(θ_1)이
A와 C 사이의 임계각(θ_2)보다 크다.
즉,
A와 B 사이의 굴절률 차이가
A와 C 사이의 굴절률 차이보다 작다.
이에 따라 $n_A > n_B > n_C$이다.

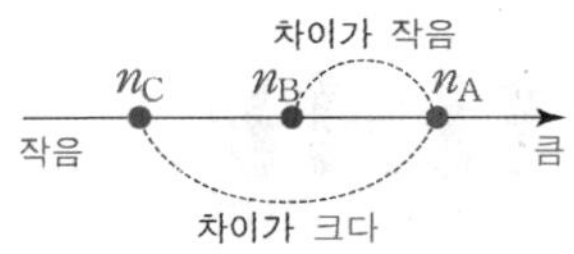

실생활에서의 굴절과 광통신

○ 연속적으로 매질이 변하는 경우 파동의 경로
문제에서는 연속적으로 매질이 변할 때 굴절 현상을 다룬다.

① 위로 갈수록 파동의 속력이 빨라질 때 파동의 경로는 위로 볼록하다.

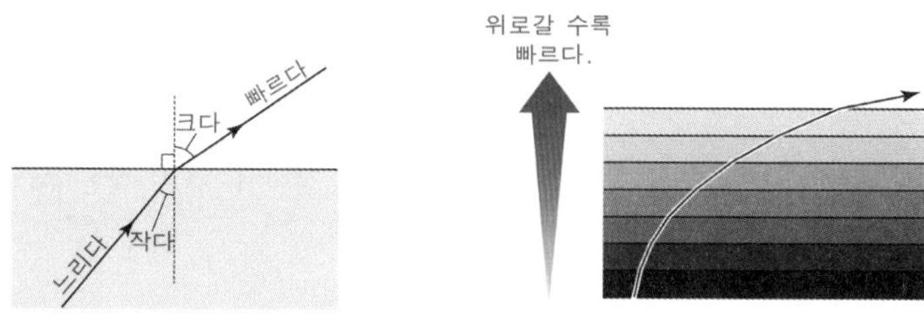

위로 볼록 속력 빠름
속력 느림

이때
위쪽에서는 파동의 속력이 빠르고,
아래쪽에서 파동의 속력은 느리다.

② 위로 갈수록 파동의 **속력이 느려질 때** 파동의 경로는 **아래로 볼록**하다.

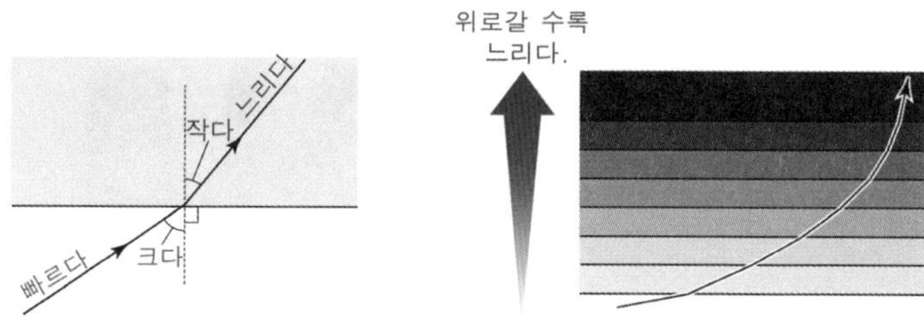

아래로 볼록 속력 느림
속력 빠름

이때
위쪽에서는 파동의 **속력은 느리고**
아래쪽에서 파동의 속력이 빠르다.

○ 낮과 밤의 소리의 전파
배경지식: 지표면(땅)은 비열이 작고, 공기는 비열이 크다.
낮에는 지표면이 공기보다 **뜨겁고**, 밤에는 지표면이 공기보다 **차갑다.**
소리의 속력은 온도가 높을수록 **빠르다.**

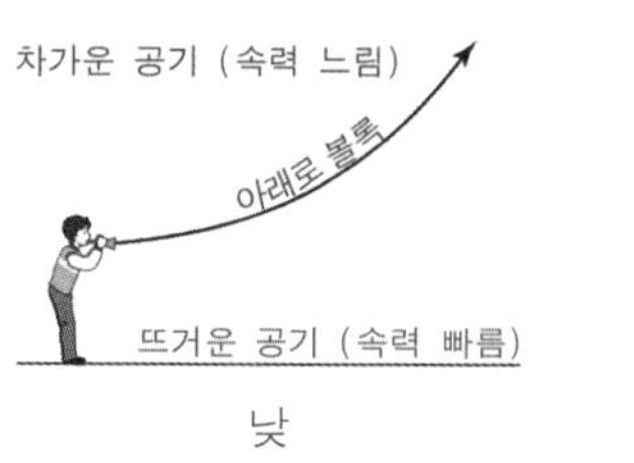

낮

뜨거운 공기 (속력 빠름)
위로 볼록
차가운 공기 (속력 느림)

밤

따라서
낮에는 소리의 경로가 **아래로 볼록**하고
밤에는 소리의 경로가 위로 볼록하다.

○ 비열
물질의 비열이 낮을수록 온도 1℃올리기 위한 에너지가 적다. 즉, 비열이 낮을수록 온도가 빠르게 변한다.

Mechanica 물리학1

○ 빛의 굴절에 따른 착시 현상 (동전의 위치, 물속에서 다리, 연필의 모습)

사람은 빛은 항상 직진한다고 본다.
그림과 같이 동전에서 나온 빛이 관찰자의 눈에 들어올 때 실선의 경로를 따라 빛이 진행된 후 관찰자 눈에 들어온다.

그런데 사람은 빛은 항상 직진한다고 착각하기 때문에 동전에서 나온 빛은 애초에 위 그림에서의 접선 방향에서 직접 들어온다고 생각할 것이다.

따라서 사람의 눈에서 동전은 공중에 떠 있는 것처럼 보일 것이다.

마찬가지로 아래 그림처럼 물속의 동전이 공중에 떠 있는 것과
물속에 발을 넣었을 때 왜곡되어 짧아 보이는 것은 위의 현상으로 설명할 수 있다.

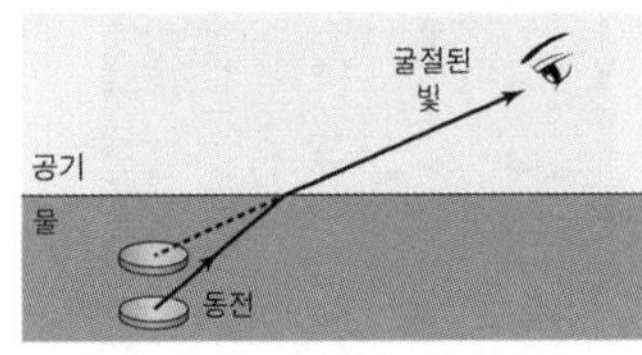

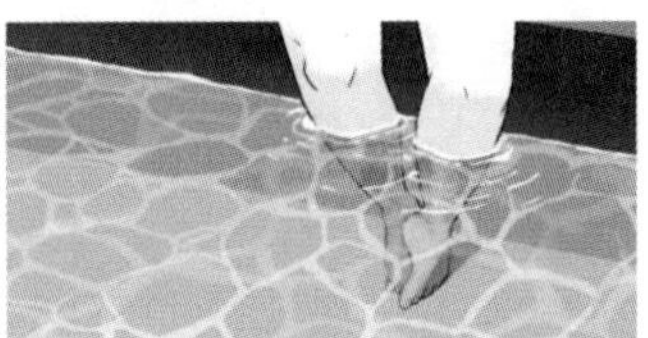

이는 모두 **빛의 굴절 현상의** 예이다.

마찬가지로 물에 잠긴 연필이 휘어져 보이는 이유는
빛이 직진한다고 착각했기 때문에 나타난 현상이다.

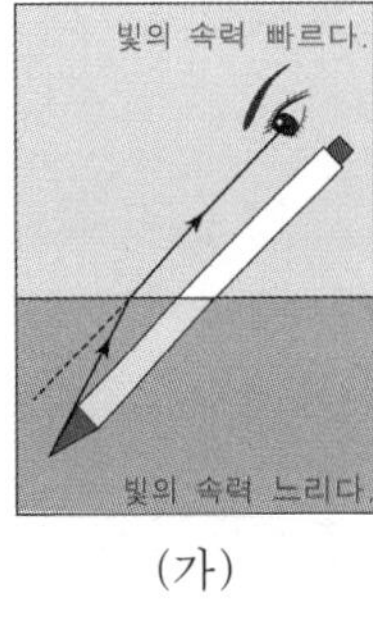

(가)

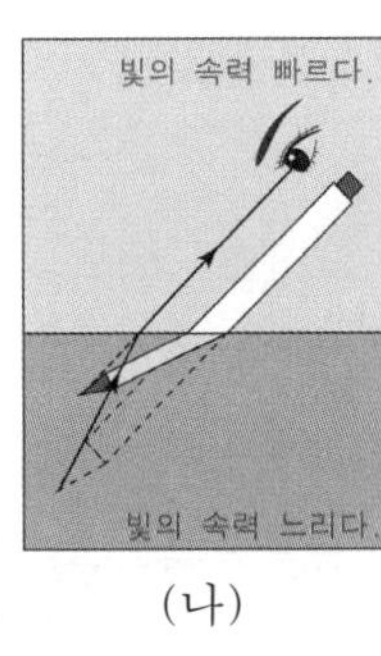

(나)

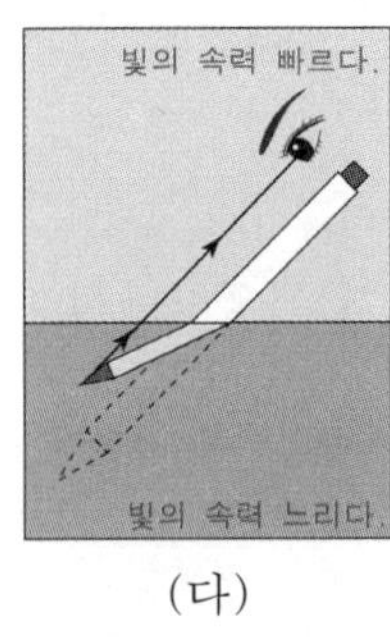

(다)

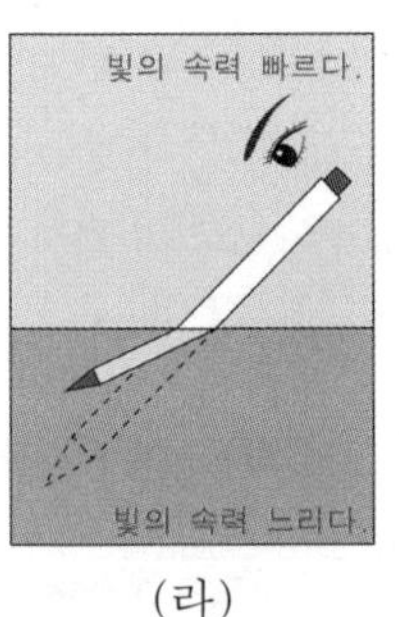

(라)

(가): 실선은 연필 끝에서 방출된 빛이 굴절되어 눈에 들어오는 경로를 나타낸 것이다.
(나): 그런데 사람은 빛이 직진하기 때문에 (가)의 점선 방향으로 빛이 직진해서 들어온다고 착각할 것이다.
(다): 사람이 착각한 빛의 경로를 실선으로 나타낸 것이다.
(라): 결국 사람은 연필의 끝이 휘어져 있는 것처럼 보일 것이다.

○ 신기루

배경지식: 지표면(땅)은 비열이 작고, 공기는 비열이 크다.
극지방의 바닷물 근처에서 공기는 차갑고, 아스팔트의 지표면은 뜨겁다.
빛의 속력은 온도가 높을수록 빠르다.

① 아스팔트에 가까워질수록 공기가 뜨겁다.
따라서 빛의 속력은 아래쪽에서 빠르고 위쪽에서 느리다.
즉, 빛의 경로는 **아래로 볼록한** 경로를 따라 진행한다.
아래 그림처럼 아스팔트 아래에 오토바이의 상(신기루)이 나타난다.

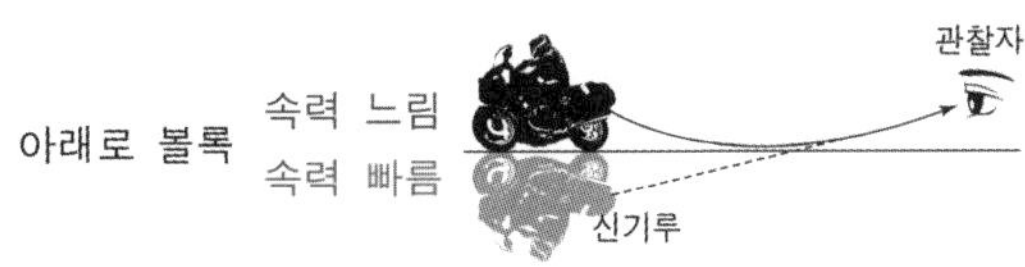

② 극지방의 바닷물에 가까워질수록 공기가 차갑다.
따라서 빛의 속력은 아래쪽에서 느리고 위쪽에서 빠르다.
즉, 빛의 경로는 위로 볼록한 경로를 따라 진행한다.
아래 그림처럼 바다 위 공중에서 배의 상(신기루)이 나타난다.

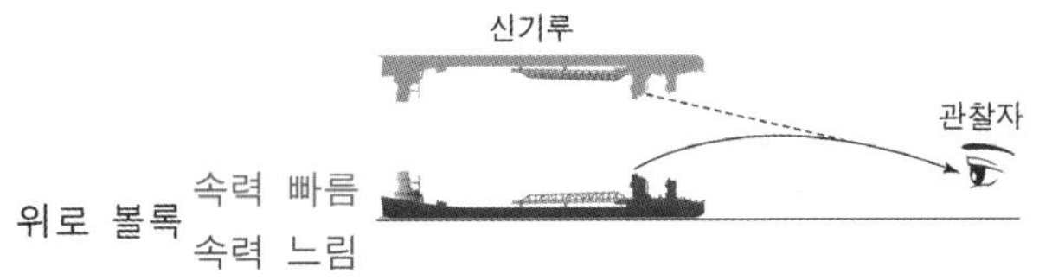

○ 광통신

전반사를 이용하여 빛 신호를 보낼 수 있는 장치
코어 : 빛이 진행하는 경로
클래딩 : 코어를 감싸고 있는 물질

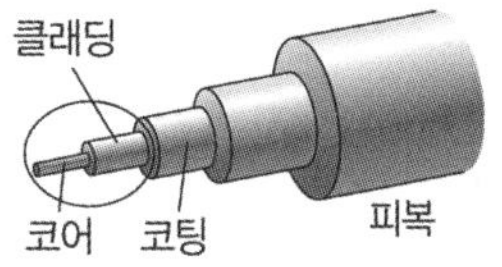

빛은 코어와 클래딩의 경계면에서 전반사하고, 코어에서 빛이 진행한다.
굴절률은 코어가 클래딩보다 크다.
광섬유는 평가원에서 아래와 같이 표현한다.

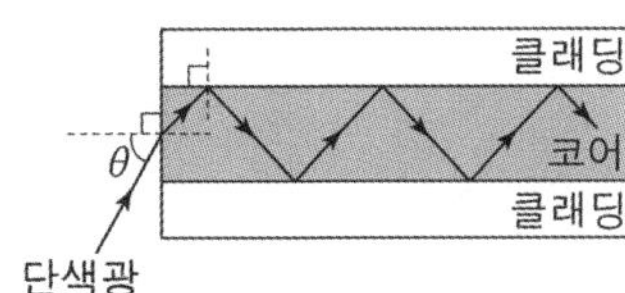

마지막으로, 빛, 소리, 물결파의 속력을 정리해 보면 아래와 같다.

정리 빛, 소리, 물결파의 속력

○ 온도에 따른 빛의 속력
낮은 온도<높은 온도

○ 매질에 따른 빛의 속력
물<공기<진공

○ 온도에 따른 소리의 속력
낮은 온도<높은 온도

○ 매질에 따른 소리의 속력
기체<액체<고체
(진공에서 소리의 속력=0)

○ 깊이에 따른 물결파의 속력
얕은 곳<깊은 곳

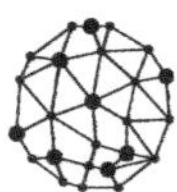

기출 예시 69

22학년도 9월 모의고사 9번 문항

그림 (가)는 파동이 매질 A에서 매질 B로 진행하는 모습을, (나)는 (가)의 파동이 매질 Ⅰ에서 매질 Ⅱ로 진행하는 경로를 나타낸 것이다. Ⅰ, Ⅱ는 각각 A, B 중 하나이다.

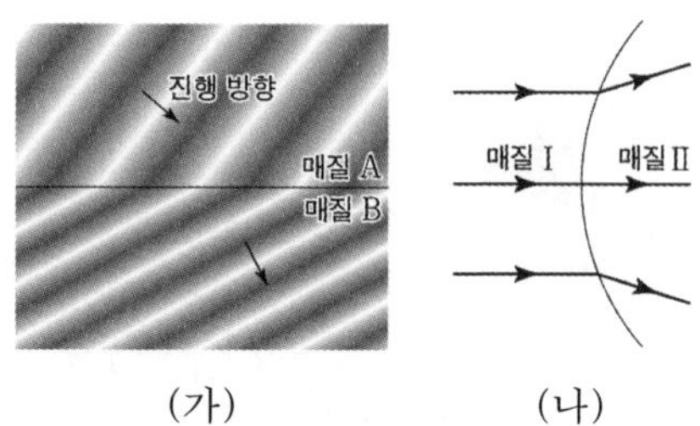

(가) (나)

이에 대한 설명으로 옳은 것만을 〈보기〉에서 있는 대로 고른 것은?

〈보 기〉

ㄱ. (가)에서 파동의 속력은 B에서가 A에서보다 크다.
ㄴ. Ⅱ는 B이다.
ㄷ. (나)에서 파동의 파장은 Ⅱ에서가 Ⅰ에서보다 길다.

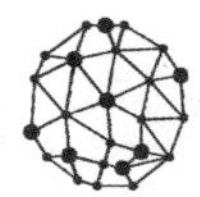

기출 예시 70

23학년도 9월 모의고사 5번 문항

그림 (가)는 매질 A, B에 볼펜을 넣어 볼펜이 꺾여 보이는 것을, (나)는 물속에 잠긴 다리가 짧아 보이는 것을 나타낸 것이다.

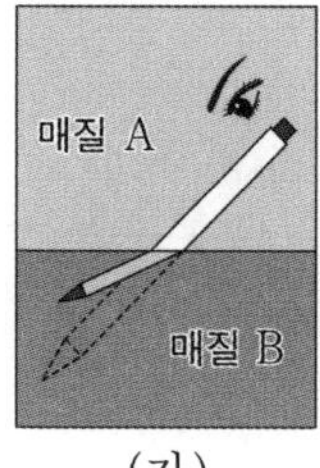

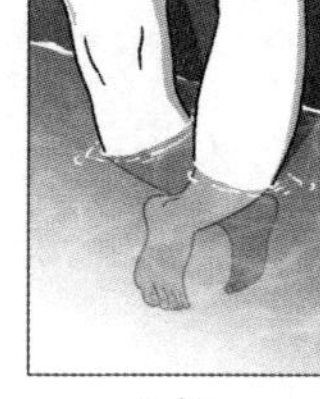

(가) (나)

이에 대한 설명으로 옳은 것만을 〈보기〉에서 있는 대로 고른 것은?

〈보 기〉

ㄱ. (가)에서 굴절률은 A가 B보다 크다.
ㄴ. (가)에서 빛의 속력은 A에서가 B에서보다 크다.
ㄷ. (나)에서 빛이 물에서 공기로 진행할 때 굴절각이 입사각보다 크다.

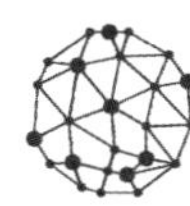

해설

파동의 속력 $v=f\lambda$이고,
파장에 해당하는 밝은 곳과 밝은 곳 사이의 간격은
A에서가 B에서보다 크다.
파동이 굴절할 때 진동수는 변하지 않는다.

ㄱ. 파장이 A에서가 B에서보다 길고,
파동의 진동수는 A에서와 B에서가 같으므로
파동의 속력은 파동의 파장에 비례한다.
따라서
파동의 속력은 B에서가 A에서보다 작다.

(ㄱ. 거짓)

ㄴ. (나)에서 파동이 Ⅰ에서 Ⅱ로 진행할 때 입사각이 굴절각보다 작다.
따라서 파동의 속력은 Ⅰ에서가 Ⅱ에서보다 느리므로
Ⅱ는 A이다.

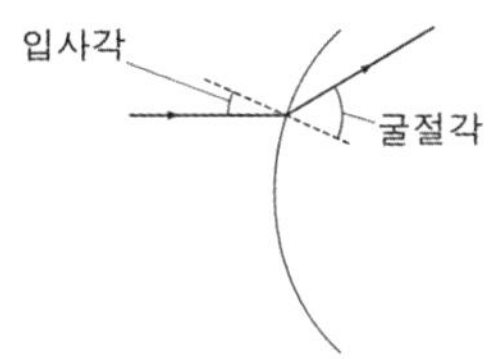

(ㄴ. 거짓)

ㄷ. 파동의 속력은 Ⅰ에서가 Ⅱ에서보다 느리므로
파동의 파장은 Ⅱ에서가 Ⅰ에서보다 길다.

(ㄷ. 참)

정답
기출 예시 69
ㄷ

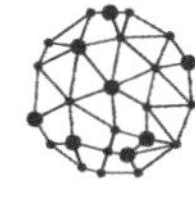

해설

ㄱ. 관찰자의 시점으로 들어오는 빛의 경로는 다음과 같다.
눈으로 보았을 때 빛은 직진하므로 점선의 경로를 따라 빛이 진행하는 것처럼 보일 것이다.

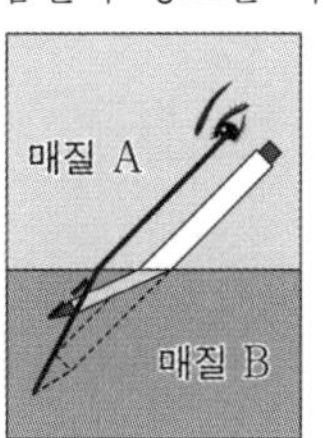

실선의 입사각이 굴절각보다 작다.
따라서
굴절률은 A가 B보다 작다.

(ㄱ. 거짓)

ㄴ. (가)에서 굴절률이 A가 B보다 작으므로
빛의 속력은 A에서가 B에서보다 크다.

(ㄴ. 참)

ㄷ. 물에 발을 담글 때 다리가 짧아 보이는 현상은 빛의 굴절률이 물에서가 공기에서보다 크기 때문에 일어나는 현상이다.
따라서 빛이 물에서 공기로 진행할 때 굴절각이 입사각보다 크다.

(ㄷ. 참)

정답
기출 예시 70
ㄴ, ㄷ

기출 예시 71

21학년도 수능 7번 문항

그림 (가)는 공기에서 유리로 진행하는 빛의 진행 방향을, (나)는 낮에 발생한 소리의 진행 방향을, (다)는 신기루가 보일 때 빛의 진행 방향을 나타낸 것이다.

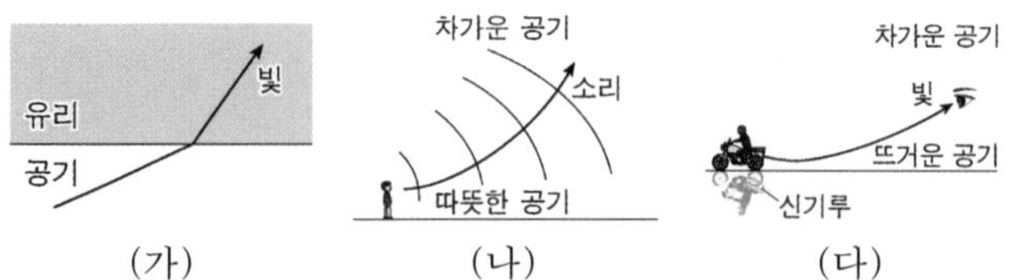

이에 대한 설명으로 옳은 것만을 〈보기〉에서 있는 대로 고른 것은?

〈보 기〉

ㄱ. (가)에서 굴절률은 유리가 공기보다 크다.

ㄴ. (나)에서 소리의 속력은 차가운 공기에서가 따뜻한 공기에서보다 크다.

ㄷ. (다)에서 빛의 속력은 뜨거운 공기에서가 차가운 공기에서보다 크다.

해설

ㄱ. 빛이 공기에서 유리로 진행할 때 입사각이 굴절각보다 크므로 (가)에서 굴절률은 유리가 공기보다 크다.

(ㄱ. 참)

ㄴ. 소리는 속력이 느린 쪽으로 진행하므로
소리의 속력은 차가운 공기에서가 따뜻한 공기에서보다 느리다.

(ㄴ. 거짓)

ㄷ. 빛은 속력이 느린 쪽으로 진행하므로
빛의 속력은 뜨거운 공기에서가 차가운 공기에서보다 크다.

(ㄷ. 참)

정답

기출 예시 71
ㄱ, ㄷ

기출 예시 72

22학년도 수능 11번 문항

다음은 빛의 성질을 알아보는 실험이다.

〔실험 과정〕
(가) 반원형 매질 A, B, C를 준비한다.
(나) 그림과 같이 반원형 매질을 서로 붙여 놓고 단색광 P를 입사시켜 입사각과 굴절각을 측정한다.

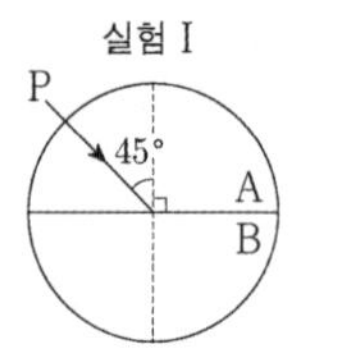

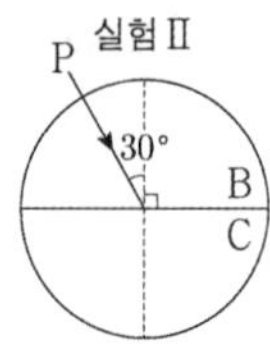

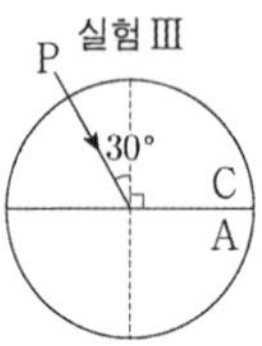

〔실험 결과〕

실험	입사각	굴절각
I	45°	30°
II	30°	25°
III	30°	㉠

이에 대한 설명으로 옳은 것만을 〈보기〉에서 있는 대로 고른 것은?

〈보 기〉

ㄱ. ㉠은 45°보다 크다.
ㄴ. P의 파장은 A에서가 B에서보다 짧다.
ㄷ. 임계각은 P가 B에서 A로 진행할 때가 C에서 A로 진행할 때보다 작다.

해설

A, B, C의 굴절률을 각각 n_A, n_B, n_C라 하자.
실험 결과 다음이 성립한다.

Ⅰ: $\frac{\sin 30°}{\sin 45°} = \frac{n_A}{n_B} \rightarrow n_B > n_A$

Ⅱ: $\frac{\sin 25°}{\sin 30°} = \frac{n_B}{n_C} \rightarrow n_C > n_B$

Ⅲ: $\frac{\sin ㉠}{\sin 30°} = \frac{n_C}{n_A}$

따라서 $n_C > n_B > n_A$ 이다.

ㄱ. $\frac{n_C}{n_A} = \frac{\sin ㉠}{\sin 30°} = \frac{\sin 45°}{\sin 25°}$ 이다.
$\sin\theta$는 $0 < \theta < 90°$ 에서 증가한다.
따라서 ㉠은 45° 보다 크다.

(ㄱ, 참)

ㄴ. $n_C > n_B > n_A$이므로
따라서 파장은 A에서가 B에서보다 길다.

(ㄴ, 거짓)

ㄷ. $n_C > n_B > n_A$이므로
굴절률 차이는 B와 A 사이가 C와 A 사이보다 작다.
따라서 임계각은
P가 B에서 A로 진행할 때가
P가 C에서 A로 진행할 때보다 크다.

(ㄷ, 거짓)

정답

기출 예시 72
ㄱ

기출 예시 73

23학년도 6월 모의고사 15번 문항

다음은 빛의 성질을 알아보는 실험이다.

〔실험 과정〕

(가) 그림과 같이 반원형 매질 A와 B를 서로 붙여 놓는다.

(나) 단색광을 A에서 B를 향해 원의 중심을 지나도록 입사시킨다.

(다) (나)에서 입사각을 변화시키면서 굴절각과 반사각을 측정한다.

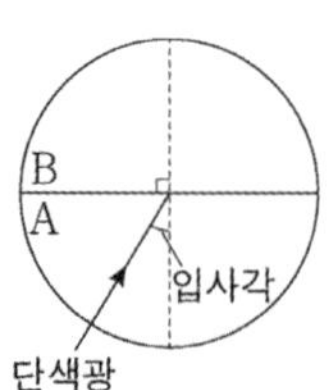

〔실험 결과〕

실험	입사각	굴절각	반사각
Ⅰ	30°	34°	30°
Ⅱ	㉠	59°	50°
Ⅲ	70°	해당 없음	70°

이에 대한 설명으로 옳은 것만을 〈보기〉에서 있는 대로 고른 것은?

〈보 기〉

ㄱ. ㉠은 50°이다.

ㄴ. 단색광의 속력은 A에서가 B에서보다 크다.

ㄷ. A와 B 사이의 임계각은 70°보다 크다.

기출 예시 74

22학년도 9월 모의고사 15번 문항

그림과 같이 단색광 X가 입사각 θ로 매질 Ⅰ에서 매질 Ⅱ로 입사할 때는 굴절하고, X가 입사각 θ로 매질 Ⅲ에서 Ⅱ로 입사할 때는 전반사한다.

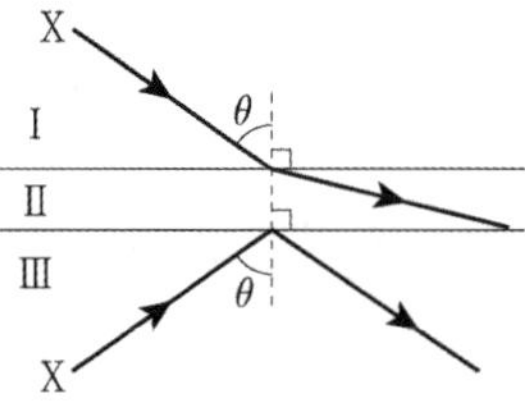

이에 대한 설명으로 옳은 것만을 〈보기〉에서 있는 대로 고른 것은?

〈보 기〉

ㄱ. 굴절률은 Ⅱ가 가장 크다.

ㄴ. X가 Ⅱ에서 Ⅲ으로 진행할 때 전반사한다.

ㄷ. 임계각은 X가 Ⅰ에서 Ⅱ로 입사할 때가 Ⅲ에서 Ⅱ로 입사할 때보다 크다.

해설

ㄱ. 단색광이 A에서 B로 진행할 때
단색광의 입사각과 반사각은 같아야 한다. (㉠=50°)

(ㄱ, 참)

ㄴ. 단색광이 A에서 B로 진행할 때,
입사각은 굴절각보다 작다.
따라서 단색광의 속력은 A에서가 B에서보다 작다.

(ㄴ, 거짓)

ㄷ. 실험 Ⅲ에서 굴절각이 존재하지 않는다.
(단색광은 A와 B의 경계면에서 전반사했다.)
따라서 70°는 A와 B 사이의 임계각보다 크다.

(ㄷ, 거짓)

정답

기출 예시 73
ㄱ

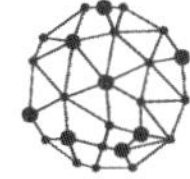

해설

X가 Ⅲ에서 Ⅱ으로 진행할 때 전반사한다.
따라서 굴절률은 Ⅲ > Ⅱ이다.
X가 Ⅰ에서 Ⅱ로 진행할 때는 입사각이 굴절각보다 작다.
따라서 굴절률은 Ⅰ > Ⅱ이다.

ㄱ. X가 Ⅲ에서 Ⅱ으로 입사각 θ로 진행할 때 전반사하고,
X가 Ⅰ에서 Ⅱ로 진행할 때는 전반사하지 않는다.
즉,
Ⅰ과 Ⅱ 사이 임계각은 θ보다 크고
Ⅱ와 Ⅲ 사이 임계각은 θ보다 작으므로
굴절률 차이는
Ⅱ와 Ⅲ 사이가 Ⅰ과 Ⅱ 사이 보다 크다.
따라서 굴절률은 Ⅲ > Ⅰ > Ⅱ이다.

(ㄱ, 거짓)

ㄴ. 굴절률은 Ⅲ > Ⅰ > Ⅱ이다.
따라서 X가 Ⅱ에서 Ⅲ으로 진행할 때 전반사하지 않는다.

(ㄴ, 거짓)

ㄷ. Ⅰ과 Ⅱ 사이 임계각은 θ보다 크고
Ⅱ와 Ⅲ 사이 임계각은 θ보다 작다.

(ㄷ, 참)

정답

기출 예시 74
ㄷ

기출 예시 75

15학년도 9월 모의고사 13번 문항

그림 (가)는 물질 A, B에서 레이저 빛이 각각 v_1, v_2의 속력으로 진행하는 모습을 나타낸 것이다. 그림 (나)는 A, B로 만든 광섬유에서 (가)의 레이저 빛이 전반사하며 진행하는 모습을 나타낸 것이다. (가), (나)에서 입사각은 각각 θ_1, θ_2이다.

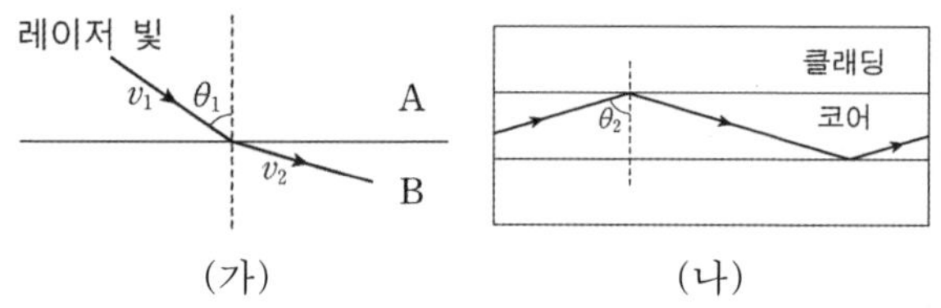

(가) (나)

이에 대한 설명으로 옳은 것만을 〈보기〉에서 있는 대로 고른 것은?

〈보 기〉

ㄱ. $v_1 > v_2$이다.
ㄴ. 코어를 구성하는 물질은 A이다.
ㄷ. $\theta_1 < \theta_2$이다.

기출 예시 76

21학년도 수능 15번 문항

그림 (가), (나)는 각각 물질 X, Y, Z 중 두 물질을 이용하여 만든 광섬유의 코어에 단색광 A를 입사각 θ_0으로 입사시킨 모습을 나타낸 것이다. θ_1은 X와 Y 사이의 임계각이고, 굴절률은 Z가 X보다 크다.

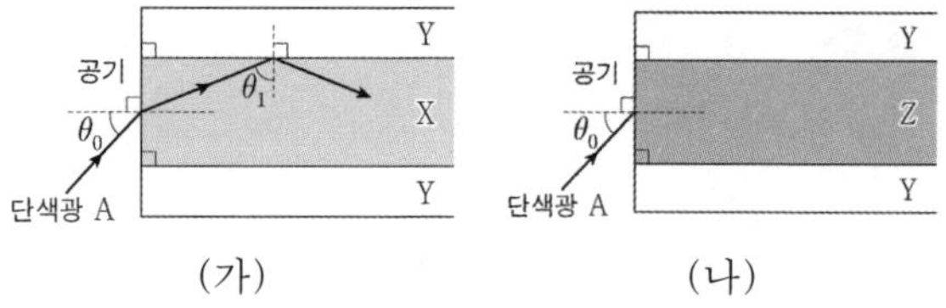

(가) (나)

이에 대한 설명으로 옳은 것만을 〈보기〉에서 있는 대로 고른 것은?

〈보 기〉

ㄱ. (가)에서 A를 θ_0보다 큰 입사각으로 X에 입사시키면 A는 X와 Y의 경계면에서 전반사하지 않는다.
ㄴ. (나)에서 Z와 Y 사이의 임계각은 θ_1보다 크다.
ㄷ. (나)에서 A는 Z와 Y의 경계면에서 전반사한다.

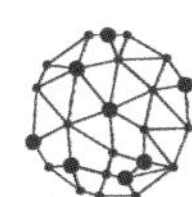

해설

ㄱ. (가)에서 입사각(θ_1)이 굴절각보다 작다.
따라서 굴절률은 A > B이고,
$v_2 > v_1$이다.

(ㄱ. 거짓)

ㄴ. 굴절률은 A > B이고,
광섬유에 사용되는 코어의 굴절률은 클래딩의 굴절률보다 커야하므로,
코어는 A, 클래딩은 B이다.

(ㄴ. 참)

ㄷ. (가)에서 레이저 빛을 A에서 B의 경계면으로 입사각 θ_1로 입사 하였더니 전반사하지 않았고,
(나)에서 레이저 빛을 A에서 B의 경계면으로 입사각 θ_2로 입사 하였더니 전반사 하였다.
A와 B 사이 임계각을 i로 두면 다음이 성립한다.

$$\theta_2 > i > \theta_1$$

(ㄷ. 참)

정답

기출 예시 75
ㄴ, ㄷ

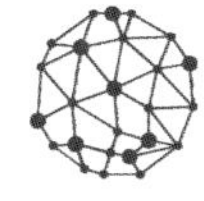

해설

굴절률은 Z가 X보다 크므로,
(가)에서 A가 공기에서 X로 입사할 때의 굴절각을 θ로 두자.
(나)에서 A가 공기에서 Z로 입사할 때의 굴절각은 θ보다 작다.
따라서 Z에서 Y로 입사할 때의 입사각(θ_2)은 θ_1보다 크다.
(아래 그림 참고)

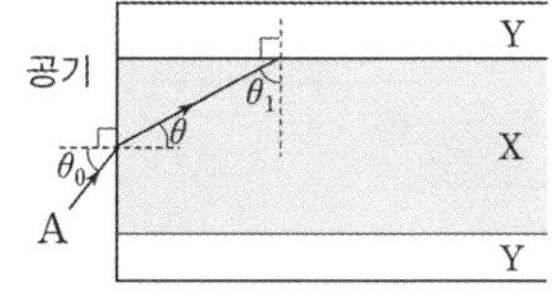

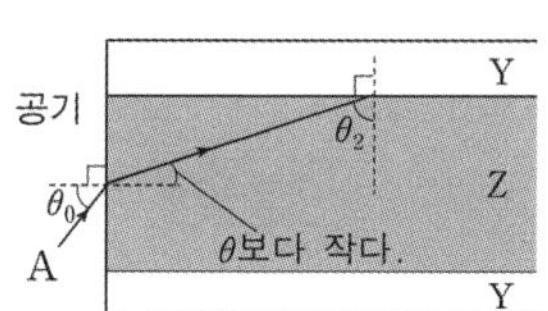

ㄱ. (가)에서 공기에서 X로 입사할 때 입사각(θ_0)가 커지면,
(가)에서 θ가 커지고
X에서 Y로 입사할 때의 입사각은 θ_1보다 작아진다.
따라서 전반사하지 않는다.

(ㄱ. 참)

ㄴ. X와 Y사이의 임계각이 θ_1이다.
굴절률은 Z > X > Y 이므로
굴절률 차이는 X와 Y 사이가 Y와 Z 사이에서보다 작다.
따라서 Z와 Y 사이의 임계각은 θ_1보다 작다.

(ㄴ. 거짓)

ㄷ. (나)에서 A가 Z에서 Y로 입사할 때의 입사각(θ_2)는 θ_1보다 크고
Y와 Z 사이의 임계각은 θ_1보다 작다.
따라서 A는 Z와 Y의 경계면에서 전반사한다.

(ㄷ. 참)

정답

기출 예시 76
ㄱ, ㄷ

3. 전자기파

전자기파의 기본 물리량

전자기파: 매질과 관계없이 진행되는 파동. 전기장과 자기장의 진동에 서로 유도되어 진행된다.
진공에서 속력은 전자기파의 **파장과 진동수에 관계없이** 빛의 속력과 같다.

전기장과 자기장의 진동 방향은 서로 수직이다.
전자기파의 진행 방향은
전기장의 진동 방향과 자기장의 진동 방향을 포함하는 평면에 수직이다.

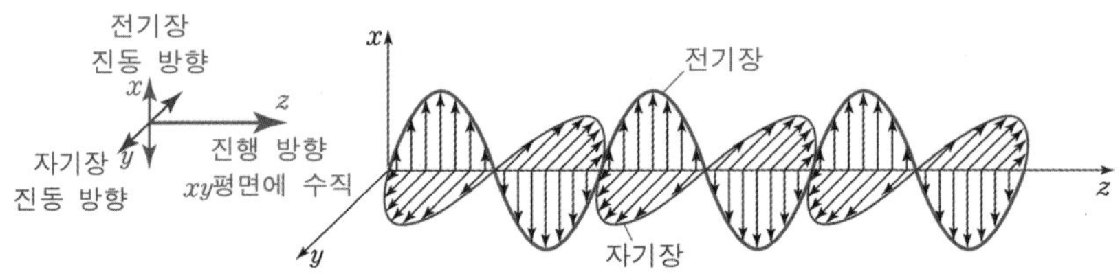

전자기파의 분류

전자기파는 파장과 진동수에 따라 분류가 가능하다.

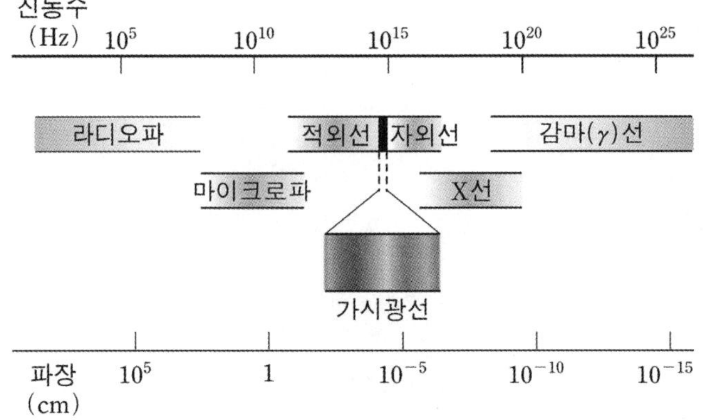

파장
(감마 γ선) < (X선) < (자외선) < (가시광선) < (적외선) < (마이크로파) < (라디오파)

진동수
(감마 γ선) > (X선) > (자외선) > (가시광선) > (적외선) > (마이크로파) > (라디오파)

전자기파의 활용 예시

아래는 외우고 있어야 한다.

		종류	특징
↑ 파장 증가	진동수 증가 ↓	라디오파	라디오, 텔레비전, 스마트폰, 무선 통신
		마이크로파	전자레인지, 레이더, 무선 통신(무선랜), 와이파이, GPS, 블루투스, 전파망원경, 위성 통신
		적외선	리모컨, 체온계, 야간투시경, 열화상 카메라, 물리 치료기, 열 추적 미사일
		가시광선	모니터, 현미경, 망원경, 조명 장치, 광학 기구, LED
		자외선	살균 장치, 형광등, 위조지폐 감별, 자외선 차단제(레진)
		X선	뼈 골격 사진, 공항 검색대, 예술 사진, 고체 결정 구조 관찰
		감마선	암 치료(방사선 치료)의료 기기, 우주 망원경

기출 예시 77

18학년도 수능 3번 문항

그림은 일상생활에서 활용되는 전자기파를 나타낸 것이다.

A. 라디오에 수신되는 라디오파

B. TV 화면에 나오는 가시광선

C. 암 치료용 의료기기에서 사용되는 감마선

A, B, C에 해당하는 전자기파의 파장을 각각 λ_A, λ_B, λ_C라고 할 때, 파장을 비교한 것으로 옳은 것은?

① $\lambda_A < \lambda_C < \lambda_B$ ② $\lambda_B < \lambda_A < \lambda_C$ ③ $\lambda_B < \lambda_C < \lambda_A$
④ $\lambda_C < \lambda_A < \lambda_B$ ⑤ $\lambda_C < \lambda_B < \lambda_A$

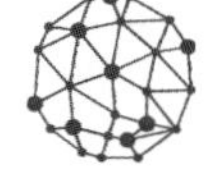

기출 예시 78

22학년도 수능 4번 문항

그림은 전자기파에 대해 학생 A, B, C가 대화하는 모습을 나타낸 것이다.

제시한 내용이 옳은 학생만을 있는 대로 고른 것은?

① A ② C ③ A, B ④ B, C ⑤ A, B, C

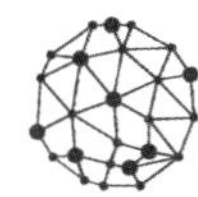

해설

라디오파, 가시광선, 감마선의 순서대로 전자기파의 파장이 길다.
따라서 $\lambda_C < \lambda_B < \lambda_A$이다.

정답

기출 예시 77
⑤

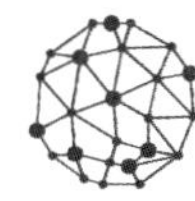

해설

학생 A: 전자기파는 전기장과 자기장이 서로 수직으로 진동하며 진행한다.

(A. 참)

학생 B: ㉠은 파장이 X선과 가시광선 사이에 있는 전자기파이므로 자외선이다. 자외선은 살균 작용을 한다.

(B. 참)

학생 C: ㉡은 파장이 가시광선과 마이크로파 사이에 있는 전자기파이므로 적외선이다. 진동수는 자외선이 적외선보다 크다.

(C. 거짓)

정답

기출 예시 78
③

기출 예시 79

23학년도 6월 모의고사 3번 문항

그림 (가)는 전자기파를 파장에 따라 분류한 것을, (나)는 (가)의 전자기파 A를 이용하는 레이더가 설치된 군함을 나타낸 것이다.

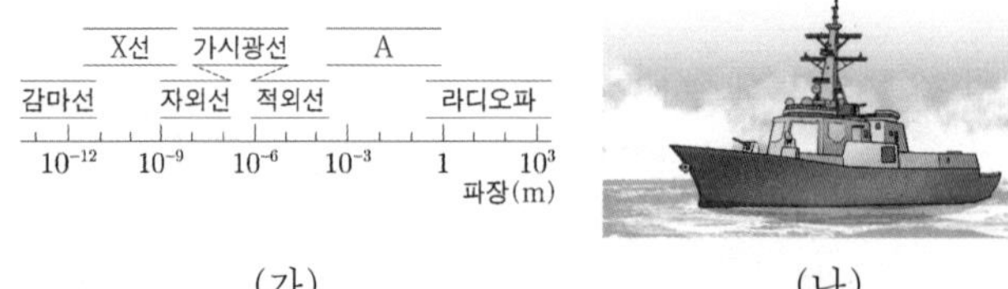

(가) (나)

이에 대한 설명으로 옳은 것만을 〈보기〉에서 있는 대로 고른 것은?

〈보 기〉

ㄱ. A의 진동수는 가시광선의 진동수보다 크다.

ㄴ. 전자레인지에서 음식물을 데우는 데 이용하는 전자기파는 A에 해당한다.

ㄷ. 진공에서의 속력은 감마선과 (나)의 레이더에서 이용하는 전자기파가 같다.

기출 예시 80

23학년도 수능 1번 문항

그림 (가)는 전자기파 A, B를 이용한 예를, (나)는 진동수에 따른 전자기파의 분류를 나타낸 것이다.

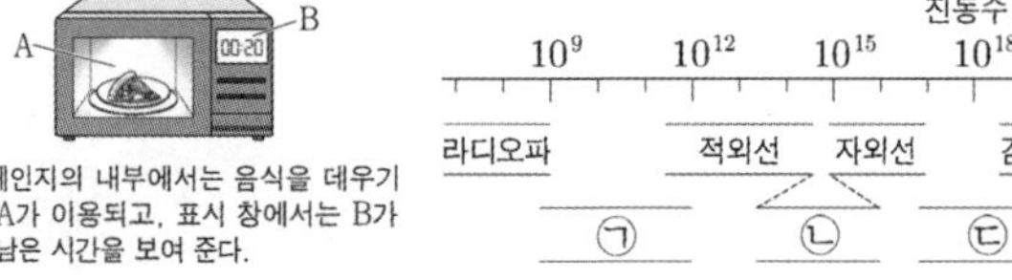

(가) (나)

이에 대한 설명으로 옳은 것만을 〈보기〉에서 있는 대로 고른 것은?

〈보 기〉

ㄱ. A는 ㉢에 해당한다.

ㄴ. B는 ㉡에 해당한다.

ㄷ. 파장은 A가 B보다 길다.

해설

ㄱ. A는 파장이 적외선과 라디오파 사이에 있는 전자기파인 마이크로파이다.
마이크로파의 진동수는 가시광선의 진동수보다 작다.

(ㄱ. 거짓)

ㄴ. 전자레인지에서 음식물을 데우는 데 이용하는 전자기파는 A(마이크로파)이다.

(ㄴ. 참)

ㄷ. 진공에서 전자기파의 속력은 파장과 진동수에 관계없이 같다.

(ㄷ. 참)

정답

기출 예시 79
ㄴ, ㄷ

해설

A는 마이크로파, B는 눈에 보이는 가시광선이다.
㉠은 마이크로파, ㉡은 가시광선, ㉢은 X선이다.
ㄱ. A는 마이크로파, ㉢은 X선이다.

(ㄱ. 거짓)

ㄴ. B와 ㉡은 가시광선이다.

(ㄴ. 참)

ㄷ. 파장은 A(마이크로파)가 B(가시광선)보다 길다.

(ㄷ. 참)

정답

기출 예시 80
ㄴ, ㄷ

4. 파동의 간섭

파동의 간섭현상

위상: 매질이 진동할 때, 한 순간 매질의 변위와 운동 상태

ㅇ 위상이 같다: 파동의 마루들끼리 위상이 같고,
파동의 골들끼리 위상이 같다.

ㅇ 위상이 반대: 파동의 마루와 골은 위상이 반대이다.

파동의 중첩

① 원리: 두 파동이 합쳐질 때 합해지는 파동(합성파)의 변위는 각 파동의 변위의 합과 같다.

② 파동의 독립성: 서로 다른 두 파동은 합성이 되더라도 독립적으로 진행한다. 서로 다른 파동에 아무런 영향을 주지 않고, 합성되기 전 특성을 유지한다.

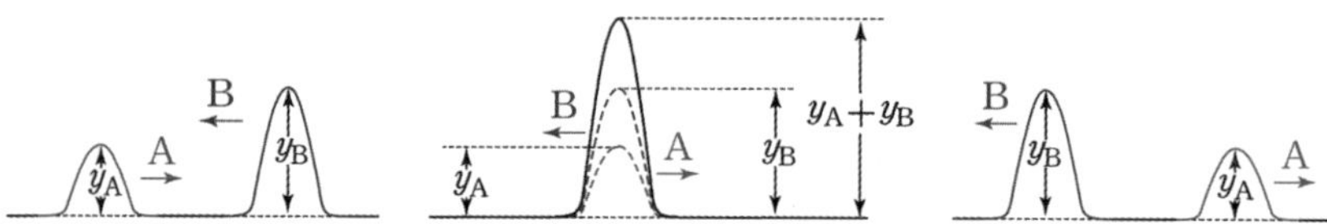

위상과 파동의 중첩

보강 간섭: 파동이 중첩되어 진폭이 커지는 간섭

상쇄 간섭: 파동이 중첩되어 진폭이 작아지는 간섭

위상이 같은 파동이 만나면 보강 간섭

위상이 반대인 파동이 만나면 상쇄 간섭한다.

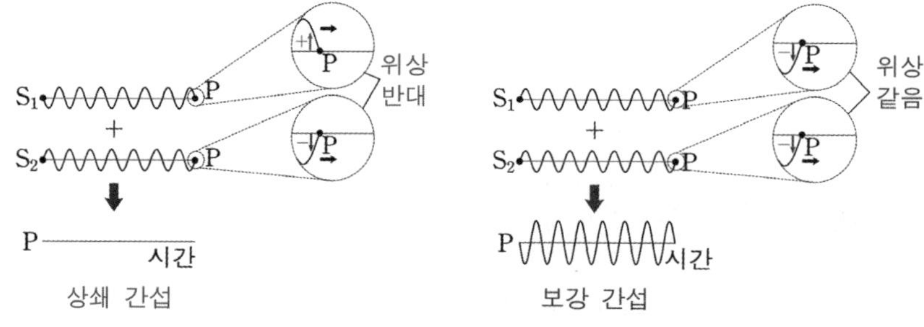

경로 차와 간섭의 관계

물결파가 공간상에서 퍼져나가는 모습을 나타낸 것이다.

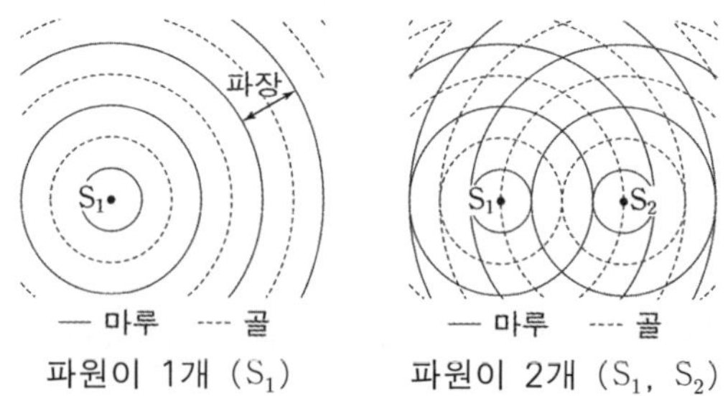

파원이 1개 (S_1)　　파원이 2개 (S_1, S_2)

파원이 2개라면 두 파원에서 나온 물결파가 공간상에서 간섭한다.

문제에서 위 그림과 같이 마루와 골의 모습이 나타내있다면 판단하기 쉽다. 이는 **간섭 유형 ① [평면상의 간섭]**에서 다루어 보도록 하겠다.

하지만

공간상의 임의의 지점(P)에서 S_1, S_2에서 발생한 물결파의 간섭은 어떻게 판단할까?

결론적으로 봤을 때 $|\overline{S_1P}-\overline{S_2P}|$와 관계가 있다.

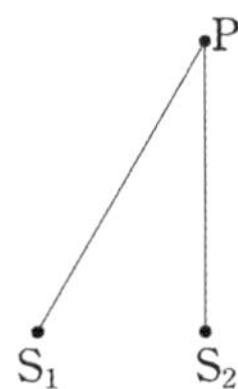

S_1과 S_2에서 발생한 파동의 위상이 같을 때
$\overline{S_1P}$, $\overline{S_2P}$의 경로상에 만들어진 파동을 나타내 보면 아래와 같다.

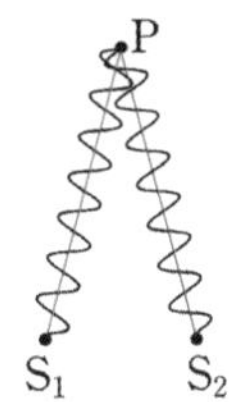

$\overline{S_1P}$, $\overline{S_2P}$를 평행하게 나타내 보면 아래와 같다.

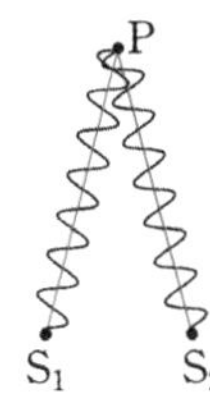

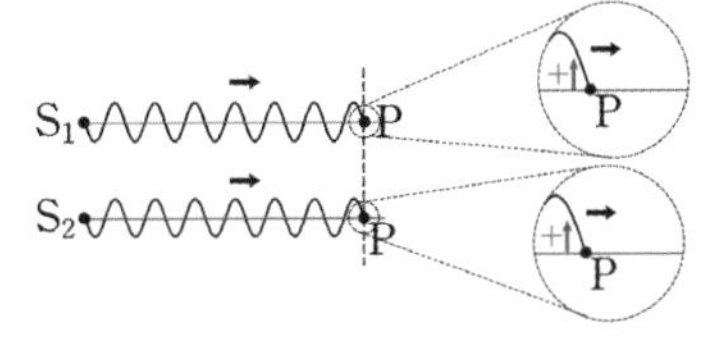

P에서 S_1과 S_2의 파동의 위상이 같다.
보강 간섭

$\overline{S_1P}-\overline{S_2P}=0$이면, 위의 그림처럼 P에서 S_1, S_2의 파동의 위상이 **같다.**
따라서 P에서 두 물결파는 **보강 간섭**한다.

위의 방법과 같이 $\overline{S_1P}-\overline{S_2P}$가 0이 아니라면 어떻게 될까?

① $\overline{S_1P}-\overline{S_2P}=\frac{1}{2}\lambda$일 때

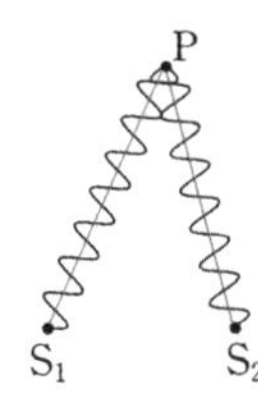

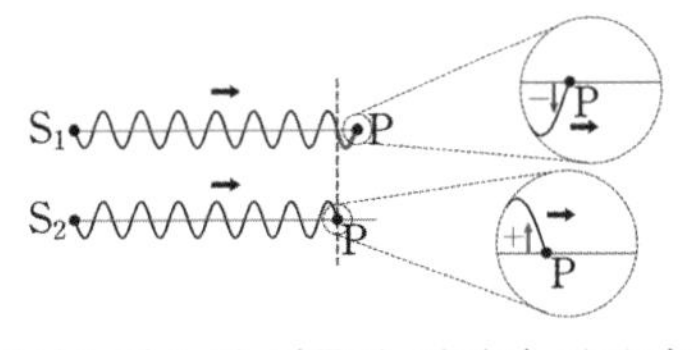

P에서 S_1과 S_2의 파동의 위상이 반대이다.
상쇄 간섭

$\overline{S_1P}-\overline{S_2P}=\frac{1}{2}\lambda$이면, 위의 그림처럼 P에서 S_1, S_2의 파동의 위상이 **반대이다.**
따라서 P에서 두 물결파는 **상쇄 간섭**한다.

② $\overline{S_1P}-\overline{S_2P}=\lambda$일 때

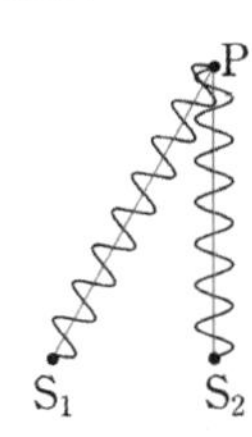

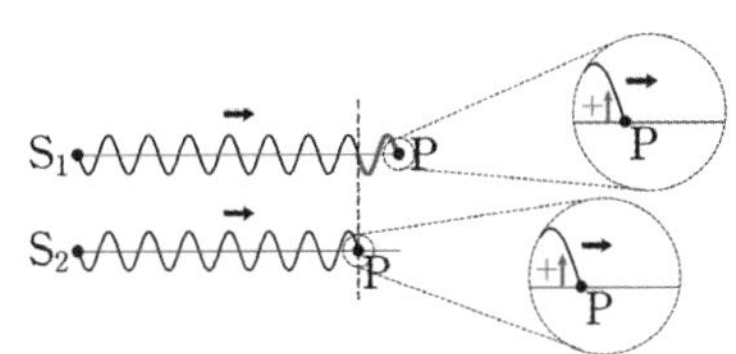

P에서 S_1과 S_2의 파동의 위상이 같다.
보강 간섭

$\overline{S_1P}-\overline{S_2P}=\lambda$이면, 위의 그림처럼 P에서 S_1, S_2의 파동의 위상이 **같다.**
따라서 P에서 두 물결파는 **보강 간섭**한다.

③ $\overline{S_1P}-\overline{S_2P}=\frac{3}{2}\lambda$일 때

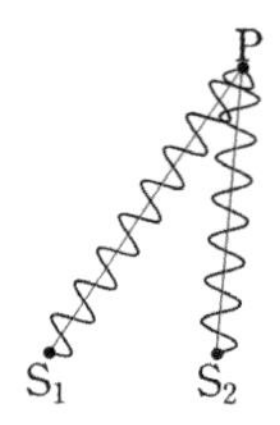

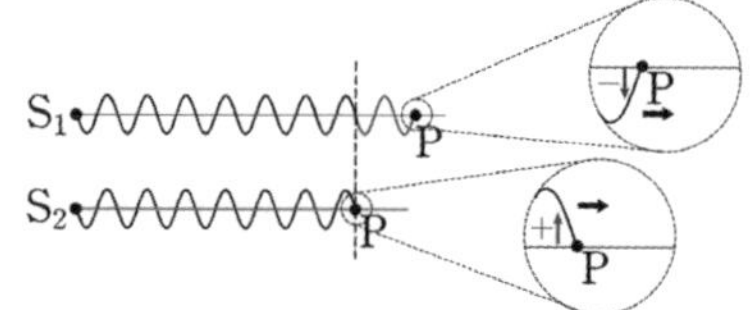

P에서 S_1과 S_2의 파동의 위상이 반대이다.
상쇄 간섭

$\overline{S_1P}-\overline{S_2P}=\frac{3}{2}\lambda$이면, 위의 그림처럼 P에서 S_1, S_2의 파동의 위상이 **반대이다**.
따라서 P에서 두 물결파는 **상쇄 간섭**한다.

결론
일반화 해보면 다음과 같다.

① S_1, S_2에서 위상이 **같을 때**

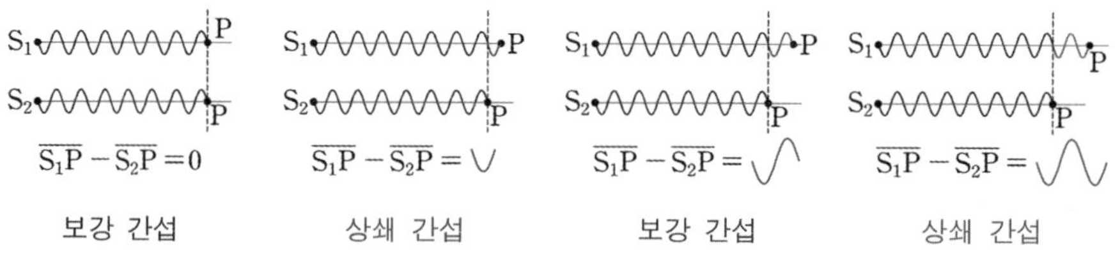

파원(S_1, S_2)으로 부터 공간상의 점(P)의 경로 차($|\overline{S_1P}-\overline{S_2P}|$)와
P에서 **보강 간섭**, **상쇄 간섭**의 관계

$\lvert\overline{S_1P}-\overline{S_2P}\rvert=0,\ \lambda,\ 2\lambda,\ 3\lambda\ldots$(반 파장의 **짝수** 배)	→ P에서 **보강 간섭**
$\lvert\overline{S_1P}-\overline{S_2P}\rvert=\frac{1}{2}\lambda,\ \frac{3}{2}\lambda,\ \frac{5}{2}\lambda,\ \frac{7}{2}\lambda\ldots$(반 파장의 **홀수** 배)	→ P에서 **상쇄 간섭**

② S_1, S_2에서 위상이 **반대일 때**

$\overline{S_1P}-\overline{S_2P}=0$ 상쇄 간섭

보강 간섭

상쇄 간섭

보강 간섭

파원(S_1, S_2)으로 부터 공간상의 점(P)의 경로 차($|\overline{S_1P}-\overline{S_2P}|$)와
P에서 **보강 간섭**, **상쇄 간섭**의 관계

$\lvert\overline{S_1P}-\overline{S_2P}\rvert=0,\ \lambda,\ 2\lambda,\ 3\lambda\ldots$(반 파장의 **짝수** 배)	→ P에서 **상쇄 간섭**
$\lvert\overline{S_1P}-\overline{S_2P}\rvert=\frac{1}{2}\lambda,\ \frac{3}{2}\lambda,\ \frac{5}{2}\lambda,\ \frac{7}{2}\lambda\ldots$(반 파장의 **홀수** 배)	→ P에서 **보강 간섭**

간섭 유형 ① (평면상의 간섭)

위상의 정의를 다시 살펴 보자.

위상: 매질이 진동할 때, 한 순간 매질의 변위와 운동 상태
○ 위상이 같다: 파동의 마루들끼리 위상이 같고,
파동의 골들끼리 위상이 같다.
→ 위상이 같은 파동끼리 **보강간섭**한다!
○ 위상이 반대: 파동의 마루와 골은 위상이 반대이다.
→ 위상이 같은 파동끼리 **상쇄간섭**한다!

이에 따라 다음이 성립한다.

정리 위상과 간섭

○ 마루와 마루가 만난다. (위상이 같은 파동이 간섭한다.)
→ 보강 간섭

○ 골과 골이 만난다. (위상이 같은 파동이 간섭한다.)
→ 보강 간섭

○ 마루와 골이 만난다. (위상이 반대인 파동이 간섭한다.)
→ 상쇄 간섭

그림과 같이 파원 S_1, S_2에서 파장과 진동수, 진폭이 같은 물결파가 발생하여 점 P, Q, R에서 간섭한다.

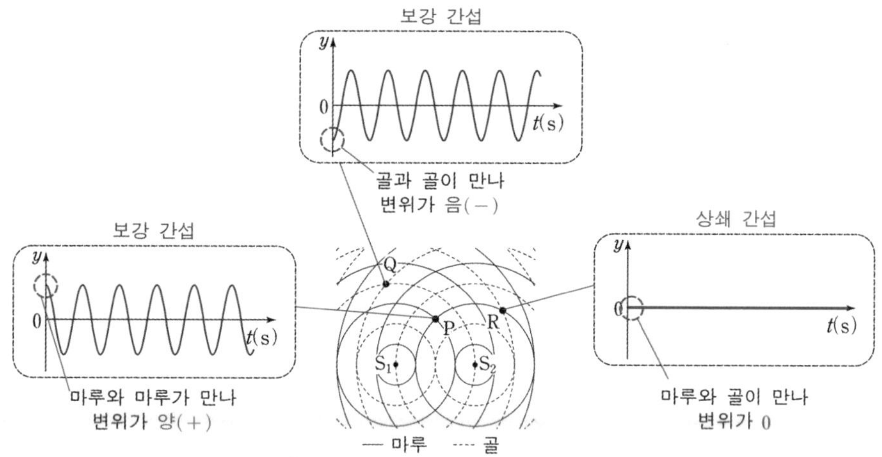

P: 마루와 마루가 만나 **보강 간섭**이 일어난다.
<u>**마루와 마루**</u>가 만나서 변위가 양(+)인 상태부터 시작한다.

Q: 골과 골이 만나 **보강 간섭**이 일어난다.
<u>**골과 골**</u>이 만나서 변위가 음(-)인 상태부터 시작한다.

R: 마루와 골이 만나 **상쇄 간섭**이 일어난다.
<u>**마루와 골**</u>이 만나서 변위가 <u>**0인 상태를 유지한다.**</u>

간섭 유형 ② ($\frac{L\lambda}{d}$ 활용)

그림과 같이 두 스피커에서 발생한 소리가 x축 상의 점 P에서 간섭하고, 이중 슬릿을 통과한 단색광이 스크린에서 간섭한다. 이때 x축과 스크린에서의 간섭은 어떤 규칙이 있을까?

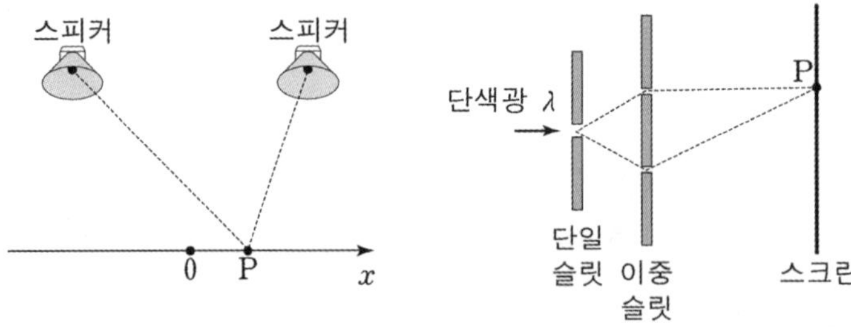

사실 이 경우는 아래 그림과 같이 S_1, S_2에서 발생한 파동이 x축 상에서 간섭하는 상황으로 동일하게 적용된다.

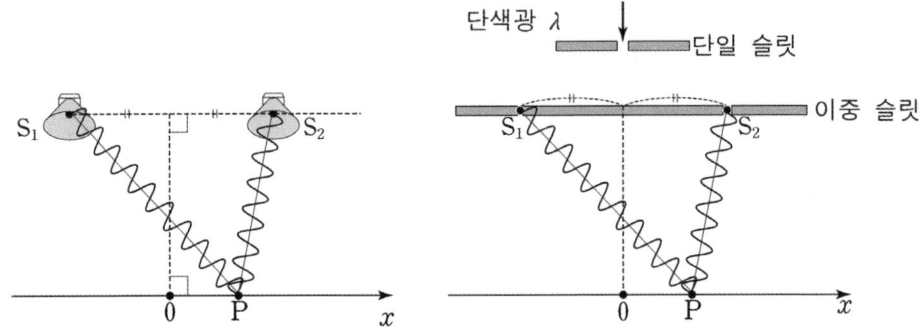

위의 두 상황은 아래의 그림의 간섭을 해석하면 이해할 수 있다.

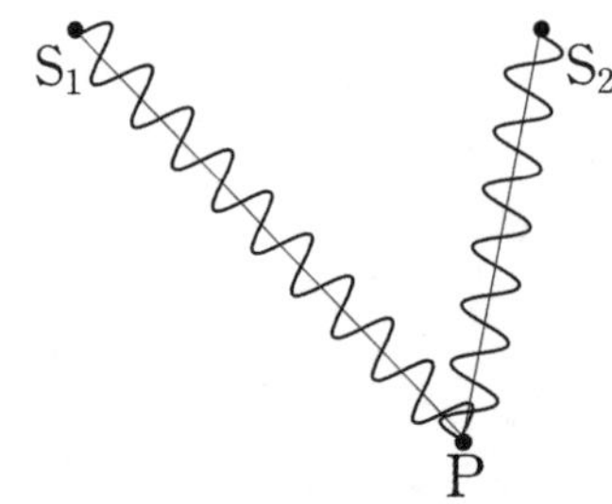

그런데 해당 부분은 일전에 경로차를 이용하여 해석할 수 있었다.

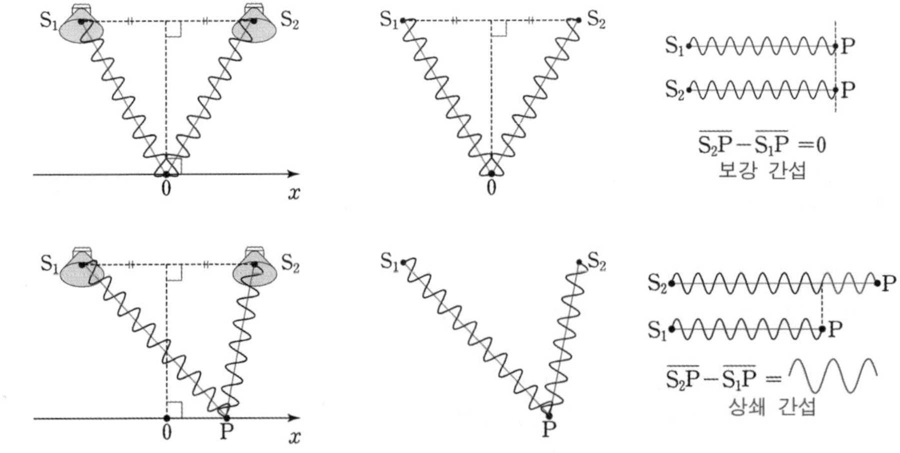

문제에서 만약 $\overline{S_1P}$, $\overline{S_2P}$를 모두 구할 수 없는 상황이라면 어떻게 될까?

S_1과 S_2를 잇는 직선과 x축 사이의 거리가 S_1, S_2 사이의 거리에 비해 매우 먼 경우에는 적절한 공식을 활용하여 상황을 해석할 수 있다.

우선 두 경우 모두 x축과 스크린에서 간섭무늬가 나타난다.
밝은 부분(빨간색 점)에서는 **보강 간섭** (두 파동의 위상이 같음)
어두운 부분(파란색 점)에서는 **상쇄 간섭** (**두 파동의 위상이 반대**)이 일어난다.

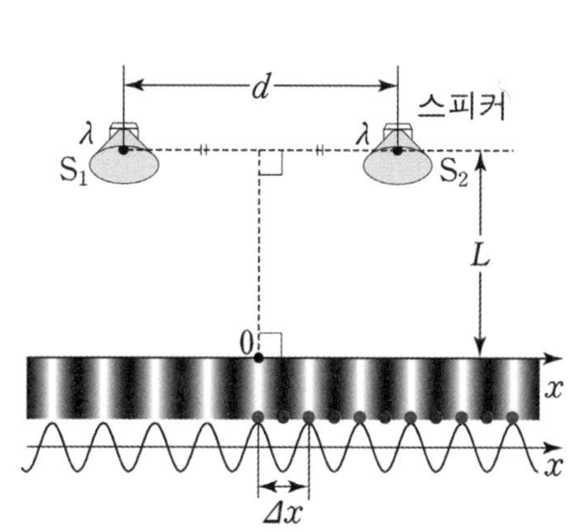

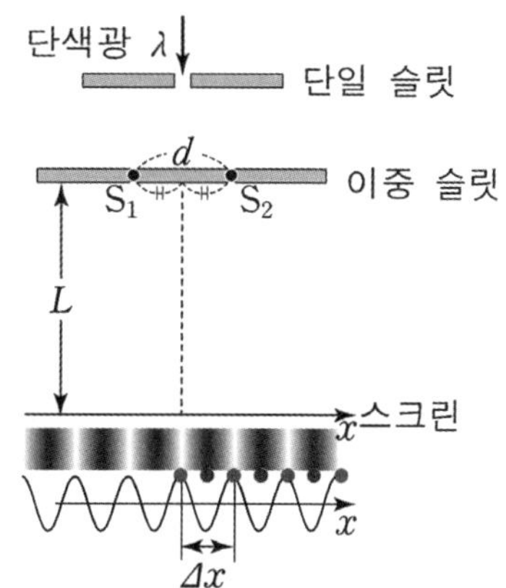

간섭 무늬의 간격: Δx
x축과 스피커 사이, 이중슬릿과 스피커 사이의 거리 : L
두 스피커 사이, 이중 슬릿의 두 구멍 사이의 거리 : d
스피커에서 소리의 파장, 빛의 파장 :λ

$$\Delta x = \frac{L\lambda}{d}$$

빛, 소리의 속력을 v,
빛, 소리의 진동수를 f로 두면 위의 식을 다음과 같이 바꿀 수 있다.

$$\Delta x = \frac{L\lambda}{d} = \frac{Lv}{df}$$

공식에 대한 증명과 직접적 활용은 물리학1 교육과정에서는 설명할 수 없다.
(물리학2에서 자세히 다룬다.)
하지만 알아 두어야 하는 이유는 아래와 같은 기출문제에서 유용하게 쓰일 수 있기 때문이다.

22학년도 6월 모의고사 15번 문항

그림과 같이 두 개의 스피커에서 진폭과 진동수가 동일한 소리를 발생시키면 $x=0$에서 보강 간섭이 일어난다. 소리의 진동수가 f_1, f_2일 때 x축상에서 $x=0$으로부터 첫 번째 보강 간섭이 일어난 지점까지의 거리는 각각 $2d$, $3d$이다.

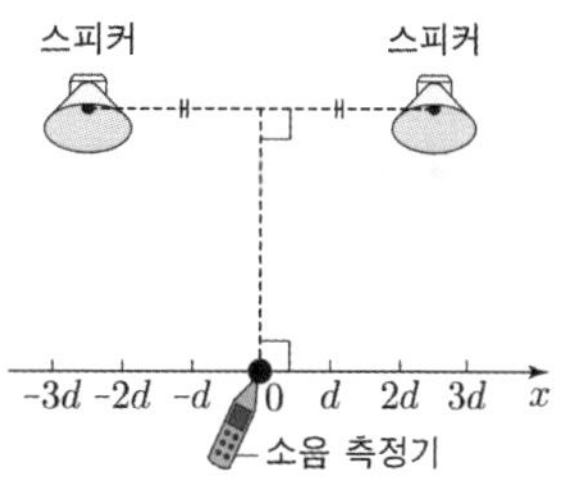

이에 대한 설명으로 옳은 것만을 〈보기〉에서 있는 대로 고른 것은?

〈보 기〉

ㄱ. $f_1 < f_2$이다.
ㄴ. f_1일 때 $x=0$과 $x=2d$ 사이에 상쇄 간섭이 일어나는 지점이 있다.
ㄷ. 보강 간섭된 소리의 진동수는 스피커에서 발생한 소리의 진동수보다 크다.

간섭 유형 ③ 〔일직선상의 간섭〕

그림과 같이 진폭과 속력이 각각 1cm, 1cm/s로 동일한 물결파 A, B가 서로를 향해 진행한다. A와 B는 P에서 간섭한다.

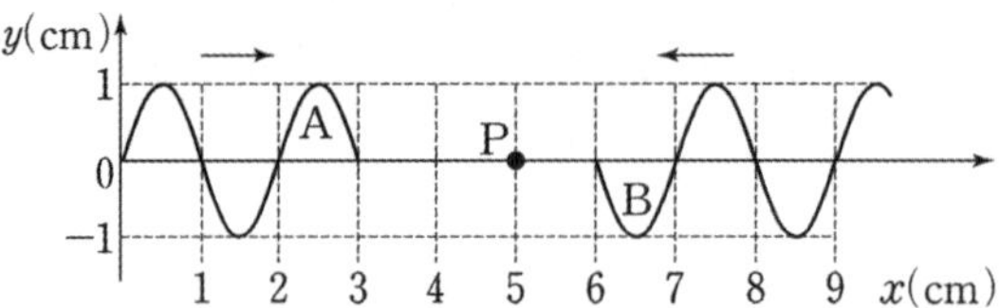

이때 P에서 변위를 시간에 따라 나타내 보면 어떻게 될까?

이런 유형의 순서는 다음과 같이 진행하면 된다.

① 두 파동 중 측정 지점(P)에 ⓐ 나중에 도착하는 파동의 끝을 찾는다.

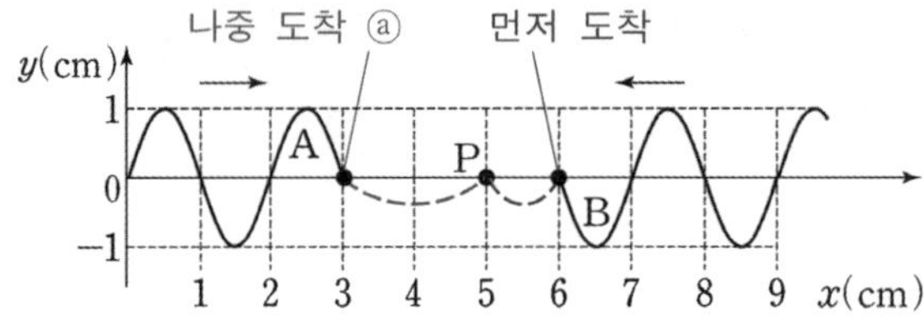

② ⓐ와 ⓐ과 P 사이의 거리에 대칭인 지점 사이 영역(아래에서 빨간색으로 색칠된 영역)을 조사한다.

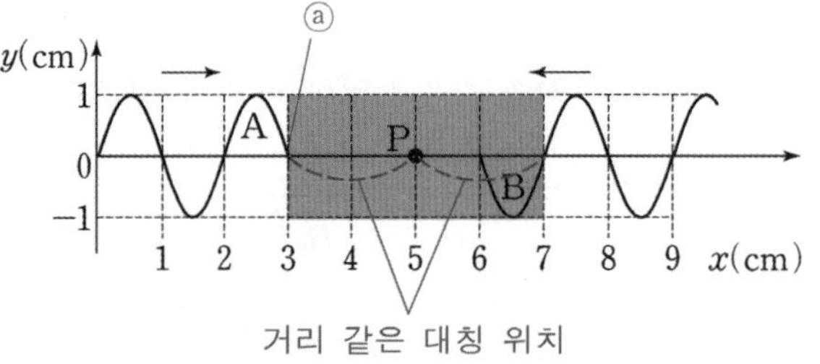

③ 빨간색으로 색칠된 영역 안의 파동의 모양대로 $y-t$그래프가 작성되고, 빨간색으로 색칠된 영역의 경계($x=3$cm, $x=7$cm)에서 위상을 확인하여 보강, 상쇄 간섭인지 판단한다.

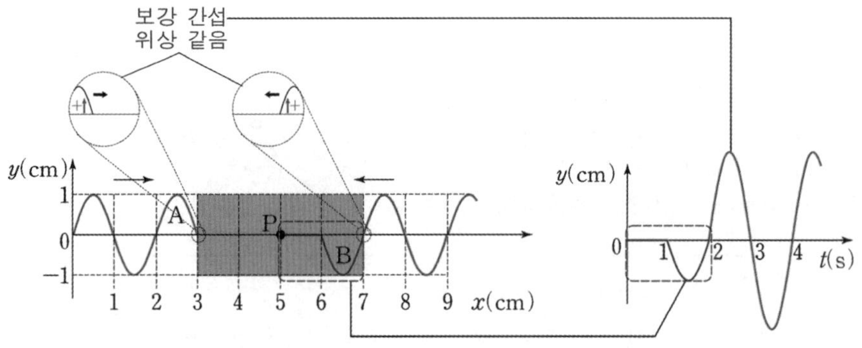

간섭의 활용 예시

보강 간섭의 예시

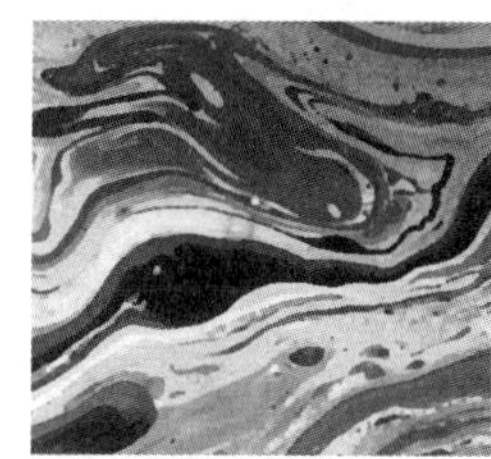

① 기름 막에 의한 간섭무늬
빛이 보강 간섭한 지점에서 밝게 보이고
빛이 상쇄 간섭한 지점에서 어둡게 보인다.

② 지폐 위조 방지:
지폐의 위쪽과 아래쪽에 반사된 빛이 서로 보강 간섭하여 특정 색깔이 잘 보이게 한다.

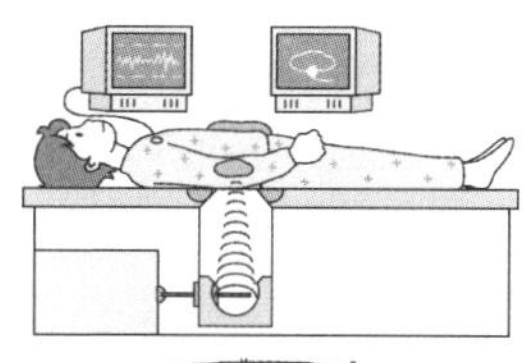

③ 초음파 충격
초음파 발생기에서 발생한 초음파가 결석이 있는 위치에서 보강 간섭이 일어나 결석을 파괴한다.

④ 악기의 울림통
악기의 울림통 내부에서 보강 간섭이 일어나 크고 선명한 음파를 만들어낸다.

상쇄 간섭의 예시

① 소음 제거 이어폰, 헤드폰(노이즈 캔슬링), 항공기 엔진 소음 제거
소음 제거 이어폰에서는 외부 소음과 반대 위상의 소리를 만들어내 소음을 제거한다.
자동차 배기 장치는 아래 그림과 같은 구조를 활용하여 소리의 경로 차를 만들어내 소음을 제거한다.
이는 모두 상쇄 간섭이 나타난 예이다.

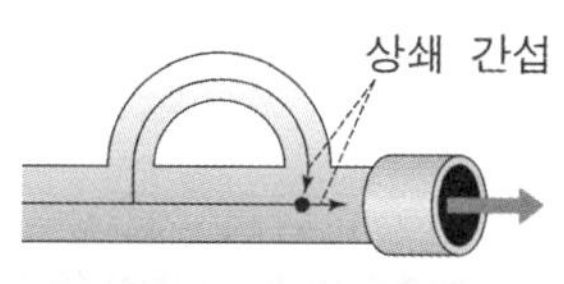

② 무반사 코팅 렌즈
코팅막과 렌즈의 경계면에서 반사된 빛과 코팅막에서 반사된 빛이 서로 상쇄 간섭하여 빛의 세기가 줄어 선명한 상을 만들어내는 현상을 활용한다.

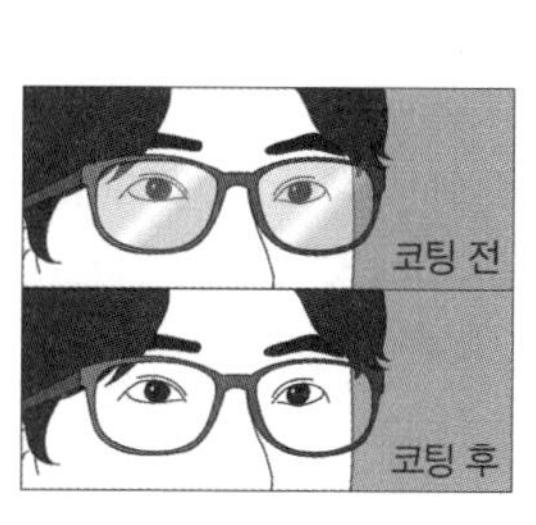

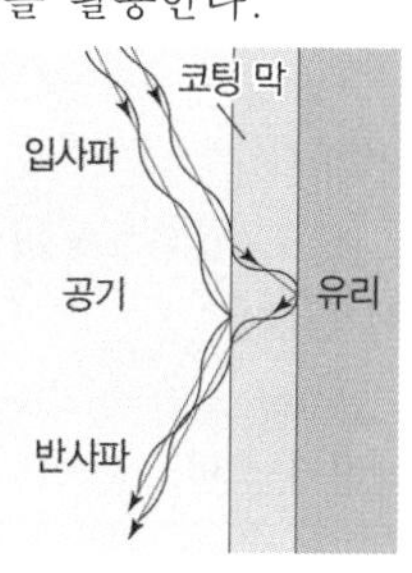

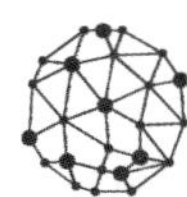

기출 예시 81

12학년도 9월 모의고사 16번 문항

그림과 같이 파원 S_1, S_2에서 진동수와 진폭이 같은 물결파를 같은 위상으로 발생시켰다. 점 P는 S_1과 S_2로부터 각각 45cm, 40cm떨어져 있다. 두 물결파의 진동수는 2Hz이며 속력은 20cm/s이다.

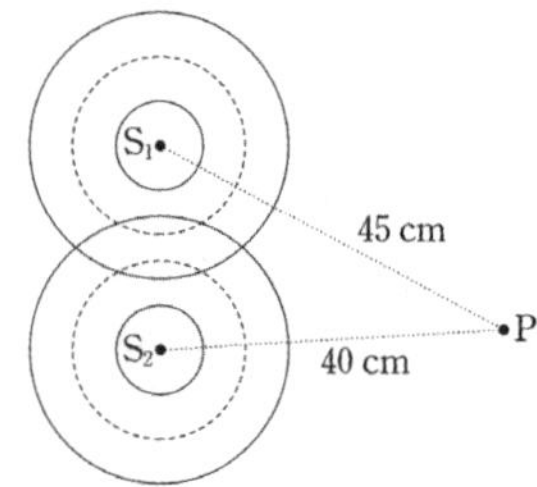

이에 대한 설명으로 옳은 것만을 〈보기〉에서 있는 대로 고른 것은?

〈보 기〉

ㄱ. 물결파의 파장은 10cm이다.

ㄴ. P에서 상쇄 간섭이 일어난다.

ㄷ. S_1, S_2에서 같은 위상으로 파장이 2cm인 물결파를 발생시키면, P에서 보강 간섭이 일어난다.

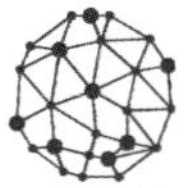

기출 예시 82

22학년도 6월 모의고사 15번 문항

그림과 같이 두 개의 스피커에서 진폭과 진동수가 동일한 소리를 발생시키면 $x=0$에서 보강 간섭이 일어난다. 소리의 진동수가 f_1, f_2일 때 x축상에서 $x=0$으로부터 첫 번째 보강 간섭이 일어난 지점까지의 거리는 각각 $2d$, $3d$이다.

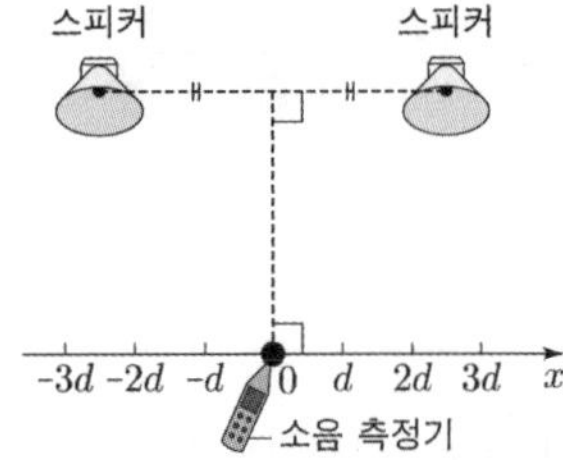

이에 대한 설명으로 옳은 것만을 〈보기〉에서 있는 대로 고른 것은?

〈보 기〉

ㄱ. $f_1 < f_2$이다.

ㄴ. f_1일 때 $x=0$과 $x=2d$ 사이에 상쇄 간섭이 일어나는 지점이 있다.

ㄷ. 보강 간섭된 소리의 진동수는 스피커에서 발생한 소리의 진동수보다 크다.

해설

물결파의 진행 속력을 v, 물결파의 진동수는 f, 물결파의 파장은 λ, 물결파의 주기를 T라 할 때 다음 식이 성립한다.

$$v = f\lambda = \frac{\lambda}{T}$$

ㄱ. 물결파의 파장(λ)는 다음과 같이 계산된다.

$$20\text{cm/s} = \lambda \times 2\text{Hz},\ \lambda = 10\text{cm}$$

(ㄱ. 참)

ㄴ. 보강 간섭은 경로차가 반파장($\frac{1}{2}\lambda = 5\text{cm}$)의 짝수배일 때 일어나고,
상쇄 간섭은 경로차가 반파장의 홀수배일 때 일어난다.
P에서 두 물결파의 경로차는 다음과 같다.

$$45\text{cm} - 40\text{cm} = 5\text{cm}$$

P에서 두 물결파의 경로차는 5cm×1(반파장의 홀수배)이다.
따라서 상쇄 간섭이 일어난다.

(ㄴ. 참)

ㄷ. 파장이 2cm인 물결파의 반파장은 1cm이다.
P에서 두 물결파의 경로차는 1cm×5(반파장의 홀수배)이다.
따라서 상쇄 간섭이 일어난다.

(ㄷ. 거짓)

정답

기출 예시 81
ㄱ, ㄴ

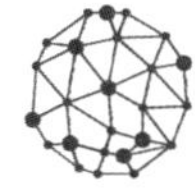

해설

ㄱ. 이웃한 보강 간섭이 일어나는 지점 사이의 거리는 음파의 파장에 비례한다.
$x=0$으로부터 첫 번째 보강 간섭이 일어난 지점까지의 거리는 음파의 진동수가 f_1일 때가 f_2일 때보다 작다.
따라서 음파의 파장은 f_1일 때가 f_2일 때보다 짧으므로 $f_1 > f_2$이다.

(ㄱ. 거짓)

ㄴ. 소리의 진동수가 f_1일 때 $x=0$과 $x=2d$에서 보강 간섭이 일어난다.
보강 간섭이 일어나는 이웃하는 두 지점 사이에는 상쇄 간섭이 일어나는 지점이 존재하므로, f_1일 때 $x=0$과 $x=2d$ 사이에 상쇄 간섭이 일어나는 지점이 있다.

(ㄴ. 참)

ㄷ. 진동수가 같은 두 파동이 중첩할 때,
중첩된 파동의 진동수는
중첩되기 전 두 파동의 진동수와 같다.
따라서 보강 간섭된 소리의 진동수는
스피커에서 발생한 소리의 진동수와 같다.

(ㄷ. 거짓)

정답

기출 예시 82
ㄴ

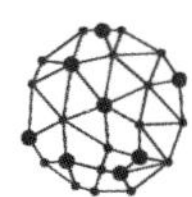

기출 예시 83

23학년도 9월 모의고사 10번 문항

그림 (가)는 두 점 S_1, S_2에서 진동수와 진폭이 같고 서로 반대의 위상으로 발생시킨 두 물결파의 시간 $t=0$일 때의 모습을 나타낸 것이다. 점 A, B, C는 평면상에 고정된 세 지점이고, 두 물결파의 속력은 같다. 그림 (나)는 C에서 중첩된 물결파의 변위를 t에 따라 나타낸 것이다.

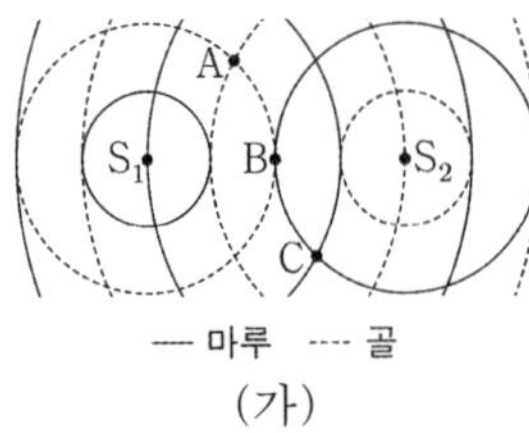

(가)

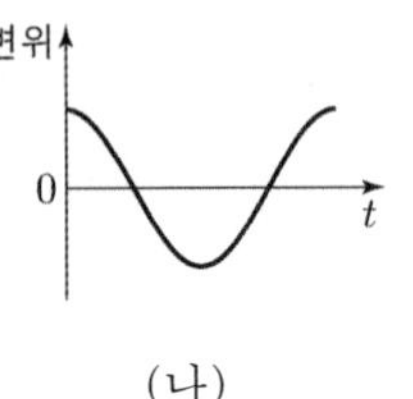

(나)

A, B에서 중첩된 물결파의 변위를 t에 따라 나타낸 것으로 가장 적절한 것은?

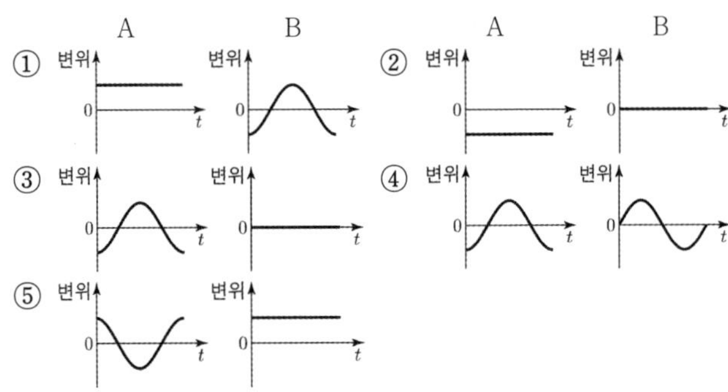

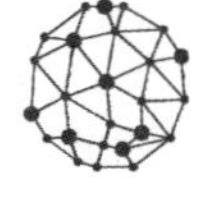

기출 예시 84

21학년도 수능 13번 문항

그림 (가)는 진폭이 1cm, 속력이 5cm/s로 같은 두 물결파를 나타낸 것이다. 실선과 점선은 각각 물결파의 마루와 골이고, 점 P, Q, R는 평면상의 고정된 지점이다. 그림 (나)는 R에서 중첩된 물결파의 변위를 시간에 따라 나타낸 것이다.

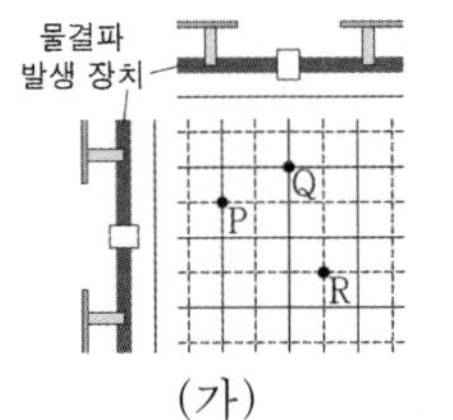

(가)

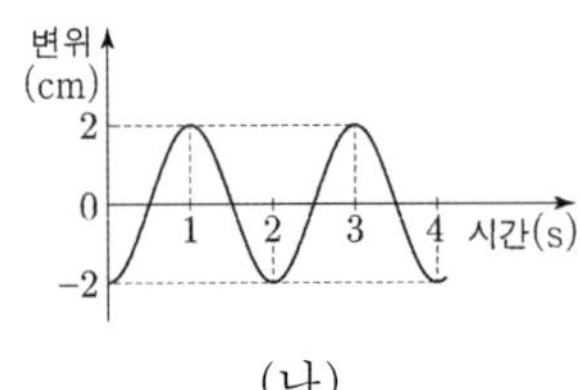

(나)

이에 대한 설명으로 옳은 것만을 〈보기〉에서 있는 대로 고른 것은?

〈보 기〉

ㄱ. 두 물결파의 파장은 10cm로 같다.

ㄴ. 1초일 때, P에서 중첩된 물결파의 변위는 2cm이다.

ㄷ. 2초일 때, Q에서 중첩된 물결파의 변위는 0이다.

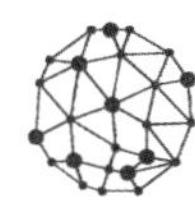

해설

(가)에서 $t=0$인 순간 C에서는 두 물결파의 마루와 마루가 만나 보강 간섭한다.
A에서는 두 물결파의 골과 골이 만나 보강 간섭하므로
C의 위상과 반대이다.
B에서는 두 물결파가 상쇄 간섭하므로 변위는 항상 0이다.

따라서 A와 B에서 중첩된 물결파의 변위를 t에 따라 나타낸 것으로 가장 적절한 것은 ③이다.

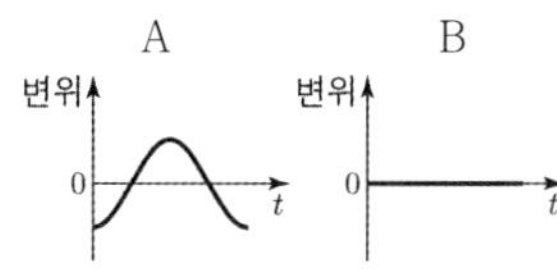

정답

기출 예시 83
③

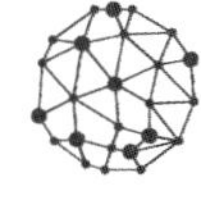

해설

물결파의 진행 속력을 v, 물결파의 진동수는 f, 물결파의 파장은 λ, 물결파의 주기를 T라 할 때 다음 식이 성립한다.

$$v=f\lambda=\frac{\lambda}{T}$$

ㄱ. 물결파의 속력은 5cm/s이고,
(나)의 R에서 중첩된 물결파의 주기는 2초이다.
따라서 두 물결파의 파장(λ)은 다음과 같이 계산된다.

$$\lambda=5\text{cm/s}\times 2\text{초}=10\text{cm}$$

(ㄱ. 참)

ㄴ. P는 두 물결파의 마루와 골이 중첩되어 상쇄 간섭하는 지점이다.
따라서 1초일 때, P에서 중첩된 물결파의 변위는 0이다.

(ㄴ. 거짓)

ㄷ. (가)에서 R은 골과 골이 만나 보강 간섭이 일어나는 지점이다.
0초일 때 Q에서의 변위가 +2cm이다.
물결파의 주기는 2초이고,
2초일 때 변위는 0초일 때의 변위와 같으므로
2초일 때의 변위는 2cm이다.

(ㄷ. 거짓)

정답

기출 예시 84
ㄱ

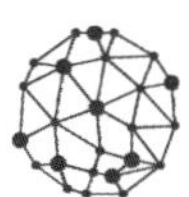

기출 예시 85

21학년도 6월 모의고사 13번 문항

그림 A, B, C는 파동의 성질을 활용한 예를 나타낸 것이다.

A.소음 제거 이어폰

B.돋보기

C.악기의 울림통

A, B, C 중 파동이 간섭하여 파동의 세기가 감소하는 현상을 활용한 예만을 있는 대로 고른 것은?

① A ② C ③ A, B ④ B, C ⑤ A, B, C

기출 예시 86

23학년도 6월 모의고사 4번 문항

다음은 파동의 간섭을 활용한 무반사 코팅 렌즈에 대한 내용이다.

> 무반사 코팅 렌즈는 파동이 [ⓐ] 간섭하여 빛의 세기가 줄어드는 현상을 활용한 예로 ㉠ 공기와 코팅 막의 경계에서 반사하여 공기로 진행한 빛과 ㉡ 코팅 막과 렌즈의 경계에서 반사하여 공기로 진행한 빛이 [ⓐ] 간섭한다.

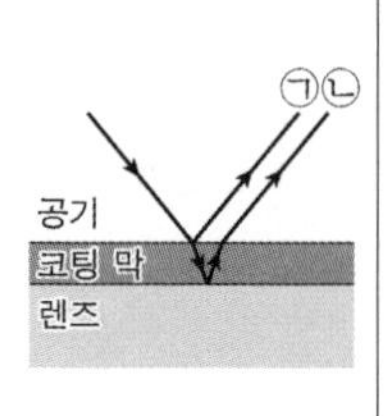

이에 대한 설명으로 옳은 것만을 <보기>에서 있는 대로 고른 것은?

〈보 기〉

ㄱ. '상쇄'는 ⓐ에 해당한다.
ㄴ. ㉠과 ㉡은 위상이 같다.
ㄷ. 파동의 간섭 현상은 소음 제거 이어폰에 활용된다.

해설

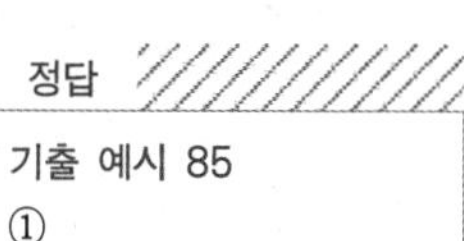

정답

기출 예시 85
①

A. 소음 제거 이어폰은 외부의 소음과 위상이 반대인 소리를 발생시켜 상쇄 간섭을 일으킴으로써 파동의 세기가 감소하는 현상을 이용한다.
B. 돋보기는 빛이 굴절하는 성질을 이용한다.
C. 악기의 울림통은 소리의 보강 간섭을 일으켜서 파동의 세기를 증가시킨다.

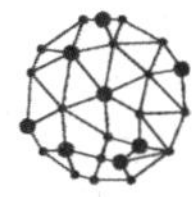

해설

정답

기출 예시 86
ㄱ, ㄷ

무반사 코팅 렌즈는 공기와 코팅 막의 경계에서 반사하여 진행한 빛과 코팅 막과 렌즈의 경계에서 반사하여 공기로 진행한 빛을 상쇄 간섭시킨다.

ㄱ. '상쇄'는 ⓐ에 해당한다.

(ㄱ. 참)

ㄴ. ㉠과 ㉡은 상쇄 간섭하는 빛이므로 위상이 반대이다.

(ㄴ. 거짓)

ㄷ. 파동의 간섭 현상은 소음 제거 이어폰에 활용된다.

(ㄷ. 참)

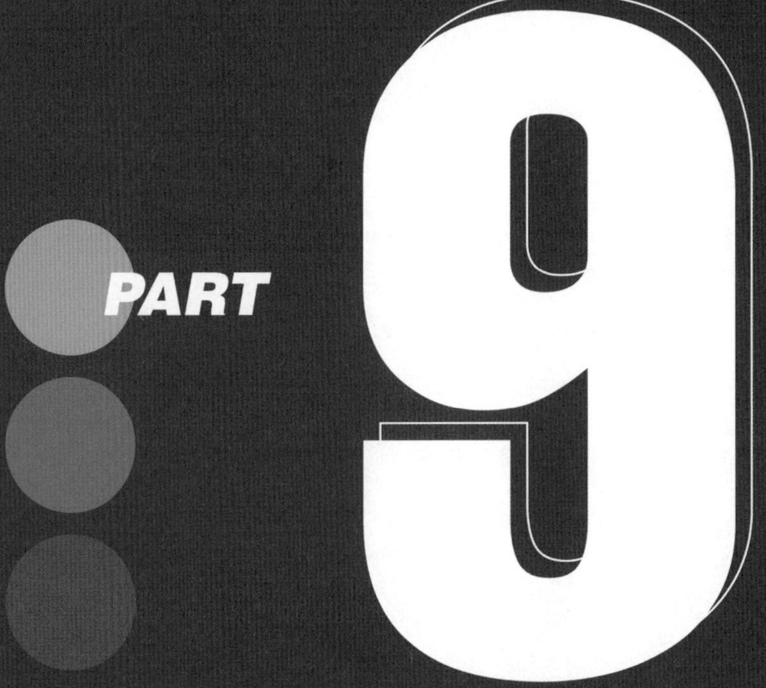

PART 9

개념편

/

PART

01 열역학
02 특수 상대론과 질량 에너지 동등성
03 전기력
04 보어의 수소 원자 모형
05 에너지 띠/다이오드 회로
06 자기장
07 전자기 유도와 자성
08 파동
09 빛과 물질의 이중성

Mechanica 물리학1

1. 빛의 이중성

빛의 파동성의 한계

파동은 간섭, 회절, 굴절, 반사한다.
이전 장에서는 빛은 위의 성질을 띤다.
그렇다면 빛은 파동일까?

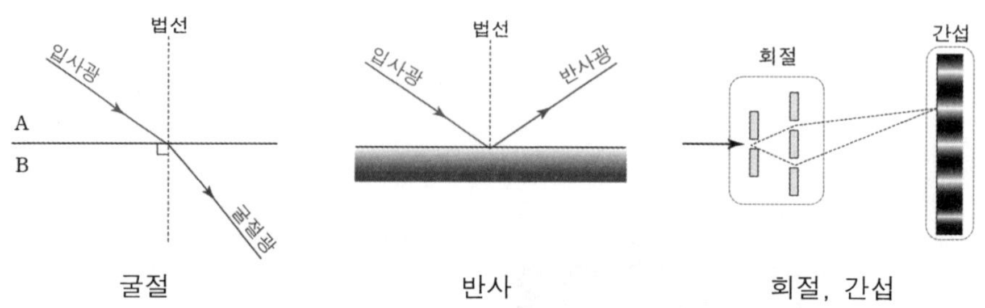

굴절　　　반사　　　회절, 간섭

파동은 매질을 제자리에서 진동시킨다.
빛이 파동이라면 금속판에 비춘다면
금속판의 물질들은 그 자리에서 진동만 할 것이다.

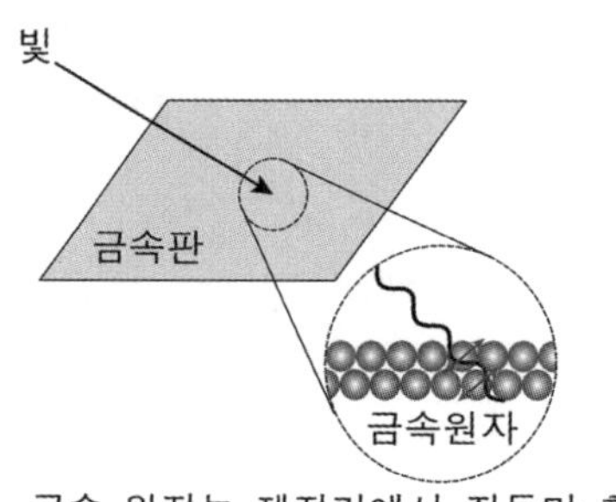

금속 원자는 제자리에서 진동만 함

그런데 금속판에 빛을 비추면 전자가 튀어나온다.

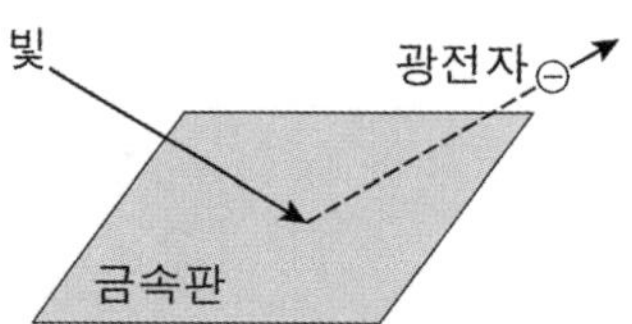

그런데 모든 빛을 비춘다고 금속판에서 모두 전자가 튀어나오는 것은 아니다.
특정 진동수(f_0)보다 큰 빛을 비추었을 때만 금속판에서 전자가 튀어나온다.

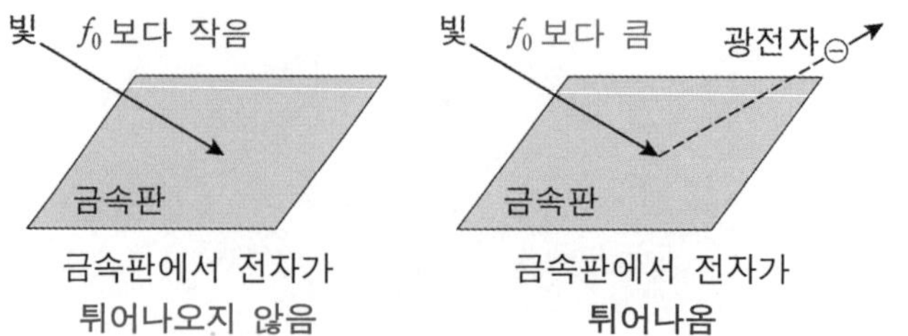

금속판에서 전자가 튀어나오지 않음　　　금속판에서 전자가 튀어나옴

2단원에서 보어의 수소 원자 모형에서 빛의 광자 1개의 에너지는 다음과 같다.

$$E = hf$$

(h: 플랑크 상수, f: 빛의 진동수)

즉,
빛이 **파동**이라도 에너지를 가지고 있으므로,
빛을 많이, 오래 쏘게 된다면(빛의 세기를 증가시키면)
금속판에 빛의 에너지가 축적되어 결국 전자가 튀어나올 것이다.

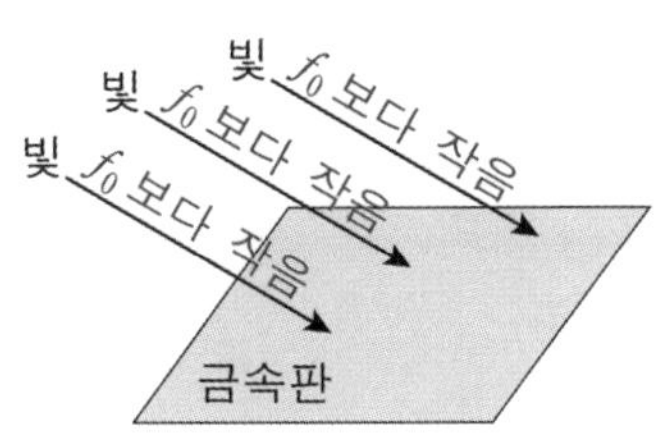

○ 직관적인 이해
밖에 나가서 햇볕을 오래 쬐게 되면 덥다. 이유는 빛을 많이 오래 받으면 에너지가 축적되기 때문이다. 마찬가지로 특정 지점에 파동을 많이, 오래 집중시키면 에너지가 축적될 것이다. (전 장의 간섭 현상의 예시인 초음파 충격 장치를 생각하면 좋다.)

그런데 이러한 현상은 전혀 일어나지 않는다.
아무리 빛을 세게, 오래 비추어도
전자는 튀어나오지 않는다.
전자가 튀어나오는 요인은 오직 빛의 진동수임을 확인 할 수 있다.

이는 빛의 파동성으로 설명할 수 없다.

광전효과 (용어 정리)

아인슈타인은 광양자설을 주장했다.

광양자설
아인슈타인은 빛을 연속적인 파동의 흐름이 아니라 진동수에 비례하는 에너지를 갖는 불연속적인 에너지 입자의 흐름으로 가정했다.

광전효과
금속에 특정 진동수(f_0)보다 큰 진동수의 빛을 비출 때 금속에서 전자가 튀어나오는 현상.

광전효과를 관찰하기 위해서
오른쪽 그림과 같은 광전관을 활용한다.
광전관에 빛을 비추어
광전류(튀어 나온 전자의 수에 비례)와
광전자의 최대 운동 에너지를 구할 수 있다.

광전자
광전효과에 의해 튀어나오는 전자.

문턱 진동수(f_0)
금속판에서 전자를 떼어내기 위한 최소한의 진동수
앞서 언급했던 특정 진동수(f_0)가 이에 해당한다.

최대 운동 에너지
빛을 금속판에 비출 때 전자가 여러 개 튀어나오는데,
튀어나오는 전자의 운동 에너지 중 가장 큰 값

빛의 세기
비추어 주는 빛의 광자 개수
센 빛은 광자 수가 많고
약한 빛은 광자 수가 적다.

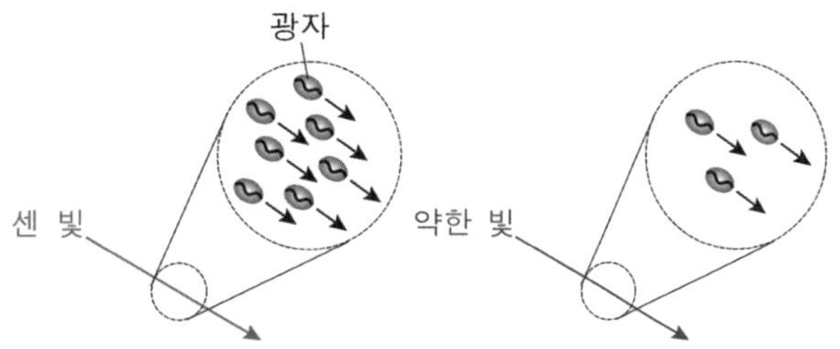

광전효과 원리

① 진동수가 문턱 진동수(f_0)보다 작은 빛을 비추었을 때, 아무리 센 빛을 비추더라도 광전자가 튀어나오지 않는다.

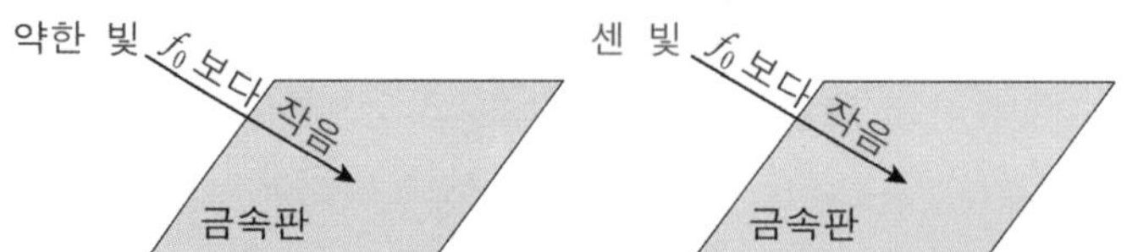

② 진동수가 문턱 진동수(f_0)보다 큰 빛을 비추었을 때, 광전자가 튀어나온다.
이때 광자 1개당 광전자 1개가 튀어나온다.

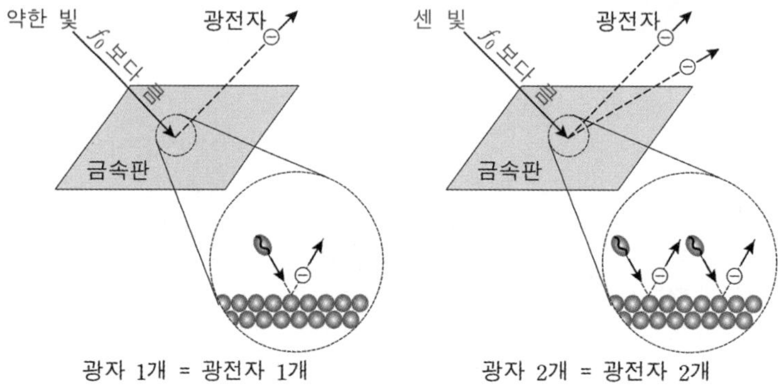

광자 1개 = 광전자 1개 광자 2개 = 광전자 2개

③ 진동수가 문턱 진동수보다 클 때,
튀어나온 광전자의 최대 운동 에너지(E_K)
빛의 진동수(f), 문턱 진동수(f_0)의 관계는 다음과 같다.

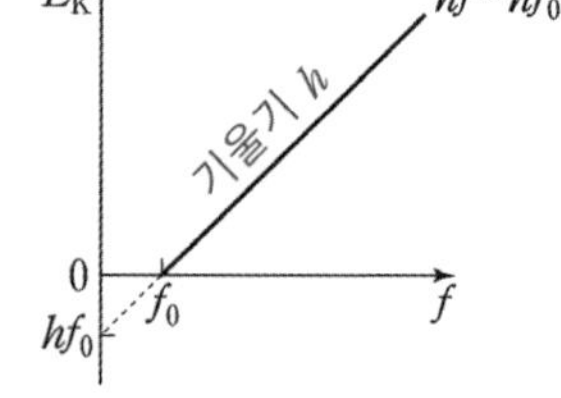

$$E_K = hf - hf_0$$

즉,
빛의 진동수가 문턱 진동수보다 클 때($f > f_0$)
비추어 준 빛의 진동수가 클수록
광전자의 최대 운동 에너지가 크다.

④ 문턱 진동수는 금속마다 서로 다르다.
예를 들면 아래 그림과 같이
진동수가 f인 빛을 금속판 A, B에 비출 때,
A에는 광전자가 튀어나오지 않고
B에는 광전자가 튀어나온다.

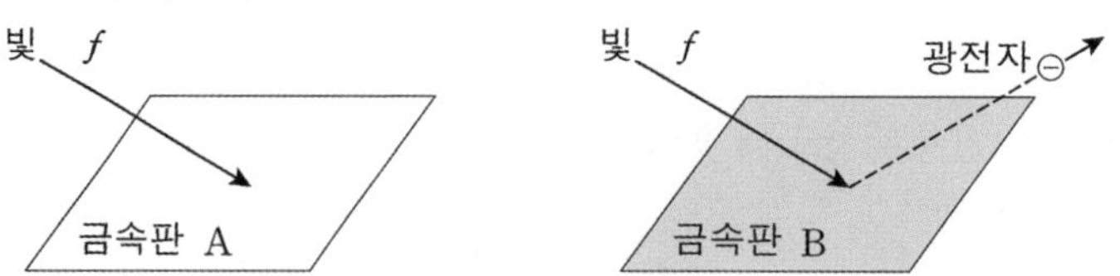

A와 B의 문턱 진동수를 각각 f_A, f_B로 두면 다음이 성립한다.

$$f_B < f < f_A$$

★ 서로 다른 두 빛을 비춘 경우

금속판에 서로 다른 진동수의 빛 A, B를 비추어 보자.

A, B의 진동수는 각각 f_A, f_B이고, 빛의 세기(광전자 수)는 N_A, N_B이다.

A와 B에 의해 광전자가 튀어 나올 때 광전자의 최대 운동 에너지를 각각 E_A, E_B로 두자.

(f_0: 문턱 진동수)

① $f_A < f_B < f_0$

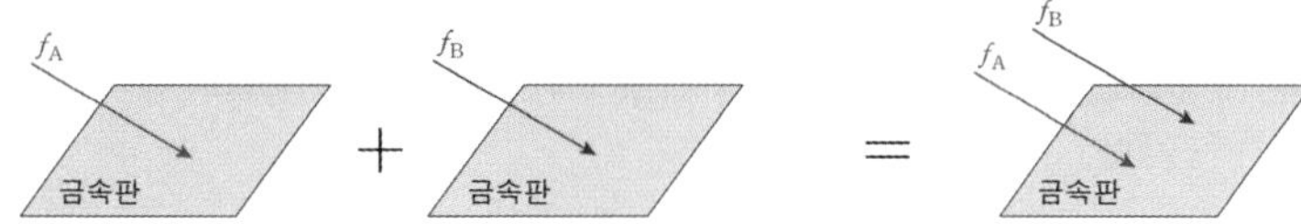

A와 B의 진동수가 모두 문턱 진동수보다 작으므로

같이 비추어도 광전자가 튀어나오지 않을 것이다.

따라서

A와 B를 함께 비출 때 광전자의 최대 운동 에너지와 튀어나온 광전자 수는 다음과 같다.

광전자의 최대 운동 에너지	튀어나온 광전자의 수
0	0

② $f_A < f_0 < f_B$

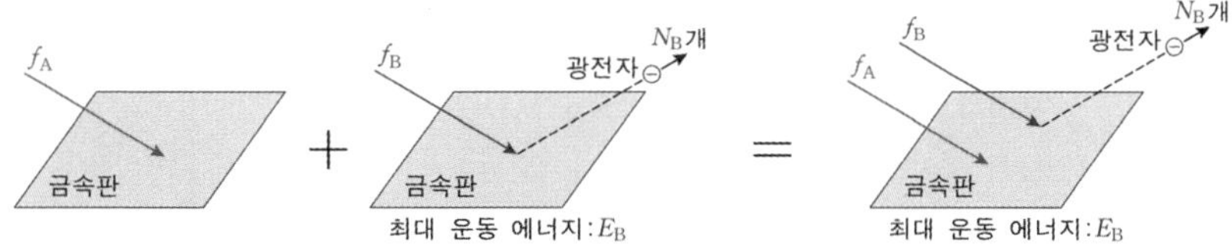

A의 진동수는 문턱 진동수(f_0)보다 작으므로 광전자가 튀어나오지 않는다.

B의 진동수는 문턱 진동수(f_0)보다 크므로 광전자가 튀어나온다.

A와 B를 함께 비추면 <u>B에서만 광전자가 튀어나올 것이다.</u>

따라서

A와 B를 함께 비출 때 광전자의 최대 운동 에너지와 튀어나온 광전자 수는 다음과 같다.

광전자의 최대 운동 에너지	튀어나온 광전자의 수
E_B	N_B

③ $f_0 < f_A < f_B$

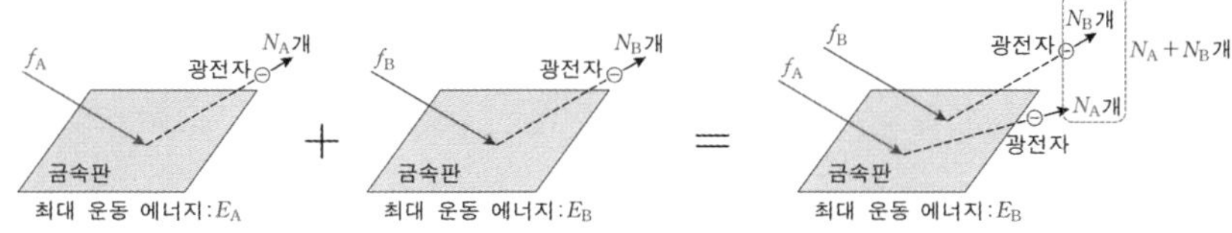

A의 진동수는 문턱 진동수(f_0)보다 크므로 광전자가 튀어나온다.

B의 진동수는 문턱 진동수(f_0)보다 크므로 광전자가 튀어나온다.

A와 B를 함께 비추면 <u>A, B 모두에서 광전자가 튀어나올 것이다.</u>

튀어나온 모든 광전자의 수는 N_A개와 N_B개를 합한 값과 같다.

$f_A < f_B$이므로 튀어나온 광전자의 최대 운동 에너지의 관계는 다음과 같다.

$$E_A < E_B$$

A만 비추었을 때 전자의 운동 에너지의 최댓값이 E_A이고

B만 비추었을 때 전자의 운동 에너지의 최댓값이 E_B이므로

A와 B를 함께 비추었을 때 전자의 운동 에너지의 최댓값은 E_B이다.

따라서

A와 B를 함께 비출 때 광전자의 최대 운동 에너지와 튀어나온 광전자 수는 다음과 같다.

광전자의 최대 운동 에너지	튀어나온 광전자의 수
E_B	$N_A + N_B$

기출 예시 87

18학년도 수능 9번 문항

그림 (가)는 금속판 P에 빛을 비추었을 때 광전자가 방출되는 모습을 나타낸 것이고, (나)는 (가)에서 방출되는 광전자의 최대 운동 에너지를 빛의 진동수에 따라 나타낸 것이다. 진동수가 f이고 세기가 I인 빛을 비추었을 때, 방출되는 광전자의 최대 운동 에너지는 E이다.

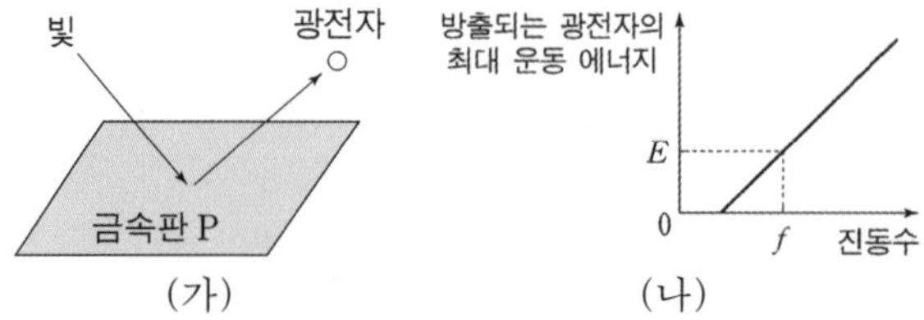

이에 대한 설명으로 옳은 것만을 〈보기〉에서 있는 대로 고른 것은?

〈보 기〉

ㄱ. 진동수가 f이고 세기가 $2I$인 빛을 P에 비추면, 방출되는 광전자의 최대 운동 에너지는 E이다.

ㄴ. 진동수가 $2f$이고 세기가 I인 빛을 P에 비추면, 방출되는 광전자의 최대 운동 에너지는 E보다 크다.

ㄷ. 빛의 입자성을 보여주는 현상이다.

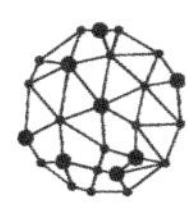

해설

ㄱ. 금속판에서 방출되는 광전자의 최대 운동 에너지는
비춘 빛의 진동수가 커질수록 커지고
빛의 세기와는 관계가 없으므로
진동수가 f이고 세기가 $2I$인 빛을 P에 비추면
방출되는 광전자의 최대 운동 에너지는 E이다.

(ㄱ. 참)

ㄴ. 금속판에서 방출되는 광전자의 최대 운동 에너지는
비춘 빛의 진동수가 커질수록 커지고
빛의 세기와는 관계가 없으므로
진동수가 $2f$이고 세기가 I인 빛을 P에 비추면
방출되는 광전자의 최대 운동 에너지는 E보다 크다.

(ㄴ. 참)

ㄷ. 광전 효과는 빛의 입자성에 의해 나타난다.

(ㄷ. 참)

정답

기출 예시 87
ㄱ, ㄴ, ㄷ

기출 예시 88

23학년도 6월 모의고사 6번 문항

그림과 같이 단색광 A를 금속판 P에 비추었을 때 광전자가 방출되지 않고, 단색광 B, C를 각각 P에 비추었을 때 광전자가 방출된다. 방출된 광전자의 최대 운동 에너지는 B를 비추었을 때가 C를 비추었을 때보다 크다.

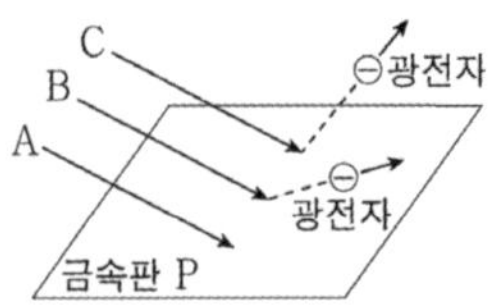

이에 대한 설명으로 옳은 것만을 〈보기〉에서 있는 대로 고른 것은?

〈보 기〉

ㄱ. A의 세기를 증가시키면 광전자가 방출된다.
ㄴ. P의 문턱 진동수는 B의 진동수보다 작다.
ㄷ. 단색광의 진동수는 B가 C보다 크다.

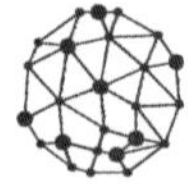

기출 예시 89

17학년도 수능 13번 문항 변형

그림은 두 광전관의 금속판 P, Q에 진동수가 서로 다른 단색광 A, B, C를 하나씩 비추는 모습을 나타낸 것이다. 표는 A, B, C를 하나씩 비추었을 때 P, Q에서의 광전자 방출 여부를 나타낸 것이다.

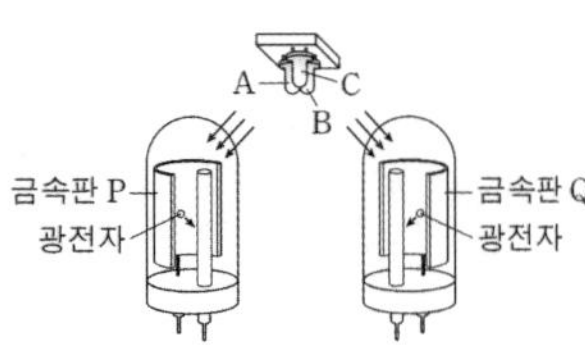

단색광	광전자 방출 여부	
	P	Q
A	×	○
B	○	○
C	×	×

(○: 방출됨, ×: 방출 안됨)

이에 대한 설명으로 옳은 것만을 〈보기〉에서 있는 대로 고른 것은?

〈보 기〉

ㄱ. 진동수는 A가 C보다 크다.
ㄴ. A의 세기를 증가시키면 P에서 광전자가 방출된다.
ㄷ. 문턱 진동수는 P가 Q보다 크다.

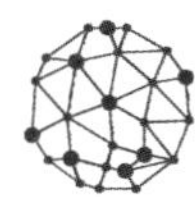

해설

ㄱ. 금속판에서 광전자의 방출 여부는
비춘 빛의 진동수에만 관계가 있으므로
A의 세기를 증가시켜도 광전자가 방출되지 않는다.

(ㄱ. 거짓)

ㄴ. 문턱 진동수보다 진동수가 큰 빛을 비추어야
광전자가 방출되므로
P의 문턱 진동수는 B의 진동수보다 작다.

(ㄴ. 참)

ㄷ. 방출된 광전자의 최대 운동 에너지는
비춘 빛의 진동수가 클수록 커지므로
단색광의 진동수는 B가 C보다 크다.

(ㄷ. 참)

정답

기출 예시 88
ㄴ, ㄷ

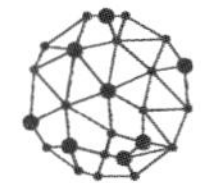

해설

ㄱ. Q에 A를 비추었을 때 광전자가 방출되므로
A의 진동수는 Q의 문턱 진동수보다 크고
Q에 C를 비추었을 때 광전자가 방출되지 않으므로
C의 진동수는 Q의 문턱 진동수보다 작다.
따라서 진동수는 A가 C보다 크다.

(ㄱ. 참)

ㄴ. P에 A를 비추었을 때 광전자가 방출되지 않으므로
A의 진동수는 P의 문턱 진동수보다 작다.
방출되는 광전자의 최대 운동 에너지는
비추어준 빛의 진동수에만 관계가 있으므로
A의 세기를 증가시켜도 P에서 광전자가 방출되지 않는다.

(ㄴ. 거짓)

ㄷ. A의 진동수가 P의 문턱 진동수보다 작고
A의 진동수가 Q의 문턱 진동수보다 크므로
문턱 진동수는 P가 Q보다 크다.

(ㄷ. 참)

정답

기출 예시 89
ㄱ, ㄷ

기출 예시 90

23학년도 9월 모의고사 13번 문항

그림과 같이 금속판에 초록색 빛을 비추어 방출된 광전자를 가속하여 이중 슬릿에 입사시켰더니 형광판에 간섭무늬가 나타났다. 금속판에 빨간색 빛을 비추었을 때는 광전자가 방출되지 않았다.

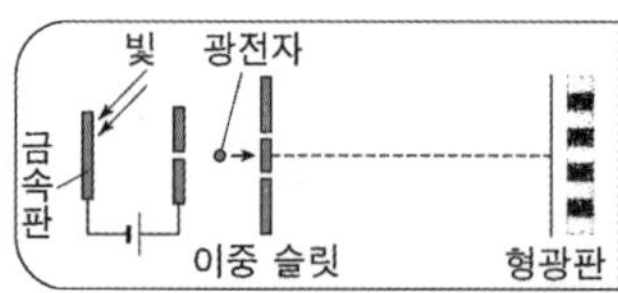

이에 대한 설명으로 옳은 것만을 〈보기〉에서 있는 대로 고른 것은?

〈보 기〉

ㄱ. 광전자의 속력이 커지면 광전자의 물질파 파장은 줄어든다.
ㄴ. 초록색 빛의 세기를 감소시켜도 간섭무늬의 밝은 부분은 밝기가 변하지 않는다.
ㄷ. 금속판의 문턱 진동수는 빨간색 빛의 진동수보다 크다.

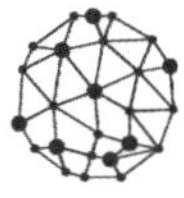

기출 예시 91

22학년도 수능 7번 문항

그림 (가)는 단색광이 이중 슬릿을 지나 금속판에 도달하여 광전자를 방출시키는 실험을, (나)는 (가)의 금속판에서의 위치에 따라 방출된 광전자의 개수를 나타낸 것이다. 점 O, P는 금속판 위의 지점이다.

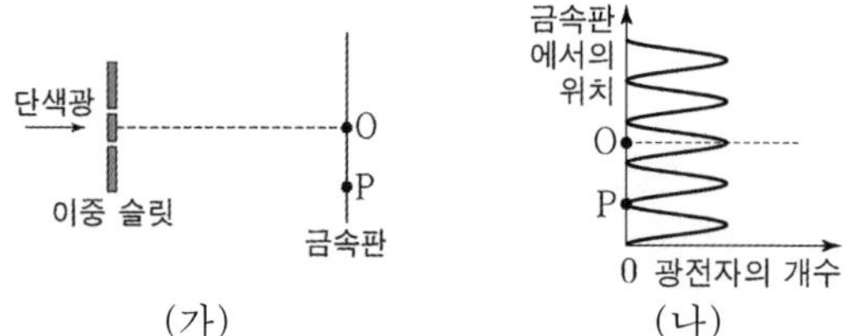

이에 대한 설명으로 옳은 것만을 〈보기〉에서 있는 대로 고른 것은?

〈보 기〉

ㄱ. 단색광의 세기를 증가시키면 O에서 방출되는 광전자의 개수가 증가한다.
ㄴ. 금속판의 문턱 진동수는 단색광의 진동수보다 작다.
ㄷ. P에서 단색광의 상쇄 간섭이 일어난다.

해설

ㄱ. 광전자의 물질파 파장은 광전자의 운동량에 반비례한다. ($p=\frac{h}{\lambda}$)

광전자의 속력(v)이 커지면
광전자의 운동량이 커지고 ($p=mv$)
광전자의 물질파 파장은 줄어든다.

(ㄱ. 참)

ㄴ. 간섭무늬의 밝은 부분의 밝기는
금속판에서 방출된 광전자의 수가 많을수록 밝아진다.
따라서
초록색 빛의 세기를 감소시키면
금속판에서 방출되는 광전자 수가 줄어들고
간섭무늬의 밝은 부분의 밝기가 줄어든다.

(ㄴ. 거짓)

ㄷ. 금속판에 빨간색 빛을 비추었을 때 광전자가 방출되지 않으므로
금속판의 문턱 진동수는 빨간색 빛의 진동수보다 크다.

(ㄷ. 참)

정답

기출 예시 90
ㄱ, ㄷ

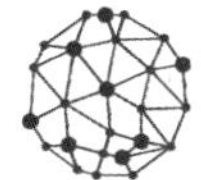

해설

ㄱ. 방출되는 광전자의 개수는
단색광의 세기가 커질수록 커지므로
단색광의 세기를 증가시키면
O에서 방출되는 광전자의 개수가 증가한다.

(ㄱ. 참)

ㄴ. 단색광을 비추었을 때 광전자가 방출된다.
따라서 금속판의 문턱 진동수는 단색광의 진동수보다 작다.

(ㄴ. 참)

ㄷ. P에서 상쇄 간섭이 일어나
단색광의 세기가 줄어들어서
방출된 광전자의 수가 줄어든다.

(ㄷ. 참)

정답

기출 예시 91
ㄱ, ㄴ, ㄷ

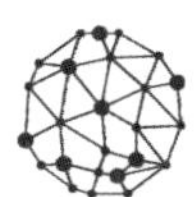

기출 예시 92

23학년도 9월 모의고사 4번 문항

표림 (가)는 보어의 수소 원자 모형에서 양자수 n에 따른 에너지 준위의 일부와, 전자가 전이하면서 진동수가 f_a, f_b인 빛이 방출되는 것을 나타낸 것이다. 그림 (나)는 분광기를 이용하여 (가)에서 방출되는 빛을 금속판에 비추는 모습을 나타낸 것으로, 광전자는 진동수가 f_a, f_b인 빛 중 하나에 의해서만 방출된다.

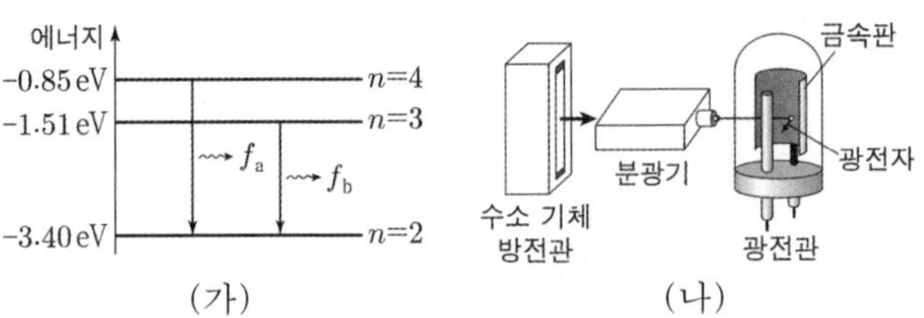

(가) (나)

이에 대한 설명으로 옳은 것만을 〈보기〉에서 있는 대로 고른 것은?

〈보 기〉

ㄱ. 진동수가 f_a인 빛을 금속판에 비출 때 광전자가 방출된다.

ㄴ. 진동수가 f_b인 빛은 적외선이다.

ㄷ. 진동수가 f_a-f_b인 빛을 금속판에 비출 때 광전자가 방출된다.

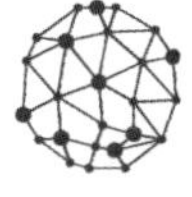

기출 예시 93

20학년도 수능 6번 문항

표는 서로 다른 금속판 X, Y에 진동수가 각각 f, $2f$인 빛 A, B를 비추었을 때 방출되는 광전자의 최대 운동 에너지를 나타낸 것이다.

빛	진동수	광전자의 최대 운동 에너지	
		X	Y
A	f	$3E_0$	$2E_0$
B	$2f$	$7E_0$	㉠

이에 대한 설명으로 옳은 것만을 〈보기〉에서 있는 대로 고른 것은?

〈보 기〉

ㄱ. ㉠은 $7E_0$보다 작다.

ㄴ. 광전 효과가 일어나는 빛의 최소 진동수는 X가 Y보다 크다.

ㄷ. A와 B를 X에 함께 비추었을 때 방출되는 광전자의 최대 운동 에너지는 $10E_0$이다.

해설

f_a는 $n=4$와 $n=2$의 에너지 준위 차이인 2.55eV에 비례하고
f_b는 $n=3$과 $n=2$의 에너지 준위 차이인 1.89eV에 비례한다.
따라서 $f_a > f_b$이다.

ㄱ. 금속판에서 광전자가 방출되는 상황은
f_a와 f_b 중 진동수가 더 큰 빛을 비추었을 때이다.
따라서 진동수가 f_a인 빛을 금속판에 비출 때 금속판에서 광전자가 방출된다.

(ㄱ. 참)

ㄴ. $n=3$에서 $n=2$로 전이할 때
수소 원자의 전자가 흡수하는 빛은 가시광선이다.

(ㄴ. 거짓)

ㄷ. 진동수가 f_a-f_b인 빛은 $n=3$에서 $n=4$로 전이할 때 흡수하는 빛의 진동수와 같고
이는 f_b보다 작으므로
진동수가 f_a-f_b인 빛을 금속판에 비출 때 광전자가 방출되지 않는다.

(ㄷ. 거짓)

정답

기출 예시 92
ㄱ

해설

A를 비추었을 때 X와 Y에서 방출되는 광전자의 최대 운동 에너지가 각각 $3E_0$, $2E_0$이므로
문턱 진동수는 Y가 X보다 크다.

ㄱ. 문턱 진동수가 Y가 X보다 크므로 ㉠은 $7E_0$보다 작다.

(ㄱ. 참)

ㄴ. 광전 효과가 일어나는 빛의 최소 진동수는 문턱 진동수이고,
이는 Y가 X보다 크다.

(ㄴ. 거짓)

ㄷ. A와 B를 X에 함께 비추었을 때
A에 의해 방출된 전자의 최대 운동 에너지는 $3E_0$
B에 의해 방출된 전자의 최대 운동 에너지는 $7E_0$이다.
$3E_0 < 7E_0$이므로
A, B를 동시에 비추었을 때
방출되는 광전자의 최대 운동 에너지는 $7E_0$이다.

(ㄷ. 거짓)

정답

기출 예시 93
ㄱ

입자의 파동성

광양자설에 따르면 빛은 입자성을 가진다.
빛의 입자성을 나타내는 또 다른 예시가 있다.
컴프턴 산란
전자에 빛을 쏘게 되면 전자와 충돌하여 전자가 튕겨 나간다.

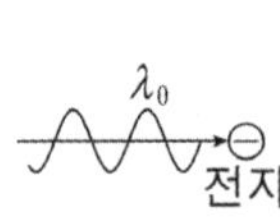

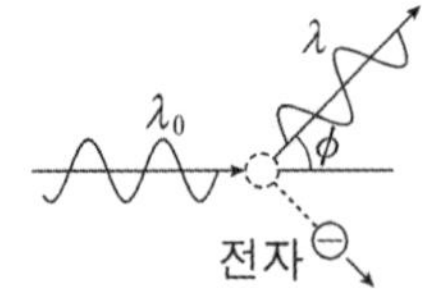

이는 빛이 운동량을 갖기 때문에 나타나는 현상이다.
따라서 컴프턴 산란은 빛의 입자성을 나타낸 것이다.

빛의 운동량은 다음과 같이 구한다.

$$p = \frac{h}{\lambda}$$

(p: 빛의 운동량, h: 플랑크 상수, λ: 빛의 파장)

그런데 프랑스 과학자 드브로이[Louis de Broglie]는 위의 식에서 p와 λ의 위치를 바꾸어 식을 재해석했다.

$$\lambda = \frac{h}{p}$$

이 식은 아래와 같이 해석할 수 있다.
운동량을 가진다면 파장(파동성)이 존재한다.

입자는 운동량을 가진다.
따라서 해당 식은 '입자도 파동의 성질을 가진다.'라고 해석할 수 있다.

입자의 질량(m)과 입자의 속력(v)라면 위의 식은 다음이 성립한다.

$$\lambda = \frac{h}{p} = \frac{h}{mv}$$

이때 λ(파장)을 물질파 파장(드브로이 파장)라 한다.

입자의 운동 에너지(E_K)와의 관계도 생각할 수 있다. 다음이 성립한다.

$$E_K = \frac{1}{2}mv^2 = \frac{p^2}{2m} = \frac{1}{2m}\left(\frac{h}{\lambda}\right)^2 = \frac{h^2}{2m\lambda^2}$$

해당 식은 많이 쓰이니 기억해 두자.

입자의 파동성의 증거

① 데이비슨 · 거머 실험

1) 결정 표면에 X선을 비출 때 특정한 각에서 보강 간섭이 일어난다.
2) 전자선을 결정 표면에 입사시킬 때 X선과 마찬가지로 특정 각도에서 전자가 많이 검출된다.
3) X선 회절 실험을 통해 구한 전자의 파장과 2)에서 구한 전자의 물질파 파장이 일치한다.

→ 드브로이 물질파 이론이 증명됨

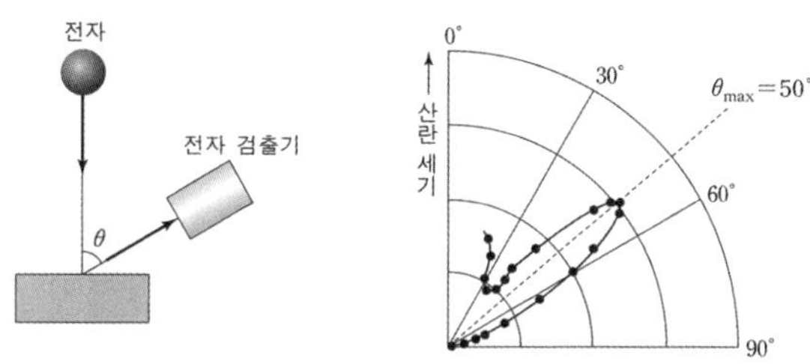

② 톰슨의 실험

X선을 얇은 금속박에 입사시킬 때 회절 무늬가 생긴다. 마찬가지로 전자선을 얇은 금속박에 비출 때도 회절 무늬가 생긴다.

→ 전자와 같은 물질 입자가 파동성을 갖는다는 것을 알 수 있다.

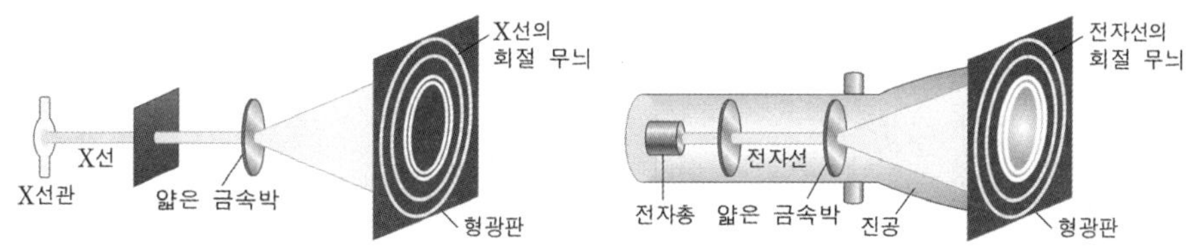

③ 회절 실험

단색광을 단일 슬릿과 이중 슬릿을 통과시키면 스크린에서 간섭무늬가 나타나듯, 전자선을 단일 슬릿과 이중 슬릿을 통과시키면 스크린에서 간섭무늬가 나타난다.

→ 전자는 파동성을 갖는다는 것을 알 수 있다.

전자 현미경 (전자의 파동성 활용)

분해능: 더 작은 구조를 구분하여 관찰할 수 있는 능력

○ 쉽게 '해상도'나 '화질'로 이해하자.

○ **파장이 짧은 빛(전자 현미경에서는 전자의 속력이 빨라야 함)**을 활용할수록 분해능이 좋다.

① 광학 현미경의 한계

미시세계는 매우 작기 때문에 높은 분해능을 갖는 현미경을 활용해야한다. 광학 현미경은 가시광선 영역에 해당하는 빛을 활용하여 시료를 관찰하기 때문에 분해능이 높지 않다.

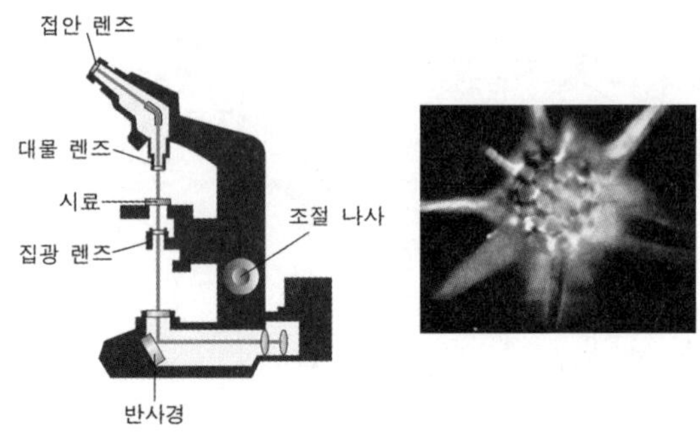

② 전자 현미경

전자 현미경을 활용하면 전자의 물질파 파장을 가시광선보다 짧게 할 수 있다. 이에 광학 현미경 보다 높은 배율과 분해능을 얻을 수 있다.

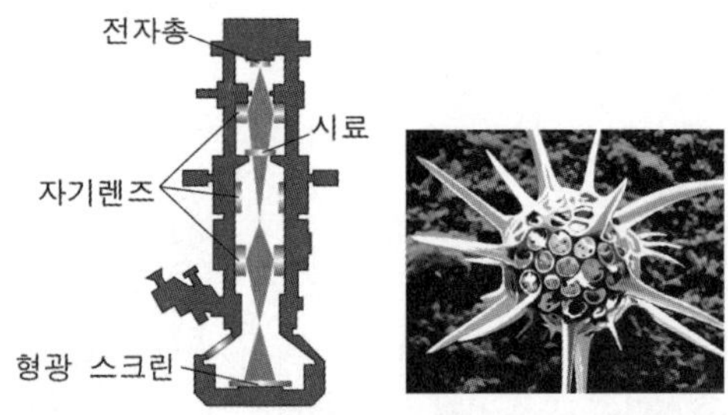

전자 현미경의 구조

전자총: 전자의 속력을 조절하는 장치. 전자총에서의 전압이 크면 전자의 속력이 증가한다.

자기렌즈: 전자 현미경의 렌즈의 역할을 한다. 자기장을 이용하여 전자선을 제어하고 초점을 맞춘다.

전자 현미경의 종류

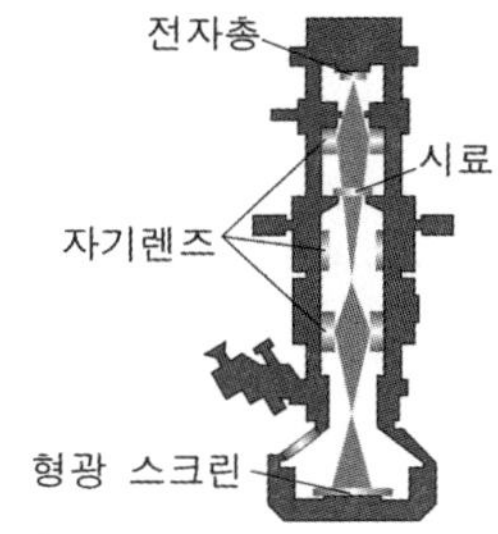

투과 전자 현미경
(TEM, Transmission Electron Microscope)

① 전자선이 얇은 시료를 통과하고, 시료 내부 물질에 의해 전자의 산란 정도가 다름을 이용하여 전자의 상을 만들 수 있다.

② 관찰하는 시료는 매우 얇아야 한다. 시료가 두꺼우면 전자의 속력이 느려져 전자의 드브로이 파장이 길어진다. 이에 분해능이 떨어진다.

③ 평면 영상을 관찰할 수 있다.

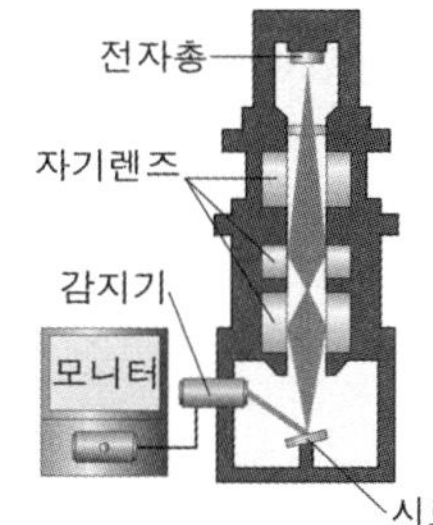

주사 전자 현미경
(SEM, Scanning Electron Microscope)

① 전자선을 시료 전체에 쪼여 시료에 튀어나온 전자를 측정함. 감지기에서 해당 신호를 해석하여 상을 구성함.

② 시료는 전기 전도성이 좋아야 한다. 전기 전도도가 낮은 시료는 전기 전도도가 높은 물질을 코팅한다.

③ SEM은 TEM보다 배율이 낮다.

④ 3차원적 구조를 관찰할 수 있다.

 전하 결합 소자 (Charge-Coupled Device, CCD) (빛의 입자성 활용)

빛을 전기 신호로 바꾸어 주는 장치

① 빛을 전기 신호로 바꾸어 주는 장치
② 디지털 카메라, 광학 스캐너, 비디오 카메라에 이용된다.
③ CCD에 비춘 빛의 세기가 클수록 CCD에서 전자와 양공쌍이 형성된다.
→ 이는 광전 효과와 비슷한 원리로 작동된다.
빛의 입자성을 이용한다.

작동 원리

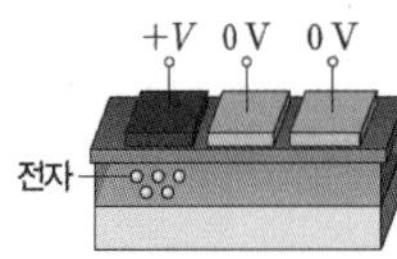

① 광전효과에 의해 전자와 양공쌍이 생성되어 (+)전압이 걸려 있는 첫 번째 전극에 쌓인다.

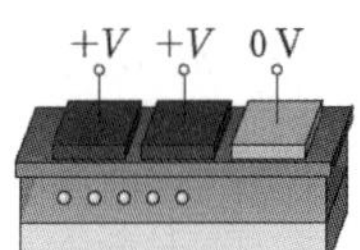

② 두 번째 전극에 걸린 전압에 의해 전자가 고르게 분포한다.

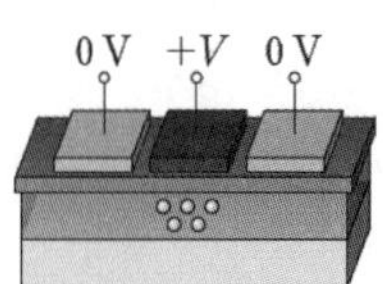

③ 첫 번째 전극의 전압을 0으로 하면 두 번째 전극에 전자가 모인다.

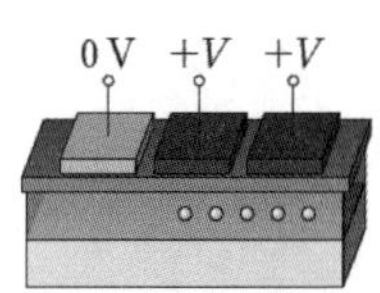

④ 세 번째 전극에 전압을 걸어 전자가 고르게 분포된다.

위의 방법으로 전자를 옮겨 전체 전하량을 측정하여 빛의 세기를 측정한다.

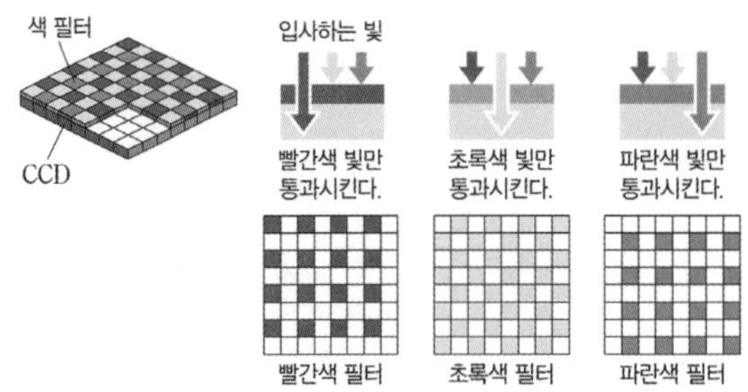

각 색필터를 통과한 전하량을 통해 색상 정보를 얻을 수 있다.

물질파 파장 그래프 추론

평가원에서는 그래프 추론형 문제가 출제된다.

$$\lambda = \frac{h}{p} = \frac{h}{mv},\ E_K = \frac{h^2}{2m\lambda^2} \rightarrow \lambda = \frac{h}{\sqrt{2mE_K}}$$

이에 나올 수 있는 그래프의 형태는 다음과 같다.

① $\lambda - p$ ② $\lambda - v$ ③ $\lambda - E_K$

① $\lambda - p$(물질파 파장-운동량 그래프)

운동량의 크기와 물질파 파장의 관계는 다음과 같다.

$$\lambda = \frac{h}{p}$$

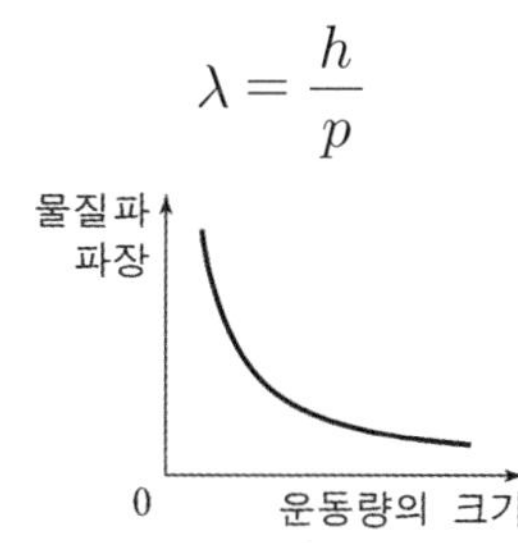

분수 함수 그래프의 형태이다.

★중요 포인트: 질량과 관계없이 해당 그래프는 하나뿐이다.

② $\lambda - v$(물질파 파장-속력 그래프)

운동량의 크기와 속력의 관계는 다음과 같다.

$$\lambda = \frac{h}{mv}$$

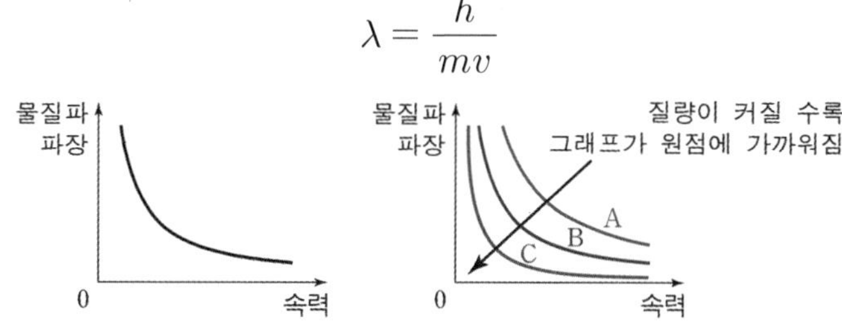

분수 함수 그래프의 형태이다.

★중요 포인트: 질량이 커질수록 그래프는 x축과 y축에 붙게 된다.

③ $E_K - \lambda$(운동 에너지-물질파 파장 그래프)

운동량의 크기와 속력의 관계는 다음과 같다.

$$\lambda = \frac{h}{\sqrt{2mE_K}}$$

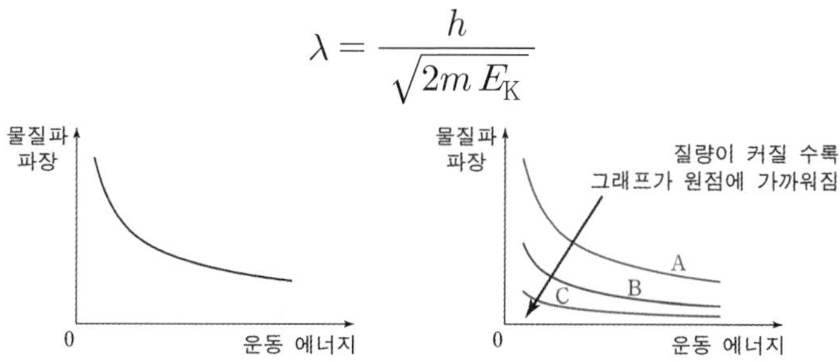

$y = \frac{1}{\sqrt{x}}$ 함수 그래프의 형태이다.

★중요 포인트: 질량이 커질수록 그래프는 x축과 y축에 붙게 된다.

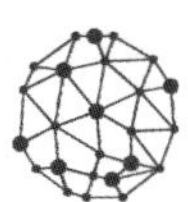

기출 예시 94

11학년도 6월 모의고사 10번 문항

두 입자 A, B의 질량과 물질파 파장이 표와 같았다.

	질량	물질파 파장
A	m	$4\lambda_0$
B	$2m$	λ_0

이 경우 A의 운동 에너지를 E_A, B의 운동 에너지를 E_B라 할 때, $E_A : E_B$는?

① 1:8 ② 1:4 ③ 1:2 ④ 4:1 ⑤ 8:1

기출 예시 95

08학년도 6월 모의고사 16번 문항

그림은 운동하는 입자들을 나타낸 것이고, 표는 입자 A, B의 질량과 속력을 나타낸 것이다.

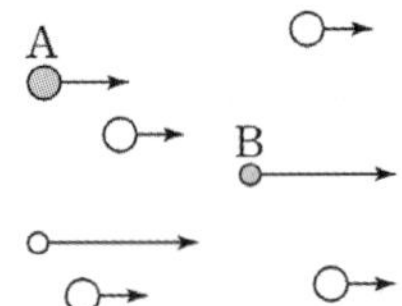

입자	질량	속력
A	$4m$	v
B	m	$2v$

A, B의 물질파 파장을 각각 λ_A, λ_B라고 할 때, $\lambda_A : \lambda_B$는?

① $1:\sqrt{2}$ ② 1:2 ③ 1:4 ④ $\sqrt{2}:1$ ⑤ 2:1

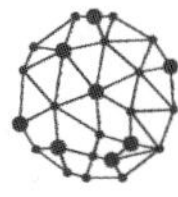

기출 예시 96

13학년도 9월 모의고사 18번 문항

그림은 기준선에 정지해 있던 질량이 각각 m, $2m$인 입자 A, B가 중력에 의하여 등가속도로 떨어지는 것을 나타낸 것이다.

A B
정지 (m) ($2m$) 정지
기준선

A, B가 기준선으로부터 각각 거리 d, $2d$만큼 낙하했을 때의 물질파 파장을 각각 λ_A, λ_B라 하면, $\lambda_A : \lambda_B$는?

① 1:1 ② $\sqrt{2}:1$ ③ 2:1 ④ $2\sqrt{2}:1$ ⑤ 4:1

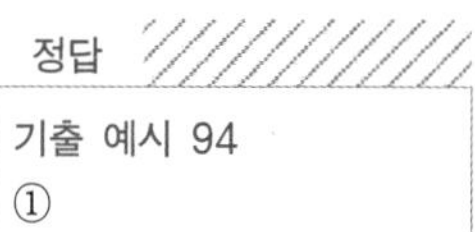

정답

기출 예시 94
①

해설

운동 에너지와 운동량의 크기의 관계는 다음과 같다.
(λ: 물질파 파장, E: 운동 에너지, m: 질량, p: 운동량, h: 플랑크 상수)

$$E=\frac{p^2}{2m},\ E=\frac{h^2}{2m\lambda^2}$$

E는 $\frac{1}{m\lambda^2}$에 비례하므로 다음 식이 성립한다.

$$E_{\rm A}:E_{\rm B}=\frac{1}{m(4\lambda_0)^2}:\frac{1}{2m(\lambda_0)^2},\ E_{\rm A}:E_{\rm B}=1:8$$

정답

기출 예시 95
②

해설

입자의 물질파 파장은 입자의 운동량에 반비례한다.
따라서 다음 식이 성립한다.

$$\lambda_{\rm A}:\lambda_{\rm B}=\frac{1}{4mv}:\frac{1}{2mv}=1:2$$

정답

기출 예시 96
④

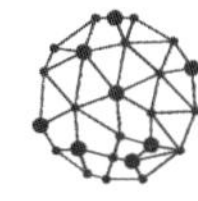

해설

정지해 있던 물체가 낙하할 때
낙하한 높이(h)와 그 지점에서의 속력 사이의 관계는 다음과 같다.
(물체의 중력 퍼텐셜 에너지 감소량은 운동 에너지 증가량과 같다.)

$$\frac{1}{2}mv^2=mgh,\ v=\sqrt{2gh}$$

물체의 속력(v)은 낙하한 높이의 제곱근($\sqrt{h}$)에 비례한다.
A와 B의 속력의 비: $\sqrt{d}:\sqrt{2d}=1:\sqrt{2}$
A와 B의 운동량의 크기의 비: $m\times1:2m\times\sqrt{2}=1:2\sqrt{2}$
A와 B의 물질파 파장 비($\lambda_{\rm A}:\lambda_{\rm B}$)는 운동량의 크기 비의 역수이다.
따라서 $\lambda_{\rm A}:\lambda_{\rm B}=2\sqrt{2}:1$이다.

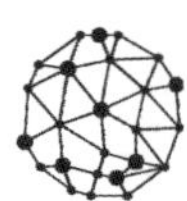

기출 예시 97

13학년도 6월 모의고사 18번 문항

그림은 질량이 다른 입자 A, B의 물질파 파장과 운동 에너지 사이의 관계를 나타낸 것이다.

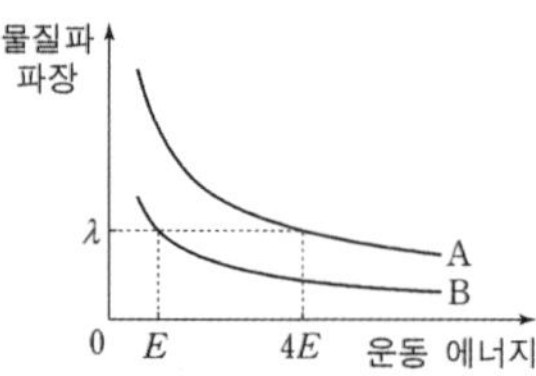

두 입자의 운동 에너지가 E로 같을 때, A, B의 운동량의 크기의 비 $p_A : p_B$는?

① 1:4　② 1:2　③ 1:1　④ 2:1　⑤ 4:1

기출 예시 98

21학년도 6월 모의고사 15번 문항

그림은 입자 A, B, C의 물질파 파장을 속력에 따라 나타낸 것이다.

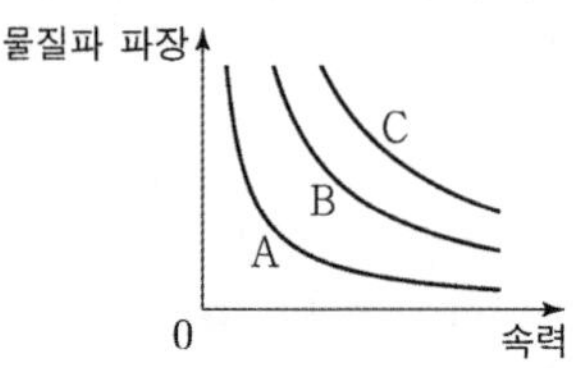

이에 대한 설명으로 옳은 것만을 〈보기〉에서 있는 대로 고른 것은?

〈보 기〉

ㄱ. A, B의 운동량 크기가 같을 때, 물질파 파장은 A가 B보다 짧다.
ㄴ. A, C의 물질파 파장이 같을 때, 속력은 A가 C보다 작다.
ㄷ. 질량은 B가 C보다 작다.

해설

운동 에너지와 운동량의 크기의 관계는 다음과 같다.
(λ: 물질파 파장, E: 운동 에너지, m: 질량, p: 운동량, h: 플랑크 상수)

$$E=\frac{p^2}{2m},\ p=\sqrt{2mE},\ E=\frac{h^2}{2m\lambda^2},\ \lambda=\frac{h}{\sqrt{2mE}}$$

물질파 파장이 같을 때
A와 B의 운동 에너지가 각각 $4E$, E이므로 다음이 성립한다.

$$\frac{1}{\sqrt{8m_A E}}=\frac{1}{\sqrt{2m_B E}},\ m_B=4m_A$$

($m_A=m$, $m_B=4m$으로 두자.)
두 입자의 운동 에너지가 E로 같을 때
A와 B의 운동량의 크기는 (p_A, p_B)는 다음과 같다.

$$p_A=\sqrt{2mE},\ p_B=\sqrt{8mE}$$

따라서 $p_A:p_B=1:2$이다.

정답

기출 예시 97
②

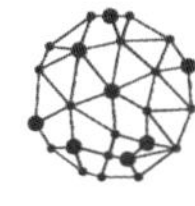

해설

ㄱ. 운동량의 크기가 같으면 물질파 파장도 같다.

(ㄱ. 거짓)

ㄴ. 물질파 파장이 같을 때 속력은 A가 C보다 작다.

(ㄴ. 참)

ㄷ. 물질파 파장(λ)이 같을 때,
운동량의 크기(p)가 같다. ($p=\frac{h}{\lambda}$)
운동량의 크기는 입자의 질량과 속력의 곱과 같다. ($p=mv$)
운동량의 크기가 같을 때
속력이 B가 C보다 작으므로,
질량은 B가 C보다 크다.

(ㄷ. 거짓)

정답

기출 예시 98
ㄴ

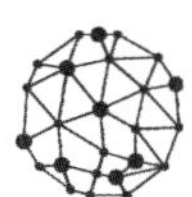

기출 예시 99

21학년도 9월 모의고사 12번 문항

그림은 주사 전자 현미경의 구조를 나타낸 것이다.

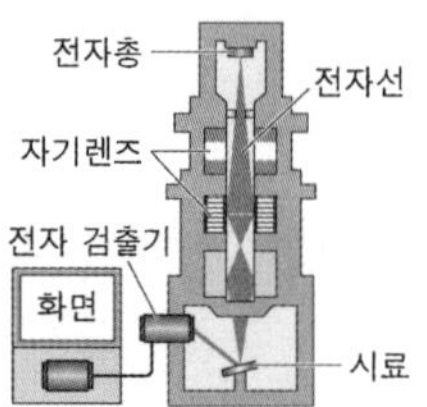

이에 대한 설명으로 옳은 것만을 〈보기〉에서 있는 대로 고른 것은?

〈보 기〉

ㄱ. 자기장을 이용하여 전자선을 제어하고 초점을 맞춘다.

ㄴ. 전자의 속력이 클수록 전자의 물질파 파장은 짧아진다.

ㄷ. 전자의 속력이 클수록 더 작은 구조를 구분하여 관찰할 수 있다.

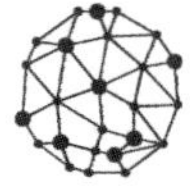

기출 예시 100

22학년도 9월 모의고사 4번 문항

그림은 투과 전자 현미경(TEM)의 구조를 나타낸 것이다. 전자총에서 방출된 전자의 운동 에너지가 E_0이면 물질파 파장은 λ_0이다.

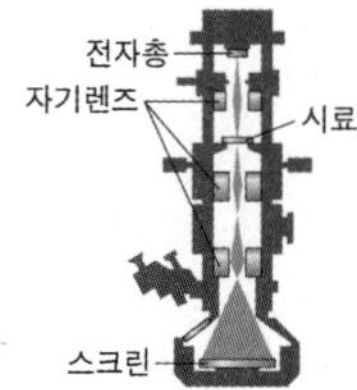

이에 대한 설명으로 옳은 것만을 〈보기〉에서 있는 대로 고른 것은?

〈보 기〉

ㄱ. 시료를 투과하는 전자기파에 의해 스크린에 상이 만들어진다.

ㄴ. 자기렌즈는 자기장을 이용하여 전자의 진행 경로를 바꾼다.

ㄷ. 운동 에너지가 $2E_0$인 전자의 물질파 파장은 $\frac{1}{2}\lambda_0$이다.

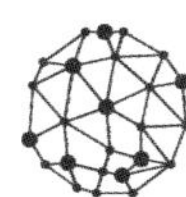

해설

ㄱ. 전자 현미경의 자기 렌즈는 자기장을 이용해 전자선을 제어하고 초점을 맞춘다.

(ㄱ. 참)

ㄴ. 전자의 속력(v)이 클수록
전자의 운동량(p)이 커져 ($p=mv$, v와 p는 비례)
전자의 물질파 파장(λ)은 짧아진다. ($p=\frac{h}{\lambda}$)

(ㄴ. 참)

ㄷ. 전자의 속력이 클수록
전자의 물질파 파장이 짧아져
더 작은 구조를 구분하여 관찰할 수 있다.

(ㄷ. 참)

정답

기출 예시 99
ㄱ, ㄴ, ㄷ

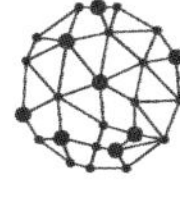

해설

ㄱ. 투과 전자 현미경(TEM)은 시료를 투과하는 전자의 물질파에 의해 스크린에 상이 만들어진다.

(ㄱ. 거짓)

ㄴ. 자기렌즈는 자기장을 이용해 전자의 진행 경로를 바꿔 초점을 맞춘다.

(ㄴ. 참)

ㄷ. 운동 에너지와 운동량의 크기의 관계는 다음과 같다.
(λ: 물질파 파장, E: 운동 에너지, m: 질량, p: 운동량, h: 플랑크 상수)

$$E=\frac{p^2}{2m},\quad E=\frac{h^2}{2m\lambda^2},\quad \lambda=\frac{h}{\sqrt{2mE}}$$

전자의 물질파 파장(λ)는
전자의 운동 에너지의 제곱근에 반비례한다. ($\frac{1}{\sqrt{E}}$에 비례)
전자의 운동 에너지가 2배가 되면
전자의 물질파 파장은 $\frac{1}{\sqrt{2}}$배가 된다.

운동 에너지가 $2E_0$인 전자의 물질파 파장은 $\frac{1}{\sqrt{2}}\lambda_0$이다.

(ㄷ. 거짓)

정답

기출 예시 100
ㄴ

기출 예시 101

23학년도 9월 모의고사 3번 문항

그림은 빛과 물질의 이중성에 대해 학생 A, B, C가 대화하는 모습을 나타낸 것이다.

제시한 내용이 옳은 학생만을 있는 대로 고른 것은?

① A　② B　③ A, C　④ B, C　⑤ A, B, C

기출 예시 102

23학년도 수능 4번 문항

다음은 물질의 이중성에 대한 설명이다.

> ○ 얇은 금속박에 전자선을 비추면 X선을 비추었을 때와 같이 회절 무늬가 나타난다. 이러한 현상은 전자의 [㉠]으로 설명할 수 있다.
>
> ○ 전자의 운동량의 크기가 클수록 물질파의 파장은 [㉡], 물질파를 이용하는 [㉢] 현미경은 가시광선을 이용하는 현미경보다 작은 구조를 구분하여 관찰할 수 있다.

㉠, ㉡, ㉢에 들어갈 내용으로 가장 적절한 것은?

	㉠	㉡	㉢		㉠	㉡	㉢
①	파동성	길다	전자	②	파동성	짧다	전자
③	파동성	길다	광학	④	입자성	짧다	전자
⑤	입자성	길다	광학				

해설

A: 광자 1개의 에너지는 빛의 파장에 반비례한다.
(진동수에 비례한다.)

(A. 참)

B: 전자의 질량은 일정하므로,
전자의 운동 에너지가 2배가 되면
전자의 속력은 $\sqrt{2}$배가 되고,
운동량의 크기도 $\sqrt{2}$배가 되므로
물질파 파장이 λ_2인 전자에 비해
운동 에너지가 2배인 전자의 물질파 파장은
$\frac{\sqrt{2}}{2}\lambda_2$이다.

(B. 거짓)

C: 전자 현미경은 전자의 파동성을 이용해
광학 현미경에 비해 더 작은 구조를 구분해 관찰할 수 있다.

(C. 참)

정답

기출 예시 101
③

해설

㉠: 전자선의 회절 무늬는 전자의 파동성에 의해 생긴다.
㉡: 전자의 물질파 파장은 전자의 운동량의 크기에 반비례한다.
따라서 전자의 운동량의 크기가 클수록 물질파의 파장은 짧다.
㉢: 전자 현미경은 전자의 물질파를 이용한다.

정답

기출 예시 102
②

○ 한계
물리학1에서 수능에서 출제된적이 없는 주제이다. 09개정 교육과정에 물리학2에서 다룬적이 있는데, 해당 부분은 내부 에너지가 $\frac{3}{2}nRT$라는 것을 알고 있다는 전제 하에 출제되었기 때문에, 물리학1에서 출제 된다면, 내부 에너지 부분에 대해서는 정교하게 조건을 제시해 주어야 한다.
하지만, 아직 그 조건이 어떤식으로 제시될 예정인지 알 방법이 없기 때문에, 최소한의 대비 방법을 설명하고, 마지막에는 어려운 예시를 제시하여 분석하는 방향으로 서술하겠다.

열수철

학생들의 가장 큰 난제 중 하나인 '열수철'에 대해 알아보자.
열수철 문제가 어려운 이유는
식을 세우는게 어려워서가 아니라
식을 정리하는게 익숙하지 않아서 어려운 것이다.
열수철 문제는 아래와 같이 열역학과 용수철이 합쳐진 문제를 의미한다.

24학년도 수능 특강 3점 6번 문항

그림 (가)와 같이 단열된 피스톤으로 분리된 단열된 실린더의 한쪽에는 이상 기체가 들어 있고, 진공인 다른 쪽에는 실린더와 피스톤 사이에 용수철이 끼워져 정지해 있다. 피스톤의 단면적은 S이다. 그림 (나)는 (가)의 이상 기체에 서서히 열을 가할 때, 이상 기체의 상태가 A에서 B로 변하는 것을 압력과 부피로 나타낸 것이다.

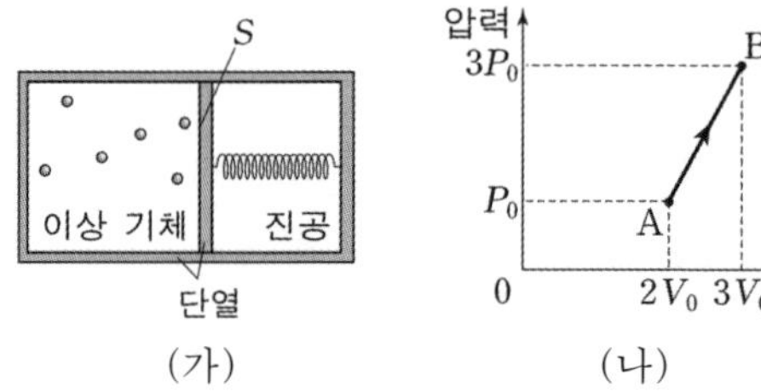

(가) (나)

이에 대한 설명으로 옳은 것만을 〈보기〉에서 있는 대로 고른 것은? (단, B에서 피스톤은 정지해 있고, 실린더와 피스톤 사이의 마찰, 피스톤의 질량은 무시한다.)

〈보 기〉

ㄱ. 용수철 상수는 $\frac{4P_0S^2}{V_0}$이다.
ㄴ. 이상 기체가 외부에 한 일은 $2P_0V_0$이다.
ㄷ. A→B 과정에서 탄성 퍼텐셜 에너지 증가량은 P_0V_0이다.

여기에서 활용될 식과 원칙은 다음과 같다.

실전 활용 열수철

① [압력, 면적, 힘의 관계]

$$F=PS$$

② [열역학 제 1법칙]

$$Q=\Delta U+W$$

③ [부피는 면적과 높이의 곱이다.]

$$V=Sh$$

④ [이상 기체 상태 방정식]

$$PV=nRT$$

○ 세워야 하는 식
① 피스톤의 알짜힘은 0이다. → 피스톤에 작용하는 모든 힘의 합력은 0이다.
② 각 기체는 열역학 제 1법칙을 따른다.
③ 각 기체는 이상 기체 상태 방정식을 따른다.
④ 부피 변화와 용수철의 압축된 길이 관계를 파악한다.

② ④는 이전 피스톤 유형에서 다루었던 내용이다. 지금은 이를 정량적으로 다룰 것이다.
①은 해당 파트 맨 첫 장에서 언급한 적이 있다.

피스톤에 작용하는 알짜힘이 0이다.

피스톤이 서서히 운동하고,
피스톤이 운동 에너지를 가지지 않는다는 가정이 있다면
피스톤만을 계로 하였을 때, 피스톤에 작용하는 알짜힘의 크기가 0이어야한다.

아래와 같은 상황을 생각해 보자.

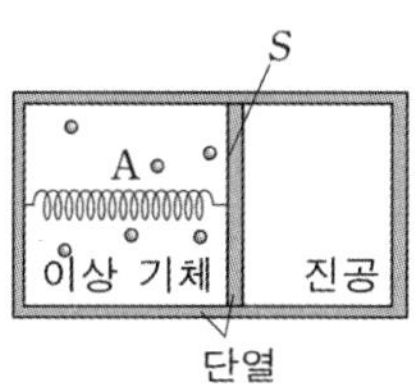

피스톤에 작용하는 힘들을 생각해 봐야 한다.
힘을 생각할 때 다음을 생각해 보자.

① 기체는 피스톤을 미는 방향으로 힘을 작용한다.

② 진공은 '공기가 없다'는 뜻이다.
진공인 공간이 피스톤에 작용하는 힘은 0이다.

따라서 피스톤에 작용하는 힘을 생각하면 다음과 같다.

그런데 피스톤의 알짜힘은 0이다.
즉, 피스톤에 작용하는 모든 힘의 합력은 0이므로

용수철이 피스톤에 작용하는 힘의 방향은 아래와 같다. (그 힘의 크기를 kx로 두겠다.)